U0159726

★本书获陕西省计算机教育学会优秀教材一等奖

新工科应用型人才培养计算机类系列教材

Hadoop 大数据原理与应用

Principles and Applications of Hadoop Big Data Technology

主　编　徐鲁辉

副主编　周湘贞　李月军

主　审　唐友刚

西安电子科技大学出版社

内 容 简 介

本书全面介绍了 Hadoop 生态系统中各个开源组件的理论知识和实践案例。全书分为上篇——Hadoop 基础篇、中篇——Hadoop 提高篇、下篇——案例篇三部分，共 11 章，涉及数据采集、数据存储与管理、数据处理与分析、数据可视化一系列大数据应用生命周期中各阶段典型组件的理论知识、安装部署和实战使用。上篇为第 1~8 章，具体内容包括大数据概述、初识 Hadoop、分布式文件系统 HDFS、分布式计算框架 MapReduce、统一资源管理和调度框架 YARN、分布式协调框架 ZooKeeper、分布式数据库 HBase、数据仓库 Hive；中篇为第 9、10 章，具体内容包括大数据迁移和采集工具、数据可视化；下篇为第 11 章，介绍了使用 Hadoop 平台完成用户画像项目的全过程。本书在 Hadoop、HDFS、MapReduce、ZooKeeper、HBase、Hive 等重要章节安排了初级实践操作，以便读者更好地学习和掌握 Hadoop 关键技术。

本书内容翔实，案例丰富，既可作为高等院校大数据、计算机、人工智能等相关专业研究生、本科生的大数据课程教材，也可供相关技术人员参考。

本书配套有《Hadoop 大数据原理与应用实验教程》，同时可在西安电子科技大学出版社网站下载本书作者提供的相关资源。

图书在版编目(CIP)数据

Hadoop 大数据原理与应用/徐鲁辉主编. —西安：西安电子科技大学出版社，2020.3(2023.10 重印)

ISBN 978-7-5606-5579-6

Ⅰ.① H…　Ⅱ.① 徐…　Ⅲ.① 数据处理软件—高等学校—教材　Ⅳ.① TP274

中国版本图书馆 CIP 数据核字(2020)第 021010 号

策　　划　李惠萍
责任编辑　唐小玉
出版发行　西安电子科技大学出版社(西安市太白南路 2 号)
电　　话　(029)88202421　88201467　　邮　　编　710071
网　　址　www.xduph.com　　　　　　电子邮箱　xdupfxb001@163.com
经　　销　新华书店
印刷单位　陕西天意印务有限责任公司
版　　次　2020 年 3 月第 1 版　　2023 年 10 月第 4 次印刷
开　　本　787 毫米×1092 毫米　1/16　印 张　28.5
字　　数　678 千字
印　　数　9001~12 000 册
定　　价　62.00 元

ISBN 978-7-5606-5579-6 / TP

XDUP 5881001-4

如有印装问题可调换

◄◄◄ 前　　言 ►►►

　　大数据时代的到来，带来了信息技术发展的巨大变革，并深刻影响着社会生产和人民生活的方方面面。在全球范围内，世界各国政府均高度重视大数据技术的研究与产业发展，纷纷把大数据上升为国家战略加以重点推进。大数据已经成为企业和社会关注的重要战略资源，越来越多的行业面临着海量数据存储和分析的挑战。

　　Hadoop 由道格·卡丁(Doug Cutting)创建，起源于开源项目网络搜索引擎 Apache Nutch，于 2008 年 1 月成为 Apache 顶级项目。Hadoop 是一个开源的、可运行于大规模集群上的分布式存储和计算的软件框架，它具有高可靠、弹性可扩展等特点，非常适合处理海量数据。Hadoop 实现了分布式文件系统 HDFS 和分布式计算框架 MapReduce 等功能，允许用户在不了解分布式系统底层细节的情况下，使用简单的编程模型轻松编写出分布式程序，并将其运行于计算机集群上，完成对大规模数据集的存储和分析。目前，Hadoop 在业内得到了广泛应用，已经是公认的大数据通用存储和分析平台，许多厂商都围绕 Hadoop 提供开发工具、开源软件、商业化工具和技术服务，例如谷歌、雅虎、微软、淘宝等都支持 Hadoop。另外，还有一些专注于 Hadoop 的公司，例如 Cloudera、Hortonworks 和 MapR 都可以提供商业化的 Hadoop 支持。

　　未来 5～10 年，我国大数据产业将会处于高速发展时期，社会亟需高校培养一大批大数据相关专业人才。自 2016 年以来，我国新增的大数据类专业包括"数据科学与大数据技术"本科专业(080910T)、"大数据管理与应用"本科专业(120108T)、"大数据技术与应用"专科专业(610215)，以适应地方产业发展对战略性新兴产业的人才需求。因此，学会使用大数据通用存储和分析平台 Hadoop 及其生态系统对于未来适应新一代信息技术产业的发展具有重要的意义。

　　本书面向 Hadoop 生态系统，以企业需求为导向，紧紧围绕大数据应用的闭环流程展开讲述，引导读者构建大数据知识体系和进行大数据技术的初级实践，旨在使读者掌握 Hadoop 生态系统的设计原理和 Hadoop 平台的运用能力。

　　本书分为上篇——Hadoop 基础篇、中篇——Hadoop 提高篇和下篇——案例篇三大部分，共 11 章，涉及数据采集、数据存储与管理、数据处理与分析、数据可视化一系列大数据应用生命周期中各阶段典型组件的理论知识、安装部署和实战使用。上篇即 Hadoop 基础篇，为 1～8 章，其中第 1 章介绍了大数据的基本概念和相关产业，分析了大数据与云计算、物联网、人工智能、5G 之间的关系，梳理了大数据职业岗位，同时给出了大数据的学习路线；第 2 章介绍了大数据处理平台 Hadoop 的来源、发展史、生态系统、体系架构和应用现状等，并演示了如何在 Linux 操作系统下部署 Hadoop 集群；第 3 章介绍了分布式文件系统 HDFS 的特征、体系架构、文件存储机制和数据读/写过程，通过实战案例演示了 HDFS 用户接口 HDFS Web、HDFS Shell 和 HDFS Java API 的使用，并讲述了 HDFS

实现高可靠性的几种机制；第 4 章介绍了分布式计算框架 MapReduce 的编程思想、作业执行流程、数据类型、Shuffle 机制，通过引入入门案例 WordCount 详细讲解了 MapReduce 的内部实现细节，通过实战案例演示了如何定义和使用自定义组件，以及 MapReduce Shell、MapReduce Web 和 MapReduce Java API 的使用，并简单介绍了目前其他主流分布式计算框架；第 5 章从 MapReduce 1.0 存在的问题入手，引入新一代资源管理和调度框架 YARN，简述了 YARN 的优势、发展目标、体系架构和工作流程，演示了 YARN 的基本使用，并介绍了 YARN 的新特性和当前常见的其他统一资源管理与调度平台；第 6 章介绍了分布式协调框架 ZooKeeper 的来源、基本概念、系统模型、工作原理、典型应用场景，演示了 ZooKeeper 集群的部署过程，并通过实战案例讲述了 ZooKeeper 四字命令、ZooKeeper Shell、ZooKeeper Java API 等实践技能；第 7 章介绍了 NoSQL 数据库的特点以及 HBase 数据库的发展史、基本特点、数据模型、体系结构，演示了 HBase 集群的部署过程，通过实战案例讲述了 HBase Shell、HBase Java API 的使用方法，以及如何在 HBase 中使用 MapReduce，并介绍了 HBase 性能优化的常见方法；第 8 章介绍了数据仓库 Hive 的基本工作流程、特征、体系架构、数据类型、文件格式、函数等知识，演示了部署 Hive 的过程，通过实战案例讲述了 HWI、Hive Shell、HiveQL 语句和 Hive Java API 的使用方法，并介绍了几种常见的 Hive 优化策略。中篇即 Hadoop 提高篇，为第 9、10 章，其中第 9 章从初步认识、体系架构、安装部署、实战应用四个方面依次介绍了数据迁移工具 Sqoop、日志采集工具 Flume、分布式流平台 Kafka 和 ETL 工具 Kettle，同时也简要介绍了当前比较常见的其他数据迁移工具；第 10 章介绍了数据可视化的基本概念、历史、意义、常用图表类型，重点演示了 ECharts、Python、Tableau、阿里云 DataV、D3.js 等几种主流数据可视化工具的使用。下篇即案例篇，为第 11 章，本章旨在通过一个具体项目案例，介绍如何借助 Hadoop 大数据处理平台，基于华为 P30 手机的评论数据进行数据分析，从而得到用户画像的完整过程。

为了方便读者整体把握各章知识，在每章开始位置均配备有本章知识结构图。根据近几年的教学实践，建议安排 32 学时理论课，第 1、2、5、10 章每章安排 2 学时，第 3、4、6、7、8、9 章每章安排 4 学时，第 11 章由学生自学完成。另外，建议增加 16 学时的上机实践课。

本书面向高等院校计算机、大数据、人工智能等相关专业的研究生、本科生，可以作为专业核心课程大数据技术原理与应用的教材。本书拥有配套的实验教材《Hadoop 大数据原理与应用实验教程》(亦由本书作者编写，由西安电子科技大学出版社出版)，两本书配套使用，可以达到更好的学习效果。

本书由校企联合完成，第 1 章由西京学院于长青编写，第 2 章由安徽信息工程学院李月军编写，第 3、7、8 章由西京学院左银波编写，第 4 章由国信蓝桥教育科技(北京)股份有限公司颜群工程师编写，第 5、6、9 章由西京学院徐鲁辉编写，第 10 章由郑州升达经贸管理学院王芳编写，第 11 章由郑州升达经贸管理学院周湘贞编写。全书由国信蓝桥教育科技(北京)股份有限公司大数据专家唐友刚主审，由西京学院徐鲁辉负责策划、审校和定稿。

本书与配套实验教材《Hadoop 大数据原理与应用实验教程》拥有完整的立体化资源，

包括教学大纲、授课计划、教案、PPT、源代码、在线题库、实验大纲、实验指导书、实验视频、项目案例库等教学资源，提供全方位的免费服务。读者可通过以下两种方式免费在线浏览或下载全部配套资源：教材官方云班课"Hadoop 大数据原理与应用教材云班课"(邀请码为 5962412)，教材官方 GitHub 网站 https://github.com/xuluhuixijing/pabigdata。

本书中关于图形界面元素代替符号的约定如表 1 所示。

表 1　本书中图形界面元素的代替符号约定

文字描述	代替符号	举　例
按钮	边框＋阴影＋底纹	"确定"按钮可简化为 确定
菜单项	『　』	菜单项"文件"可简化为『File』
连续选择菜单项及子菜单项	→	选择『File』→『New』→『Java Project』
下拉框、单选框、复选框选项	[　]	复选框选项"启用用户"可简化为[启用用户]
窗口名	【　】	例如，进入窗口【Properties for HDFSExample】
提示信息	"　"	例如，否则会出现错误信息"bash: ****: command not found..."

本书中各实验所使用软件的名称、版本、发布日期及下载地址如表 2 所示。

表 2　本书使用软件的名称、版本、发布日期及下载地址

序号	软件名称	软件版本	发布日期	下载地址	安装文件名
1	VMware Workstation Pro	VMware Workstation 12.5.7 Pro for Windows	2017.6.22	https://www.vmware.com/products/workstation-pro.html	VMware-workstation-full-12.5.7-5813279.exe
2	CentOS	CentOS 7.6.1810	2018.11.26	https://www.centos.org/download/	CentOS-7-x86_64-DVD-1810.iso
3	Java	Oracle JDK 8u191	2018.10.16	http://www.oracle.com/technetwork/java/javase/downloads/index.html	jdk-8u191-linux-x64.tar.gz
4	Hadoop	Hadoop 2.9.2	2018.11.19	http://hadoop.apache.org/releases.html	hadoop-2.9.2.tar.gz
5	Eclipse	Eclipse IDE 2018-09 for Java Developers	2018.9	https://www.eclipse.org/downloads/packages	eclipse-java-2018-09-linux-gtk-x86_64.tar.gz
6	ZooKeeper	ZooKeeper 3.4.13	2018.7.15	http://zookeeper.apache.org/releases.html	zookeeper-3.4.13.tar.gz
7	HBase	HBase 1.4.10	2019.6.10	https://hbase.apache.org/downloads.html	hbase-1.4.10-bin.tar.gz

序号	软件名称	软件版本	发布日期	下载地址	安装文件名
8	MySQL Connector/J	MySQL Connector/J 5.1.48	2019.7.29	https://dev.mysql.com/downloads/connector/j/	mysql-connector-java-5.1.48.tar.gz
9	MySQL Community Server	MySQL Community 5.7.27	2019.7.22	http://dev.mysql.com/get/mysql57-community release-el7-11.noarch.rpm	mysql57-community-release-el7-11.noarch.rpm(Yum Repository)
10	Hive	Hive 2.3.4	2018.11.7	https://hive.apache.org/downloads.html	apache-hive-2.3.4-bin.tar.gz
11	Spark	Spark 2.3.3	2019.2.15	https://spark.apache.org/downloads.html	spark-2.3.3-bin-hadoop2.7.tgz
12	Sqoop	Sqoop 1.4.7	2017.12	http://www.apache.org/dyn/closer.lua/sqoop/	sqoop-1.4.7.bin__hadoop-2.6.0.tar.gz
13	Flume	Flume 1.9.0	2019.1.8	http://flume.apache.org/download.html	apache-flume-1.9.0-bin.tar.gz
14	Kafka	Kafka 2.1.1	2019.2.15	http://kafka.apache.org/downloads	kafka_2.12-2.1.1.tgz

在本书编写与出版过程中，国信蓝桥教育科技(北京)股份有限公司高校合作部项目经理单宝军在教材编写方面提供了帮助，西京学院校长黄文准、西京学院信息工程学院院长郭建新、副院长乌伟在学院政策方面提供了支持，西安电子科技大学出版社李惠萍编辑对本书的出版提供了很多意见和建议，在此表示衷心感谢。

本书在撰写的过程中参考了部分国内外教材、专著、论文和开源社区资源，在此向这些作者一并致谢。由于作者水平和能力有限，书中难免有疏漏与不足之处，衷心希望广大同行和读者批评指正。

徐鲁辉

2019 年 10 月于西安

◄◄◄ 目　　录 ►►►

上篇　Hadoop 基础篇

中篇　Hadoop 提高篇

下篇　案　例　篇

上篇 Hadoop 基础篇

第 1 章

大 数 据 概 述

随着信息技术和人类生产、生活的交汇融合，全球数据呈现出爆发式增长、海量式集聚的特点，对经济发展、社会治理、国家管理、人民生活都产生了重大影响。近年来，我国的大数据在政策、技术、产业、应用等方面均获得了发展。2014 年，大数据首次写入政府工作报告；2015 年，国务院发布了《促进大数据发展的行动纲要》；2016 年，《国家十三五规划纲要》提出了"实施国家大数据战略"，工信部发布了《大数据产业发展规划(2016—2020 年)》；2017 年，十九大提出了推动大数据与实体经济深度融合，习近平在中央政治局集体学习中深刻分析了我国大数据发展的现状和趋势，对我国实施国家大数据战略提出了更高的要求；2018 年，国务院印发了《科学数据管理办法》；2019 年，自然资源部印发了《智慧城市时空大数据平台建设技术大纲(2019 版)》。这些政策表明我国已将大数据发展确定为国家战略，瞄准世界科技前沿，集中优势资源突破大数据核心技术，加快构建自主可控的大数据产业链、价值链和生态系统。

如何全面理解大数据(Big Data)的内涵与意义，在全社会形成共识，调动社会资源，推进大数据技术产业的创新发展，构建以数据为关键要素的数字经济，运用大数据技术提升国家治理的现代化水平，运用大数据促进民生的保障和改善，切实保障国家数据安全与完善数据产权保护制度，人才是关键。要培养大数据技术应用人才，就必须充分发挥高等教育院校在大数据人才培养方面的重要作用，奠定数字经济发展的坚实根基，为社会发展保驾护航。因此，掌握大数据的原理和应用，进行大数据平台基础理论及实践的学习至关重要。

本章作为大数据平台基础理论及实践的概述部分，首先介绍了大数据的内涵、特征、关键技术和相关大数据产业，然后分析了大数据与云计算、物联网、人工智能、5G 之间的关系，最后梳理了大数据职业岗位，并给出了大数据学习路线。

本章知识结构图如图 1-1 所示(★表示重点，▶表示难点)。

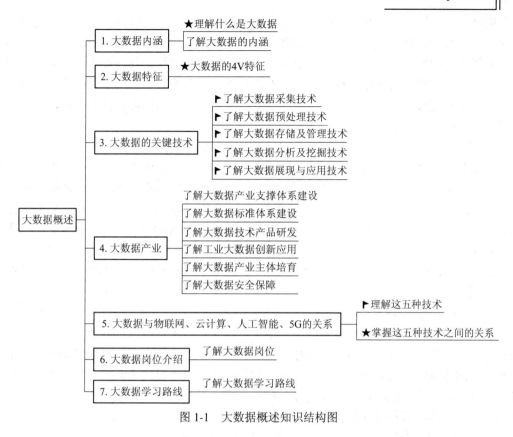

图 1-1　大数据概述知识结构图

1.1　大数据内涵

从科学研究到学习生活，从商业交易到互联网，从 Facebook 到微信朋友圈，各个不同领域的数据量都在爆发式增长，每个人都受到了数据极速增长的冲击。大数据开启了重大的时代转型，使政治、经济和社会发生了巨大变化，逐渐成为人们获得新的认知、创造新的价值的源泉。

什么是大数据？维克托·迈尔-舍恩伯格及肯尼斯·库克耶在《大数据时代》中的定义为：大数据不用随机分析法(抽样调查)这样的捷径，而是对所有数据进行分析处理。大数据研究机构 Gartner 的定义为：大数据是需要新处理模式才能具有更强的决策力、洞察发现力和流程优化能力的信息资产。麦肯锡全球研究所的定义为：大数据是一种规模大到在获取、存储、管理、分析方面大大超出了传统数据库软件工具能力范围的数据集合，具有海量的数据规模、快速的数据流转、多样的数据类型和较低的价值密度四大特征。

大数据是大规模数据的集合体，是数据对象、数据集成技术、数据分析应用、商业模式、思维创新的统一体，也是一门捕捉、管理和处理数据的技术，它代表着一种全新的思维方式。下面从五个方面分析大数据的内涵。

(1) 从对象角度来看，大数据是数据规模超出传统数据库处理能力的数据集合。

大数据对象既可能是实际的、有限的数据集合，也可能是虚拟的、无限的数据集合。

大数据是相互之间存在关联性的数据，具有分析挖掘的价值，其特点是数据无固定格式、变化多、并发高、增长速度快等。传统数据库研究讲究因果关系，强调的是数据精确性；而大数据研究则侧重于相关性，强调挖掘不同事物间的相关性，并以此作为各类判断的依据。此外，大数据使运算更依赖于数据而不是算法，较多的数据对于结果的影响要好于事实模型，即利用数学模型，根据给出的系统参数、初始状态和环境条件等数据，在计算机上运行运算得出的结果。

(2) 从技术角度来看，大数据是从海量数据中快速获得有价值信息的技术。

大数据技术涉及数据采集、存储、管理、分析挖掘、可视化等技术及其集成。该技术采用分布式架构，依托云计算的分布式处理、分布式数据库、云存储、虚拟化技术，对海量数据进行分布式数据挖掘。现在常用的大数据技术包括批量分布式并行计算 Hadoop 技术，实时分布式高吞吐、高并发数据存取处理 NoSQL 技术，利用廉价服务器搭建高容错性并行计算架构技术等，涉及数据聚类、大规模并行处理(Massively Parallel Processing，MPP)数据库、云计算平台、数据挖掘、分布式处理、互联网和可扩展的存储系统等领域。

(3) 从应用角度来看，大数据是对特定数据集合应用相关技术获得价值的行为。

大数据拥有众多的应用需求和广阔的使用前景，该技术可以释放商业价值，使数据更加透明，具有极强的行业应用需求特性。通过对大数据的数据分析，可以帮助企业了解不同市场之间的关联，发现新的产品和服务。此外，企业也可以将大数据分析技术用于在市场或行业内创造竞争优势，开拓新的商业机会。正由于与具体应用紧密联系，才使得大数据技术成为应用领域不可或缺的内涵之一。

(4) 从商业模式角度来看，大数据是企业获得商业价值的业务创新方向。

运用大数据资源与技术，以大数据为中心，对实体经济行业进行市场需求分析、生产流程优化、供应链与物流管理、能源管理、提供智能客户服务等，可拓展企业的目标市场，引发行业的跨界与融合，推动大数据产业链的形成，促进企业在价值主张、关键业务与流程、收益模式等方面的转变，现已涌现出了许多新型商业模式。企业可根据 Bloomberg Venture 发布的大数据产业地图 2.0 版本[①]分析自身业务基础和数据能力，选择适合的大数据商业模式，制定大数据业务战略。

(5) 从思维方式来看，大数据是从第三范式中分离出来的一种科研范式。

科学研究的第一范式是实验科学，第二范式是理论科学，第三范式是计算科学，第四范式就是数据密集型科学，如图 1-2 所示。图灵奖获得者吉姆·格雷(Jim Gray)基于 e-Science 的思路提出大数据是科学研究的第四范式，即以大数据为基础的数据密集型科研，通过大量的已知数据计算得出之前未知的理论。之所以将大数据科研从第三范式中分离出来，是因为其研究方式不同于基于数学模型的传统研究方式。PB 级数据使得人们在没有模型和假设的情况下就可以分析数据。将数据输入巨大的计算机集群中，只要有相互关联的数据，统计分析算法就可以发现传统科学方法发现不了的新模式、新知识甚至新规律。科研第四范式不仅是科研方式的转变，也是人们思维方式的大变化。

---

① Bloomberg Venture 发布的大数据产业地图 2.0 版本将大数据产业划分为六大类，共 38 种产品/商业模式，分别是大数据基础设施类、大数据分析类、大数据应用类、大数据数据源类、跨基础设施分析和开源项目。

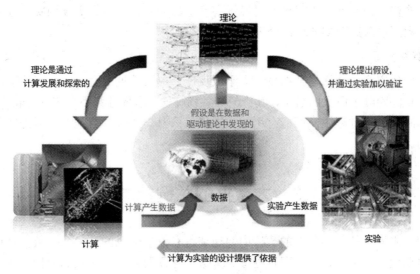

图 1-2　科学研究的四种范式

1.2　大数据的特征

从大数据的内涵可以看出大数据的 4V 特征，即 Volume(海量化)、Variety(多样化)、Velocity(快速化)、Value(价值密度低)，如图 1-3 所示。

1. 海量化

大数据的体量非常大，PB 级别将是常态，且增长速度较快。据 IDC(Internet Data Center，互联网数据中心)于 2018 年 11 月发布的《数据时代 2025》报告预测，全球数据总量将从 2018 年的 33ZB 增长到 2025 年的 175 ZB，相当于每天产生 491 EB 的数据。那么 175 ZB 的数据到底有多少呢？1 ZB 相当于 1.1 万亿 GB。如果把 175 ZB 的数据全部存在 DVD 光盘中，那么 DVD 叠加起来的高度将是地球和月球距离的 23 倍(月地

图 1-3　大数据的 4V 特征

最近距离约 39.3 万公里)，或者也可以说叠加长度可绕地球 222 圈(一圈约为 40 000 公里)。目前美国的平均网速为 25 Mb/s，一个人要下载完这 175 ZB 的数据，需要 18 亿年。

2. 多样化

大数据种类繁多，一般包括结构化、半结构化和非结构化等几种类型，如网络日志、视频、图片、地理位置信息等。这些数据在编码方式、数据格式、应用特征等多个方面存在差异性，多信息源的并发形成了大量的异构数据。此外，不同结构的数据处理和分析方式也有所区别。

3. 快速化

数据的快速流动和处理是大数据区分于传统数据挖掘的显著特征。例如，涉及感知、传输、决策、控制开放式循环的大数据，对数据的实时处理有着极高的要求，通过传统数

据库查询方式得到的当前结果很可能已经没有价值。因此，大数据更强调实时分析而非批量式分析，数据输入后即刻处理，处理后丢弃。

4. 价值密度低

大数据价值密度的高低与数据总量大小成反比，单条数据本身并无太多价值，但庞大的数据量累积并隐藏了巨大的财富，其价值具备稀疏性、多样性和不确定性等特点。例如，在连续不间断的监控过程中，可能有用的数据仅仅只有一两秒，但是无法事先知道哪一秒是有价值的。

1.3　大数据的关键技术

大数据技术就是从各种类型的数据中快速获得有价值信息的技术。大数据处理的关键技术一般包括大数据采集、大数据预处理、大数据存储及管理、大数据分析及挖掘、大数据展现和应用(大数据检索、大数据可视化、大数据应用、大数据安全等)，如图1-4所示。

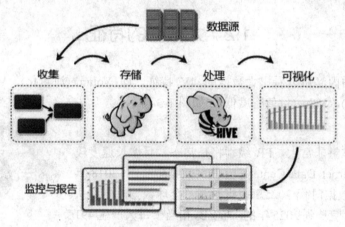

图 1-4　大数据的关键技术

1. 大数据采集技术

大数据采集一般分为大数据智能感知层和基础支撑层。大数据智能感知层主要包括数据传感体系、网络通信体系、传感适配体系、智能识别体系及软硬件资源接入系统，用于实现对结构化、半结构化、非结构化的海量数据的智能化识别、定位、跟踪、接入、传输、信号转换、监控、初步处理和管理等，重点针对大数据源的智能识别、感知、适配、传输、接入等技术。基础支撑层提供大数据服务平台所需的虚拟服务器以及结构化、半结构化及非结构化数据的数据库和物联网络资源等基础支撑环境，重点是分布式虚拟存储技术，大数据获取、存储、组织、分析和决策操作的可视化接口技术，大数据的网络传输与压缩技术，大数据隐私保护技术等。

现实生活中数据的种类很多，并且不同种类数据的产生方式也不同，因此大数据采集系统主要分为系统日志采集系统、网络数据采集系统和数据库采集系统三类系统。系统日志采集系统收集日志数据并对其进行离线和在线实时分析，为公司决策和公司后台服务器平台性能的评估提供可靠的数据保证。目前常用的开源日志收集系统有 Flume、Scribe 等。网络数据采集系统是按照一定的规则，通过网络爬虫等技术从网站上获取数据，提取网络数据的程序或脚本，并存储为统一的本地数据文件。目前常用的网页爬虫系统有 Apache Nutch、SpiderMan、Scrapy 等框架。数据库采集系统是通过数据库系统直接与企业业务后台服务器结合，将企业业务后台每时每刻都在产生大量的业务记录写入到数据库中，最后由特定的处理分系统进行系统分析。目前常用的关系型数据库有 Microsoft SQL Server、MySQL、Oracle 等，NoSQL 数据库有 HBase、Redis、MongoDB 等。

2. 大数据预处理技术

现实中的数据大多是"脏"数据，包括以下三种：① 不完整，缺少属性值或仅仅包含聚集数据；② 含噪声，包含错误或存在偏离期望的离群值，如 salary= "–10"；③ 不一致，如年龄和出生年月存在差异，age= "42"、Birthday= "03/07/2019"。通过数据预处理工作，完成对已采集接收数据的辨析、抽取、清洗、归约、变换、离散化、集成等操作处理，可以使残缺的数据完整，将错误的数据纠正，多余的数据去除，进而将所需的数据挑选出来；并且进行数据集成，保证数据的一致性、准确性、完整性、时效性、可信性、可解释性。

3. 大数据的存储及管理技术

大数据的存储与管理要用存储器把采集到的数据存储起来，建立相应的数据库，并进行管理和调用，以解决大数据的可存储、可表示、可处理、可靠性及有效传输等关键问题，其研究重点是复杂的结构化、半结构化和非结构化的大数据管理与处理技术，这些技术包括分布式存储技术，异构数据的数据融合技术，数据组织技术，大数据建模技术，大数据索引技术，大数据的移动、备份、复制等。

新型数据库技术包括关系型数据库、非关系型数据库以及数据库缓存系统。其中，关系型数据库包含传统关系数据库系统以及 NewSQL 数据库；非关系型数据库主要指的是 NoSQL 数据库，典型的 NoSQL 数据库通常包括键值数据库、列式数据库、文档数据库和图数据库四类；数据库缓存系统是通过高性能分布式内存缓存服务器缓存数据库的查询结果，减少数据库的访问次数，以提高动态 Web 等应用速度，提高可扩展性，例如 Memcache、Redis 等。

4. 大数据的分析及挖掘技术

大数据分析指对规模巨大的数据用适当的统计方法进行分析，以提取有用的信息并形成结论，包括可视化分析、数据挖掘算法、预测性分析、语义引擎、数据质量和数据管理等。

数据挖掘就是从大量的、不完全的、有噪声的、模糊的、随机的实际应用数据中，提取隐含在其中的、人们事先不知道的，但又潜在有用的信息和知识的过程。数据挖掘涉及的技术方法很多，根据挖掘任务的不同，可分为分类或预测模型发现、数据总结、聚类、关联规则发现、序列模式发现、依赖关系或依赖模型发现、异常和趋势发现等；根据挖掘对象的不同，可分为关系数据库、面向对象数据库、空间数据库、时态数据库、文本数据源以及多媒体数据库等；根据挖掘方法的不同，可分为机器学习方法、统计方法、神经网络方法和数据库方法，机器学习方法又可分为归纳学习方法(决策树、规则归纳等)、基于范例学习、遗传算法等，统计方法又可分为回归分析(多元回归、自回归等)、判别分析(贝叶斯判别、费歇尔判别、非参数判别等)、聚类分析(系统聚类、动态聚类等)、探索性分析(主元分析法、相关分析法等)等，神经网络方法又可分为前向神经网络(BP 算法等)、自组织神经网络(自组织特征映射、竞争学习等)等，数据库方法可分为多维数据分析、联机事务处理(On Line Transaction Processing，OLAP)及面向属性的归纳方法。

5. 大数据的展现与应用技术

大数据技术能够将隐藏于海量数据中的信息和知识挖掘出来，为人类的社会经济活动提供依据，从而提高各个领域的运行效率，大大提高整个社会经济的集约化程度。当前大数据重点应用于商业智能、政府决策和公共服务三大领域，如商业智能技术、政府决策技术、电信数据信息处理与挖掘技术、电网数据信息处理与挖掘技术、气象信息分析技术、环境监测技术、警务云应用系统(道路监控、视频监控、网络监控、智能交通、反电信诈骗、指挥调度等公安信息系统)、大规模基因序列分析比对技术、Web 信息挖掘技术、多媒体数据并行化处理技术、影视制作渲染技术及其他行业的云计算和海量数据处理应用。

1.4　大数据产业

大数据产业指以数据生产、采集、存储、加工、分析、服务为主的相关经济活动，包括数据资源建设，大数据软硬件产品的开发、销售和租赁活动，以及相关信息技术服务。大数据产业的发展对于提升政府治理能力，优化民生公共服务，促进经济转型和创新发展具有重大意义。

1. 大数据产业支撑体系的建设

要做好大数据产业支撑体系的建设，必须充分利用政府和社会现有的数据中心资源，整合改造规模小、效率低、能耗高的分散数据中心，避免资源和空间的浪费；加快网络基础设施的建设升级，优化网络结构，提升互联互通质量；建立大数据产业公共服务平台，提供政策咨询、共性技术支持、知识产权、投融资对接、品牌推广、人才培训、创业孵化等服务；建立第三方机构测试认证平台，开展大数据可用性、可靠性、安全性和规模质量等方面的测试测评、认证评估等服务；建立大数据开源社区，以自主创新技术为核心，孵化培育本土大数据开源社区和开源项目，构建大数据产业生态；建立大数据产业发展评估体系，对我国及各地大数据资源的建设状况、开放共享程度、产业发展能力、应用水平等进行监测、分析和评估，编制发布大数据产业发展的指数，引导和评估全国大数据的发展。

2. 大数据标准体系的建设

要做好大数据标准体系的建设，必须围绕大数据标准化的重大需求，开展数据资源的分类、开放共享、交易、标识、统计、产品评价、数据能力、数据安全等基础通用标准以及工业大数据等重点应用领域相关国家标准的研制；建立标准试验验证和符合性检测平台，开展数据开放共享、产品评价、数据能力成熟度、数据质量、数据安全等关键标准的试验验证和符合性检测。

3. 大数据技术产品的研发

要做好大数据技术产品的研发，必须以大数据关键技术的研发为抓手，围绕数据科学理论体系、大数据计算系统与分析、大数据应用模型等领域进行，加强大数据的基础研究；发挥企业的创新主体作用，整合产学研用资源优势的联合攻关，研发大数据的采集、传输、存储、管理、处理、分析、应用、可视化和安全等关键技术；突破大规模异构数据融合、集群资源调度、分布式文件系统等大数据基础技术，面向多任务的通用计算框架技术，以及流计算、图计算等计算引擎技术；支持深度学习、类脑计算、认知计算、区块链、虚拟现实等前沿技术创新，提升数据的分析处理和知识的发现能力；结合行业应用，研发大数据分析、理解、预测及决策支持与知识服务等智能数据应用技术；突破面向大数据的新型计算、存储、传感、通信等芯片及融合架构、内存计算、亿级并发、EB 级存储、绿色计算等技术，推动软硬件的协同发展。

此外，以大数据应用为牵引，结合数据生命周期的管理需求，培育大数据采集与集成、大数据分析与挖掘、大数据交互感知、基于语义理解的数据资源管理等平台产品；加快研发新一代商业智能、数据挖掘、数据可视化、语义搜索等软件产品；突破面向大数据应用基础设施的核心信息技术设备、信息安全产品以及面向事务的新型关系数据库、NoSQL 数据库、大规模图数据库和新一代分布式计算平台等基础产品；面向重点行业应用需求，研发具有行业特征的大数据检索、分析、展示等技术产品，形成垂直领域的成熟大数据解决方案及服务。

4. 工业大数据的创新应用

要做好工业大数据的创新应用，必须做到以下几点：

(1) 探索建立工业大数据中心，推动大数据在产品全生命周期和全产业链的应用，推进工业大数据与自动控制和感知硬件、工业核心软件、工业互联网、工业云和智能服务平台的融合发展，形成数据驱动的工业发展新模式，支撑"中国制造 2025"计划。

(2) 加快工业大数据的基础设施建设。加快建设面向智能制造单元、智能工厂及物联网应用的低延时、高可靠、广覆盖的工业互联网，提升工业网络基础设施的服务能力；加快工业传感器、RFID、光通信器件等数据采集设备的部署和应用，促进工业物联网标准体系的建设，推动工业控制系统的升级改造，汇聚传感、控制、管理、运营等多源数据，提升产品、装备、企业的网络化、数字化和智能化水平。

(3) 推进工业大数据全流程应用。建设工业大数据平台，推动大数据在重点工业领域各环节的应用，提升信息化和工业化的深度融合发展水平，助推工业转型升级；加强研发设计大数据的应用能力，利用大数据精准感知用户需求，促进基于数据和知识的创新设计，提升研发效率；加快大数据应用的生产制造，通过大数据监控优化流水线作业，强化故障预测与健康管理，优化产品质量，降低能源消耗；提升经营管理大数据应用的水平，提高人力、财务、生产制造、采购等关键经营环节的业务集成水平，提升管理效率和决策水平，实现经营活动的智能化；推动客户服务大数据的深度应用，促进大数据在售前、售中、售后服务中的创新应用；促进数据的资源整合，打通各个环节的数据链条，形成全流程的数据闭环。

(4) 培育数据驱动的制造业新模式。深化制造业与互联网的融合发展，坚持创新驱动，加快工业大数据与物联网、云计算、信息物理系统等新兴技术在制造业领域的深度集成与应用，构建制造业大数据"双创"平台，培育新技术、新业态和新模式；利用大数据推动"专精特新"中小企业参与产业链，对接"中国制造 2025"和军民融合项目，促进协同设计和协同制造；大力发展基于大数据的个性化定制，推动顾客对工厂(C2M)等制造模式的发展，提升制造过程的智能化和柔性化程度；利用大数据加快发展制造即服务模式，促进生产型制造向服务型制造的转变。

5. 加快大数据产业主体的培育

要加快大数据产业主体的培育，必须做到以下几点：

(1) 利用大数据助推创新创业。鼓励资源丰富、技术先进的大数据领先企业建设大数据平台，开放平台数据、计算能力、开发环境等基础资源，降低创新创业成本；鼓励大型企业依托互联网"双创"平台，提供基于大数据的创新创业服务；组织开展算法大赛、应用创新大赛、众包众筹等活动，激发创新创业活力；支持大数据企业与科研机构的深度合作，打通科技创新和产业化之间的通道，形成数据驱动的科研创新模式。

(2) 构建企业的协同发展格局。支持龙头企业整合利用国内外技术、人才和专利等资源，加快大数据的技术研发和产品创新，提高产品和服务的国际市场占有率和品牌影响力；支持中小企业加快服务模式创新和商业模式创新，提高创新能力；加强企业合作，构建多方协作、互利共赢的产业生态。

(3) 优化大数据产业区域布局。引导地方结合自身条件，突出区域特色优势，明确重点发展方向，深化大数据应用，合理定位，科学谋划，形成科学有序的产业分工和区域布局；建设若干国家大数据综合试验区，在大数据制度创新、公共数据开放共享、大数据创新应用、大数据产业集聚、数据要素流通、数据中心整合、大数据国际交流合作等方面开展系统性探索试验；建设一批大数据产业集聚区，创建大数据新型工业化产业示范基地，发挥产业集聚和协同作用，以点带面，引领全国大数据发展；统筹规划大数据跨区域布局，利用大数据推动信息共享、信息消费、资源对接、优势互补，促进区域经济社会的协调发展。

6. 大数据的安全保障

要保障大数据的安全，必须做到以下几点：

(1) 针对网络信息安全的新形势，加强大数据安全技术产品的研发，利用大数据完善安全管理机制，构建强有力的大数据安全保障体系。

(2) 加强大数据安全技术产品的研发。重点研究大数据环境下的统一账号、认证、授权和审计体系及大数据加密和密级管理体系，突破差分隐私技术、多方安全计算、数据流动监控与追溯等关键技术；推广防泄露、防窃取、匿名化等大数据保护技术，研发大数据安全保护产品和解决方案；加强云平台虚拟机安全技术、虚拟化网络安全技术、云安全审计技术、云平台安全统一管理技术等大数据安全支撑技术研发及产业化，加强云计算、大数据基础软件系统的漏洞挖掘和加固。

(3) 提升大数据对网络信息安全的支撑能力。综合运用多源数据，加强大数据的挖掘分析，增强网络信息安全风险的感知、预警和处置能力；加强基于大数据的新型信息安全产品的研发，推动大数据技术在关键信息基础设施安全防护中的应用，保障金融、能源、

电力、通信、交通等重要信息系统的安全；建设网络信息安全态势感知大数据平台和国家
工业控制系统安全监测与预警平台，促进网络信息安全威胁数据的采集与共享，建立统一
高效、协同联动的网络安全风险报告、情报共享和研判处置体系。

1.5 大数据与物联网、云计算、人工智能、5G 的关系

大数据、物联网、人工智能、云计算和 5G 等领域相辅相成，谁都离不开谁。如图 1-5
所示，物联网、云计算和 5G 是大数据的底层架构，大数据依赖云计算来处理大数据，人
工智能是大数据的场景应用。5G 发展落地物联网才能发展，而物联网和云计算的发展则是
推动大数据快速发展的主要原因，进而推动机器学习、计算机视觉、自然语言处理以及机
器人学等人工智能领域迎来新的发展机遇。

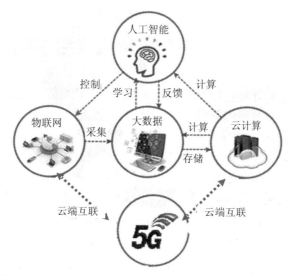

图 1-5 大数据与物联网、云计算、人工智能、5G 的关系

物联网从体系结构上可以划分为六个组成部分，分别是设备、网络、平台、分析、应
用和安全，其中安全覆盖了其他五个部分。物联网是产业互联网建设的关键，同时也是人
工智能产品(智能体) 的重要落地应用环境。目前人工智能物联网(Artificial Intelligence &
Internet of Things，AIoT)受到了科技领域的广泛重视。

云计算的核心是服务，借助互联网为用户提供廉价的计算资源服务。云计算根据用户
的不同提供 IaaS、PaaS 和 SaaS 三个级别的服务，通过互联网来提供动态易扩展的虚拟化
资源，计算能力强大。云计算改变了传统的获取计算资源的方式，成为互联网服务的重要
支撑。

大数据指无法在一定时间范围内用常规软件工具进行捕捉、管理和处理的数据集合，
是需要新处理模式才能具有更强的决策力、洞察发现力和流程优化能力的海量、高增长率
和多样化的信息资产。大数据是物联网、Web 和传统信息系统发展的必然结果，它在技术
体系上与云计算重点都是分布式存储和分布式计算，不同的是云计算注重服务，大数据则
注重数据的价值化操作。

人工智能(Artificial Intelligence，AI)是研究、开发用于模拟、延伸和扩展人的智能的理论、方法、技术及应用系统的一门新的技术科学。人工智能其实就是大数据、云计算的一个应用场景，包含机器学习，它可从被动到主动，从模式化实行指令到自主判断根据情况实行不同的指令。

5G 是第五代移动电话行动通信标准，也称第五代移动通信技术。它提供了基础的通信服务支撑，在 4G 的基础之上提升了数据的传输速率和容量支持，同时在安全性上也有了一定程度的提升。5G 以"Gbps 用户体验速率"为标志性能力指标，包括大规模天线阵列、超密集组网、新型多址、全频谱接入和新型网络架构等关键技术。5G 能够灵活地支持各种不同的设备，例如 5G 网络能够满足物联网、互联网汽车等产业的快速发展对网络速度的更高要求，还支持智能手机、智能手表、健身腕带、智能家庭设备等。

随着 5G 通信标准的落地，产业互联网发展的大幕也在徐徐拉开，而物联网、大数据、云计算和人工智能正是产业互联网的核心技术组成，所以这些技术都有广泛的发展前景。

1.6 大数据岗位介绍

随着移动互联网、云计算、物联网等技术的发展，能高效处理大数据、利用大数据应用的人才已成为数字经济发展的坚实根基。目前大数据人才在世界范围内仍处于紧缺状态。根据企业和行业对大数据人才的需求，我们把大数据职业岗位分为大数据基础平台类、大数据管理类、大数据研发类、大数据分析类和大数据挖掘类五大类，如图 1-6 所示。大数据基础平台主要负责大数据集群软硬件的管理和维护；大数据管理类主要负责公司数据的管理、数据安全策略的制定和实现以及数据仓库的搭建；大数据研发类主要负责 ETL(Extract-Transform-Load，数据抽取、转换和加载)任务的开发；大数据分析类主要负责数据分析的相关工作以及数据可视化分析；大数据挖掘类负责数据挖掘算法的设计与策略。

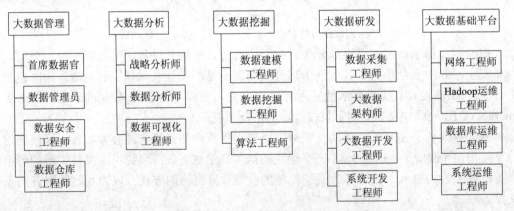

图 1-6 大数据职业岗位

赛迪顾问研究显示,大数据对人才的需求可用图 1-7 来进行归纳概括。随着 Spark/Storm 等大数据平台应用的普及，企业对专业人才的需求日益增加，数据平台开发工程师、数据分析工程师、数据挖掘工程师等岗位炙手可热；互联网、电子信息、软件对于大数据人才需求量最大；专业知识和沟通表达能力成为企业聘用大数据人才时考虑的最重要的因素。

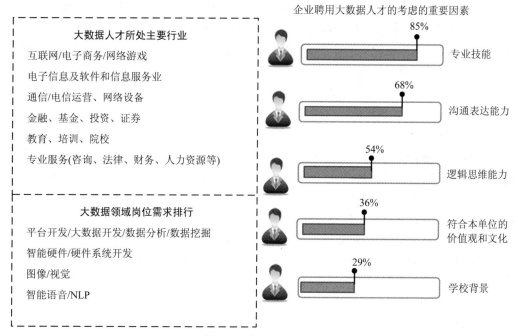

图 1-7　大数据人才需求

因此，对于从事大数据职业的人来说，要想提升自身的岗位竞争力，需要做好以下几点：

(1) 系统的学习过程。如果在学习的初期并没有一个明确的发展方向，那么就选择一门全场景开发语言，比如 Java 或 Python。

(2) 具备丰富的知识结构。从事大数据产品开发除了要具备扎实的基础知识(数学和计算机基础知识)外，还要对操作系统、计算机网络、编程语言、数据库等知识有透彻的了解，以提升岗位竞争力。

(3) 具备较强的实践能力。大数据技术的知识理论较新，因此对于实践能力要求较高，而实践能力的培养一方面需要在学习时完成大量的实验，另一方面则要通过实习岗位来获得。

(4) 紧跟技术发展趋势。大数据行业对于新技术比较敏感，掌握新技术会更容易获得工作岗位，在薪资待遇方面也会有一定的提升。

1.7　大数据学习路线

任何学习过程都需要一个科学合理的学习路线，才能够有条不紊地完成学习目标。大数据所需学习的内容纷繁复杂，难度较大，因此，一个能理清学习思路的、合理的大数据学习路线图就显得十分必要。

(1) 精通 Java 语言，并以 Java 语言为基础掌握面向对象编程思想所涉及的知识以及该知识在面向对象编程思想中的应用，培养学生设计程序的能力。

(2) 熟练掌握数据结构与算法以及基于 Java 语言的底层数据结构和算法原理，能够动手写出关于集合的各种算法和数据结构，并且了解这些数据结构能够处理的问题和优缺点。

(3) 熟练掌握数据库原理与 MySQL、SQL Server 等关系型数据库的原理，掌握结构化数据的特性以及关系型数据库的范式，能够使用 SQL 语言与数据库进行交互；熟练掌握各种复杂 SQL 语句的编写。

(4) 精通 Linux 操作系统，全面了解 Linux 下的管理命令、用户管理、网络配置管理等；掌握 Shell 脚本编程，能够根据具体业务进行复杂 Shell 脚本的编写。

(5) 精通 Hadoop 技术，学习 Hadoop 两个核心技术——分布式文件系统 HDFS 和分布式计算框架 MapReduce；掌握 MapReduce 的运行过程及相关原理，精通各种业务的 MapReduce 程序编写；掌握 Hadoop 的核心源码及实现原理，会使用 Hadoop 进行海量数据的存储、计算与处理。

(6) 精通 HBase、MongoDB 等分布式数据库的技术、原理、应用场景以及 HBase 数据库的设计、操作等，能结合 Hive 等工具进行海量数据的存储与检索。

(7) 精通基于 Hadoop 的数据仓库 Hive，扎实掌握 HiveQL 的语法，熟练使用 HiveQL 进行数据操作；了解内部表、外部表及其与传统数据库的区别，掌握 Hive 的应用场景及 Hive 与 HBase 的结合使用。

(8) 掌握 Python 语言的基础语法及面向对象技术，能够使用 Python 进行数据爬虫，会编写 Web 程序、实现算法设计等，并能根据业务使用 Python 语言完成业务功能和系统的开发。

(9) 熟练掌握机器学习的经典算法，掌握算法的原理、公式及应用场景；熟练掌握使用机器学习算法进行相关数据的分析，保证分析结果的准确性。

(10) 精通 Spark 高级编程技术，掌握 Spark 的运行原理与架构，熟悉 Spark 的各种应用场景，掌握基于 RDD 的各种算子的使用；精通 Spark Streaming 针对流处理的底层原理，熟练应用 Spark SQL 对各种数据源进行处理，熟练掌握 Spark 机器学习的算法库，达到在掌握 Spark 各种组件的基础上，构建出大型离线或实时业务项目的目的。

(11) 实战真实大数据项目。通过真实的大数据项目实战，把所学基础知识与大数据技术框架贯穿起来，熟悉大数据项目从数据采集、清洗、存储、处理、分析的完整生命周期，掌握大数据项目开发的设计思想和数据处理技术手段，解决开发过程中遇到的问题和技术难点。

本 章 小 结

本章介绍了大数据的内涵、特征、关键技术和相关大数据产业，分析了大数据、云计算与物联网之间的关系，梳理了大数据的职业岗位，并给出了大数据的学习路线图。

大数据是大规模数据的集合体，是数据对象、数据集成技术、数据分析应用、商业模式、思维创新的统一体，也是一门捕捉、管理和处理数据的技术，它代表着一种全新的思维方式。

大数据的 4V 特征是 Volume(海量化)、Variety(多样化)、Value(价值密度低)、Velocity(快速化)。

大数据处理的关键技术包括大数据采集、大数据预处理、大数据存储及管理、大数据分析及挖掘、大数据展现和应用。

大数据产业指以数据生产、采集、存储、加工、分析、服务为主的相关经济活动，包括数据资源建设、大数据软硬件产品的开发、销售和租赁活动以及相关信息技术服务。

物联网、云计算和 5G 是大数据的底层架构，大数据依赖云计算来处理大数据，人工智能则是大数据的场景应用。

思考与练习题

1. 简述大数据的内涵。
2. 简述大数据的 4V 特征。
3. 简述科学研究的 4 个阶段。
4. 举例说明大数据的关键技术。
5. 简述大数据产业。
6. 简述大数据、云计算、5G、物联网以及人工智能之间的区别和联系。
7. 简述大数据的职业岗位。
8. 简述应该怎样去学好大数据技术。

第 2 章

初识 Hadoop

Apache Hadoop 于 2008 年 1 月成为 Apache 顶级项目。Hadoop 是一个开源的、可运行于大规模集群上的分布式存储和计算的软件框架，它具有高可靠、弹性可扩展等特点，非常适合处理海量数据。Hadoop 实现了分布式文件系统 HDFS 和分布式计算框架 MapReduce 等功能，被公认为是行业大数据的标准软件，在业内得到了广泛应用。

本章首先介绍了 Hadoop 的来源、发展简史、特点和版本，然后介绍了 Hadoop 生态系统、体系架构和应用现状，最后讲述了 Hadoop 的系统环境、运行模式，并演示了如何在 Linux 操作系统下安装、配置、启动和验证 Hadoop 集群。

本章知识结构图如图 2-1 所示(★表示重点，▶表示难点)。

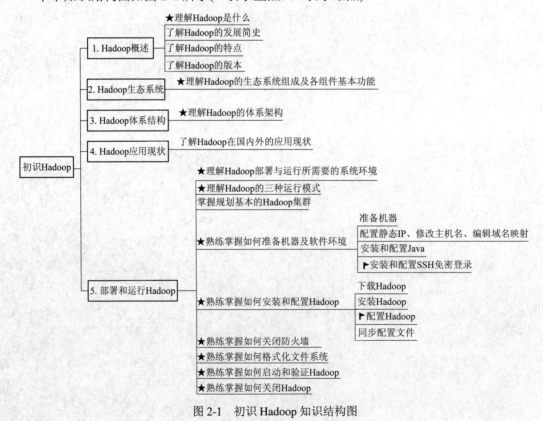

图 2-1　初识 Hadoop 知识结构图

2.1　Hadoop 概述

2.1.1　Hadoop 简介

　　Hadoop 是 Apache 基金会旗下的一个可靠的、可扩展的分布式计算开源软件框架，为用户提供了系统底层透明的分布式基础架构。Hadoop 基于 Java 语言开发，具有很好的跨平台特性，它允许用户使用简单的编程模型在廉价的计算机集群上对大规模数据集进行分布式处理。Hadoop 旨在从单一服务器扩展到成千上万台机器，每台机器都提供本地计算和存储，且将数据备份在多个节点上，以此来提升集群的高可用性，而不是通过硬件提升。当一台机器宕机时，其他节点依然可以提供数据和计算服务。

　　第一代 Hadoop(即 Hadoop 1.0)的核心由分布式文件系统 HDFS 和分布式计算框架 MapReduce 组成。为了克服 Hadoop 1.0 中 HDFS 和 MapReduce 的架构设计和应用性能方面的各种问题，研究人员提出了第二代 Hadoop(即 Hadoop 2.0)。Hadoop 2.0 的核心包括分布式文件系统 HDFS、统一资源管理和调度框架 YARN 及分布式计算框架 MapReduce。HDFS 是谷歌文件系统 GFS 的开源实现，是面向普通硬件环境的分布式文件系统，适用于大数据场景的数据存储，可提供高可靠、高扩展、高吞吐率的数据存储服务。MapReduce 是谷歌 MapReduce 的开源实现，是一种简化的分布式应用程序开发的编程模型，允许开发人员在不了解分布式系统底层细节和缺少并行应用开发经验的情况下，能快速轻松地编写出分布式并行程序，并将其运行于计算机集群上，完成对大规模数据集的存储和计算。YARN 是将 MapReduce 1.0 中 JobTracker 的资源管理功能单独剥离出来而形成的，它是一个纯粹的资源管理和调度框架，解决了 Hadoop 1.0 中只能运行 MapReduce 框架的限制，可在 YARN 上运行各种不同类型的计算框架，如 MapReduce、Spark、Storm 等。

　　目前，Hadoop 在业内得到了广泛应用。在工业界，Hadoop 已经是公认的大数据通用存储和分析平台，许多厂商都围绕 Hadoop 提供开发工具、开源软件、商业化工具和技术服务，例如谷歌、雅虎、微软、淘宝等都支持 Hadoop。另外，还有一些专注于 Hadoop 的公司，例如 Cloudera、Hortonworks 和 MapR 都可以提供商业化的 Hadoop 支持。

2.1.2　Hadoop 的发展简史

　　Hadoop 这个名字不是单词缩写。Hadoop 之父道格·卡丁(Doug Cutting)曾这样解释 Hadoop 名字的由来："这个名字是我的孩子给一个棕黄色的大象玩具取的名字。我的命名标准就是简短、容易发音和拼写，并且不会被用于别处。小孩子恰恰是这方面的高手。" Hadoop 的商标如图 2-2 所示。Hadoop 后来很多子项目的命名方式都沿用了这种风格，通常以动物为主题取名，例如 Pig、Hive 等。

图 2-2　Apache Hadoop 的商标

　　Hadoop 是由 Apache Lucence 创始人道格·卡丁创建的，Lucence 是一个应用广泛的文本搜索系统库。Hadoop 起源于开源的网络搜索引擎 Apache Nutch，它本身是 Lucence 项目的一部分。

Nutch 项目开始于 2002 年，是一个可以代替当时主流搜索产品的开源搜索引擎。但后来，它的创始人道格·卡丁和迈克·卡法雷拉(Mike Cafarella)遇到了棘手难题，该搜索引擎框架只能支持几亿数据的抓取、索引和搜索，无法扩展到拥有数十亿网页的网络。

2003 年，谷歌发表了论文 "The Google File System(《谷歌文件系统》，简称 GFS")，解决了大规模数据存储的问题。于是在 2004 年，Nutch 项目借鉴谷歌 GFS 使用 Java 语言开发了自己的分布式文件系统，即 Nutch 分布式文件系统 NDFS，也就是 HDFS 的前身。

2004 年，谷歌又发表了一篇具有深远影响的论文 "MapReduce: Simplifed Data Processing on Large Clusters(《MapReduce：面向大型集群的简化数据处理》)"，阐述了 MapReduce 分布式编程思想。Nutch 开发者们发现谷歌 MapReduce 所解决的大规模搜索引擎数据处理问题，正是他们当时面临并亟待解决的难题。于是，Nutch 开发者们模仿谷歌 MapReduce 的框架设计思路，使用 Java 语言设计并于 2005 年初开源实现了 MapReduce。

2006 年 2 月，Nutch 中的 NDFS 和 MapReduce 独立出来，形成了 Lucence 的子项目，并命名为 Hadoop；同时道格·卡丁进入雅虎，雅虎为此组织了专门的团队和资源，致力于将 Hadoop 发展成为能够处理海量 Web 数据的分布式系统。

2007 年，《纽约时报》把存档报纸扫描版的 4TB 文件在 100 台亚马逊虚拟机服务器上使用 Hadoop 转换为 PDF 格式，整个过程所花时间不到 24 小时，这一事件更加深了人们对 Hadoop 的印象。

2008 年，谷歌工程师克里斯托弗·比斯格利亚(Christophe Bisciglia)发现把当时的 Hadoop 放到任意一个集群中去运行是一件很困难的事，所以与好友 Facebook 的杰夫·哈默巴赫尔(Jeff Hammerbacher)、雅虎的埃姆·阿瓦达拉(Amr Awadallah)、甲骨文的迈克·奥尔森(Mike Olson)成立了专门商业化 Hadoop 的公司 Cloudera。

2008 年 1 月，Hadoop 成为 Apache 的顶级项目。

2008 年 4 月，Hadoop 打破世界纪录，成为最快的 TB 级数据排序系统。在一个 910 节点的集群上，Hadoop 在 209 秒内完成了对 1TB 数据的排序，击败了前一年的冠军(297 秒)。

2009 年 4 月，Hadoop 再次对 1TB 数据进行排序，只花了 62 秒。

2011 年，雅虎将 Hadoop 团队独立出来，由雅虎主导 Hadoop 开发的副总裁埃里克·布雷德埃斯韦勒(Eric Bladeschweiler)带领二十几个核心成员成立子公司 Hortonworks，专门提供 Hadoop 相关服务。该公司只成立 3 年就上市了。同年 12 月，Hortonworks 发布 1.0.0 版本，标志着 Hadoop 已经初具生产规模。

2012 年，Hortonworks 推出了 YARN 框架第一版本，从此 Hadoop 的研究进入了一个新层面。

2013 年 10 月，Hortonworks 发布了 2.2.0 版本，Hadoop 正式进入 2.x 时代。

2014 年，Hadoop 2.x 更新速度非常快，先后发布了 2.3.0、2.4.0、2.5.0 和 2.6.0，极大完善了 YARN 框架和整个集群的功能。Cloudera、Hortonworks 等很多 Hadoop 研发公司都与其他企业合作共同开发 Hadoop 的新功能。

2015 年 4 月，Hortonworks 发布了 2.7.0 版本。

2016 年，Hadoop 及其生态圈组件 Spark 等在各行各业落地并得到广泛应用，YARN 持续发展以支持更多计算框架。同年 9 月，Hortonworks 发布了 Hadoop 3.0.0-alpha1 版本，预示着 Hadoop 3.x 时代的到来。

2018 年 11 月，Hortonworks 发布了 Hadoop 2.9.2，同年 10 月发布了 Ozone 第一版 0.2.1-alpha。Ozone 是 Hadoop 的子项目，该项目提供了分布式对象存储，建立在 Hadoop 分布式数据存储 HDFS 上。

2019 年 1 月，Hortonworks 发布了 Hadoop 3.2.0 和 Submarine 第一版 0.1.0。Submarine 是 Hadoop 的子项目，该项目旨在 YARN 等资源管理平台上运行 TensorFlow、PyTorch 等深度学习应用程序。

2.1.3　Hadoop 的特点

Hadoop 是一个能够对海量数据进行分布式处理的计算平台，用户可以轻松地在 Hadoop 上开发和运行处理海量数据的应用程序，其主要优点包括以下几个方面：

1）高可靠性

Hadoop 采用冗余数据存储方式，即使一个副本发生故障，其他副本也可以保证正常对外提供服务。

2）高扩展性

Hadoop 的设计目标是可以高效稳定地运行在廉价的计算机集群上，可以方便添加机器节点，并扩展到数以千计的计算机节点上。

3）高效性

作为分布式计算平台，Hadoop 能够高效地处理 PB 级数据。

4）高容错性

Hadoop 采用冗余数据存储方式，自动保存数据的多个副本。当读取该文档出错或者某一台机器宕机时，系统会调用其他节点上的备份文件，保证程序顺利运行。

5）低成本

Hadoop 是开源的，不需要支付任何费用即可下载安装使用。另外，Hadoop 集群可以部署在普通机器上，而不需要部署在价格昂贵的小型机上，能够大大减少公司的运营成本。

6）支持多种平台

Hadoop 支持 Windows 和 GNU/Linux 两类运行平台。Hadoop 是基于 Java 语言开发的，因此其最佳运行环境无疑是 Linux。Linux 的发行版本众多，常见的有 CentOS、Ubuntu、Red Hat、Debian、Fedora、SUSE、openSUSE 等。

7）支持多种编程语言

Hadoop 上的应用程序可以使用 Java、C++进行编写。

2.1.4　Hadoop 的版本

Hadoop 的发行版本有两类，一类是由社区维护的免费开源的 Apache Hadoop，另一类是 Cloudera、Hortonworks、MapR 等商业公司推出的 Hadoop 商业版。

Apache Hadoop 版本分为三代，分别称为 Hadoop 1.0、Hadoop 2.0、Hadoop 3.0。第一

代 Hadoop 包含 0.20.x、0.21.x 和 0.22.x 三大版本，其中 0.20.x 最后演化成 1.0.x，变成了稳定版，而 0.21.x 和 0.22.x 则增加了 HDFS NameNode HA 等重要新特性。第二代 Hadoop 包含 0.23.x 和 2.x 两大版本，它们完全不同于 Hadoop 1.0，是一套全新的架构，均包含 HDFS Federation 和 YARN 两个系统。相比于 0.23.x，2.x 增加了 NameNode HA 和 Wire-compatibility 两个重大特性。需要注意的是，Hadoop 2.0 主要由从 Yahoo 独立出来的 Hortonworks 公司主持开发。与 Hadoop 2.0 相比，Hadoop 3.0 具有许多重要的增强功能，包括 HDFS 可擦除编码和 YARN 时间轴服务 v.2，支持 2 个以上的 NameNode，支持 Microsoft Azure Data Lake 和 Aliyun Object Storage System 文件系统连接器，并可服务于深度学习用例和长期运行的应用等重要功能。此外，新增的组件 Hadoop Submarine 使数据工程师能够在同一个 Hadoop YARN 集群上轻松开发、训练和部署深度学习模型。

Hadoop 商业版主要用于提供对各项服务的支持，高级功能要收取一定费用。这对一些研发能力不太强的企业来说是非常有利的，公司只要出一定的费用就能使用到一些高级功能。每个发行版都有自己的特点，这里对使用最多的 CDH(Cloudera Distribution Hadoop)和 HDP(Hortonworks Data Platform)发行版做简单介绍。

1）CDH

Cloudera CDH 版本的 Hadoop 是现在国内公司使用最多的，其优点为 Cloudera Manager(简称 CM)配置简单，升级方便，资源分配设置方便，非常有利于整合 Impala，官方文档详细，与 Spark 整合非常好。在 CM 基础上，我们通过页面就能完成对 Hadoop 生态系统各种环境的安装、配置和升级；其缺点为 CM 不开源，Hadoop 某些功能与社区版有出入。目前，CDH 的最新版本为 CDH 5 和 CDH 6，读者可到官网 https://www.cloudera.com 获取更多信息。

2）HDP

Hortonworks HDP 的优点为原装 Hadoop、纯开源，版本与社区版一致，支持 Tez，采用集成开源监控方案 Ganglia 和 Nagios；缺点为安装、升级、添加节点、删除节点比较麻烦。目前，HDP 的最新版本为 HDP 2 和 HDP 3，读者可到官网 https://hortonworks.com 获取更多信息。

注意，若无特别强调，本书均是围绕 Apache Hadoop 2.0 展开描述和讨论的。

2.2　Hadoop 生态系统

经过十几年的发展，目前，Hadoop 已经成长为一个庞大的体系。狭义上来说，Hadoop 是一个适合大数据的分布式存储和分布式计算的平台，主要由分布式文件系统 HDFS、统一资源管理和调度框架 YARN 以及分布式计算框架 MapReduce 三部分构成。但广义上来讲，Hadoop 是指以 Hadoop 为基础的生态系统，Hadoop 仅是其中最基础、最重要的部分，生态系统中每个组件只负责解决某一特定问题。

Hadoop 2.0 生态系统如图 2-3 所示。

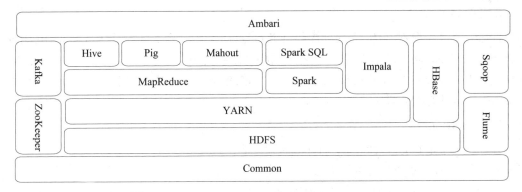

图 2-3　Hadoop 2.0 生态系统

1. Hadoop Common

Hadoop Common 是 Hadoop 体系中最底层的一个模块，为 Hadoop 各子项目提供各种工具，如系统配置工具 Configuration、远程过程调用 RPC、序列化机制和日志操作，是其他模块的基础。

2. HDFS

HDFS(Hadoop Distributed File System)是 Hadoop 分布式文件系统，是 Hadoop 三大核心之一，是针对谷歌文件系统 GFS(Google File System)的开源实现。HDFS 是一个具有高容错性的文件系统，适合部署在廉价的机器上，且能提供高吞吐量的数据访问，非常适合大规模数据集上的应用。MapReduce、Spark 等大数据处理框架要处理的数据源大部分都存储在 HDFS 上，Hive、HBase 等框架的数据通常也存储在 HDFS 上。简而言之，HDFS 为大数据的存储提供了保障。

3. YARN

YARN(Yet Another Resource Negotiator)是统一资源管理和调度框架，它解决了 Hadoop 1.0 资源利用率低和不能兼容异构计算框架等多种问题，提供了资源隔离方案和双调度器解决方案，可在 YARN 上运行 MapReduce、Spark、Storm、Tez 等各种不同类型的计算框架。

4. MapReduce

Hadoop MapReducc 是一个分布式的、并行处理的编程模型，是针对谷歌 MapReduce 的开源实现。开发人员可以在不了解分布式系统底层设计原理和缺少并行应用开发经验的情况下，就能使用 MapReduce 计算框架快速轻松地编写出分布式并行程序，完成对大规模数据集(大于 1 TB)的并行计算。MapReduce 利用函数式编程思想，将复杂的、运行于大规模集群上的并行计算过程高度抽象为 Map 和 Reduce 两个函数，其中 Map 是对可以并行处理的小数据集进行本地计算并输出中间结果，Reduce 是对各个 Map 的输出结果进行汇总计算得到最终结果。

5. Spark

Spark 是加州伯克利大学 AMP 实验室开发的新一代计算框架，对迭代计算很有优势。和 MapReduce 计算框架相比，Spark 的性能提升明显，并且都可以与 YARN 进行集成。

6. HBase

HBase 是一个分布式的、面向列族的开源数据库，一般采用 HDFS 作为底层存储。HBase 是针对谷歌 Bigtable 的开源实现，二者采用相同的数据模型，具有强大的非结构化数据存储能力。HBase 使用 ZooKeeper 进行管理，它能否保障查询速度的一个关键因素就是 RowKey 的设计是否合理。

7. ZooKeeper

ZooKeeper 是 Google Chubby 的开源实现，是一个分布式的、开放源码的分布式应用程序协调框架，为大型分布式系统提供了高效且可靠的分布式协调服务以及诸如统一命名服务、配置管理、分布式锁等分布式基础服务，并广泛应用于 Hadoop、HBase、Kafka 等大型分布式系统，例如 HDFS NameNode HA 自动切换、HBase 高可用、Spark Standalone 模式下的 Master HA 机制都是通过 ZooKeeper 来实现的。

8. Hive

Hive 是一个基于 Hadoop 的数据仓库工具，最早由 Facebook 开发并使用。Hive 可让不熟悉 MapReduce 的开发人员直接编写 SQL 语句，实现对大规模数据的统计分析操作。此外，Hive 还可以将 SQL 语句转换为 MapReduce 作业，并提交到 Hadoop 集群上运行。Hive 大大降低了学习门槛，同时也提升了开发效率。

9. Pig

Pig 与 Hive 类似，也是对大型数据集进行分析和评估的工具。不过与 Hive 提供 SQL 接口不同的是，它提供了一种高层的、面向领域的抽象语言 Pig Latin。和 SQL 相比，Pig Latin 更加灵活，但学习成本稍高。

10. Impala

Impala 由 Cloudera 公司开发，提供了与存储在 HDFS、HBase 上的海量数据进行交互式查询的 SQL 接口，其优点是查询非常迅速，其性能大幅领先于 Hive。Impala 并没有基于 MapReduce 计算框架，这也是 Impala 可以大幅领先 Hive 的原因。

11. Mahout

Mahout 是一个机器学习和数据挖掘库，它具有许多功能，包括聚类、分类、推荐过滤等。

12. Flume

Flume 是由 Cloudera 提供的一个高可用、高可靠、分布式的海量日志采集、聚合和传输的框架。Flume 支持在日志系统中定制各类数据发送方，用于收集数据，同时也可提供对数据进行简单处理并写到各种数据接收方。

13. Sqoop

Sqoop 是 SQL to Hadoop 的缩写，主要用于关系数据库和 Hadoop 之间的数据双向交换。可以借助 Sqoop 完成 MySQL、Oracle、PostgreSQL 等关系型数据库到 Hadoop 生态系统中 HDFS、HBase、Hive 等的数据导入导出操作，整个导入导出过程都是由 MapReduce 计算框架实现的，非常高效。Sqoop 项目开始于 2009 年，最早作为 Hadoop 的一个第三方模块存在，后来为了让使用者能够快速部署，也为了让开发人员能够更快速地迭代开发，Sqoop

就独立成为一个 Apache 项目。

14. Kafka

Kafka 是一种高吞吐量的、分布式的发布订阅消息系统，可以处理消费者在网站中的所有动作流数据。Kafka 最初由 LinkedIn 公司开发，于 2010 年贡献给 Apache 基金会，并于 2012 年成为 Apache 顶级开源项目。它采用 Scala 和 Java 语言编写，是一个分布式、支持分区的、多副本的、基于 ZooKeeper 协调的分布式消息系统，它适合应用于以下两大类别场景：构造实时流数据管道，在系统或应用之间可靠地获取数据；构建实时流式应用程序，并对这些流数据进行转换。

15. Ambari

Apache Ambari 是一个基于 Web 的工具，支持 Apache Hadoop 集群的安装、部署、配置和管理，目前已支持大多数 Hadoop 组件，包括 HDFS、MapReduce、Hive、Pig、HBase、ZooKeeper、Oozie、Sqoop 等。Ambari 由 Hortonworks 主导开发，具有 Hadoop 集群自动化安装、中心化管理、集群监控、报警等功能，使得安装集群从几天缩短到几小时，运维人员也从数十人降低到几人，极大地提高了集群管理的效率。

2.3 Hadoop 的体系架构

Hadoop 集群采用主从架构(Master/Slave)，NameNode 与 ResourceManager 为 Master，DataNode 与 NodeManager 为 Slave，守护进程 NameNode 和 DataNode 负责完成 HDFS 的工作，守护进程 ResourceManager 和 NodeManager 则负责完成 YARN 的工作。Hadoop 集群架构图如图 2-4 所示。

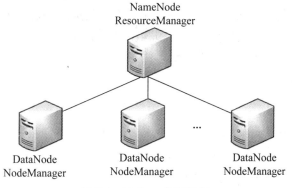

图 2-4 Hadoop 集群架构

2.4 Hadoop 的应用现状

目前，Hadoop 已经在业内得到了广泛应用。

1. Hadoop 在雅虎

2007 年，雅虎在 Sunnyvale 总部建立了 M45——一个包含 4000 个处理器和 1.5PB 容量的 Hadoop 集群。此后，卡耐基梅隆大学、加州大学伯克利分校、康奈尔大学、马萨诸塞大学阿默斯特分校、斯坦福大学、华盛顿大学、密歇根大学、普渡大学等 12 所大学加入了该集群系统的研究，推动了开放平台下开放源码的发布。目前，雅虎拥有全球最大的 Hadoop 集群，大约 25 000 个节点，主要用于支持广告系统和网页搜索。

2. Hadoop 在 Facebook

Facebook 作为全球知名的社交网站，拥有 3 亿多的活跃用户，其中约有 3 千万用户至少每天更新一次自己的状态；用户每月总共上传 10 亿余张照片、1 千万个视频，每周共享约 10 亿条内容，包括日志、链接、新闻、微博等。因此 Facebook 需要存储和处理的数据量是非常巨大的，每天需新增加 4TB 压缩后的数据，扫描 135TB 大小的数据，在集群上执行 7500 多次的 Hive 任务，每小时需要进行 8 万次计算，所以高性能的云平台对 Facebook 来说是非常重要的。在 Facebook 中，Hadoop 平台主要用于日志处理、系统推荐和数据仓库等方面。

Facebook 将数据存储在利用 Hadoop/Hive 搭建的数据仓库上。这个数据仓库拥有 4800 个内核，具有 5.5PB 的存储量，每个节点可存储 12 TB 大小的数据，同时还具有两层网络拓扑。Facebook 中的 MapReduce 集群是动态变化的，它基于负载情况和集群节点之间的配置信息可动态调整。

3. Hadoop 在沃尔玛

全球最大的连锁超市沃尔玛虽然十年前就投入了在线电子商务，但在线销售的营业收入远远落后于亚马逊。后来，沃尔玛采用 Hadoop 来分析顾客搜索商品的行为以及用户通过搜索引擎找到沃尔玛网站的关键词，再利用这些关键词的分析结果挖掘顾客需求，以规划下一季商品的促销策略。沃尔玛还分析顾客在 Facebook、Twitter 等社交网站上对商品的讨论，期望能比竞争对手提前一步发现顾客需求。

4. Hadoop 在 eBay

eBay 是全球最大的拍卖网站，8000 万用户每天产生 50TB 数据量，仅存储这些数据就是一大挑战，何况还要分析这些数据。eBay 表示，大数据分析面临的最大挑战就是要同时处理结构化及非结构化的数据，Hadoop 正好可以解决这一难题。eBay 使用 Hadoop 拆解非结构性的巨量数据，降低数据仓库的负载，并分析买卖双方在网站上的行为。

5. Hadoop 在中国

Hadoop 在国内的使用者主要以互联网公司为主，如百度、阿里巴巴、腾讯、华为、中国移动等。

作为全球最大的中文搜索引擎公司，百度对海量数据的存储和处理要求是比较高的，要在线下对数据进行分析，还要在规定的时间内处理完并反馈到平台上。因此，百度于 2006 年开始调研和使用 Hadoop，主要用于日志的存储和统计、网页数据的分析和挖掘、商业分析、在线数据反馈、用户网页聚类等。目前，百度拥有 7 个集群，单集群超过 2800 个机器节点；Hadoop 机器总数超过 15 000 台机器，总的存储容量超过 100PB，已经使用的超过 74PB，每天提交的作业数目超过 6600 个；每天的输入数据量已经超过 7500TB，输出超过 1700TB。

阿里巴巴的 Hadoop 集群大约有 3200 台服务器，物理 CPU 大约为 30 000 核心，总内存为 100TB，总存储容量超过 60PB；每天的作业数目超过 150 000 个，Hive 查询大于 6000 个，每天扫描数据量约为 7.5PB，每天扫描文件数约为 4 亿；存储利用率大概为 80%，CPU 利用率平均 65%，峰值可以达到 80%。阿里的 Hadoop 集群拥有 150 个用户组，4500 个集群用户，为淘宝、天猫、一淘、聚划算、CBU、支付宝提供底层的基础计算和存储服务。

腾讯也是使用 Hadoop 最早的中国互联网公司之一。腾讯的 Hadoop 集群机器总量超过 5000 台，最大单集群约为 2000 个节点，并利用 Apache Hive 构建了自己的数据仓库系统 TDW，同时还开发了自己的 TDW-IDE 基础开发环境。腾讯的 Hadoop 主要用于为腾讯各个产品线提供基础云计算和云存储服务。

华为既是 Hadoop 的使用者，也是 Hadoop 技术的重要贡献者。Hortonworks 公司曾发布一份报告，用于说明各公司对 Hadoop 发展的贡献，其中华为也在其内，并排在谷歌和 Cisco 前面。华为在 Hadoop 的 HA 方案以及 HBase 领域有深入研究，并已经向业界推出了基于 Hadoop 的大数据解决方案。

中国移动于 2010 年 5 月正式推出大云 BigCloud1.0，集群节点达到了 1024 个。中国移动的大云基于 Hadoop MapReduce 实现了分布式计算，基于 HDFS 实现了分布式存储，开发了基于 Hadoop 的数据仓库系统 HugeTable、并行数据挖掘工具集 BC-PDM、并行数据抽取转化 BC-ETL 以及对象存储系统 BC-ONestd 等系统，并开源了自己的 BC-Hadoop 版本。中国移动主要在电信领域应用 Hadoop。

2.5　部署和运行 Hadoop

2.5.1　运行环境

对于大部分 Java 开源产品而言，在部署与运行之前，总是需要搭建一个合适的环境，通常包括操作系统和 Java 环境两方面。同样，Hadoop 部署与运行所需要的系统环境同样包括操作系统和 Java 环境，另外还需要 SSH。

1. 操作系统

Hadoop 运行平台支持以下两种操作系统：

（1）Windows。Hadoop 支持 Windows 操作系统，但由于 Windows 本身不太适合作为服务器操作系统，所以本书不介绍在 Windows 下安装和配置 Hadoop，读者可自行参考网址 https://wiki.apache.org/hadoop/Hadoop2OnWindows。

（2）GNU/Linux。Hadoop 的最佳运行环境无疑是开源操作系统 Linux。Linux 的发行版本众多，常见的有 CentOS、Ubuntu、Red Hat、Debian、Fedora、SUSE、openSUSE 等。本书采用的操作系统为 Linux 发行版 CentOS 7。

2. Java 环境

Hadoop 使用 Java 语言编写，因此它的运行环境需要 Java 环境的支持。Hadoop 3.x 需要 Java 8，Hadoop 2.7 及以后版本需要 Java 7 或 Java 8，Hadoop 2.6 及早期版本需要 Java 6。本书采用的 Java 为 Oracle JDK 1.8。

3. SSH

Hadoop 集群若想运行，其运行平台 Linux 必须安装 SSH，且必须运行 sshd 服务。只有这样，才能使用 Hadoop 脚本管理远程 Hadoop 守护进程。本书选用的 CentOS 7 自带有 SSH。

2.5.2　运行模式

Hadoop 的运行模式有以下三种：

(1) 单机模式(Local/Standalone Mode)：只在一台计算机上运行，不需任何配置。在这种模式下，Hadoop 所有的守护进程都变成了一个 Java 进程；存储采用本地文件系统，没有采用分布式文件系统 HDFS。

(2) 伪分布模式(Pseudo-Distributed Mode)：只在一台计算机上运行。在这种模式下，Hadoop 所有守护进程都运行在一个节点上，在一个节点上模拟了一个具有 Hadoop 完整功能的微型集群；存储采用分布式文件系统 HDFS，但是 HDFS 的名称节点和数据节点都位于同一台计算机上。

(3) 全分布模式(Fully-Distributed Mode)：在多台计算机上运行。在这种模式下，Hadoop 的守护进程运行在多个节点上，形成一个真正意义上的集群；存储采用分布式文件系统 HDFS，且 HDFS 的名称节点和数据节点位于不同计算机上。

三种运行模式各有优缺点。单机模式配置最简单，但它与用户交互的方式不同于全分布模式；节点数目受限的初学者可以采用伪分布模式，虽然只有一个节点支撑整个 Hadoop 集群，但是 Hadoop 在伪分布模式下的操作方式与在全分布模式下的操作几乎完全相同；全分布模式是使用 Hadoop 的最佳方式，现实中 Hadoop 集群的运行均采用该模式，但它需要的配置工作和架构所需要的机器集群也都是最多的。本书采用的 Hadoop 集群为全分布模式。

2.5.3　规划 Hadoop 集群

1. Hadoop 集群架构的规划

全分布模式下部署 Hadoop 集群时，最少需要两台机器，即一个主节点和一个从节点。本书拟将 Hadoop 集群运行在 Linux 上，将使用三台安装有 Linux 操作系统的机器，主机名分别为 master、slave1、slave2，其中 master 作为主节点，slave1 和 slave2 作为从节点。具体 Hadoop 集群部署规划表如表 2-1 所示。

表 2-1　全分布模式 Hadoop 集群部署的规划表

主机名	IP 地址	运行服务	软硬件配置
master(主节点)	192.168.18.130	NameNode SecondaryNameNode ResourceManager JobHistoryServer	操作系统：CentOS 7.6.1810 Java：Oracle JDK 8u191 Hadoop：Hadoop 2.9.2 内存：4 GB CPU：1 个 2 核 硬盘：40 GB
slave1(从节点 1)	192.168.18.131	DataNode NodeManager	操作系统：CentOS 7.6.1810 Java：Oracle JDK 8u191 Hadoop：Hadoop 2.9.2 内存：1 GB CPU：1 个 1 核 硬盘：20 GB
slave2(从节点 2)	192.168.18.132	DataNode NodeManager	操作系统：CentOS 7.6.1810 Java：Oracle JDK 8u191 Hadoop：Hadoop 2.9.2 内存：1 GB CPU：1 个 1 核 硬盘：20 GB

Hadoop 集群架构的规划图如图 2-5 所示。

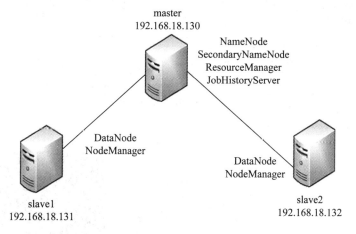

图 2-5　全分布模式 Hadoop 集群架构的规划图

2. 软件选择

1) 虚拟机工具

鉴于多数用户使用的是 Windows 操作系统，作为 Hadoop 初学者，建议在 Windows 操作系统上安装虚拟机工具，并在其上创建 Linux 虚拟机。本书采用的虚拟机工具为 VMware Workstation Pro，读者也可采用 Oracle VirtualBox 等其他虚拟机工具。

2) Linux 操作系统

本书采用的 Linux 操作系统为免费的 CentOS(Community Enterprise Operating System，社区企业操作系统)。CentOS 是 Red Hat Enterprise Linux 依照开放源代码规定释出的源代码所编译而成，读者也可以使用 Ubuntu、Red Hat、Debian、Fedora、SUSE、openSUSE 等其他 Linux 操作系统。

3) Java

Hadoop 集群若想运行，其运行平台 Linux 必须安装 Java。CentOS 7 自带有 OpenJDK 8，本书采用的 Java 是 Oracle JDK 1.8。

4) SSH

Hadoop 集群若想运行，其运行平台 Linux 必须安装的第二个软件是 SSH，且必须运行 sshd 服务。只有这样，才能使用 Hadoop 脚本管理远程 Hadoop 守护进程。本书选用的 CentOS 7 自带有 SSH。

5) Hadoop

Hadoop 的版本经历了 1.0、2.0、3.0，目前最新稳定版本是 2019 年 1 月 16 日发布的 Hadoop 3.2.0。本书采用的是 2018 年 11 月 19 日发布的稳定版 Hadoop 2.9.2。

2.5.4　准备机器及软件环境

1. 准备机器

本书使用 VMware Workstation Pro 安装了 3 台 CentOS 虚拟机，分别为 hadoop2.9.2-master、hadoop2.9.2-slave1 和 hadoop2.9.2-slave2。如图 2-6 所示，其中 hadoop2.9.2-master 的内存为 4096 MB，CPU 为 1 个 2 核；hadoop2.9.2-slave1 和 hadoop2.9.2-slave2 的内存均为 1024 MB，CPU 为 1 个 1 核。

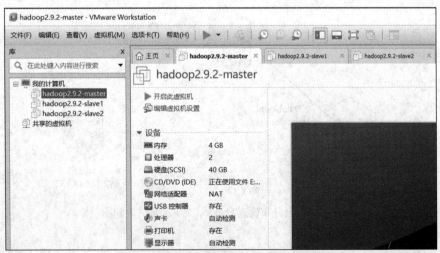

图 2-6　准备好的 3 台 CentOS 虚拟机

3 台 CentOS 虚拟机的软件环境准备过程相同，以下步骤以即将作为 Hadoop 集群主节点的虚拟机 hadoop2.9.2-master 为例讲述，作为从节点的虚拟机 hadoop2.9.2-slave1 和 hadoop2.9.2-slave2 的软件环境准备不再赘述。

2. 配置静态 IP

机器不同，CentOS 版本不同，网卡配置文件都不尽相同。本书使用的 CentOS 7.6.1810 对应的网卡配置文件为 /etc/sysconfig/network-scripts/ifcfg-ens33，读者可自行查看个人 CentOS 的网卡配置文件。

(1) 切换到 root 用户，使用命令"vim /etc/sysconfig/network-scripts/ifcfg-ens33"修改网卡配置文件，为该机器设置静态 IP 地址。

网卡 ifcfg-ens33 配置文件的原始部分内容如下所示：

```
BOOTPROTO=dhcp
ONBOOT=no
```

修改后的参数"BOOTPROTO""ONBOOT"值及在文件最后追加的内容如图 2-7 所示。

```
TYPE=Ethernet
PROXY_METHOD=none
BROWSER_ONLY=no
BOOTPROTO=static
DEFROUTE=yes
IPV4_FAILURE_FATAL=no
IPV6INIT=yes
IPV6_AUTOCONF=yes
IPV6_DEFROUTE=yes
IPV6_FAILURE_FATAL=no
IPV6_ADDR_GEN_MODE=stable-privacy
NAME=ens33
UUID=4212ed00-4320-4977-80d1-e4a85565909d
DEVICE=ens33
ONBOOT=yes

IPADDR=192.168.18.130
NETMASK=255.255.255.0
GATEWAY=192.168.18.2
DNS1=192.168.18.2
-- INSERT --                                              20,18          All
```

图 2-7　网卡 ifcfg-ens33 配置文件修改后的内容

(2) 使用"reboot"命令重启机器或者 "systemctl restart network.service"命令重启网络方可使配置生效。如图 2-8 所示，使用命令"ip address"或者简写"ip addr"查看到当前机器的 IP 地址已设置为静态 IP"192.168.18.130"。

```
[xuluhui@localhost ~]$ ip addr
1: lo: <LOOPBACK,UP,LOWER_UP> mtu 65536 qdisc noqueue state UNKNOWN group defaul
t qlen 1000
    link/loopback 00:00:00:00:00:00 brd 00:00:00:00:00:00
    inet 127.0.0.1/8 scope host lo
       valid_lft forever preferred_lft forever
    inet6 ::1/128 scope host
       valid_lft forever preferred_lft forever
2: ens33: <BROADCAST,MULTICAST,UP,LOWER_UP> mtu 1500 qdisc pfifo_fast state UP g
roup default qlen 1000
    link/ether 00:0c:29:6d:5d:c9 brd ff:ff:ff:ff:ff:ff
    inet 192.168.18.130/24 brd 192.168.18.255 scope global noprefixroute ens33
       valid_lft forever preferred_lft forever
    inet6 fe80::6bb8:6e80:d029:10f2/64 scope link noprefixroute
       valid_lft forever preferred_lft forever
3: virbr0: <NO-CARRIER,BROADCAST,MULTICAST,UP> mtu 1500 qdisc noqueue state DOWN
 group default qlen 1000
    link/ether 52:54:00:0b:74:1b brd ff:ff:ff:ff:ff:ff
    inet 192.168.122.1/24 brd 192.168.122.255 scope global virbr0
       valid_lft forever preferred_lft forever
4: virbr0-nic: <BROADCAST,MULTICAST> mtu 1500 qdisc pfifo_fast master virbr0 sta
te DOWN group default qlen 1000
    link/ether 52:54:00:0b:74:1b brd ff:ff:ff:ff:ff:ff
[xuluhui@localhost ~]$
```

图 2-8　使用命令"ip addr"查看机器 IP 地址

(3) 同理，将虚拟机 hadoop2.9.2-slave1 和 hadoop2.9.2-slave2 的 IP 地址依次设置为静态 IP "192.168.18.131" "192.168.18.132"。

3. 修改主机名

(1) 切换到 root 用户，通过修改配置文件/etc/hostname，可以修改 Linux 主机名。该配置文件中的原始内容为：

```
localhost.localdomain
```

(2) 按照部署规划，主节点的主机名为 "master"，将配置文件/etc/hostname 中的原始内容替换为：

```
master
```

(3) 使用 "reboot" 命令重启机器方可使配置生效，使用命令 "hostname" 可以验证当前主机名已修改为 "master"。

(4) 同理，将虚拟机 hadoop2.9.2-slave1 和 hadoop2.9.2-slave2 的主机名依次设置为 "slave1" "slave2"。

4. 编辑域名映射

(1) 为协助用户便捷访问该机器而无须记住 IP 地址串，需要编辑域名映射文件/ctc/hosts，在原始内容最后追加如下 3 行内容：

```
192.168.18.130 master
192.168.18.131 slave1
192.168.18.132 slave2
```

使用 "reboot" 命令重启机器方可使配置生效。

(2) 同理，编辑虚拟机 hadoop2.9.2-slave1 和 hadoop2.9.2-slave2 的域名映射文件，内容同虚拟机 hadoop2.9.2-master。

(3) 至此，3 台 CentOS 虚拟机的静态 IP、主机名、域名映射均已修改完毕，用 ping 命令来检测各节点间通信是否正常，效果如图 2-9 所示。

```
[xuluhui@master ~]$ ping master
PING master (192.168.18.130) 56(84) bytes of data.
64 bytes from master (192.168.18.130): icmp_seq=1 ttl=64 time=0.047 ms
64 bytes from master (192.168.18.130): icmp_seq=2 ttl=64 time=0.059 ms
64 bytes from master (192.168.18.130): icmp_seq=3 ttl=64 time=0.047 ms
64 bytes from master (192.168.18.130): icmp_seq=4 ttl=64 time=0.050 ms
^C
--- master ping statistics ---
4 packets transmitted, 4 received, 0% packet loss, time 2999ms
rtt min/avg/max/mdev = 0.047/0.050/0.059/0.010 ms
[xuluhui@master ~]$ ping slave1
PING slave1 (192.168.18.131) 56(84) bytes of data.
64 bytes from slave1 (192.168.18.131): icmp_seq=1 ttl=64 time=0.602 ms
64 bytes from slave1 (192.168.18.131): icmp_seq=2 ttl=64 time=0.253 ms
64 bytes from slave1 (192.168.18.131): icmp_seq=3 ttl=64 time=0.825 ms
64 bytes from slave1 (192.168.18.131): icmp_seq=4 ttl=64 time=0.502 ms
^C
--- slave1 ping statistics ---
4 packets transmitted, 4 received, 0% packet loss, time 3000ms
rtt min/avg/max/mdev = 0.253/0.545/0.825/0.206 ms
[xuluhui@master ~]$ ping slave2
PING slave2 (192.168.18.132) 56(84) bytes of data.
64 bytes from slave2 (192.168.18.132): icmp_seq=1 ttl=64 time=0.639 ms
64 bytes from slave2 (192.168.18.132): icmp_seq=2 ttl=64 time=0.810 ms
64 bytes from slave2 (192.168.18.132): icmp_seq=3 ttl=64 time=0.805 ms
64 bytes from slave2 (192.168.18.132): icmp_seq=4 ttl=64 time=0.811 ms
^C
--- slave2 ping statistics ---
4 packets transmitted, 4 received, 0% packet loss, time 3002ms
rtt min/avg/max/mdev = 0.639/0.766/0.811/0.076 ms
[xuluhui@master ~]$
```

图 2-9 ping 命令检测各节点间通信是否正常

5. 安装和配置 Java

1) 卸载 Oracle OpenJDK

首先，通过命令"java -version"查看是否已安装 Java，如图 2-10 所示。由于 CentOS 7 自带的 Java 是 Oracle OpenJDK，而更建议使用 Oracle JDK，因此将 Oracle OpenJDK 卸载。

```
[xuluhui@master ~]$ java -version
openjdk version "1.8.0_181"
OpenJDK Runtime Environment (build 1.8.0_181-b13)
OpenJDK 64-Bit Server VM (build 25.181-b13, mixed mode)
[xuluhui@master ~]$
```

图 2-10　CentOS 7 自带的 OpenJDK

其次，使用"rpm -qa|grep jdk"命令查询 jdk 软件，如图 2-11 所示。

```
[xuluhui@master ~]$ rpm -qa|grep jdk
copy-jdk-configs-3.3-10.el7_5.noarch
java-1.8.0-openjdk-headless-1.8.0.181-7.b13.el7.x86_64
java-1.7.0-openjdk-1.7.0.191-2.6.15.5.el7.x86_64
java-1.8.0-openjdk-1.8.0.181-7.b13.el7.x86_64
java-1.7.0-openjdk-headless-1.7.0.191-2.6.15.5.el7.x86_64
[xuluhui@master ~]$
```

图 2-11　使用 rpm 命令查询 jdk 软件

最后，切换到 root 用户下，分别使用命令"yum -y remove java-1.8.0*"和"yum -y remove java-1.7.0*"卸载 openjdk 1.8 和 openjdk 1.7。

同理，卸载节点 slave1 和 slave2 上的 Oracle OpenJDK。

2) 下载 Oracle JDK

根据机器所安装的操作系统和位数选择相应的 JDK 安装包进行下载，可以使用命令"getconf LONG_BIT"来查询 Linux 操作系统是 32 还是 64 位，也可以使用命令"file /bin/ls"来显示 Linux 版本号。使用命令"file /bin/ls"的结果如图 2-12 所示。

```
[root@master xuluhui]# file /bin/ls
/bin/ls: ELF 64-bit LSB executable, x86-64, version 1 (SYSV), dynamically linked
(uses shared libs), for GNU/Linux 2.6.32, BuildID[sha1]=ceaf496f3aec08afced234f
4f36330d3d13a657b, stripped
[root@master xuluhui]#
```

图 2-12　查询 Linux 操作系统的位数

由图 2-12 可知，该机器安装的是 CentOS 64 位。Oracle JDK 的下载地址为 http://www.oracle.com/technetwork/java/javase/downloads/index.html，本书下载的 JDK 安装包文件名为 2018 年 10 月 16 日发布的 jdk-8u191-linux-x64.tar.gz，并存放在目录/home/xuluhui/Downloads 下。

同理，在节点 slave1 和 slave2 上也下载相同版本的 Oracle JDK，并存放在目录/home/xuluhui/Downloads 下。

3) 安装 Oracle JDK

使用 tar 命令解压进行安装，例如将其安装到目录/usr/java 下，首先在/usr 下创建目录 java，然后解压，依次使用的命令如下所示：

cd /usr

```
mkdir java
cd java
tar -zxvf /home/xuluhui/Downloads/jdk-8u191-linux-x64.tar.gz
```

同理，在节点 slave1 和 slave2 上也安装 Oracle JDK。

4) 配置 Java 环境

通过修改/etc/profile 文件完成环境变量 JAVA_HOME、PATH 和 CLASSPATH 的设置，在配置文件/etc/profile 的最后添加如下内容：

```
# set java environment
export JAVA_HOME=/usr/java/jdk1.8.0_191
export PATH=$JAVA_HOME/bin:$PATH
export CLASSPATH=.:$JAVA_HOME/lib/dt.jar:$JAVA_HOME/lib/tools.jar
```

使用命令"source /etc/profile"重新加载配置文件或者重启机器，使配置生效。Java 环境变量配置成功后的系统变量"PATH"值如图 2-13 所示。

```
[root@master java]# echo $PATH
/usr/java/jdk1.8.0_191/bin:/usr/local/bin:/usr/local/sbin:/usr/bin:/usr/sbin:/bi
n:/sbin:/home/xuluhui/.local/bin:/home/xuluhui/bin
[root@master java]#
```

图 2-13　重新加载配置文件/etc/profile

同理，在节点 slave1 和 slave2 上也配置 Java 环境。

5) 验证 Java

再次使用命令"java -version"，查看 Java 是否安装配置成功及其版本，如图 2-14 所示。

```
[root@master java]# java -version
java version "1.8.0_191"
Java(TM) SE Runtime Environment (build 1.8.0_191-b12)
Java HotSpot(TM) 64-Bit Server VM (build 25.191-b12, mixed mode)
[root@master java]#
```

图 2-14　查看 Java 是否安装配置成功及其版本

6. 安装和配置 SSH 免密登录

1) 安装 SSH

使用命令"rpm -qa|grep ssh"查询 SSH 是否已经安装，如图 2-15 所示。

```
[root@master java]# rpm -qa|grep ssh
openssh-clients-7.4p1-16.el7.x86_64
openssh-7.4p1-16.el7.x86_64
openssh-server-7.4p1-16.el7.x86_64
libssh2-1.4.3-12.el7.x86_64
[root@master java]#
```

图 2-15　查询 SSH 是否安装

从图 2-15 中可以看出，SSH 软件包已安装好。若没有安装好，则用 yum 进行安装，命令如下所示：

```
yum -y install openssh
yum -y install openssh-server
yum -y install openssh-clients
```

2）修改 sshd 配置文件

使用命令"vim /etc/ssh/sshd_config"修改 sshd 配置文件，原始第 43 行内容为：

```
#PubkeyAuthentication yes
```

将其注释符号"#"删掉并添加一行内容，修改后的内容为：

```
RSAAuthentication yes
PubkeyAuthentication yes
```

同理，在节点 slave1 和 slave2 上也修改 sshd 配置文件。

3）重启 sshd 服务

使用如下命令重启 sshd 服务：

```
systemctl restart sshd.service
```

同理，在节点 slave1 和 slave2 上也需要重启 sshd 服务。

4）生成公钥和私钥

切换到普通用户 xuluhui 下，利用"cd ~"命令切换回到用户 xuluhui 的家目录下。首先，使用命令"ssh-keygen"在家目录中生成公钥和私钥，如图 2-16 所示。

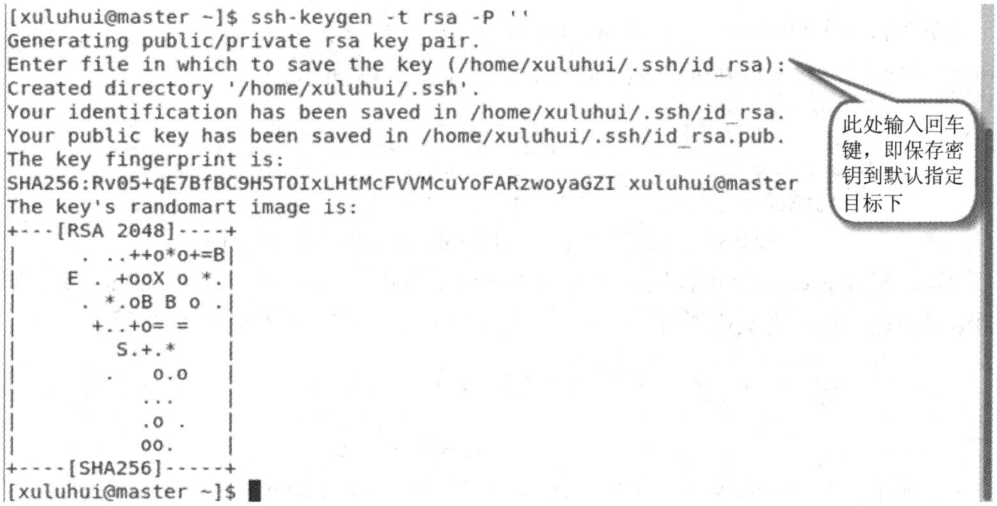

```
[xuluhui@master ~]$ ssh-keygen -t rsa -P ''
Generating public/private rsa key pair.
Enter file in which to save the key (/home/xuluhui/.ssh/id_rsa):
Created directory '/home/xuluhui/.ssh'.
Your identification has been saved in /home/xuluhui/.ssh/id_rsa.
Your public key has been saved in /home/xuluhui/.ssh/id_rsa.pub.
The key fingerprint is:
SHA256:Rv05+qE7BfBC9H5TOIxLHtMcFVVMcuYoFARzwoyaGZI xuluhui@master
The key's randomart image is:
+---[RSA 2048]----+
|     . ..++o*o+=B|
|    E . +ooX o *.|
|     . *.oB B o .|
|      +..+o= =    |
|       S.+.*      |
|        . o.o     |
|         ...      |
|         .o. .    |
|         oo.      |
+----[SHA256]-----+
[xuluhui@master ~]$
```

此处输入回车键，即保存密钥到默认指定目标下

图 2-16　使用命令"ssh-keygen"生成公钥和私钥

其中，id_rsa 是私钥，id_rsa.pub 是公钥。

其次，使用如下命令把公钥 id_rsa.pub 的内容追加到 authorized_keys 授权密钥文件中：

```
cat ~/.ssh/id_rsa.pub >> ~/.ssh/authorized_keys
```

最后，使用如下命令修改密钥文件的相应权限：

```
chmod 0600 ~/.ssh/authorized_keys
```

5）共享公钥

共享公钥后，就不再需要输入密码。因为只有 1 主 2 从节点，所以直接复制公钥比较方便，将 master 的公钥直接复制给 slave1、slave2 就可以解决连接从节点时需要密码的问题，过程如图 2-17 所示。

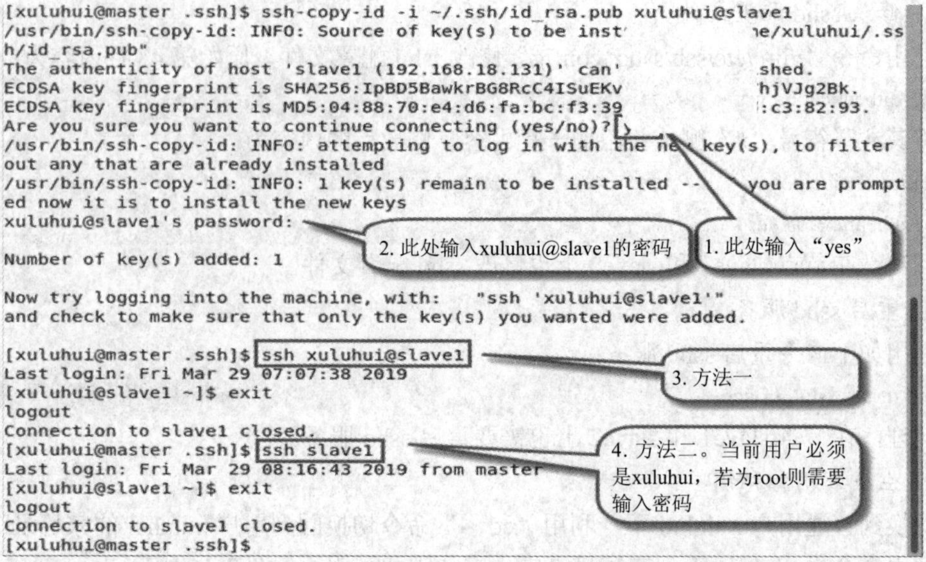

```
[xuluhui@master .ssh]$ ssh-copy-id -i ~/.ssh/id_rsa.pub xuluhui@slave1
/usr/bin/ssh-copy-id: INFO: Source of key(s) to be inst        e/xuluhui/.ss
h/id_rsa.pub"
The authenticity of host 'slave1 (192.168.18.131)' can'          shed.
ECDSA key fingerprint is SHA256:IpBD5BawkrBG8RcC4ISuEKv             hjVJg2Bk.
ECDSA key fingerprint is MD5:04:88:70:e4:d6:fa:bc:f3:39             :c3:82:93.
Are you sure you want to continue connecting (yes/no)?
/usr/bin/ssh-copy-id: INFO: attempting to log in with the new key(s), to filter
out any that are already installed
/usr/bin/ssh-copy-id: INFO: 1 key(s) remain to be installed --    you are prompt
ed now it is to install the new keys
xuluhui@slave1's password:

Number of key(s) added: 1

Now try logging into the machine, with:   "ssh 'xuluhui@slave1'"
and check to make sure that only the key(s) you wanted were added.

[xuluhui@master .ssh]$ ssh xuluhui@slave1
Last login: Fri Mar 29 07:07:38 2019
[xuluhui@slave1 ~]$ exit
logout
Connection to slave1 closed.
[xuluhui@master .ssh]$ ssh slave1
Last login: Fri Mar 29 08:16:43 2019 from master
[xuluhui@slave1 ~]$ exit
logout
Connection to slave1 closed.
[xuluhui@master .ssh]$
```

2. 此处输入xuluhui@slave1的密码   1. 此处输入 "yes"

3. 方法一

4. 方法二。当前用户必须是xuluhui, 若为root则需要输入密码

图 2-17 将 master 公钥复制给 slave1 并测试 ssh 免密登录 slave1

从图 2-17 中可以看出，已能从 master 机器 ssh 免密登录到 slave1 机器上。若当前用户是 root，则不能直接 ssh 免密登录到 slave1 上，如图 2-18 所示。

```
[root@master .ssh]# ssh slave1
The authenticity of host 'slave1 (192.168.18.131)' can't be established.
ECDSA key fingerprint is SHA256:IpBD5BawkrBG8RcC4ISuEKvHI827m8XNFuYhjVJg2Bk.
ECDSA key fingerprint is MD5:04:88:70:e4:d6:fa:bc:f3:39:87:de:28:bd:c3:82:93.
Are you sure you want to continue connecting (yes/no)? ^C
[root@master .ssh]#
```

图 2-18 当前用户是 root 时并不能 ssh 免密登录 slave1

同理，将 master 的公钥首先通过命令 "ssh-copy-id -i ~/.ssh/id_rsa.pub xuluhui@slave2" 复制给 slave2，然后测试是否可以 ssh 免密登录 slave2，测试结果如图 2-19 所示。

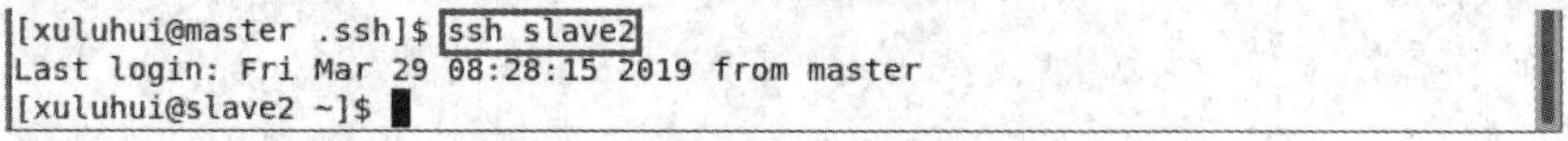

```
[xuluhui@master .ssh]$ ssh slave2
Last login: Fri Mar 29 08:28:15 2019 from master
[xuluhui@slave2 ~]$
```

图 2-19 测试 ssh 免密登录 slave2

为了使主节点 master 能 ssh 免密登录自身，使用 "ssh master" 命令尝试登录自身，第 1 次连接时需要人工干预输入 "yes"，然后会自动将 master 的 key 加入/home/xuluhui/.ssh/know_hosts 文件中，此时即可登录到自身；第 2 次 "ssh master" 时就可以免密登录到自身。具体过程及测试结果如图 2-20 所示。

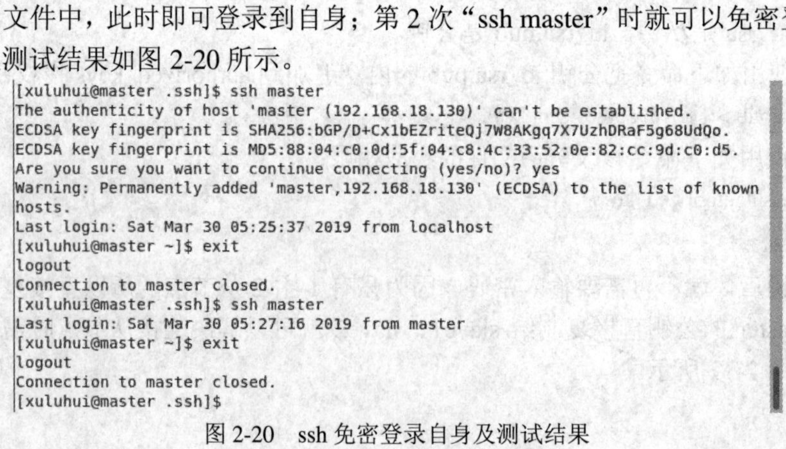

```
[xuluhui@master .ssh]$ ssh master
The authenticity of host 'master (192.168.18.130)' can't be established.
ECDSA key fingerprint is SHA256:bGP/D+Cx1bEZriteQj7W8AKgq7X7UzhDRaF5g68UdQo.
ECDSA key fingerprint is MD5:88:04:c0:0d:5f:04:c8:4c:33:52:0e:82:cc:9d:c0:d5.
Are you sure you want to continue connecting (yes/no)? yes
Warning: Permanently added 'master,192.168.18.130' (ECDSA) to the list of known
hosts.
Last login: Sat Mar 30 05:25:37 2019 from localhost
[xuluhui@master ~]$ exit
logout
Connection to master closed.
[xuluhui@master .ssh]$ ssh master
Last login: Sat Mar 30 05:27:16 2019 from master
[xuluhui@master ~]$ exit
logout
Connection to master closed.
[xuluhui@master .ssh]$
```

图 2-20 ssh 免密登录自身及测试结果

至此，就可以从 master 节点 ssh 免密登录到自身、slave1 和 slave2 了，这对 Hadoop 已经足够。但是若想达到所有节点之间都能免密登录，还需要在 slave1、slave2 上各执行 3 次，也就是说两两共享密钥，这样累计共需执行 9 次。

2.5.5　安装和配置 Hadoop

以下步骤需要在 Hadoop 集群的所有节点上完成。

1. 下载 Hadoop

Hadoop 官方下载地址为 http://hadoop.apache.org/releases.html，本书选用的 Hadoop 版本是 2018 年 11 月 19 日发布的稳定版 Hadoop 2.9.2，其安装包文件 hadoop-2.9.2.tar.gz 可存放在/home/xuluhui/Downloads 中。

2. 安装 Hadoop

(1) 切换到 root 用户，将 hadoop-2.9.2.tar.gz 解压到目录/usr/local 下，具体命令如下所示：

```
su root
cd /usr/local
tar -zxvf /home/xuluhui/Downloads/hadoop-2.9.2.tar.gz
```

(2) 将 Hadoop 安装目录的权限赋给 xuluhui 用户，输入以下命令：

```
chown -R xuluhui /usr/local/hadoop-2.9.2
```

3. 配置 Hadoop

Hadoop 配置文件很多，配置文件位于$HADOOP_HOME/etc/hadoop，例如 Hadoop 2.9.2 拥有的配置文件如图 2-21 所示。

```
[root@master local]# ls /usr/local/hadoop-2.9.2/etc/hadoop
capacity-scheduler.xml          httpfs-env.sh              mapred-env.sh
configuration.xsl               httpfs-log4j.properties    mapred-queues.xml.template
container-executor.cfg          httpfs-signature.secret    mapred-site.xml.template
core-site.xml                   httpfs-site.xml            slaves
hadoop-env.cmd                  kms-acls.xml               ssl-client.xml.example
hadoop-env.sh                   kms-env.sh                 ssl-server.xml.example
hadoop-metrics2.properties      kms-log4j.properties       yarn-env.cmd
hadoop-metrics.properties       kms-site.xml               yarn-env.sh
hadoop-policy.xml               log4j.properties           yarn-site.xml
hdfs-site.xml                   mapred-env.cmd
[root@master local]# 
```

图 2-21　查看 Hadoop 配置文件

其中，几个关键的配置文件简单说明如表 2-2 所示，伪分布模式和全分布模式下的 Hadoop 集群所需修改的配置文件有差异。

表 2-2　Hadoop 的主要配置文件

文件名称	格　式	描　　　述
hadoop-env.sh	Bash 脚本	记录运行 Hadoop 要用的环境变量
yarn-env.sh	Bash 脚本	记录运行 YARN 要用的环境变量(覆盖 hadoop-env.sh 中设置的变量)
mapred-env.sh	Bash 脚本	记录运行 MapReduce 要用的环境变量(覆盖 hadoop-env.sh 中设置的变量)
core-site.xml	Hadoop 配置 XML	Hadoop Core 的配置项，包括 HDFS、MapReduce 和 YARN 常用的 I/O 设置等

续表

文件名称	格式	描述
hdfs-site.xml	Hadoop 配置 XML	HDFS 守护进程的配置项，包括 NameNode、SecondaryNameNode、DataNode 等
yarn-site.xml	Hadoop 配置 XML	YARN 守护进程的配置项，包括 ResourceManager、NodeManager 等
mapred-site.xml	Hadoop 配置 XML	MapReduce 守护进程的配置项，包括 JobHistoryServer
slaves	纯文本	运行 DataNode 和 NodeManager 的从节点机器列表，每行 1 个主机名
hadoop-metrics2.properties	Java 属性	控制如何在 Hadoop 上发布度量的属性
log4j.properties	Java 属性	系统日志文件、NameNode 审计日志、任务 JVM 进程的任务日志的属性
hadoop-policy.xml	Hadoop 配置 XML	安全模式下运行 Hadoop 时的访问控制列表的配置项

Hadoop 的配置项种类繁多，读者可以根据需要设置 Hadoop 的最小配置，其余配置选项都采用默认配置文件中指定的值。Hadoop 默认的配置文件在 "$HADOOP_ HOME/share/doc/hadoop" 路径下，找到默认配置文件所在的文件夹，这些文档可以起到查询手册的作用。这个文件夹存放了所有关于 Hadoop 的共享文档，因此被细分了很多子文件夹。下面列出即将修改的配置文件的所在位置，如表 2-3 所示。

表 2-3　Hadoop 默认配置文件的位置

配置文件名称	默认配置文件所在位置
core-site.xml	share/doc/hadoop/hadoop-project-dist/hadoop-common/core-default.xml
hdfs-site.xml	share/doc/hadoop/hadoop-project-dist/hadoop-hdfs/hdfs-default.xml
yarn-site.xml	share/doc/hadoop/hadoop-yarn/hadoop-yarn-common/yarn-default.xml
mapred-site.xml	share/doc/hadoop/hadoop-mapreduce-client/hadoop-mapreduce-client-core/mapreduce-default.xml

读者可以在 Hadoop 共享文档的路径下，找到一个导航文件 share/doc/hadoop/index.html。这个导航文件是一个宝库，除了左下角有上述 4 个默认配置文件的超级链接(如图 2-22 所示)外，还有 Hadoop 的学习教程，值得读者细读。

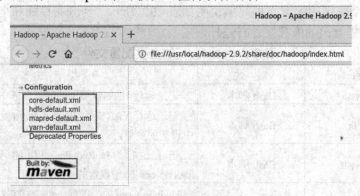

图 2-22　Hadoop 共享文档中的导航文件界面

需要说明的是，本节讲述的是全分布模式 Hadoop 集群的配置，伪分布模式 Hadoop 集群在配置的时候配置文件 core-site.xml、hdfs-site.xml、yarn-site.xml、slaves 的配置内容有所不同，其余基本相同。另外为了方便，下文中步骤 1)~9)均仅在主节点 master 上进行，从节点 slave1、slave2 上的配置文件可以通过 scp 命令同步复制。

1) 在系统配置文件目录/etc/profile.d 下新建 hadoop.sh

切换到 root 用户，使用"vim /etc/profile.d/hadoop.sh"命令在/etc/profile.d 文件夹下新建文件 hadoop.sh，添加如下内容：

```
export HADOOP_HOME=/usr/local/hadoop-2.9.2
export PATH=$HADOOP_HOME/bin:$HADOOP_HOME/sbin:$PATH
```

使用命令"source /etc/profile.d/hadoop.sh"重新加载配置文件或者重启机器，使之生效。

需要说明的是，此步骤可以省略。之所以将 Hadoop 安装目录下 bin 和 sbin 加入到系统环境变量 PATH 中，是因为当输入启动和管理 Hadoop 集群命令时，无须再切换到 Hadoop 安装目录下的 bin 目录或者 sbin 目录，否则会出现错误信息"bash: ****: command not found..."。

由于上文中已将 Hadoop 安装目录的权限赋给 xuluhui 用户，所以接下来的步骤 2)~9)均在普通用户 xuluhui 下完成。

2) 配置 hadoop-env.sh

环境变量配置文件 hadoop-env.sh 主要用于配置 Java 的安装路径 JAVA_HOME、Hadoop 日志的存储路径 HADOOP_LOG_DIR 及添加 SSH 的配置选项 HADOOP_SSH_OPTS 等。本书中关于 hadoop-env.sh 配置文件的修改具体如下：

(1) 第 25 行"export JAVA_HOME=${JAVA_HOME}"修改为：

```
export JAVA_HOME=/usr/java/jdk1.8.0_191
```

(2) 第 26 行空行处加入：

```
export HADOOP_SSH_OPTS='-o StrictHostKeyChecking=no'
```

这里要说明的是，ssh 的选项"StrictHostKeyChecking"用于控制当目标主机尚未进行过认证时，是否显示信息"Are you sure you want to continue connecting (yes/no)?"。所以当登录其他机器时，只需要 ssh -o StrictHostKeyChecking=no 就可以直接登录，不会有上面的提示信息，不需要人工干预输入"yes"，而且还会将目标主机 key 加到~/.ssh/known_hosts 文件里。

(3) 第 113 行"export HADOOP_PID_DIR=${HADOOP_PID_DIR}"指定 HDFS 守护进程号的保存位置，默认为"/tmp"，由于该文件夹用以存放临时文件，系统定时会自动清理，因此本书将"HADOOP_PID_DIR"设置为 Hadoop 安装目录下的目录 pids，如下所示：

```
export HADOOP_PID_DIR=${HADOOP_HOME}/pids
```

其中目录 pids 会随着 HDFS 守护进程的启动而由系统自动创建，无需用户手工创建。

3) 配置 mapred-env.sh

环境变量配置文件 mapred-env.sh 主要用于配置 Java 的安装路径 JAVA_HOME、MapReduce 日志的存储路径 HADOOP_MAPRED_LOG_DIR 等。之所以再次设置 JAVA_HOME，是为了保证所有进程使用的是同一个版本的 JDK。本书中关于 mapred-env.sh

配置文件的修改具体如下。

(1) 第 16 行注释 "# export JAVA_HOME=/home/y/libexec/jdk1.6.0/" 修改为：

```
export JAVA_HOME=/usr/java/jdk1.8.0_191
```

(2) 第 28 行指定 MapReduce 守护进程号的保存位置，默认为 "/tmp"，同以上 "HADOOP_PID_DIR"。此处注释 "#export HADOOP_MAPRED_PID_DIR=" 修改为 Hadoop 安装目录下的目录 pids，如下所示：

```
export HADOOP_MAPRED_PID_DIR=${HADOOP_HOME}/pids
```

其中目录 pids 会随着 MapReduce 守护进程的启动而由系统自动创建，无须用户手工创建。

4) 配置 yarn-env.sh

YARN 是 Hadoop 的资源管理器，环境变量配置文件 yarn-env.sh 主要用于配置 Java 的安装路径 JAVA_HOME、YARN 日志的存放路径 YARN_LOG_DIR 等。本书中关于 yarn-env.sh 配置文件的修改具体如下：

(1) 第 23 行注释 "# export JAVA_HOME=/home/y/libexec/jdk1.6.0/" 修改为：

```
export JAVA_HOME=/usr/java/jdk1.8.0_191
```

(2) yarn-env.sh 文件中并未提供 YARN_PID_DIR 配置项，用于指定 YARN 守护进程号的保存位置，在该文件最后添加一行，内容如下所示：

```
export YARN_PID_DIR=${HADOOP_HOME}/pids
```

其中目录 pids 会随着 YARN 守护进程的启动而由系统自动创建，无需用户手工创建。

5) 配置 core-site.xml

core-site.xml 是 Hadoop core 的配置文件，如 HDFS 和 MapReduce 常用的 I/O 设置等，其中包括很多配置项，但实际上，大多数配置项都有默认项。也就是说，很多配置项即使不配置也无关紧要，只有在特定场合下有些默认值无法工作时，才需再找出来配置特定值。本书中关于 core-site.xml 配置文件的修改如下所示：

```
<configuration>
        <property>
                <name>fs.defaultFS</name>
                <value>hdfs://192.168.18.130:9000</value>
        </property>
        <property>
                <name>hadoop.tmp.dir</name>
                <value>/usr/local/hadoop-2.9.2/hdfsdata</value>
        </property>
        <property>
                <name>io.file.buffer.size</name>
                <value>131072</value>
        </property>
</configuration>
```

core-site.xml 中几个重要配置项的参数名、功能、默认值、本书中设置值如表 2-4 所示。

表 2-4　core-site.xml 重要配置项参数的说明

配置项参数名	功　能	默认值	本书设置值
fs.defaultFS	HDFS 的文件 URI	file:///	hdfs://192.168.18.130:9000
io.file.buffer.size	I/O 文件的缓冲区大小	4096	131072
hadoop.tmp.dir	Hadoop 的临时目录	/tmp/hadoop-${user.name}	/usr/local/hadoop-2.9.2/hdfsdata

关于 core-site.xml 更多配置项的说明，读者可参考本地帮助文档 share/doc/hadoop/hadoop-project-dist/hadoop-common/core-default.xml，或者官网 https://hadoop.apache.org/docs/r2.9.2/ hadoop-project-dist/hadoop-common/core-default.xml。

6) 配置 hdfs-site.xml

hdfs-site.xml 配置文件主要用于配置 HDFS 分项数据，如字空间元数据、数据块、辅助节点的检查点的存放路径等，不修改配置项的采用默认值即可。本书中关于 hdfs-site.xml 的配置文件未做任何修改。

hdfs-site.xml 中几个重要配置项的参数名、功能、默认值、本书中设置值如表 2-5 所示。

表 2-5　hdfs-site.xml 重要配置项参数说明

配置项参数名	功　能	默　认　值	本书设置值
dfs.namenode.name.dir	元数据存放位置	file://${hadoop.tmp.dir}/dfs/name	未修改
dfs.datanode.data.dir	数据块存放位置	file://${hadoop.tmp.dir}/dfs/data	未修改
dfs.namenode.checkpoint.dir	辅助节点的检查点存放位置	file://${hadoop.tmp.dir}/dfs/namesecondary	未修改
dfs.blocksize	HDFS 文件块大小	134217728	未修改
dfs.replication	HDFS 文件块副本数	3	未修改
dfs.namenode.http-address	NameNode Web UI 地址和端口	0.0.0.0:50070	未修改

由于第 5)步对 core-site.xml 的修改中将 Hadoop 的临时目录设置为 "/usr/local/hadoop-2.9.2/hdfsdata"，故本书中将元数据存放在主节点的 "/usr/local/hadoop-2.9.2/hdfsdata/dfs/name"，数据块存放在从节点的 "/usr/local/hadoop-2.9.2/hdfsdata/dfs/data"，辅助节点的检查点存放在主节点的 "/usr/local/hadoop-2.9.2/hdfsdata/dfs/namesecondary"。这些目录都会随着 HDFS 的格式化、HDFS 守护进程的启动而由系统自动创建，无需用户手工创建。

关于 hdfs-site.xml 更多配置项的说明，读者请参考本地帮助文档 share/doc/hadoop/hadoop-project-dist/hadoop-hdfs/hdfs-default.xml，或者官网 https://hadoop.apache.org/docs/ r2.9.2/hadoop-project-dist/hadoop-hdfs/hdfs-default.xml。

7) 配置 mapred-site.xml

mapred-site.xml 配置文件是有关 MapReduce 计算框架的配置信息，Hadoop 配置文件中没有 mapred-site.xml，但有 mapred-site.xml.template，读者使用命令如 "cp mapred-site.xml.template mapred-site.xml" 将其复制并重命名为 "mapred-site.xml" 即可，然后用 vim 编辑

相应的配置信息。本书中对于 mapred-site.xml 的添加内容如下所示：

```
<configuration>
        <property>
                <name>mapreduce.framework.name</name>
                <value>yarn</value>
        </property>
</configuration>
```

mapred-site.xml 中几个重要配置项的参数名、功能、默认值、本书中设置值如表 2-6 所示。

表 2-6   mapred-site.xml 重要配置项参数说明

配置项参数名	功　能	默认值	本书设置值
mapreduce.framework.name	MapReduce 应用程序的执行框架	local	yarn
mapreduce.jobhistory.webapp.address	MapReduce Web UI 端口号	19888	未修改
mapreduce.job.maps	每个 MapReduce 作业的 map 任务数目	2	未修改
mapreduce.job.reduces	每个 MapReduce 作业的 reduce 任务数目	1	未修改

关于 mapred-site.xml 更多配置项的说明，读者可参考本地帮助文档 share/doc/hadoop/hadoop-mapreduce-client/hadoop-mapreduce-client-core/mapreduce-default.xml，或者官网 https://hadoop.apache.org/docs/r2.9.2/hadoop-mapreduce-client/hadoop-mapreduce -client-core/mapred-default.xml。

8）配置 yarn-site.xml

yarn-site.xml 是有关资源管理器的 YARN 配置信息，本书中对于 yarn-site.xml 的添加内容如下所示：

```
<configuration>
        <property>
                <name>yarn.resourcemanager.hostname</name>
                <value>master</value>
        </property>
        <property>
                <name>yarn.nodemanager.aux-services</name>
                <value>mapreduce_shuffle</value>
        </property>
</configuration>
```

yarn-site.xml 中几个重要配置项的参数名、功能、默认值、本书中设置值如表 2-7 所示。

表 2-7　yarn-site.xml 重要配置项参数说明

配置项参数名	功　能	默　认　值	本书设置值
yarn.resourcemanager.hostname	提 供 Resource Manager 服务的主机名	0.0.0.0	master
yarn.resourcemanager.scheduler.class	启用的资源调度器主类	org.apache.hadoop.yarn.server.resourcemanager.scheduler.capacity.CapacityScheduler	未修改
yarn.resourcemanager.webapp.address	ResourceManager Web UI http 地址	${yarn.resourcemanager.hostname}:8088	未修改
yarn.nodemanager.local-dirs	中间结果存放位置	${hadoop.tmp.dir}/nm-local-dir	未修改
yarn.nodemanager.aux-services	NodeManager 上运行的附属服务		mapreduce_shuffle

由于之前步骤已将 core-site.xml 中 Hadoop 的临时目录设置为 "/usr/local/hadoop-2.9.2/hdfsdata"，故本书中未修改配置项 "yarn.nodemanager.local-dirs"，中间结果的存放位置为 "/usr/local/hadoop-2.9.2/hdfsdata/nm-local-dir"，这个目录会随着 YARN 守护进程的启动而在由系统自动在所有从节点上创建，无须用户手工创建。另外，"yarn.nodemanager.aux-services" 需配置成 "mapreduce_shuffle"，才可运行 MapReduce 程序。

关于 yarn-site.xml 更多配置项的说明，读者可参考本地帮助文档 share/doc/hadoop/hadoop-yarn/hadoop-yarn-common/yarn-default.xml，或者官网 https://hadoop.apache.org/ docs/r2.9.2/hadoop-yarn/hadoop-yarn-common/yarn-default.xml。

9) 配置 slaves

配置文件 slaves 用于指定从节点主机名列表。在这个文件中，需要添加所有的从节点主机名，每一个主机名占一行，本书中 slaves 文件的内容如下所示：

```
slave1
slave2
```

需要注意的是，在 slaves 文件里，有一个默认值 localhost，一定要删除。若不删除，即使后面添加了所有的从节点主机名，Hadoop 还是无法逃脱 "伪分布模式" 的命运。

4. 同步配置文件

以上配置文件要求 Hadoop 集群中每个节点都 "机手一份"，快捷的方法是在主节点 master 上配置好，然后利用 scp 命令将配置好的文件同步到从节点 slave1、slave2 上。

scp 是 secure copy 的缩写，scp 是 Linux 系统下基于 ssh 登录进行安全的远程文件拷贝命令。Linux 的 scp 命令可以在 Linux 服务器之间复制文件和目录。

1) 同步 hadoop.sh

切换到 root 用户下，将 master 节点上的文件 hadoop.sh 同步到其他 2 台从节点上，命令如下所示：

```
scp /etc/profile.d/hadoop.sh root@slave1:/etc/profile.d/

scp /etc/profile.d/hadoop.sh root@slave2:/etc/profile.d/
```

2) 同步 Hadoop 配置文件

切换到普通用户 xuluhui 下，将 master 上/usr/local/hadoop-2.9.2/etc/hadoop 下的配置文件同步到其他两个从节点上。

依次通过如下命令将主节点 master 上的 Hadoop 配置文件同步到从节点 slave1 和 slave2 上：

```
scp -r /usr/local/hadoop-2.9.2/etc/hadoop/* xuluhui@slave1:/usr/local/hadoop-2.9.2/etc/hadoop/
scp -r /usr/local/hadoop-2.9.2/etc/hadoop/* xuluhui@slave2:/usr/local/hadoop-2.9.2/etc/hadoop/
```

至此，1 主节点 2 从节点的 Hadoop 全分布模式集群全部配置结束。重启 3 台机器，使得上述配置生效。

2.5.6 关闭防火墙

为了避免不必要的麻烦，建议关闭防火墙。若防火墙没有关闭，可能会导致 Hadoop 虽然可以启动，但是数据节点 DataNode 无法连接名称节点 NameNode。如图 2-23 所示，Hadoop 集群启动正常，但数据容量为 0B，数据节点数量也是 0。

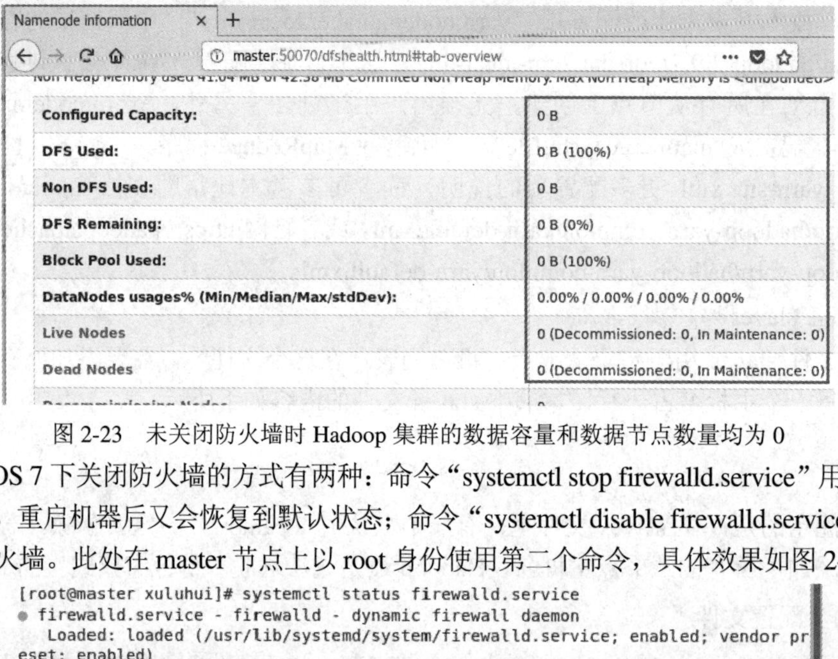

图 2-23 未关闭防火墙时 Hadoop 集群的数据容量和数据节点数量均为 0

CentOS 7 下关闭防火墙的方式有两种：命令 "systemctl stop firewalld.service" 用于临时关闭防火墙，重启机器后又会恢复到默认状态；命令 "systemctl disable firewalld.service" 用于永久关闭防火墙。此处在 master 节点上以 root 身份使用第二个命令，具体效果如图 2-24 所示。

图 2-24 关闭防火墙

重启机器，使用命令"systemctl status firewalld.service"查看防火墙状态，如图 2-25 所示，防火墙状态为"inactive (dead)"。

```
[xuluhui@master ~]$ systemctl status firewalld.service
● firewalld.service - firewalld - dynamic firewall daemon
   Loaded: loaded (/usr/lib/systemd/system/firewalld.service; disabled; vendor p
reset: enabled)
   Active: inactive (dead)
     Docs: man:firewalld(1)
[xuluhui@master ~]$
```

图 2-25　命令"systemctl disable firewalld.service"关闭防火墙重启机器后的效果

同理，关闭所有从节点 slave1、slave2 的防火墙。

2.5.7　格式化文件系统

在主节点 master 上以普通用户 xuluhui 身份输入命令"hdfs namenode -format"，将 HDFS 文件系统格式化，执行效果如图 2-26 所示。注意，此命令必须在主节点 master 上执行，切勿在从节点上执行。

```
[xuluhui@master ~]$ hdfs namenode -format
19/03/30 06:56:00 INFO namenode.NameNode: STARTUP_MSG:
/************************************************************
STARTUP_MSG: Starting NameNode
STARTUP_MSG:   host = master/192.168.18.130
STARTUP_MSG:   args = [-format]
STARTUP_MSG:   version = 2.9.2
STARTUP_MSG:   classpath = /usr/local/hadoop-2.9.2/etc/hadoop:/usr/local/hadoop-
2.9.2/share/hadoop/common/lib/jaxb-impl-2.2.3-1.jar:/usr/local/hadoop-2.9.2/shar
e/hadoop/common/lib/slf4j-log4j12-1.7.25.jar:/usr/local/hadoop-2.9.2/share/hadoo
p/common/lib/activation-1.1.jar:/usr/local/hadoop-2.9.2/share/hadoop/common/lib/
woodstox-core-5.0.3.jar:/usr/local/hadoop-2.9.2/share/hadoop/common/lib/commons-
configuration-1.6.jar:/usr/local/hadoop-2.9.2/share/hadoop/common/lib/commons-be
anutils-1.7.0.jar:/usr/local/hadoop-2.9.2/share/hadoop/common/lib/xz-1.0.jar:/us
r/local/hadoop-2.9.2/share/hadoop/common/lib/htrace-core4-4.1.0-incubating.jar:/
usr/local/hadoop-2.9.2/share/hadoop/common/lib/junit-4.11.jar:/usr/local/hadoop-
2.9.2/share/hadoop/common/lib/snappy-java-1.0.5.jar:/usr/local/hadoop-2.9.2/shar
e/hadoop/common/lib/stax-api-1.0-2.jar:/usr/local/hadoop-2.9.2/share/hadoop/comm
on/lib/apacheds-i18n-2.0.0-M15.jar:/usr/local/hadoop-2.9.2/share/hadoop/common/l
ib/jaxb-api-2.2.2.jar:/usr/local/hadoop-2.9.2/share/hadoop/common/lib/mockito-al
l-1.8.5.jar:/usr/local/hadoop-2.9.2/share/hadoop/common/lib/slf4j-api-1.7.25.jar
:/usr/local/hadoop-2.9.2/share/hadoop/common/lib/jackson-jaxrs-1.9.13.jar:/usr/l
ocal/hadoop-2.9.2/share/hadoop/common/lib/commons-logging-1.1.3.jar:/usr/local/h
adoop-2.9.2/share/hadoop/common/lib/avro-1.7.7.jar:/usr/local/hadoop-2.9.2/share
```

图 2-26　执行 HDFS 格式化命令

值得注意的是，HDFS 格式化命令执行成功后，按照本书以上 Hadoop 配置，会在主节点 master 的 Hadoop 安装目录下自动生成 hdfsdata/dfs/name 这个 HDFS 元数据目录，如图 2-27 所示。此时，两个从节点上 Hadoop 安装目录下的文件不发生变化。

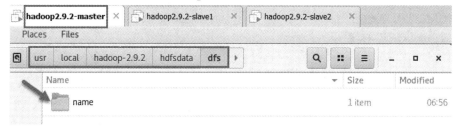

图 2-27　格式化 HDFS 后主节点上自动生成的目录及文件

2.5.8　启动和验证 Hadoop

启动全分布模式 Hadoop 集群的守护进程，只需在主节点 master 上依次执行以下 3 条命令即可：

```
start-dfs.sh
start-yarn.sh
mr-jobhistory-daemon.sh start historyserver
```

start-dfs.sh 命令会在节点上启动 NameNode、DataNode 和 SecondaryNameNode 服务，start-yarn.sh 命令会在节点上启动 ResourceManager、NodeManager 服务，mr-jobhistory-daemon.sh 命令会在节点上启动 JobHistoryServer 服务。注意，即使对应的守护进程没有启动成功，Hadoop 也不会在控制台显示错误消息，读者可以利用 jps 命令一步一步查询，逐步核实对应的进程是否启动成功。

1. 执行命令 start-dfs.sh

若全分布模式 Hadoop 集群部署成功，执行命令 start-dfs.sh 后，NameNode 和 SecondaryNameNode 会出现在主节点 master 上，DataNode 会出现在所有从节点 slave1、slave2 上，运行结果如图 2-28 所示。这里需要注意的是，第一次启动 HDFS 集群时，由于之前步骤中在配置文件 hadoop-env.sh 中添加了一行 "HADOOP_SSH_OPTS='-o StrictHostKeyChecking=no'"，因此在连接 0.0.0.0 主机时并未出现提示信息 "Are you sure you want to continue connecting (yes/no)?"，而且还会将目标主机 key 加到/home/xuluhui/ .ssh/known_hosts 文件里。

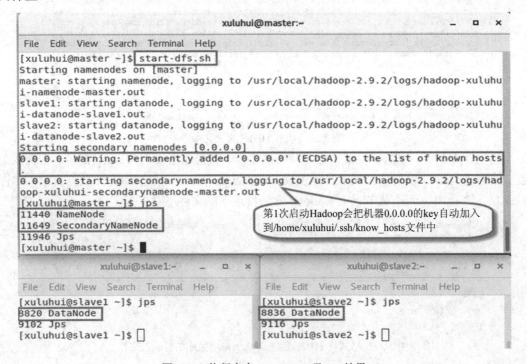

图 2-28　执行命令 start-dfs.sh 及 jps 结果

执行命令 start-dfs.sh 后，按照本书以上关于全分布模式 Hadoop 的配置，会在主节点的 Hadoop 安装目录 /hdfsdata/dfs 下自动生成 namesecondary 这个检查点目录及文件，同时会在所有从节点的 Hadoop 安装目录 /hdfsdata/dfs 下自动生成 data 这个 HDFS 数据块目录及文件。

执行命令 start-dfs.sh 后，还会在所有主、从节点的 Hadoop 安装目录下自动生成 logs 日志文件目录和各日志文件 *.log、*.out，以及 pids 守护进程号文件目录和各进程号文件*.pid。

2. 执行命令 start-yarn.sh

若全分布模式 Hadoop 集群部署成功，执行命令 start-yarn.sh 后，在主节点的守护进程列表中多了 ResourceManager，从节点中则多了 NodeManager，运行结果如图 2-29 所示。

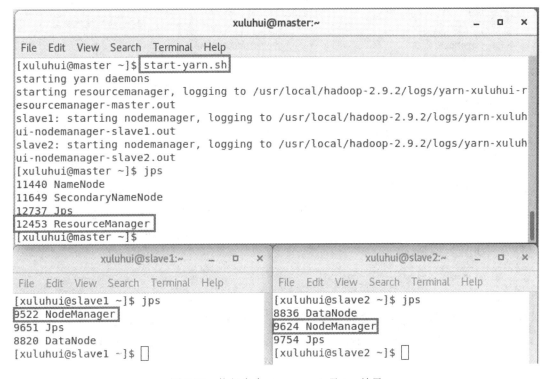

图 2-29　执行命令 start-yarn.sh 及 jps 结果

执行命令 start-yarn.sh 后，按照本书以上关于全分布模式 Hadoop 的配置，会在所有从节点的 Hadoop 安装目录 /hdfsdata 下自动生成 nm-local-dir 这个目录及各文件。

执行命令 start-yarn.sh 后，还会在所有主、从节点的 Hadoop 安装目录 /logs 下自动生成与 YARN 有关的日志文件 *.log、*.out，在 Hadoop 安装目录/pids 下自动生成与 YARN 有关的守护进程号文件 *.pid。

3. 执行命令 mr-jobhistory-daemon.sh start historyserver

若全分布模式 Hadoop 集群部署成功，则执行命令 mr-jobhistory-daemon.sh start historyserver 后，会在主节点的守护进程列表中多出 JobHistoryServer，而从节点的守护进程列表不发生变化，运行结果如图 2-30 所示。

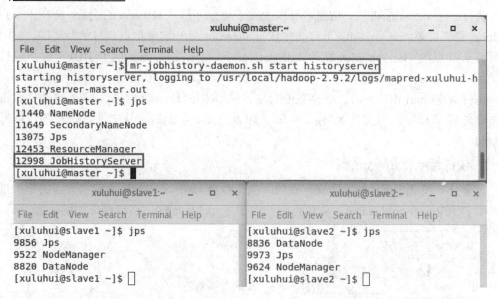

图 2-30 执行命令 mr-jobhistory-daemon.sh start historyserver 及 jps 结果

执行命令 mr-jobhistory-daemon.sh start historyserver 后，还会在主节点的 Hadoop 安装目录 /logs 下自动生成与 MapReduce 有关的日志文件 *.log、*.out，在 Hadoop 安装目录/pids 下自动生成与 MapReduce 有关的守护进程号文件 *.pid。

Hadoop 也提供了基于 Web 的管理工具，因此，Web 也可以用来验证全分布模式 Hadoop 集群是否部署成功且正确启动。其中 HDFS Web UI 的默认地址为 http://NameNodeIP:50070，运行界面如图 2-31 所示；YARN Web UI 的默认地址为 http://ResourceManagerIP:8088，运行界面如图 2-32 所示；MapReduce Web UI 的默认地址为 http://JobHistoryServerIP:19888，运行界面如图 2-33 所示。

Namenode information	×	+

← → C ⌂ ⓘ 192.168.18.130:50070/dfshealth.html#tab-overview ··· ☑ ☆

Hadoop Overview Datanodes Datanode Volume Failures Snapshot Startup Progress Utilities

Overview 'master:9000' (active)

Started:	Sat Mar 30 06:59:47 -0400 2019
Version:	2.9.2, r826afbeae31ca687bc2f8471dc841b66ed2c6704
Compiled:	Tue Nov 13 07:42:00 -0500 2018 by ajisaka from branch-2.9.2
Cluster ID:	CID-61da4065-4cb2-47ea-865e-e261ed384873
Block Pool ID:	BP-1880039019-192.168.18.130-1553943361843

图 2-31 HDFS Web UI 效果图

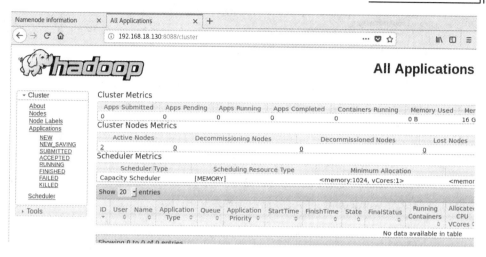

图 2-32　YARN Web UI 效果图

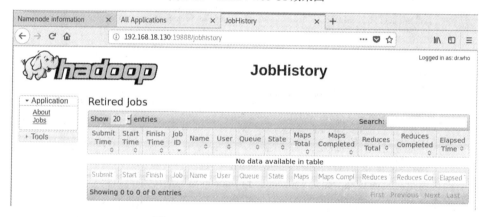

图 2-33　MapReduce Web UI 效果图

4. 运行第一个 MapReduce 程序——WordCount

向全分布模式 Hadoop 集群提交自带的 MapReduce 应用程序 WordCount 也可以验证 Hadoop 集群是否部署成功。WordCount 的功能是统计输入目录下所有文件中单词出现的次数，并将统计结果输出到指定输出目录下。

(1) 在 HDFS 根目录下创建目录 InputDataTest，使用的 HDFS Shell 命令及具体过程如图 2-34 所示。

```
[xuluhui@master ~]$ hdfs dfs -mkdir /InputDataTest
[xuluhui@master ~]$ hdfs dfs -ls /
Found 2 items
drwxr-xr-x   - xuluhui supergroup          0 2019-03-30 08:10 /InputDataTest
drwxrwx---   - xuluhui supergroup          0 2019-03-30 07:43 /tmp
[xuluhui@master ~]$
```

图 2-34　在 HDFS 下创建目录/InputDataTest

(2) 上传待统计单词频次的文件到 HDFS 文件系统 "/InputDataTest" 下，文件数量大于等于 1。此处本书将 Hadoop 的 hadoop-env.sh、mapred-env.sh、yarn-env.sh 3 个配置文件上传到指定位置。使用的 HDFS Shell 命令及具体过程如图 2-35 所示。

```
[xuluhui@master ~]$ hdfs dfs -put /usr/local/hadoop-2.9.2/etc/hadoop/hadoop-env.
sh /InputDataTest
[xuluhui@master ~]$ hdfs dfs -put /usr/local/hadoop-2.9.2/etc/hadoop/mapred-env.
sh /InputDataTest
[xuluhui@master ~]$ hdfs dfs -put /usr/local/hadoop-2.9.2/etc/hadoop/yarn-env.sh
 /InputDataTest
[xuluhui@master ~]$ hdfs dfs -ls /InputDataTest
Found 3 items
-rw-r--r--   3 xuluhui supergroup       5033 2019-03-30 10:05 /InputDataTest/had
oop-env.sh
-rw-r--r--   3 xuluhui supergroup       1520 2019-03-30 10:06 /InputDataTest/map
red-env.sh
-rw-r--r--   3 xuluhui supergroup       4911 2019-03-30 10:06 /InputDataTest/yar
n-env.sh
[xuluhui@master ~]$
```

图 2-35　上传本地文件到 HDFS 文件系统目录/InputDataTest

(3) 运行 WordCount。使用 hadoop jar 命令执行 Hadoop 自带示例程序 WordCount，使用的集群执行命令及 wordcount 的执行过程如图 2-36 所示。

```
[xuluhui@master ~]$ hadoop jar /usr/local/hadoop-2.9.2/share/hadoop/mapreduce/ha
doop-mapreduce-examples-2.9.2.jar wordcount /InputDataTest /OutputDataTest
19/03/30 10:11:43 INFO client.RMProxy: Connecting to ResourceManager at master/1
92.168.18.130:8032
19/03/30 10:11:44 INFO input.FileInputFormat: Total input files to process : 3
19/03/30 10:11:44 INFO mapreduce.JobSubmitter: number of splits:3
19/03/30 10:11:44 INFO Configuration.deprecation: yarn.resourcemanager.system-me
trics-publisher.enabled is deprecated. Instead, use yarn.system-metrics-publishe
r.enabled
19/03/30 10:11:45 INFO mapreduce.JobSubmitter: Submitting tokens for job: job_15
53945489774_0001
19/03/30 10:11:46 INFO impl.YarnClientImpl: Submitted application application_15
53945489774_0001
19/03/30 10:11:46 INFO mapreduce.Job: The url to track the job: http://master:80
88/proxy/application_1553945489774_0001/
19/03/30 10:11:46 INFO mapreduce.Job: Running job: job_1553945489774_0001
19/03/30 10:12:01 INFO mapreduce.Job: Job job_1553945489774_0001 running in uber
 mode : false
19/03/30 10:12:01 INFO mapreduce.Job:   map 0% reduce 0%
19/03/30 10:12:24 INFO mapreduce.Job:   map 100% reduce 0%
19/03/30 10:12:37 INFO mapreduce.Job:   map 100% reduce 100%
19/03/30 10:12:37 INFO mapreduce.Job: Job job_1553945489774_0001 completed succe
ssfully
19/03/30 10:12:37 INFO mapreduce.Job: Counters: 49
```

图 2-36　提交 wordcount 到 Hadoop 集群及其执行过程

(4) 查看结果。上述程序执行完毕后，会将结果输出到/OutputDataTest 目录中，如前所示原因，不能直接在 CentOS 文件系统中查看运行结果，可使用 hdfs 命令中的 "-ls" 选项来查看，使用的 HDFS Shell 命令及具体过程如图 2-37 所示。

```
[xuluhui@master ~]$ hdfs dfs -ls /OutputDataTest
Found 2 items
-rw-r--r--   3 xuluhui supergroup          0 2019-03-30 10:12 /OutputDataTest/_S
UCCESS
-rw-r--r--   3 xuluhui supergroup       6411 2019-03-30 10:12 /OutputDataTest/pa
rt-r-00000
[xuluhui@master ~]$
```

图 2-37　查看输出目录/OutputDataTest 下文件

图 2-37 中有两个文件，其中/OutputDataTest/_SUCCESS 表示 Hadoop 程序已执行成功，这个文件大小为 0，文件名就告知了 Hadoop 程序的执行状态；第二个文件/OutputDataTest/part-r-00000 才是 Hadoop 程序的运行结果。在命令终端利用 "-cat" 选项查看 Hadoop 程序的运行结果，使用的 HDFS Shell 命令及 wordcount 单词计数统计结果如图 2-38 所示。

注意：在启动 Hadoop 时，是通过 start-dfs.sh、start-yarn.sh 命令启动的 HDFS 和 YARN，除此以外，还可以使用 start-all.sh 来代替这两个命令。但是，start-all.sh 由于线程等问题的处理不恰当，存在很多内部启动问题，因此，一般并不建议使用 start-all.sh，而是建议使用 start-dfs.sh 和 start-yarn.sh 命令来分别启动 HDFS 和 YARN。另外，对于一般的计算机而言，在执行 start-dfs.sh 和 start-yarn.sh 命令之后最好等待一会再操作各种 MapReduce 命令，防止因为线程未加载完毕而导致的各种初始化问题。

```
[xuluhui@master ~]$ hdfs dfs -cat /OutputDataTest/part-r-00000
!=        3
""        8
"$HADOOP_CLASSPATH"     1
"$HADOOP_HEAPSIZE"      1
"$HADOOP_JOB_HISTORYSERVER_HEAPSIZE"     1
"$JAVA_HOME"    2
"$YARN_HEAPSIZE"       1
"$YARN_LOGFILE" 1
"$YARN_LOG_DIR" 1
"$YARN_POLICYFILE"     1
"AS     3
"Error: 1
"License");     3
"run    1
"x"     1
"x$JAVA_LIBRARY_PATH"  1
#       140
###     8
#A      1
#HADOOP_JAVA_PLATFORM_OPTS="-XX:-UsePerfData     1
#The    1
#echo   1
#export 16
$@      1
```

图 2-38　查看 wordcount 单词计数统计结果(部分)

2.5.9　关闭 Hadoop

关闭全分布模式 Hadoop 集群的命令与启动命令次序相反，只需在主节点 master 上依次执行以下 3 条命令即可关闭 Hadoop：

mr-jobhistory-daemon.sh stop historyserver

stop-yarn.sh

stop-dfs.sh

执行 mr-jobhistory-daemon.sh stop historyserver 时，*historyserver.pid 文件消失；执行 stop-yarn.sh 时，*resourcemanager.pid 和*nodemanager.pid 文件依次消失；执行 stop-dfs.sh 时，*namenode.pid、*datanode.pid、*secondarynamenode.pid 文件依次消失。关闭 Hadoop 集群的命令及其执行效果如图 2-39 所示。

```
[xuluhui@master ~]$ mr-jobhistory-daemon.sh stop historyserver
stopping historyserver
[xuluhui@master ~]$ stop-yarn.sh
stopping yarn daemons
stopping resourcemanager
slave2: stopping nodemanager
slave1: stopping nodemanager
slave2: nodemanager did not stop gracefully after 5 seconds: killing with kill -
9
slave1: nodemanager did not stop gracefully after 5 seconds: killing with kill -
9
no proxyserver to stop
[xuluhui@master ~]$ stop-dfs.sh
Stopping namenodes on [master]
master: stopping namenode
slave1: stopping datanode
slave2: stopping datanode
Stopping secondary namenodes [0.0.0.0]
0.0.0.0: stopping secondarynamenode
[xuluhui@master ~]$
```

图 2-39　关闭 Hadoop 集群命令及其执行效果

本 章 小 结

　　本章简要介绍了 Hadoop 的来源、发展简史、特点、版本，详细介绍了 Hadoop 的生态系统、体系架构、应用现状，系统环境、运行模式等基本原理知识，并在此基础上介绍了如何在 Linux 操作系统下安装、配置、启动和验证 Hadoop 集群的应用实践技能。

　　Hadoop 是一个开源的、可运行于大规模集群上的分布式存储和计算的软件框架，它具有高可靠、弹性可扩展等特点，非常适合处理海量数据。Hadoop 起源于开源的网络搜索引擎 Apache Nutch，它实现了分布式文件系统 HDFS 和分布式计算框架 MapReduce 等功能。

　　Hadoop 2.0 主要由分布式文件系统 HDFS、统一资源管理和调度框架 YARN 以及分布式计算框架 MapReduce 三部分构成。但从广义上来讲，Hadoop 是指以 Hadoop 为基础的生态系统，除了 Hadoop 核心构成，还包括 Spark、HBase、ZooKeeper、Hive、Pig、Impala、Mahout、Flume、Sqoop、Kafka、Ambari 等组件，生态系统中每个子系统只负责解决某一特定问题。

　　Hadoop 被公认为行业大数据标准软件，在业内得到了广泛应用，例如国外的雅虎、Facebook、沃尔玛、eBay 等，国内的百度、阿里巴巴、腾讯、华为、中国移动等。

　　部署与运行 Hadoop 需要的系统环境包括操作系统、Java 环境、SSH。Hadoop 有三种运行模式，包括单机模式(Local/Standalone Mode)、伪分布模式(Pseudo-Distributed Mode)和全分布模式(Fully-Distributed Mode)。伪分布式模式和全分布模式下部署 Hadoop 集群过程基本类似，但 Hadoop 配置文件有所差异。

思考与练习题

　　1. 试述 Hadoop 与谷歌 GFS、MapReduce 的关系。

　　2. 试述 Hadoop 生态系统构成及各个组件的基本功能。

　　3. 试述 Hadoop 的体系架构。

　　4. 试述 Hadoop 部署与运行所需要的系统环境。

　　5. 试述 Hadoop 的运行模式。

　　6. 准备 Hadoop 的系统环境时，安装 Java 是必须的。试阐述应在哪个系统配置文件中修改 Java 的哪些环境变量。

　　7. 准备 Hadoop 系统环境时，安装 SSH 是必需的，但是配置 SSH 免密登录并不是必需的，试述为何还要配置 SSH 免密登录。

　　8. 配置 Hadoop 是部署 Hadoop 过程中较为繁琐的步骤，试述配置 Hadoop 伪分布模式和全分布式模式的异同。

　　9. 试述部署 Hadoop 集群时为何要关闭防火墙。

　　10. 假设在 1 主 2 从 3 台节点上部署了全分布模式 Hadoop 集群，试述 Hadoop 成功启动后在各个节点上运行的进程分别有哪些。

实验 1　部署全分布模式 Hadoop 集群

关于本实验的完整指导可参见本节配套实验教材《Hadoop 大数据原理与应用实验教程》。

一、实验目的

(1) 熟练掌握 Linux 的基本命令。

(2) 掌握静态 IP 地址的配置、主机名和域名映射的修改。

(3) 掌握 Linux 环境下 Java 的安装、环境变量的配置、Java 基本命令的使用。

(4) 理解为何需要配置 SSH 免密登录，掌握 Linux 环境下 SSH 的安装、免密登录的配置。

(5) 熟练掌握在 Linux 环境下如何部署全分布模式 Hadoop 集群。

二、实验环境

本实验所需的软硬件环境包括 PC、VMware Workstation Pro、CentOS 安装包、Oracle JDK 安装包、Hadoop 安装包。

三、实验内容

(1) 规划部署。

(2) 准备机器。

(3) 准备软件环境：配置静态 IP；修改主机名；编辑域名映射；安装和配置 Java；安装和配置 SSH 免密登录。

(4) 下载和安装 Hadoop。

(5) 配置全分布模式 Hadoop 集群。

(6) 关闭防火墙。

(7) 格式化文件系统。

(8) 启动和验证 Hadoop。

(9) 关闭 Hadoop。

四、实验报告

实验报告主要内容包括实验名称、实验类型、实验地点、学时、实验环境、实验原理、实验步骤、实验结果、总结与思考等。

第 3 章

分布式文件系统 HDFS

　　HDFS(Hadoop Distributed File System)是 Hadoop 分布式文件系统的缩写，属于分布式系统，整个 Hadoop 的体系结构主要是通过 HDFS 来实现对分布式存储的底层支持的。分布式文件系统(Distributed File System)是指文件系统管理的物理存储资源通过计算机网络与节点相连，由很多服务器联合起来实现其功能，集群中的服务器有各自的角色，可以将文件分布式存放在多台服务器上。HDFS 和其他分布式系统的核心差别是其高容错性以及建立在低成本的日常硬件系统上。HDFS 可用于管理大量存储在集群上的数据，这些数据以冗余形式来降低系统故障时可能造成的损失。HDFS 同时支持并行处理，提供高吞吐量的数据访问，非常适合大规模数据集上的应用程序。

　　本章首先介绍了 HDFS 文件系统区别于传统文件系统的特征；其次介绍了 HDFS 的体系架构；接着讲述了 HDFS 的文件存储机制和数据读/写过程；然后介绍了 HDFS 用户接口的使用，包括 HDFS Web UI、HDFS Shell 和 HDFS Java API；最后讲述了 HDFS 实现高可靠性的几种机制。

　　本章知识结构图如图 3-1 所示(★表示重点，▶表示难点)。

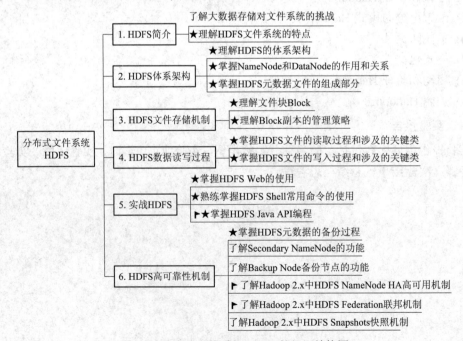

图 3-1　分布式文件系统 HDFS 的知识结构图

3.1 HDFS 简介

相对于传统本地文件系统而言，分布式文件系统(Distributed File System)是一种通过网络实现文件在多台主机上进行分布式存储的文件系统。分布式文件系统的设计一般采用"客户机/服务器"(Client/Server)模式，客户端以特定的通信协议通过网络与服务器建立连接，提出文件访问请求。客户端和服务器可以通过设置访问权限来限制请求方对底层数据存储块的访问。

HDFS(Hadoop Distributed File System)是 Hadoop 分布式文件系统，是 Hadoop 三大核心之一，是针对谷歌文件系统 GFS(Google File System)的开源实现(The Google File System, 2003)。HDFS 是一个具有高容错性的文件系统，适合部署在廉价的机器上。HDFS 能提供高吞吐量的数据访问，非常适合大规模数据集上的应用。MapReduce、Spark 等大数据处理框架要处理的数据源大部分都存储在 HDFS 上，Hive、HBase 等框架的数据通常也存储在 HDFS 上。简而言之，HDFS 为大数据的存储提供了保障。经过多年的发展，HDFS 自身已经十分成熟和稳定，且用户群愈加广泛，已逐渐成为分布式存储的事实标准。

HDFS 文件系统的基本特征包括以下几个方面：

(1) 高容错性。HDFS 把硬件出错看做一种常态，设计了能够快速自动进行错误检测和恢复的相应机制。例如，一个节点出现故障，它上面的数据在其他节点存在备份，并且会被自动补充。

(2) 数据容量大。HDFS 集群可以支持数百个节点，以支持应用程序的大数据需求。

(3) 可扩展性。HDFS 的水平扩展性强，数据节点可以根据需要进行增删。

(4) 高吞吐量。HDFS 的数据传输速率高，支持高并发大数据应用程序。

(5) 就近计算。客户请求尽可能在数据节点上直接完成计算任务，以便在大数据的业务中降低网络负担，增加吞吐量。

3.2 HDFS 的体系架构

HDFS 采用 Master/Slave 架构模型，一个 HDFS 集群包括一个 NameNode 和多个 DataNode。名称节点 NameNode 为主节点，数据节点 DataNode 为从节点，文件被划分为一系列的数据块(Block)存储在从节点 DataNode 上。NameNode 是中心服务器，不存储数据，负责管理文件系统的命名空间(Namespace)以及客户端对文件的访问。HDFS 的体系架构如图 3-2 所示。

HDFS 的体系架构中主要包括名称节点 NameNode 和数据节点 DataNode。下面将详细讲述各个组件及其功能。

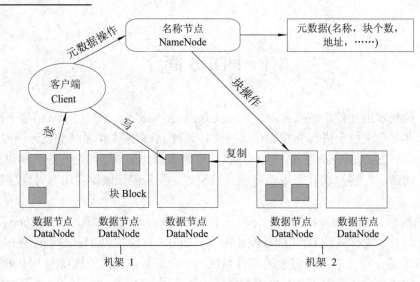

图 3-2 HDFS 的体系架构

1. NameNode

NameNode 运行在日常硬件上，通常只有一个，是整个文件系统的管理节点。它维护着整个文件系统的文件目录树，包括文件/目录的元数据和每个文件对应的数据块列表，负责接收用户的操作请求。作为 HDFS 主服务节点的核心，NameNode 主要完成下面任务：

(1) 管理命名空间(Namespace)。

(2) 控制客户端对文件的读/写。

(3) 执行常见文件系统的操作，比如文件的重命名、复制、移动、打开、关闭以及目录操作。

HDFS 命名空间(NameSpace)支持传统的层次型文件组织结构，与大多数现有文件系统类似，用户可以创建、删除、移动或重命名文件。在 HDFS 中，NameNode 负责管理分布式文件系统的命名空间，保存了 FsImage 和 EditLog 两个核心数据结构。其中，FsImage 用于维护文件系统树以及文件树中所有文件和目录的元数据；操作日志文件 EditLog 记录了所有针对文件的创建、删除、重命名等操作。NameNode 记录了每个文件中各个块所在的数据节点的位置信息，但是并不持久化存储这些信息，而是在系统每次启动时扫描所有数据节点重构得到这些信息。

NameNode 在启动时，会将 FsImage 文件的内容加载到内存中，然后执行 EditLog 文件中的各项操作，使得内存中的元数据保持最新。这个操作完成以后，就会创建一个新的 FsImage 文件和一个空的 EditLog 文件。NameNode 启动成功并进入正常运行状态以后，HDFS 中的更新操作会被写入到 EditLog，而不是直接写入 FsImage。这是因为对于分布式文件系统而言，FsImage 文件通常都很庞大(一般都是 GB 以上级别)。如果所有的更新操作都直接写入 FsImage，那么系统就会变得非常缓慢。相对而言，EditLog 通常都要远远小于 FsImage，更新操作写入 EditLog 是非常高效的。FsImage 不会随时与 NameNode 内存中的元数据保持一致，而是每隔一段时间通过合并 FsImage 和 EditLog 文件来更新元数据。NameNode 在启动过程中处于"安全模式"，只能对外提供读操作，无法提供写操作。启动过程结束后，系统就会退出安全模式，进入正常运行状态。

2. DataNode

DataNode 也运行在日常硬件上，通常有多个，它为 HDFS 提供真实文件数据的存储服务。HDFS 数据存储在 DataNode 上，数据块的创建、复制和删除都在 DataNode 上执行。DataNode 将 HDFS 数据以文件的形式存储在本地的文件系统中，但并不知道有关 HDFS 文件的信息。DataNode 把每个 HDFS 数据块存储在本地文件系统的一个单独的文件中，并不在同一个目录创建所有的文件，实际上，它用试探的方法来确定每个目录的最佳文件数目，并且在适当的时候创建子目录。在同一个目录中创建所有的本地文件并不是最优的选择，这是因为本地文件系统可能无法高效地在单个目录中支持大量的文件。当一个 DataNode 启动时，它会扫描本地文件系统，产生一个这些本地文件对应的所有 HDFS 数据块的列表，然后作为报告发送到 NameNode，这个报告就是块状态报告。

另外，客户端是用户操作 HDFS 最常用的方式，HDFS 在部署时都提供了客户端。严格地说，客户端并不算是 HDFS 的一部分。客户端可以支持打开、读取、写入等常见操作，并且提供了类似 Shell 的命令行方式来访问 HDFS 中的数据，也提供了 API(作为应用程序)访问文件系统的客户端编程接口。

3.3　HDFS 文件的存储机制

1. Block 概述

在传统的文件系统中，为了提高磁盘读/写效率，一般以数据块为单位，而不是以字节为单位。HDFS 也同样采用了块的概念。

HDFS 中的数据以文件块 Block 的形式存储。Block 是最基本的存储单位，每次读/写的最小单元是一个 Block。对于文件内容而言，一个文件的长度大小是 N，那么从文件的 0 偏移开始，按照固定的大小，顺序对文件进行划分并编号，划分好的每一个块称一个 Block。Hadoop 2.0 中默认 Block 的大小是 128 MB，一个 N=256MB 的文件可被切分成 256/128=2 个 Block。不同于普通文件系统，在 HDFS 中，如果一个文件小于一个数据块的大小，并不占用整个数据块存储空间。Block 的大小可以根据实际需求进行配置，可以通过 HDFS 配置文件 hdfs-site.xml 中的参数 dfs.blocksize 来定义块的大小。但要注意，数字必须是 2^K，文件的大小可以不是 Block 大小的整数倍，这时最后一个块可能存在剩余。例如，一个文件大小是 260 MB，在 Hadoop 2.0 中占用三个块，第三个块只使用了 4 MB。

为什么 HDFS 的数据块设置得这么大呢？原因是和普通的本地磁盘文件系统不同，HDFS 存储的是大数据文件，通常会有 TB 甚至 PB 的数据文件需要管理，所以数据的基本单元必须足够大才能提高管理效率。而如果还使用像 Linux 本地文件系统 EXT3 的 4 KB 单元来管理数据，则会非常低效，同时会浪费大量的元数据空间。

2. Block 的副本管理策略

HDFS 采用多副本方式对数据进行冗余存储，通常一个数据块的多个副本会被分布到不同的 DataNode 上。

HDFS 采用可靠的算法在分布式环境中存储大量数据。简单来说，每个数据块 Block 都存在副本，以提高容错性，默认情况下每个块存在三个副本。例如，存储一个 100 MB 的文件，默认情况下需要占用 300MB 的磁盘空间。数据块的信息会定期由 DataNode 报送给 NameNode，任何时候，当 NameNode 发现一个块的副本个数少于三个或者多于三个时都会进行补充或者删除。副本放置的基本原则是保证并非所有的副本都在同一个机架(Rack) 上。例如，对于默认的三个块副本，在同一个机架上存放两个副本，在另一个机架上存放另一个副本，如图 3-3 所示。这样放置的好处在于提供高容错性的同时降低延时。**注意**: 一个机架可能包含多个 DataNode，而数据分布在不同 DataNode 可以提高数据的读/写并发。 对于多于三个副本的情况，其他副本将会随机分布在不同的 DataNode 上，同时保证同一个机架中最多存在两个副本。可以通过配置文件 hdfs-site.xml 中的参数 dfs.replication 来定义 Block 的副本数。

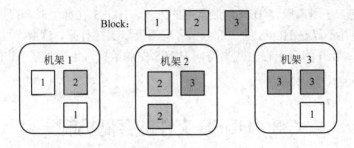

图 3-3　Block 副本在机架中的放置策略

图 3-4 显示了 Hadoop 集群中机架之间的逻辑连接结构。可以看到，通过交换机，同一个机架和不同机架的计算机物理连接在一起，同一个机架内的计算机可以直接通过单层交换机连接，速度很快；而不同机架之间的通信需要经过多层交换机，速度稍慢。数据块存放时以机架为独立单元，这样既有高容错性，也可以保证并发性能。

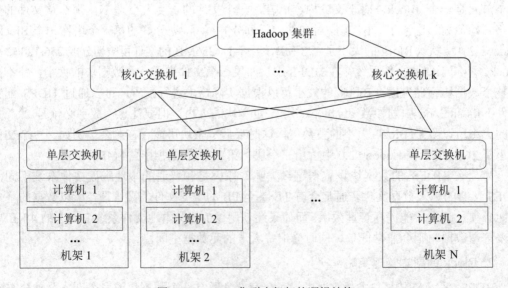

图 3-4　Hadoop 集群中机架的逻辑结构

3.4　HDFS 数据的读/写过程

3.4.1　数据的读取过程

　　HDFS 的真实数据分散存储在 DataNode 上，但是读取数据时需要先经过 NameNode。HDFS 数据读取的基本过程为：首先，客户端连接到 NameNode 询问某个文件的元数据信息，NameNode 返回给客户端一个包含该文件各个块位置信息(存储在哪个 DataNode)的列表；然后，客户端直接连接对应的 DataNode 来并行读取块数据；最后，当客户得到所有块后，再按照顺序进行组装，得到完整文件。为了提高物理传输速度，NameNode 在返回块的位置时，会优先选择距离客户更近的 DataNode。

　　客户端读取 HDFS 上的文件时，需要调用 HDFS Java API 一些类的方法。从编程角度来看，主要经过以下几个步骤(如图 3-5 所示)：

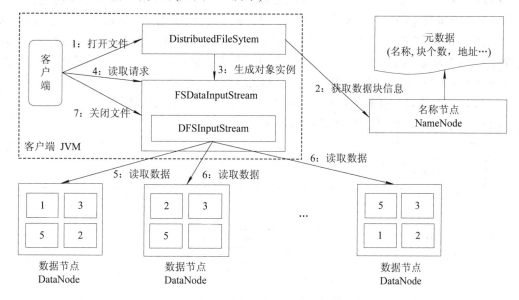

图 3-5　HDFS 数据的读取过程

　　(1) 客户端生成一个 FileSystem 实例(DistributedFileSystem 对象)，并使用此实例的 open() 方法打开 HDFS 上的一个文件。

　　(2) DistributedFileSystem 通过 RPC 调用向 NameNode 发出请求，得到文件的位置信息，即数据块编号和所在 DataNode 地址。对于每一个数据块，名称节点返回保存数据块的数据节点的地址，通常按照 DataNode 地址与客户端的距离从近到远排序。

　　(3) FileSystem 实例获得地址信息后，生成一个 FSDataInputStream 对象实例返回给客户端。此实例封装了一个 DFSInputStream 对象，负责存储数据块信息和 DataNode 地址信息，并负责后续的文件内容读取工作。

　　(4) 客户端向 FSDataInputStream 发出读取数据的 read() 调用。

(5) FSDataInputStream 收到 read()调用请求后，其封装的 DFSInputStream 选择与第一个数据块最近的 DataNode，并读取相应的数据信息返回给客户端。数据块读取完成后，DFSInputStream 负责关闭到相应 DataNode 的链接。

(6) DFSInputStream 依次选择后续数据块的最近 DataNode 节点，并读取数据返回给客户端，直到最后一个数据块读取完毕。DFSInputStream 从 DataNode 读取数据时，可能会碰上某个 DataNode 失效的情况，此时会自动选择下一个包含此数据块的最近的 DataNode 去读取。

(7) 客户端读取完所有数据块，然后调用 FSDataInputStream 的 close()方法关闭文件。

从图 3-5 可以看出，HDFS 数据读取分散在了不同的 DataNode 节点上，基本上不存在单点问题，水平扩展性强。对于 NameNode 节点来说，只需要传输元数据(块地址)信息，数据 I/O 压力较小。

3.4.2　数据的写入过程

HDFS 的设计遵循"一次写入，多次读取"的原则，所有数据只能添加不能更新。数据会被划分为等尺寸的块写入不同的 DataNode 中，每个块通常保存指定数量的副本(默认3 个)。HDFS 数据写入的基本过程如图 3-6 所示，基本过程为：客户端向 NameNode 发送文件写请求，NameNode 给客户分配写权限，并随机分配块的写入地址——DataNode 的 IP，同时兼顾副本数量和块 Rack 自适应算法。例如副本因子是 3，则每个块会分配到三个不同的 DataNode。为了提高传输效率，客户端只会向其中一个 DataNode 复制一个副本，另外两个副本则由 DataNode 传输到相邻 DataNode。

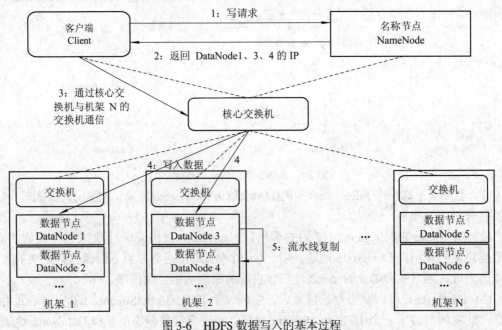

图 3-6　HDFS 数据写入的基本过程

从编程角度来说，将数据写入 HDFS 主要经过以下几个步骤(如图 3-7 所示)：

(1) 创建和初始化 FileSystem，客户端调用 create()来创建文件。

(2) FileSystem 用 RPC 调用名称节点，在文件系统的命名空间中创建一个新的文件。名称节点首先确定文件原来不存在，并且客户端有创建文件的权限，然后才能创建新文件。

(3) FileSystem 返回 DFSOutputStream，客户端开始写入数据。

(4) DFSOutputStream 将数据分成块，写入 data queue。data queue 由 Data Streamer 读取，并通知名称节点分配数据节点，用来存储数据块(每块默认复制三块)。分配的数据节点放在一个数据流管道(pipeline)里。Data Streamer 将数据块写入 pipeline 中的第一个数据节点，第一个数据节点将数据块发送给第二个数据节点，第二个数据节点将数据发送给第三个数据节点。

(5) DFSOutputStream 为发出去的数据块保存了 ack queue，等待 pipeline 中的数据节点告知数据已经写入成功。

(6) 客户端结束写入数据后调用 close 函数。此操作将所有的数据块写入 pipeline 中的数据节点，并等待 ack queue 返回成功。

(7) 通知名称节点写入完毕。

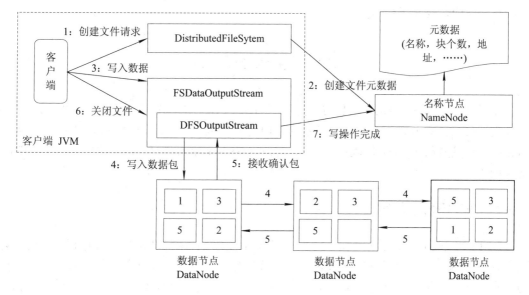

图 3-7 HDFS 数据写入的过程

如果数据节点在写入的过程中失败，DFSOutputStream 会关闭 pipeline，将 ack queue 中的数据块放入 data queue 的开始，当前的数据块在已经写入的数据节点中被名称节点赋予新的标示，错误节点重启后能够察觉其数据块是过时的，会被删除。失败的数据节点会从 pipeline 中移除，另外的数据块则写入 pipeline 中的另外两个数据节点。名称节点则被通知此数据块复制块数不足，将来会再创建第三份备份。

数据写入过程中，如果某个 DataNode 出现故障，Data Streamer 将关闭到此节点的链接，故障节点将从 DataNode 链中删除，其他 DataNode 将继续完成写入操作。NameNode 通过返回值发现某个 DataNode 未完成写入任务，会分配另一个 DataNode 完成此写入操作。对于一个数据块 Block，只要有一个副本写入成功，就视为写入完成，后续将启动自动恢复机制，恢复指定副本数量。

数据写入可以看作是一个流水线 pipeline 过程。具体来说，客户端收到 NameNode 发送的块存储位置 DataNode 列表后，将做如下工作：

(1) 选择 DataNode 列表中的第一个 DataNode1，通过 IP 地址建立 TCP 连接。

(2) 客户端通知 DataNode1 准备接收块数据，同时发送后续 DataNode 的 IP 地址给 DataNode1，副本随后会拷贝到这些 DataNode。

(3) DataNode1 连接 DataNode2，并通知 DataNode2 连接 DataNode3，前一个 DataNode 发送副本数据给后一个 DataNode，依此类推。

(4) ack 确认消息遵从相反的顺序，即 DataNode3 收到完整块副本后返回确认给 DataNode2，DataNode2 收到完整块副本后返回确认给 DataNode1，而 DataNode1 最后通知客户端所有数据块已经成功复制。对于 3 个副本，DataNode1 会发送 3 个 ack 给客户端，表示 3 个 DataNode 都成功接收。随后，客户端通知 NameNode 完整文件写入成功，NameNode 更新元数据。

(5) 当客户端接到通知流水线已经建立完成后，会准备发送数据块到流水线中，然后逐个按序在流水线中传输。这样一来，客户端只需要发送一次，所有备份将在不同 DataNode 之间自动完成，提高了传输效率。

3.5   实战 HDFS

为了方便用户使用 HDFS，HDFS 提供了 HDFS Web UI、HDFS Shell 命令和 HDFS API 三种类型接口。本节介绍 Linux 操作系统中如何使用 Web 界面查看和管理 HDFS，如何使用 Shell 命令进行 HDFS 文件操作，以及如何使用 Hadoop 提供的 Java API 进行基本的 HDFS 文件操作。

3.5.1   HDFS Web UI

HDFS Web UI 主要面向管理员，提供服务器基础统计信息和文件系统运行状态的查看功能，不支持配置更改操作。从该页面上，管理员可以查看当前文件系统中各个节点的分布信息，浏览名称节点上的存储、登录等日志，以及下载某个数据节点上某个文件的内容。HDFS Web UI 地址为 http://NameNodeIP:50070，进入后可以看到当前 HDFS 文件系统的 Overview、Summary、NameNode Journal Status、NameNode Storage 等信息。首页中 Datanodes 选项卡下显示当前使用的 DataNode 节点基本信息；Datanode Volume Failures 选项卡下显示日志中已经记录的数据节点失败信息；Snapshot 选项卡下显示快照信息；Startup Progress 选项卡中显示系统启动进度信息，如元数据文件 FsImage、日志 EditLog 等的加载进度；Utilities 选项卡中包括一些实用工具，如文件系统的查询和浏览功能。

由于 HDFS Web 页面较长，截图无法完整展示所有内容，我们分开截图并介绍。HDFS Web UI 的概览(Overview)效果如图 3-8 所示，其中"192.168.18.130"是运行 NameNode 进程的节点 IP 地址。从图 3-8 中可以看到，HDFS Web UI 的概览主要包括 HDFS 的版本、簇 ID、块池 ID 等基本信息。

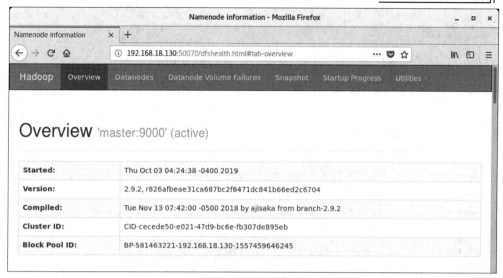

图 3-8　HDFS Web UI 之概览

HDFS　Web　UI 的概要效果如图 3-9 所示。从图 3-9 中可以看到总容量、已用容量、已用块、DataNode 使用率等信息。

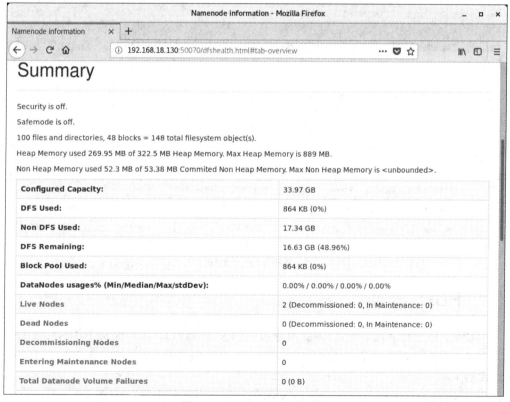

图 3-9　HDFS Web UI 之概要

我们也可以通过首页顶端菜单项『Utilities』→『Browse the file system』查看 HDFS 文件，如图 3-10 和图 3-11 所示。

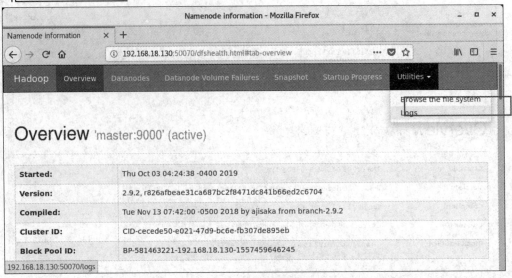

图 3-10　使用 HDFS Web UI 进入查看 HDFS 的目录及文件(1)

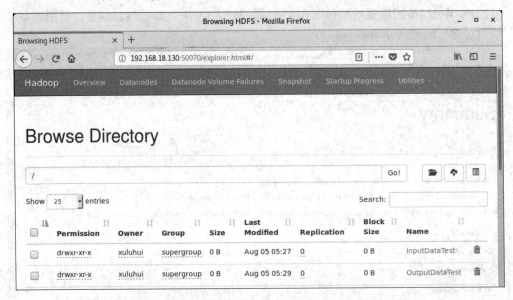

图 3-11　使用 HDFS Web UI 查看 HDFS 的目录及文件(2)

3.5.2　HDFS Shell

在 Linux 命令行终端，使用 Shell 命令对 HDFS 进行操作，可以完成 HDFS 中文件的上传、下载、复制、查看、格式化名称节点等操作。HDFS Shell 命令统一入口为 hadoop，语法格式如下：

```
hadoop [--config confdir] [COMMAND | CLASSNAME]
```

该命令的具体帮助信息如下所示：

```
Usage: hadoop [--config confdir] [COMMAND | CLASSNAME]
  CLASSNAME              run the class named CLASSNAME
```

```
or
    where COMMAND is one of:
    fs                        run a generic filesystem user client
    version                   print the version
    jar <jar>                 run a jar file, note: please use "yarn jar" to launch YARN applications, not this
command.
    checknative [-a|-h]    check native hadoop and compression libraries availability
    distcp <srcurl> <desturl> copy file or directories recursively
    archive -archiveName NAME -p <parent path> <src>* <dest> create a hadoop archive
    classpath                 prints the class path needed to get the Hadoop jar and the required libraries
    credential                interact with credential providers
    daemonlog                 get/set the log level for each daemon
    trace                     view and modify Hadoop tracing settings
```

　　HDFS Shell 有很多命令，其中最常用命令就是 fs 命令。另外可以通过命令 "hdfs dfsadmin" 进行系统管理。下面分别讲述每种命令及其参数用法。

1. 文件系统命令

　　作为文件系统，HDFS 提供的 Shell 命令支持常用的文件系统操作，比如文件的创建、修改、删除、修改权限等，文件夹的创建、复制、删除、重命名等。命令格式类似于 Linux 终端对文件的操作，如 ls、mkdir、rm 等。

　　HDFS 文件系统命令的入口是 "hadoop fs"，其语法是 "hadoop fs [generic options]"。此外，也可以使用命令 "hdfs dfs [generic options]"，它们两者的区别在于："hadoop fs" 使用面最广，可以操作任何文件系统，比如本地文件、HDFS 文件、HFTP 文件、S3 文件系统等；而 "hdfs dfs" 则是专门针对 HDFS 文件系统的操作。"hadoop fs" 命令的完整帮助如下所示：(当不确定有哪些选项可用时，可以作为帮助信息参考。)

```
Usage: hadoop fs [generic options]
    [-appendToFile <localsrc> ... <dst>]
    [-cat [-ignoreCrc] <src> ...]
    [-checksum <src> ...]
    [-chgrp [-R] GROUP PATH...]
    [-chmod [-R] <MODE[,MODE]... | OCTALMODE> PATH...]
    [-chown [-R] [OWNER][:[GROUP]] PATH...]
    [-copyFromLocal [-f] [-p] [-l] [-d] <localsrc> ... <dst>]
    [-copyToLocal [-f] [-p] [-ignoreCrc] [-crc] <src> ... <localdst>]
    [-count [-q] [-h] [-v] [-t [<storage type>]] [-u] [-x] <path> ...]
    [-cp [-f] [-p | -p[topax]] [-d] <src> ... <dst>]
    [-createSnapshot <snapshotDir> [<snapshotName>]]
    [-deleteSnapshot <snapshotDir> <snapshotName>]
    [-df [-h] [<path> ...]]
```

[-du [-s] [-h] [-x] <path> ...]

[-expunge]

[-find <path> ... <expression> ...]

[-get [-f] [-p] [-ignoreCrc] [-crc] <src> ... <localdst>]

[-getfacl [-R] <path>]

[-getfattr [-R] {-n name | -d} [-e en] <path>]

[-getmerge [-nl] [-skip-empty-file] <src> <localdst>]

[-help [cmd ...]]

[-ls [-C] [-d] [-h] [-q] [-R] [-t] [-S] [-r] [-u] [<path> ...]]

[-mkdir [-p] <path> ...]

[-moveFromLocal <localsrc> ... <dst>]

[-moveToLocal <src> <localdst>]

[-mv <src> ... <dst>]

[-put [-f] [-p] [-l] [-d] <localsrc> ... <dst>]

[-renameSnapshot <snapshotDir> <oldName> <newName>]

[-rm [-f] [-r|-R] [-skipTrash] [-safely] <src> ...]

[-rmdir [--ignore-fail-on-non-empty] <dir> ...]

[-setfacl [-R] [{-b|-k} {-m|-x <acl_spec>} <path>]|[--set <acl_spec> <path>]]

[-setfattr {-n name [-v value] | -x name} <path>]

[-setrep [-R] [-w] <rep> <path> ...]

[-stat [format] <path> ...]

[-tail [-f] <file>]

[-test -[defsz] <path>]

[-text [-ignoreCrc] <src> ...]

[-touchz <path> ...]

[-truncate [-w] <length> <path> ...]

[-usage [cmd ...]]

下面，将对命令"hadoop fs"中的常用选项做详细说明。

1) ls

功能：显示文件的元数据信息或者目录包含的文件列表信息。其中目录信息包括修改日期、权限、用户 ID、组 ID 等，文件信息包括文件大小、修改日期、权限、所属用户 ID 和组 ID。

格式：hadoop fs -ls <path>

示例：显示文件/log/text1.txt 的基本信息：

hadoop fs -ls /log/text1.txt

示例：显示目录/log/hbase 包含的文件列表信息：

hadoop fs -ls /log/hbase

2) ls -R

功能：ls 命令的递归版本，类似 UNIX 中的 ls -R。

格式：hadoop fs -ls -R <path>。

示例：显示根目录/下的所有文件夹和文件：

```
hadoop fs -ls -R /
```

3）du

功能：显示文件的大小或者目录中包含的所有文件的大小。

格式：hadoop fs -du <path>。

示例：显示目录/test/data1 中每个文件的大小：

```
hadoop fs -du /test/data1/
```

4）du -s

功能：显示目录下所有文件大小之和，单位是字节。

格式：hadoop fs -du -s <path>。

示例：显示 test 目录下所有文件大小之和：

```
hadoop fs -du -s /test
```

5）count

功能：统计文件(夹)数量和文件总大小信息。

格式：hadoop fs -count <path>。

示例：显示 test 目录下包含的文件数量：

```
hadoop fs -count /test
```

6）mv

功能：移动 HDFS 文件到指定位置，第一个参数表示被移动文件位置，第二个参数表示移动的目标位置(通常为目录)。

格式：hadoop fs -mv <src> <dst>。

示例：将/test 目录下文件 text1.txt 移动到/txt 目录：

```
hadoop fs -mv /test/text1.txt /txt
```

7）cp

功能：将文件从源路径复制到目标路径。源路径可以是多个文件，此时目标路径必须是文件夹。

格式：hadoop fs -cp <src> <dst>。

示例：将文件/test/file1 复制到/test/file2 目录下：

```
hadoop fs -cp /test/file1 /test/file2
```

8）rm

功能：删除文件。

格式：hadoop fs -rm <path>。

示例：删除文件/test/file1.txt。

```
hadoop fs -rm /test/file1.txt
```

9）rm -r

功能：递归删除文件或者文件夹，文件夹可以包含子文件夹和子文件。

格式：hadoop fs -rm -r <path>。

示例：递归删除 test 目录下的所有文件和文件夹：

```
hadoop fs -rm -r /test
```

10）put

功能：从本地文件系统复制单个或多个源路径到目标文件系统，同时支持从标准输入读取源文件内容后写入目标位置。

格式：hadoop fs -put <localsrc> … <dst>。

示例：将 Linux 本地文件/home/xuluhui/text1.txt 复制到 HDFS 目录/user/xuluhui 下面，并重命名为 text2.txt：

```
hadoop fs -put /home/xuluhui/text1.txt /user/xuluhui/text2.txt
```

11）copyFromLocal

功能：和 put 一致。

12）moveFromLocal

功能：将文件或目录从本地文件系统移动到 HDFS。

格式：hadoop fs -moveFromLocal <src> <dst>。

示例：将本地文件系统当前路径的 test.txt 移动到 HDFS 目录/user/xuluhui 下：

```
hadoop fs -moveFromLocal test.txt /user/xuluhui
```

13）getmerge

功能：接收一个源目录和一个目标文件，将 HDFS 源目录中所有文件连接成本地 Linux 目标文件，可以在每个文件结束添加换行，参数-nl 表示是否在文件结束添加换行。

格式：hadoop fs -getmerge [-nl] <src> <localdst>。

示例：将 HDFS 目录/user/xuluhui 下的文件合并，输出到本地文件系统，保存为/home/xuluhui/test.txt：

```
hadoop fs -getmerge /user/xuluhui /home/xuluhui/test.txt
```

14）cat

功能：将指定文件内容输出到标准输出 stdout。

格式：hadoop fs -cat <path>。

示例：输出 HDFS 目录/user/xuluhui 下文件 test.txt 到标准输出：

```
hadoop fs -cat /user/xuluhui/test.txt
```

15）text

功能：输出源文件文本到标准输出。格式可以是 zip 和 TextRecordInputStream，类似 Linux 中的 cat 命令。

格式：hadoop fs -text <path>。

示例：输出 HDFS 目录/user/xuluhui 下文件 test.txt 到标准输出：

```
hadoop fs -text /user/xuluhui/test.txt
```

16）mkdir

功能：创建指定的一个或多个目录，-p 选项用于递归创建子目录。类似于 Linux 的 mkdir -p。

格式：hadoop fs -mkdir [-p] <paths>。

示例：在 HDFS 目录/user 下创建目录 data1 和 data2：

```
hadoop fs -mkdir /user/data1 /user/data2
```

17）touchz

功能：在 HDFS 中创建零字节的空白文件。

格式：hadoop fs -touchz <path>。

示例：创建空白文件 empty：

```
hadoop fs -touchz /user/data1/empty
```

18）stat

功能：以指定格式返回指定文件的相关信息。当不指定 format 时，返回文件的创建日期。命令选项后面可以有格式 format，使用引号表示，格式 "%b %n %o %r %Y" 依次表示文件大小、文件名称、块大小、副本数、访问时间。

格式：hadoop fs -stat [format] <path>。

示例：显示目录/user/data1 的统计信息：

```
hadoop fs -stat /user/data1
```

19）tail

功能：显示文件最后 1K 字节的内容到 stdout，一般用于查看日志。如果带有选项-f，那么当文件内容变化时，也会自动显示。其用法和 Linux 中一致。

格式：hadoop fs -tail [-f] <file>。

示例：显示文件 input.txt 的尾部内容：

```
hadoop fs -tail /user/input.txt
```

20）chmod

功能：修改文件权限。使用选项-R 可以在目录结构下进行递归更改，命令的使用者必须是文件的所有者或者超级用户。

格式：hadoop fs -chmod [-R] <MODE[, MODE] … | OCTALMODE> <path>。

示例：更改/user/data1 的权限为 766：

```
hadoop fs -chmod 766 /user/data1
```

HDFS 文件拥有和 Linux 文件类似的权限：读(r)、写(w)和执行(x)，这里执行仅表示目录的访问控制。所有文件和目录都有所属用户、所属用户组的权限属性，权限值是由文件和目录所属用户、所属用户组和其他用户的权限构成的一个 9 位二进制数字。

21）chown

功能：更改文件的所有者。选项 R 表示递归更改所有子目录，命令的使用者必须是超级用户。

格式：hadoop fs -chown [-R] [OWNER] [:[GROUP]] <path>。

示例：更改/user/data1 的所有者为 user1：

```
hadoop fs -chown user1 /user/data1
```

22）chgrp

功能：更改文件所属的组。选项 R 表示递归处理子目录，命令使用者必须是文件所有者或者超级用户。

格式：hadoop fs -chgrp [-R] GROUP <path>。

示例：更改/user/data1 的组为 group1：

```
hadoop fs -chgrp group1 /user/data1
```

23）setrep

功能：改变文件的副本系数。选项 R 用于递归改变目录下所有文件的副本系数。此后，HDFS 会根据系数自动进行复制或清除工作。参数 w 表示等待副本操作结束才退出命令。

格式：hadoop fs -setrep [-R] [-w] <rep> <path>。

示例：设置目录/user/data1 下所有文件的副本系数为 3：

```
hadoop fs -setrep -w 3 -R /user/data1/
```

24）expunge 命令

功能：清空回收站。**注意**：清空后数据将不可恢复。

格式：hadoop fs -expunge。

2. 系统管理命令

HDFS 系统管理命令的入口是"hdfs dfsadmin"，其完整帮助如下所示。

```
Usage: hdfs dfsadmin

Note: Administrative commands can only be run as the HDFS superuser.

    [-report [-live] [-dead] [-decommissioning] [-enteringmaintenance] [-inmaintenance]]

    [-safemode <enter | leave | get | wait>]

    [-saveNamespace]

    [-rollEdits]

    [-restoreFailedStorage true|false|check]

    [-refreshNodes]

    [-setQuota <quota> <dirname>...<dirname>]

    [-clrQuota <dirname>...<dirname>]

    [-setSpaceQuota <quota> [-storageType <storagetype>] <dirname>...<dirname>]

    [-clrSpaceQuota [-storageType <storagetype>] <dirname>...<dirname>]

    [-finalizeUpgrade]

    [-rollingUpgrade [<query|prepare|finalize>]]

    [-refreshServiceAcl]

    [-refreshUserToGroupsMappings]

    [-refreshSuperUserGroupsConfiguration]

    [-refreshCallQueue]

    [-refresh <host:ipc_port> <key> [arg1..argn]

    [-reconfig <namenode|datanode> <host:ipc_port> <start|status|properties>]

    [-printTopology]

    [-refreshNamenodes datanode_host:ipc_port]

    [-getVolumeReport datanode_host:ipc_port]

    [-deleteBlockPool datanode_host:ipc_port blockpoolId [force]]

    [-setBalancerBandwidth <bandwidth in bytes per second>]
```

```
[-getBalancerBandwidth <datanode_host:ipc_port>]

[-fetchImage <local directory>]

[-allowSnapshot <snapshotDir>]

[-disallowSnapshot <snapshotDir>]

[-shutdownDatanode <datanode_host:ipc_port> [upgrade]]

[-evictWriters <datanode_host:ipc_port>]

[-getDatanodeInfo <datanode_host:ipc_port>]

[-metasave filename]

[-triggerBlockReport [-incremental] <datanode_host:ipc_port>]

[-listOpenFiles]

[-help [cmd]]
```

3.5.3　HDFS Java API 编程

HDFS 使用 Java 语言编写，提供了丰富的 Java 编程接口供开发人员调用。当然 HDFS 同时支持 C++、Python 等其他语言，但它们都没有 Java 接口方便。凡是使用 Shell 命令可以完成的功能，都可以使用相应的 Java API 来实现，甚至使用 API 可以完成 Shell 命令不支持的功能。常用的 HDFS Java API 类如表 3-1 所示。

表 3-1　HDFS Java API 常用的类

类　名	说　明
org.apache.hadoop.fs.FileSystem	通用文件系统基类，用于与 HDFS 文件系统进行交互，编写的 HDFS 程序都需要重写 FileSystem 类。通过该类，可以方便地像操作本地文件系统一样操作 HDFS 集群文件
org.apache.hadoop.fs.FSDataInputStream	文件输入流，用于读取 HDFS 文件
org.apache.hadoop.fs.FSDataOutputStream	文件输出流，向 HDFS 顺序写入数据流
org.apache.hadoop.fs.Path	文件与目录定位类，用于定义 HDFS 集群中指定的目录与文件绝对或相对路径
org.apache.hadoop.fs.FileStatus	文件状态显示类，可以获取文件与目录的元数据、长度、块大小、所属用户、编辑时间等信息，同时可以设置文件用户、权限等内容

1. URL 类

java.net.URL 类可以很方便地打开 HDFS 文件系统中的文件，数据以流的形式从远程服务器传输到本地。使用 URL 类的静态方法 setURLStreamHandlerFactory 设置 Hadoop 文件系统的 URLStreamHandlerFactory，实现类 FsUrlStreamHandlerFactory，此方法只在程序启动时调用一次，所以放在静态语句块中。所以，如果其他程序已经设置了 URLStreamHandlerFactory，则不能再使用上述方法从 Hadoop 读取数据。

【实例 3-1】　使用 URL 读取 HDFS 文件。

程序如下：

```
package com.xijing.hdfs;
```

```
import java.io.IOException;
import java.io.InputStream;
import java.net.URL;
import org.apache.hadoop.fs.FsUrlStreamHandlerFactory;
import org.apche.hadoop.io.IOUtils;

// 从 URL 读取 HDFS 文件
public class HDFSURLReader {
    static {
        // 此行设置文件系统配置为 URL 流，仅执行一次
        URL.setURLStreamHandlerFactory(new FsUrlStreamHandlerFactory());
    }

    public static void main(String[] args) {
        InputStream stream=null;
        String hdfsurl = "hdfs://192.168.18.130:9000/data/input.txt");
        try {
            // 打开远程 HDFS 文件系统的文件
            stream = new URL(hdfsurl).openStream();
            // 输出文件内容到标准输出(默认为屏幕)
            IOUtils.copyBytes(stream, System.out, 1024, false);
        } catch (IOException e) {
            IOUtils.closeStream(stream);    // 关闭文件
        }
    }
}
```

以上程序执行后，会在标准输出设备(屏幕)上打印远程 HDFS 文件 input.txt 的内容，使用方法 copyBytes()将流 stream 复制到 System.out。**注意**：程序结束前需要调用 IOUtils 关闭打开的文件流。

2. FileSystem 类

HDFS Java API 中最常用的类是 org.apache.hadoop.fs.FileSystem。作为抽象类，它定义了存取和管理 HDFS 文件和目录的基本方法。

FileSystem 类的常见方法如下：

(1) public static FileSystem get(Configuration conf) throws IOException：根据配置信息返回文件系统的实例。

(2) public static FileSystem get(URI uri, Configuration conf) throws IOException：根据 URI 的 scheme 和 authority 信息返回文件系统实例。

（3）public static FileSystem get(URI uri, Configuration conf, String user) throws IOException, InterruptedException：根据 URI、配置信息和用户返回文件系统实例。

（4）public FSDataOutputStream create(Path f, boolean overwrite) throws IOException：创建文件，其中 path 用于指定完整文件路径，overwirte 用于指定是否覆盖现有文件。**注意：**此方法有多个重载版本，具体可以查看 Hadoop 的 API 文件。

（5）public abstract FSDataInputStream open(Path f, int bufferSize) throws IOException：打开文件，返回 FSDataInputStream 类的实例，bufferSize 用于指定缓冲区的大小。

（6）public abstract boolean delete(Path f, boolean recursive) throws IOException：删除文件或目录。如果要同时删除子目录(非空目录)，则需要设置参数 recursive 为 true。如果删除失败(比如文件不存在)，则会抛出 I/O 异常。

（7）public boolean mkdirs(Path f) throws IOException：创建目录和子目录。创建成功时返回 true，否则返回 false。

（8）public abstract FileStatus[] listStatus(Path f) throws FileNotFoundException, IOException：列出指定文件或目录的状态信息，参数 Path 可以是目录或文件；返回一个数组。

（9）public abstract FileStatus getFileStatus(Path f) throws IOException：显示文件系统的目录和文件的元数据信息。

FileSystem 类通过 NameNode 获取文件块的地址信息，然后逐块进行访问。FileSystem 类使用 FSDataOutputStream 进行写文件，使用 FSDataInputStream 进行读文件。Hadoop 提供多种抽象类 FileSystem 的具体实现，例如：

（1）DistributedFileSystem：在分布式环境中存取 HDFS 文件。

（2）LocalFileSystem：在本地系统中存取 HDFS 文件。

（3）FTPFileSystem：从 FTP 中存取 HDFS 文件。

（4）WebHdfsFileSystem：从网络文件系统中存取 HDFS 文件。

3. URI 和 Path 类

URI 和 Path 两个类通常用来表示文件和资源路径。URI 的格式为 hdfs://host:port/location，其中 Host 和 Port 在 Hadoop 配置文件 conf/core-site.xml 中配置。例如，创建 URI 的 Java 代码如下：

```
URI uri=URI.create ("hdfs://192.168.18.130:9000/user/xuluhui/TestFile.txt");
```

Path 由 URI 组成，可用于解析操作系统的路径表示方法。例如 Windows 使用反斜杠"\"分隔父目录和子目录，而 Linux 使用斜杠"/"分隔父目录和子目录。

4. Configuration 类

Configuration 类用于将 HDFS 的客户端或服务器端的配置信息传递给 FileSystem。具体来讲，它会加载 core-site.xml 和 core-default.xml 文件中的具体配置和参数信息，例如 fs.defaultFS、fs.default.name 等；同时它可以更新配置信息。Configuration 类的使用方法示例如下：

```
Configuration conf = new Configuration ( );
conf.set("fs.default.name", "hdfs://192.168.18.130:9000");
```

5. FSDataInputStream 类

FileSystem 类使用 NameNode 来定位 DataNode 的位置，然后直接存取其上面的数据块以访问文件。文件读写仍然主要使用 Java 常见的 I/O 接口：DataInputStream 和 DataOutputStream。

FSDataInputStream 类封装了类 DataInputStream，其使用方法如下所示：

```
URI uri = URI.create ("hdfs://host:port/filepath");
Configuration conf = new Configuration();
FileSystem file = FileSystem.get(uri, conf);
FSDataInputStream in = file.open(new Path(uri));
```

以上方法获得的 FSDataInputStream 对象具有默认的缓冲区大小(4096 字节)；也可以在调用 open()方法时指定缓冲区大小。

FSDataInputStream 类实现了 Seekable 接口和 PositonedReadable 接口，用于随机跳跃式读取 HDFS 文件内容。Seekable 接口和 PositonedReadable 接口的定义如下所示：

```
public interface Seekable {
    void seek(long pos) throws IOException;          // 跳到指定偏移量(字节)位置
    long getPos() throws IOException;                // 返回 InputStream 当前位置
    boolean seekToNewSource(long targetPos) throws IOException;     // 跳到指定新位置
}

public interface PositionedReadable {
    long read(long position, byte[] buffer, int offset, int length);          // 从指定位置读取指定长度
}
```

下面代码使用 seek()方法读取指定偏移量的文件内容。

```
FileSystem file = FileSystem.get (uri, conf);
FSDataInputStream in = file.open(new Path(uri));
byte[] btbuffer = new byte[5];
in.seek(5);                             // 读指针偏移到第 5 个字节
Assert.assertEquals(5, in.getPos());
in.read(btbuffer, 0, 5);                // 读取 5 个字节到 btbuffer
System.out.println(new String(btbuffer));
in.read(10,btbuffer, 0, 5);            // 从第 10 个字节开始读 5 个字节到 btbuffer
```

6. FSDataOutputStream 类

FileSystem 类的 create()方法返回一个 FSDataOutputStream 对象，用于创建一个输出文件或者写内容到 HDFS 文件的结尾(EOF)。**注意**：FSDataOutputStream 不提供 seek()方法，因为 HDFS 只支持在文件结尾添加内容，而不支持在中间位置写入。此外，FSDataOutputStream 还封装了 DataOutputStream 类的 size()、write()等方法。

7. FileStatus 类

FileStatus 类主要包含 HDFS 文件的元信息，包括存取时间、文件大小、文件属主、存

放路径等。例如，下面代码使用类 FileStatus 获取文件 strURI 的元信息并输出：

```
URI uri=URI.create(strURI);
FileSystem fileSystem=FileSystem.get(uri, conf);
FileStatus fileStatus=fileSystem.getFileStatus(new Path(uri));
System.out.println("存取时间: "+fileStatus.getAccessTime());
System.out.println("长度: "+fileStatus.getLen());
System.out.println("修改时间: " + fileStatus.getModificationTime());
System.out.println("路径: " + fileStatus.getPath());
```

如果 strURI 是一个目录而不是文件，则 getFileStatus()方法返回一个数组 FileStatus[]，其包含每个文件的元信息。

【实例 3-2】　使用 HDFS Java API 读写 HDFS 文件系统上的文件。

以下程序主要演示了如何获取 FileSystem、上传和下载文件、创建和删除目录等功能。

```
package com.xijing.hdfs;

import java.io.FileInputStream;
import java.io.FileOutputStream;
import java.io.IOException;
import java.net.URI;
import java.net.URISyntaxException;
import org.apache.hadoop.conf.Configuration;
import org.apache.hadoop.fs.FSDataInputStream;
import org.apache.hadoop.fs.FSDataOutputStream;
import org.apache.hadoop.fs.FileSystem;
import org.apache.hadoop.fs.Path;
import org.apache.hadoop.io.IOUtils;
import org.junit.Before;
import org.junit.Test;
public class HdfsApi {
    FileSystem fileSystem = null;        // 定义一个 fileSystem 变量

    public void getfileSystem() throws IOException, InterruptedException, URISyntaxException{
        // 获取具体文件系统对象
        fileSystem = FileSystem.get(
            // 创建 HDFS 文件系统的访问路径，就是 Hadoop 配置文件 core-site.xml 中的 HDFS 文件系
            统所在机器
            new URI("hdfs://192.168.18.130:9000"),
            // 创建 Hadoop 配置文件的类
            new   Configuration(),
            //Linux 启动用户名
```

```
"xuluhui");
}
// 下载 HDFS 文件到本地
public void testDownload() throws IllegalArgumentException, IOException{
    // 构建一个输入流，将需要下载的文件写入到客户端的内存中
    FSDataInputStream in = fileSystem.open(new Path("/user/xuluhui/mapreduce/wordcount/input/wc.input"));
    // 构建一个输出流，将需要下载的文件从内存中写入到本地磁盘
    FileOutputStream out = new FileOutputStream("/home/xuluhui/testData/test1.txt");
    /**
     * 参数说明：
     *      in    代表输入流，读取 HDFS 文件系统的文件到本机内存中
     *      out   代表输出流，将本机内存中的文件写入到本地磁盘中
     *      4096  缓冲区大小
     *      true 自动关闭流，如果不使用自动关闭的话需要手动关闭输入输出流
     *          手动关闭输入输出流：
     *              IOUtils.closeStream(in);
     *              IOUtils.closeStream(out);
     */
    IOUtils.copyBytes(in, out, 4096, true);
}


// 上传文件到 HDFS
public void testUpload() throws IllegalArgumentException, IOException{
    // 构建一个输入流，将本机需要上传的文件写入到内存中
    FileInputStream in = new FileInputStream("/home/xuluhui/testData/test2.txt");
    // 构建一个输出流，将客户端内存的数据写入到 HDFS 文件系统指定的路径中
    FSDataOutputStream out = fileSystem.create(new Path("/input/test2.txt"), true);
    // true 表示自动关闭输出流
    IOUtils.copyBytes(in, out, 4096, true);
}


// 创建 HDFS 目录
public void testMakeDir( ) throws IllegalArgumentException, IOException{
    boolean isSuccess = fileSystem.mkdirs(new Path("/testdir"));
    System.out.println(isSuccess);
}


// 删除 HDFS 目录/文件：
public void testDel() throws IllegalArgumentException, IOException {
```

```
        System.out.println( // 返回的是一个 boolean 类型的值
                fileSystem.delete(
                // 指定要删除的目录
                new Path("/testMK"),
                // 是否使用递归删除
                true
            ));
        }
}
```

3.6　HDFS 的高可靠性机制

作为分布式存储系统，HDFS 设计和实现了多种机制来保证其高可靠性。高可靠性的主要目标之一就是即使在系统出错的情况下也要保证数据存储的正常。常见的三种出错情况是：NameNode 出错、DataNode 出错和数据出错。

NameNode 是 HDFS 集群中的单点故障所在。如果 NameNode 节点出现故障，是需要手工干预的。

HDFS 通过心跳(heartbeat)来检测 DataNode 是否出错。正常工作情况下，每个 DataNode 节点周期性地向 NameNode 发送心跳信号。网络割裂可能破坏一部分 DataNode 和 NameNode 的通信。NameNode 通过心跳信号的缺失来检测这一情况，并将这些近期不再发送心跳信号 DataNode 标记为"宕机"，不会再将新的 I/O 请求发给它们，任何存储在宕机 DataNode 上的数据将不再有效。DataNode 的宕机可能会引起一些数据块的副本系数低于指定值，NameNode 会不断检测这些需要复制的数据块，一旦发现就启动复制操作。在下列情况下，可能需要重新复制：某个 DataNode 节点失效，某个副本遭到损坏，DataNode 上的硬盘错误，或者文件的副本系数增大。

网络传输和磁盘错误等因素都会造成数据错误。客户端在读取到数据后，会采用 MD5 和 SHA1 对数据进行校验，以确保读取到正确数据。当客户端创建一个新的 HDFS 文件时，会对每一个文件块进行信息摘录，并把这些信息作为一个单独的隐藏文件保存在同一个 HDFS 的命名空间下。当客户端读取文件内容时，会先读取该信息文件，然后利用该信息文件对每个读取的数据块进行校验。如果校验出错，客户端可以选择从其他 DataNode 获取该数据块的副本，并且向 NameNode 报告这个文件块有错；NameNode 会定期检查并且重新复制这个块。

3.6.1　元数据备份

在服务器系统中，发生硬件故障或者软件错误是难以避免的，所以需要对重要数据进行备份。元数据是 HDFS 的核心数据，可通过它对整个 HDFS 进行管理。FsImage 和 EditLog 是最重要的元数据文件，所以，NameNode 通常会配置支持维护多个 FsImage 和 EditLog 的副本。任何对 FsImage 或 EditLog 的修改都将同步到它们的副本上。这种多副本的同步操作可能会降低 NameNode 每秒处理的名字空间事务数量，然而这个代价是可以接受的，因为即使 HDFS 的应用是数据密集的，也不一定是元数据密集的。当 NameNode 重启时，它会选取最近的、完整的 FsImage 和 EditLog 来使用。

3.6.2　Secondary NameNode

HDFS 中除了名称节点 NameNode 外，还有一个辅助 NameNode，称为第二名称节点 Secondary NameNode。从名称上看，Secondary NameNode 似乎是作为 NameNode 的备份而存在的，事实上并非如此。Secondary NameNode 有它自身的独立角色和功能，通常认为它和 NameNode 是协同工作的。Secondary NameNode 主要有如下特征和功能：它是 HDFS 高可用性的一个解决方案，但不支持热备，使用前配置即可；定期对 NameNode 中内存元数据进行更新和备份；默认安装在与 NameNode 相同的节点，但是建议安装在不同节点，以提高可靠性。

前文已介绍，在 HDFS 中，NameNode 负责管理分布式文件系统的命名空间，它保存了 FsImage 和 EditLog 两个核心数据结构。其中，FsImage 用于维护文件系统树以及文件树中所有文件和目录的元数据；操作日志文件 EditLog 记录了所有针对文件的创建、删除、重命名等操作。NameNode 记录了每个文件中各个块所在的数据节点的位置信息，但是并不持久化存储这些信息，而是在系统每次启动时扫描所有数据节点重构得到这些信息。只有在 NameNode 重启时，EditLog 才会合并到 FsImage 文件中，从而得到一个文件系统的最新快照。但是在生产环境集群中的 NameNode 是很少重启的，这意味着当 NameNode 运行很长时间后，EditLog 文件会变得很大，在这种情况下就会出现以下问题：

(1) EditLog 文件变得很大后，如何去管理这个文件？

(2) NameNode 的重启会花费很长时间，因为有很多改动要合并到 FsImage 文件上；

(3) 如果 NameNode 宕机，那就丢失了很多改动，因为此时的 FsImage 文件时间戳比较旧。

为了克服这些问题，我们需要一个易于管理的机制来帮助减小 EditLog 文件的大小和得到一个最新的 FsImage 文件，这样也会减小 NameNode 的计算压力。Secondary NameNode 就是为了帮助解决上述问题提出的，它的主要职责是将 NameNode 的 EditLog 合并到 FsImage 文件中，即对元数据进行定期更新和备份。

Seconday NameNode 对元数据进行更新和备份的详细过程如下所示：

(1) Secondary NameNode 通知 NameNode 切换 EditLog 文件；

(2) Secondary NameNode 通过网络从 NameNode 下载 FsImage 和 EditLog；

(3) Secondary NameNode 将 FsImage 载入内存，然后开始合并 EditLog 日志；

(4) Secondary NameNode 将新的 FsImage 发回给 NameNode；

(5) NameNode 用新的 FsImage 替换旧的 FsImage。

NameNode 在重启时使用新的 FsImage，从而减少启动时合并 EditLog 文件的时间。Secondary NameNode 的整个目的是在 HDFS 中提供一个 Checkpoint Node。通过阅读官方文档可以知道，它只是 NameNode 的一个助手节点，这也是它在社区内被认为是 Checkpoint

Node 的原因。Secondary NameNode 所做的是在文件系统中设置一个 Checkpoint 来帮助 NameNode 更好地工作，它不取代 NameNode，也不是 NameNode 的备份。

Secondary NameNode 的检查点进程启动由以下两个配置参数控制：

(1) fs.checkpoint.period：用于指定连续两次检查点的最大时间间隔，默认值是 1 小时。

(2) fs.checkpoint.size：定义了 EditLog 日志文件的最大值，一旦超过这个值会导致强制执行检查点(即使没到检查点的最大时间间隔)，默认值是 64 MB。

如果 NameNode 上除了最新的检查点以外，所有的其他历史镜像和 EditLog 文件都丢失了，NameNode 可以引入这个最新的检查点。以下操作可以实现这个功能：

(1) 在配置参数 dfs.name.dir 指定的位置建立一个空文件夹。

(2) 把检查点目录的位置赋值给配置参数 fs.checkpoint.dir。

(3) 启动 NameNode，并在命令后加上"-importCheckpoint"，即"hdfs namenode -importCheckpoint"。

NameNode 会从 fs.checkpoint.dir 目录读取检查点，并把它保存在 dfs.name.dir 目录下。如果 dfs.name.dir 目录下有合法的镜像文件，NameNode 会启动失败。NameNode 会检查 fs.checkpoint.dir 目录下镜像文件的一致性，但不会去改动它。NameNode 是什么时候将改动写到 EditLog 中的？这个操作实际上是由 DataNode 的写操作触发的。当我们往 DataNode 写文件时，DataNode 会跟 NameNode 通信，告诉 NameNode 什么文件的第几个 Block 放在它那里，NameNode 此时会将这些元数据信息写到 EditLog 文件中。

3.6.3　Backup Node 备份

Hadoop 2.0 以后的版本新提供了一个真正意义上的备用节点，即 Backup Node。Backup Node 在内存中维护了一份从 NameNode 同步过来的 FsImage，同时它还从 NameNode 接收 EditLog 文件的日志流，并把它们持久化到硬盘。Backup Node 在内存中维护与 NameNode 一样的元数据。Backup Node 的启动命令是"hdfs namenode -backup"，在配置文件 hdfs-site.xml 中进行设置。它主要包括两个参数：dfs.backup.address、dfs.backup.http.address。

3.6.4　HDFS NameNode HA 的高可用机制

1. HDFS NameNode HA 概述

在 HDFS 中，NameNode 负责管理整个 HDFS 文件系统的元数据信息，具有举足轻重的作用，NameNode 的可用性直接决定了整个 Hadoop 的可用性，因此，NameNode 绝对不允许出现故障。在 Hadoop 1.0 时代，NameNode 存在单点故障问题，一旦 NameNode 进程不能正常工作，就会造成整个 HDFS 也无法使用。而 Hive 或 HBase 等的数据也都存放在 HDFS 上，因此 Hive 或 HBase 等框架也将无法使用。这可能导致生产集群上的很多框架都无法正常使用，而通过重启 NameNode 来进行数据恢复十分耗时。

在 Hadoop 2.0 中，HDFS NameNode 的单点故障问题得到了解决，这就是 HDFS NameNode High Availability(HDFS NameNode 高可用机制，简称 HDFS NameNode HA)。

2. HDFS NameNode HA 的体系架构

HDFS NameNode 高可用机制的体系架构如图 3-12 所示。

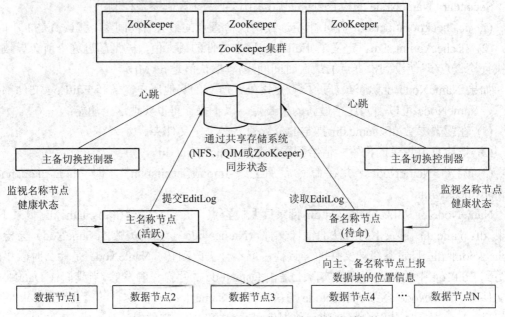

图 3-12　HDFS NameNode 高可用机制的体系架构

从图 3-12 中可以看出，NameNode 高可用机制的体系架构主要分为以下几个部分：

1) ZooKeeper 集群

ZooKeeper 集群的任务是为主备切换控制器提供主备选举支持。

2) 主备 NameNode(Active/Standby NameNode)

在典型高可用集群中，两个独立的机器作为 NameNode。任何时刻，只有一个 NameNode 处于 Active 状态，另一个处于 Standby 状态。Active NameNode 负责所有客户端操作；而 Standby NameNode 只能简单地充当 Slave，负责维护状态信息，以便在需要时能快速切换。

3) 主备切换控制器(Active/Standby ZKFailoverController)

ZKFailoverController 作为独立的进程运行，对 NameNode 的主备切换进行总体控制。ZKFailoverController 能及时检测到 NameNode 的健康状况，在主 NameNode 发生故障时借助 ZooKeeper 实现自动地主备选举和切换。当然，NameNode 目前也支持不依赖于 ZooKeeper 的手动主备切换。

ZKFailoverController 的主要职责如下：

(1) 健康监测：周期性地向它所监控的 NameNode 发送健康检测命令，从而来确定某个 NameNode 是否处于健康状态。如果机器宕机，心跳失败，那么 ZKFailoverController 就会标记该 NameNode 处于不健康的状态。

(2) 会话管理：若 NameNode 是健康的，ZKFailoverController 就会在 ZooKeeper 中保持一个打开的会话。若同时该 NameNode 还是 Active 状态，那么 ZKFailoverController 还会在 ZooKeeper 中占有一个类型为临时节点的 ZNode。当 NameNode 宕机时，这个临时节点 ZNode 将会被删除；然后备用的 NameNode 将会得到这把锁，升级为主 NameNode，同时标记状态为 Active。当宕机的 NameNode 重新启动时，它会再次注册 ZooKeeper；若发现已经有 ZNode 锁了，便会自动变为 Standby 状态。如此重复循环，保证高可靠性。

(3) Master 选举：如上所述，通过在 ZooKeeper 中维持一个临时节点类型的 ZNode，来实现抢占式的锁机制，从而判断出哪个 NameNode 为 Active 状态。

4) 共享存储系统(JournalNode 集群)

为了让活跃名称节点和待命名称节点保持状态同步，它们两个都要与称为 "JournalNode" 的一组独立进程通信。活跃名称节点对命名空间所做的任何修改，都将修改后的日志发送给 JournalNode。待命名称节点能够从 JournalNode 中读取修改日志 (EditLog)，并且时时监控它们对修改日志的修改。待命名称节点获取修改日志后，将它们应用到自己的命名空间。故障切换时，待命名称节点(Standby)在提升自己为活跃(Active)状态前已经从 JournalNode 中读完了所有的修改日志，这就确保了故障切换发生前两个 NameNode 命名空间的状态时完全同步的。

5) DataNode

除了通过共享存储系统共享 HDFS 的元数据信息外，主 NameNode 和备 NameNode 还需要共享 HDFS 的数据块和 DataNode 之间的映射关系。DataNode 会同时向主 NameNode 和备 NameNode 上报数据块的位置信息，但只接收来自主 NameNode 的读写命令。

3. HDFS NameNode 主备切换实现原理

在 HDFS NameNode 的高可用体系架构中，NameNode 的主备切换主要由故障恢复控制器(ZKFailoverController)、健康监视器(HealthMonitor)和主备选举器(ActiveStandbyElector)这三个组件来协同实现，其主备切换的流程如图 3-13 所示。

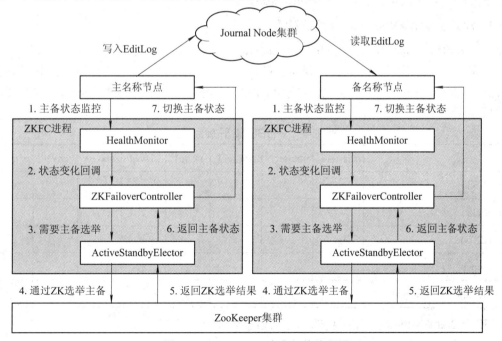

图 3-13　NameNode 主备切换流程图

ZKFailoverController 作为 NameNode 机器上的一个独立进程启动(进程名为 ZKFC)，启

动的时候会创建 HealthMonitor 和 ActiveStandbyElector 这两个主要的内部组件。ZKFailoverController 在创建 HealthMonitor 和 ActiveStandbyElector 的同时，也会向 HealthMonitor 和 ActiveStandbyElector 注册相应的回调方法。

HealthMonitor 主要负责检测 NameNode 的健康状态。如果检测到 NameNode 的健康状态发生变化，会回调 ZKFailoverController 的相应方法进行自动主备选举。

ActiveStandbyElector 主要负责完成自动主备选举。它的内部封装了 ZooKeeper 的处理逻辑，一旦 ZooKeeper 主备选举完成，会回调 ZKFailoverController 的相应方法来进行 NameNode 的主备状态切换。

从图 3-13 中可以了解，NameNode 实现主备切换的流程主要包括以下步骤：

(1) HealthMonitor 初始化完成后会启动内部的线程来定时调用对应的 NameNode 的 HAServiceProtocol RPC 接口方法，对 NameNode 的健康状态进行检测。

(2) 如果 HealthMonitor 检测到 NameNode 的健康状态发生变化，会回调 ZKFailoverController 注册的相应方法进行处理。

(3) 如果 ZKFailoverController 判断需要进行主备切换，会首先使用 ActiveStandbyElector 来进行自动主备选举。

(4) ActiveStandbyElector 与 ZooKeeper 集群进行交互，完成自动主备选举。

(5) ZooKeeper 集群返回选举结果给 ActiveStandbyElector。

(6) ActiveStandbyElector 回调 ZKFailoverController 的相应方法来返回当前的 NameNode 主备状态。

(7) ZKFailoverController 调用对应 NameNode 的 HAServiceProtocol RPC 接口方法将 NameNode 切换为 Active 状态或 Standby 状态。

4. HDFS NameNode HA 环境的搭建

接下来通过一个实例来介绍 HDFS NameNode 高可用环境搭建的具体过程。

【实例 3-3】 假设某一集群共有 8 台机器，其中 JournalNode 和 ZooKeeper 保持奇数个节点，每个节点的进程分布如表 3-2 所示。试对该集群进行 HDFS NameNode 高可用环境的搭建。

表 3-2　HDFS 集群规划表

	master1	master2	master3	slave1	slave2	slave3	slave4	slave5
NameNode	√	√						
DataNode				√	√	√	√	√
JournalNode	√	√	√					
ZooKeeper	√	√	√					
DFSZKFailover-Controller	√	√						

HDFS NameNode 高可用环境的搭建具体步骤如下：

(1) 安装 ZooKeeper 集群。

在 master1、master2、master3 三个节点上安装 ZooKeeper 集群，具体方法参见第 5 章，

此处不再赘述。

（2）安装全分布模式 Hadoop 集群。

在 master1、master2、master3、slave1、slave2、slave3、slave4、slave5 八个节点上安装 Hadoop，具体方法参见第 2 章。本例与第 2 章的不同之处在于配置文件 core-site.xml、hdfs-site.xml、slaves 的内容有差异，具体如下所示：

① 配置文件 core-site.xml：

```
<configuration>
        <!-- 集群中命名服务列表，名称自定义 -->
        <property>
                <name>fs.defaultFS</name>
                <value>hdfs://xijingcluster</value>
        </property>


        <!-- NameNode、DataNode、JournalNode 等存放数据的公共目录，用户可以单独指定这 3 类节点
的目录，其中 hdfsdata 是自动生成的 -->
        <property>
                <name>hadoop.tmp.dir</name>
                <value>/usr/local/hadoop-2.9.2/hdfsdata</value>
        </property>


        <!—ZooKeeper 集群的地址和端口，注意，数量一定是奇数，且不少于 3 个节点 -->
        <property>
                <name>ha.zookeeper.quorum</name>
                <value>master1:2181,master2:2181,master3:2181</value>
        </property>
</configuration>
```

② 配置文件 hdfs-site.xml：

```
<configuration>
        <!-- 给 HDFS 集群起名字，此名字必须和 core-site.xml 中的一致 -->
        <property>
                <name>dfs.nameservices</name>
                <value>xijingcluster</value>
        </property>


        <!—指定 NameService 是 xijingcluster 时有哪些 NameNode -->
        <property>
                <name>dfs.ha.namenodes.xijingcluster</name>
                <value>master1,master2</value>
```

```
</property>

<!-- 指定 RPC 地址 -->
<property>
        <name>dfs.namenode.rpc-address.xijingcluster.master1</name>
        <value>master1:8020</value>
</property>
<property>
        <name>dfs.namenode.rpc-address. xijingcluster.master2</name>
        <value>master2:8020</value>
</property>

<!-- 指定 HTTP 地址 -->
<property>
        <name>dfs.namenode.http-address. xijingcluster.master1</name>
        <value>master1:50070</value>
</property>
<property>
        <name>dfs.namenode.http-address. xijingcluster.master2</name>
        <value>master2:50070</value>
</property>
```

<!-- 指定 xijingcluster 是否启动自动故障恢复，即当 NameNode 发生故障时，是否自动切换到另一台 NameNode -->

```
<property>
        <name>dfs.ha.automatic-failover.enabled.xijingcluster</name>
        <value>true</value>
</property>
```

<!-- 指定 xijingcluster 的两个 NameNode 共享 edits 文件目录时，使用的 JournalNode 集群信息 -->

```
<property>
        <name>dfs.namenode.shared.edits.dir</name>
        <value>qjournal://master1:8485;master2:8485;master3:8485/xijingcluster</value>
</property>
```

<!-- 指定 xijingcluster 出现故障时，哪个实现类负责执行故障切换，实现类有两个：ConfiguredFailoverProxyProvider 和 RequestHedgingProxyProvider -->

```
<property>
        <name>dfs.client.failover.proxy.provider.xijingcluster</name>
```

```
                <value>org.apache.hadoop.hdfs.server.namenode.ha.ConfiguredFailoverProxyProvider</value>
        </property>

        <!-- 指定 JournalNode 集群在对 NameNode 目录进行共享时，自己存储数据的磁盘路径，其中
journal 是启动 JournalNode 时自动生成的 -->
        <property>
                <name>dfs.journalnode.edits.dir</name>
                <value>/usr/local/hadoop-2.9.2/hdfsdata/journal</value>
        </property>

        <!-- 一旦需要 NameNode 切换，使用 sshfence 方式进行操作，除此之外，还提供有 shell 方式 -->
        <property>
                <name>dfs.ha.fencing.methods</name>
                <value>sshfence</value>
        </property>

        <!-- 使用 sshfence 方式进行故障切换，需要配置无密码登录，指定使用 ssh 通信时所用密钥的存
储位置 -->
        <property>
                <name>dfs.ha.fencing.ssh.private-key-files</name>
                <value>/home/xuluhui/.ssh/id_rsa</value>
        </property>
<configuration>
```

③ 配置文件 slave：

在 slave 中添加哪些节点是 DataNode。这里指定 slave1～slave5，此配置文件的内容如下：

```
slave1
slave2
slave3
slave4
slave5
```

(3) 启动集群。

① 启动 ZooKeeper 集群。

在 master1～master3 上分别执行如下命令：

```
zkServer.sh start
```

在 master1～master3 上使用命令"zkServer.sh status"查看每个节点的 ZooKeeper 状态。
第 5 章已讲述过，正确的状态是只有一个节点是 leader，其余均为 follower。

② 格式化 ZooKeeper 集群。

格式化 ZooKeeper 集群的目的是在 ZooKeeper 集群上建立 HA 的相应节点，在 master1
上执行如下命令：

```
hdfs zkfc -formatZK
```

③ 启动 JournalNode 集群。

在 master1～master3 上分别执行如下命令：

```
hadoop-daemon.sh start journalnode
```

格式化集群的某一个 NameNode，只有第一次启动时需要进行格式化，这里选择 master1。在 master1 上执行如下命令：

```
hdfs namenode -format
```

④ 启动刚格式化过的 NameNode。

由于第③步格式化了节点 master1 的 NameNode，因此在 master1 上执行如下命令：

```
hadoop-daemon.sh start namenode
```

将刚格式化的 NameNode 信息同步到备用 NameNode 上(第一次启动时需要，以后不需要)，在 master2 上执行如下命令：

```
hdfs namenode -bootstrapStandby
```

然后在 master2 上启动 NameNode，执行如下命令：

```
hadoop-daemon.sh start namenode
```

⑤ 启动所有的 DataNode。

DataNode 是在 slaves 文件中配置的，在 master1 上执行如下命令：

```
hadoop-daemon.sh start datanode
```

⑥ 启动 ZKFailoverController。

在 master1、master2 上分别执行如下命令：

```
hadoop-daemon.sh start zkfc
```

⑦ 验证 HDFS NameNode 高可用机制的故障自动转移功能。

打开 http://master1:50070 和 http://master2:50070 两个 Web 页面,观察哪个节点是 Active NameNode，哪个节点是 Standby NameNode。假设此处 master1 是 Active 的，通过"jps"命令获取该节点的 NameNode 进程 id,然后执行命令"kill -9 pid"(其中 pid 是进程 NameNode 的进程号)将该进程杀死。刷新两个 HDFS 节点的 Web 界面，可以看到 master2 节点的状态由原来的 Standby 变成现在的 Active，并且 HDFS 还能进行读/写操作。这就说明，高可用机制的故障自动转换功能是正常的，HDFS NameNode 是高可用的，而且主备 NameNode 切换过程对用户来说是不透明的。

3.6.5　HDFS NameNode Federation 的联邦机制

1. HDFS Federation 概述

通过前面的学习，我们已经知道，Hadoop 集群的元数据信息是存放在 NameNode 的内存中的，当集群扩大到一定规模后，NameNode 内存中存放的元数据信息可能会非常大。由于 HDFS 所有操作都会和 NameNode 进行交互，当集群很大时，NameNode 的内存限制将会成为制约集群横向扩展的瓶颈。在 Hadoop 2.0 诞生之前，HDFS 中只能有一个命名空间，对于 HDFS 中的文件没有办法完成隔离。正因为如此，在 Hadoop 2.0 中引入了 HDFS Federation 联邦机制，可以解决如下问题：

(1) 集群扩展性。多个 NameNode 分管一部分目录，使得一个集群可以扩展到更多节点，不再像 Hadoop 1.0 中由于内存的限制而制约文件存储数目。

(2) 性能更高效。多个 NameNode 管理不同的数据，且同时对外提供服务，将为用户提供更高的读/写吞吐率。

(3) 良好的隔离性。用户可以根据需要将不同的业务数据交由不同的 NameNode 管理，这样可以大大降低不同业务之间的影响。

2. HDFS 数据管理体系架构

HDFS 的数据存储采用两层分层结构，分别为命名空间(Namespace)和块存储服务(Block Storage Service)，具体如图 3-14 所示。其中命名空间 Namespace 由目录、文件、块组成，支持创建、删除、修改、列举命名空间等相关操作。块存储服务包括两部分，分别是块管理(Block Management)和存储(Storage)。块管理在名称节点 NamNode 中完成，通过控制注册和阶段性心跳来保证数据节点 DataNode 的正常运行，可以处理块的信息报告和维护块的位置信息，可以创建、修改、删除、查询块，还可以管理副本和副本位置；存储在数据节点 DataNode 上，提供对块的读/写操作。图 3-14 中的"NS"是命名空间 Namespace 的简称。

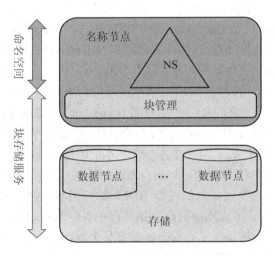

图 3-14　HDFS 数据管理体系架构

从图 3-14 中可以看出，所有关于存储数据的信息和管理是放在 NameNode 上的，而真实数据则存储在各个 DataNode 上。这些隶属于同一个 NameNode 所管理的数据都在同一个 Namespace 下，而一个 Namespace 对应一个块池(Block Pool)，Block Pool 是同一个 Namespace 下的 Block 的集合。当 HDFS 集群只有单个 Namespace，也就是一个 NameNode 管理集群中所有的元数据信息，如果遇到前文所提到的 NameNode 内存使用过高的问题，这时该怎么办呢？元数据空间依然不断增大，只是一味调高 NameNode 的 JVM 大小绝对不是长久之计，正是在这种背景下，才诞生了 HDFS NameNode Federation 机制。

3. HDFS Federation 的体系架构

HDFS Federation 的体系架构如图 3-15 所示。

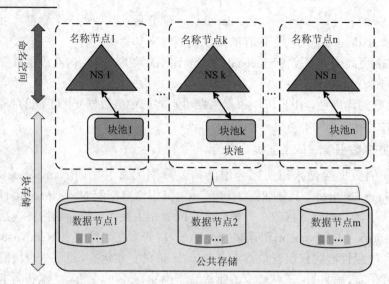

图 3-15　HDFS Federation 的体系架构

在 HDFS Federation 环境下,各个 NameNode 相互独立,各自分工管理自己的命名空间,且不需要互相协调,一个 NameNode 发生故障不会影响其他的 NameNode。DataNode 被用作通用的数据存储设备,每个 DataNode 要向集群中所有的 NameNode 注册,且周期性地向所有 NameNode 发送心跳和报告,并执行来自所有 NameNode 的命令。一个块池(Block Pool)由属于同一个 Namespace 的数据块组成,每个 DataNode 可能会存储集群中所有 Block Pool 的数据块,每个 Block Pool 内部自治,各自管理各自的 Block,不会与其他 Block Pool 交流。每个 NameNode 维护一个命名空间卷,由命名 Namespace 和 Block Pool 组成,它是管理的基本单位。当一个 Namespace 被删除后,所有 DataNode 上与其对应的 Block Pool 也会被删除。当集群升级时,每个命名空间卷作为一个基本单元进行升级。

HDFS Federation 是解决 NameNode 内存瓶颈问题的水平横向扩展方案,可以得到多个独立的 NameNode 和命名空间,从而使得 HDFS 的命名服务能够水平扩张。但是,HDFS Federation 并没有完全解决单点故障问题。虽然存在多个 NameNodes/Namespaces,但对于单个 NameNode 来说,仍然存在单点故障。如果某个 NameNode 发生故障,其管理的相应文件便不可以访问。HDFS Federation 中每个 NameNode 仍然像之前一样,配有一个 Secondary NameNode,以便主 NameNode 发生故障时,用于还原元数据信息。

4. HDFS Federation 配置

关于 HDFS Federation 如何配置,本章不再讲述,有兴趣的读者可以参考官网 https://hadoop.apache.org/docs/r2.9.2/hadoop-project-dist/hadoop-hdfs/Federation.html。

3.6.6　HDFS Snapshots 的快照机制

1. HDFS Snapshots 概述

HDFS 快照是文件系统在某一时刻的只读镜像,可以是一个完整的文件系统,也可以是某个目录的镜像。快照分两种:一种是建立文件系统的索引,每次更新文件不会真正改变文件,而是新开辟一个空间用来保存更改的文件;另一种是拷贝所有的文件系统。HDFS

快照属于前者。

HDFS 快照常用于以下场景：

(1) 防止用户的错误操作。管理员可以通过滚动的方式周期性地设置一个只读快照，这样在文件系统上就有若干份只读快照。如果用户意外删除一个文件，可以使用包含该文件的最新只读快照来进行恢复。

(2) 备份。管理员可以根据需求来备份整个文件系统、一个目录或单一文件。如设置一个只读快照，并使用这个快照作为整个全量备份的开始点；再如，增量备份可以通过比较两个快照的差异来产生。

(3) 试验/测试。当用户需要在数据集上测试一个应用程序时，如果不做该数据集的全量备份，测试应用程序会覆盖/损坏原来的生产数据集，这是非常危险的。管理员可以为用户设置一个生产数据集的快照，以便用户测试使用。在快照上的任何改变不会影响原有数据集。

(4) 灾难恢复。只读快照可以用于创建一个一致的时间点镜像，以便于拷贝到远程站点作为灾备冗余。

通过 HDFS 快照机制可以定时或按固定时间间隔的方式创建文件快照，并删除过期的文件快照，减少业务误操作造成的数据损失。快照的操作远低于外部备份的开销，可以作为备份 HDFS 最常用的方式。

2. HDFS Snapshots 的常用操作

1) 管理员操作

此类命令需要具有超级用户权限。

(1) 允许快照，即通过下面的命令对根目录、某一目录或某一文件等某一路径开启快照功能，那么该目录就成为一个 snapshottable 目录。一个 snapshottable 下存储的 snapshots 最多为 65 535 个，保存在该目录的.snapshot 下，但是 snapshottable 的数量并没有限制。

- 命令语法：

```
hdfs dfsadmin -allowSnapshot <path>
```

- 参数说明：

<path>：snapshottable 目录的路径。

(2) 关闭快照，即通过下面的命令对某一路径关闭快照功能。

- 命令语法：

```
hdfs dfsadmin -disallowSnapshot <path>
```

- 参数说明：

<path>：snapshottable 目录的路径。

2) 用户操作

(1) 创建快照，即在 snapshottable 目录中创建一个快照。这个操作需要拥有 snapshottable 目录的所有者权限，且只有目录允许进行快照，才能在该目录下创建快照。

- 命令语法：

```
hdfs dfs -createSnapshot <path> [<snapshotName>]
```

• 参数说明：

<path>：snapshottable 目录的路径。

<snapshotName>：快照名称，可选参数。当其省略时，系统会自动生成快照名称，默认名称为使用时间戳"syyyyMMdd-HHmmss.SSS"的格式，例如"s20190807-151029.033"。

(2) 重命名快照，即重命名一个快照。这个操作需要拥有 snapshottable 目录的所有者权限。

• 命令语法：

```
hdfs dfs -renameSnapshot <path> <oldName> <newName>
```

• 参数说明：

<path>：snapshottable 目录的路径。

<oldName>：原快照名称。

<newName>：新快照名称。

(3) 获取 snapshottable 目录列表，即获得当前用户有权限产生快照的所有 snapshottable 目录。

• 命令语法：

```
hdfs ls SnapshottableDir
```

• 参数说明：

无。

(4) 获取快照差异报告，即比较两个快照之间的差异。这个操作需要在两个快照中执行，需要拥有两个快照所有文件/目录的读权限。

• 命令语法：

```
hdfs snapshotDiff <path> <fromSnapshot> <toSnapshot>
```

• 参数说明：

<path>：snapshottable 目录的路径。

<fromSnapshot>：开始快照的名称。

<toSnapshot>：结束快照的名称。

快照差异报告中符号的意义如表 3-3 所示。

表 3-3   HDFS 快照差异报告中符号的意义

符 号	说 明
+	文件/目录被创建
−	文件/目录被删除
M	文件/目录被修改
R	文件/目录被重命名

需要注意的是，"R"表示一个文件/目录被重命名，但是仍然存在于相同的 snapshottable 目录中；若一个文件/目录被重命名到 snapshottable 目录外，那么会打印为删除"-"；从 snapshottable 目录之外重命名进来的文件/目录，被打印为新创建"+"。

(5) 删除快照，即从一个 snapshottable 目录中删除一个快照。这个操作需要拥有 snapshottable 目录的所有者权限。

• 命令语法：

```
hdfs dfs -deleteSnapshot <path> <snapshotName>
```

• 参数说明：

<path>：snapshottable 目录的路径。

<snapshotName>：快照名称。

本 章 小 结

本章讲述了 HDFS 文件系统的基本特征和体系架构，详细介绍了 HDFS 文件的存储机制和数据的读/写过程，在此基础上讲述了 HDFS 提供的 Web UI、Shell 命令和 Java API 三种访问接口，最后介绍了 HDFS 作为大数据存储系统提供的可靠性机制。

HDFS 采用主从架构，主要由 NameNode 和 DataNode 组成。NameNode 作为管理节点，主要存储每个文件的块信息，并控制数据的读/写过程；而 DataNode 作为数据节点，主要用于存储真实数据。HDFS 通过 FsImage 和 EditLog 两个主要元数据文件来管理整个文件系统。理解这些文件的作用才能掌握 HDFS 的文件存储机制。

HDFS 中的数据以文件块 Block 的形式存储。Block 是最基本的存储单位，每次读/写的最小单元是一个 Block。HDFS 采用多副本方式对数据进行冗余存储，通常一个数据块的多个副本会被分布到不同的 DataNode 上。

HDFS 为用户提供了 Web UI、Shell 命令和 Java API 三种接口。HDFS Web UI 网页接口主要用于查询 HDFS 文件系统的工作状态和基本信息。HDFS Shell 命令为管理和维护人员提供了文件系统的常见操作，用户可以使用各种 Shell 命令实现对文件系统的管理。HDFS Java API 为开发人员提供了 HDFS 的基本 API 调用接口，使用 Java API 可以完成 HDFS 支持的所有文件系统的操作。但是相对于 Shell 命令而言，它对开发人员的要求较高，需要花费较长时间来学习基本 Java 类和相关操作的使用方法。

作为分布式存储系统，HDFS 设计和实现了多种机制来保证可靠性，即系统出错时尽可能保证数据不丢失或损坏。除了基本的元数据备份，HDFS 还提供了其他多种技术和方法来提高文件系统的可靠性，例如，建立 Secondary NameNode 和 NameNode 协同工作机制；创建 NameNode 的完整备份 Backup Node，以便在 NameNode 故障时进行切换；使用 HDFS NameNode HA 机制解决 NameNode 的单点故障问题；使用 HDFS Federation 联邦机制实现集群扩展性和良好隔离性；使用 HDFS Snapshots 快照机制来防止用户误操作、备份、灾难恢复。

思考与练习题

1. 试述海量数据存储对文件系统有哪些挑战？
2. 简述 HDFS 的功能及其体系架构。
3. 简述 NameNode 和 DataNode 的关系是什么？

4. 简述 HDFS 的数据读取过程。

5. 简述 HDFS 的数据写入过程。

6. 简述 HDFS Web UI 接口的主要功能。

7. 简述 HDFS Java API 有哪些核心类。

8. 简述 HDFS 元数据的更新和备份过程 CheckPoint。

9. 简述 HDFS 有哪些可靠性机制。备份节点和 Secondary NameNode 的区别是什么？

10. 试述如何搭建 HDFS NameNode HA 环境。

11. 简述如何开启 HDFS 的快照机制。

实验 2 实战 HDFS

关于本实验的完整指导请参见本书配套实验教程《Hadoop 大数据原理与应用实验教程》。

一、实验目的

(1) 理解 HDFS 的体系架构。

(2) 理解 HDFS 文件的存储原理和数据的读/写过程。

(3) 熟练掌握 HDFS Web UI 界面的使用。

(4) 熟练掌握 HDFS Shell 常用命令的使用。

(5) 熟练掌握 HDFS 项目开发环境的搭建。

(6) 掌握使用 HDFS Java API 编写 HDFS 文件操作程序。

二、实验环境

本实验所需的软件环境包括全分布模式 Hadoop 集群、Eclipse。

三、实验内容

(1) 启动全分布模式 Hadoop 集群，守护进程包括 NameNode、DataNode、SecondaryNameNode、ResourceManager、NodeManager 和 JobHistoryServer。

(2) 查看 HDFS Web UI 界面。

(3) 练习 HDFS Shell 的文件系统命令和系统管理命令。

(4) 在 Hadoop 集群主节点上搭建 HDFS 的开发环境 Eclipse。

(5) 使用 HDFS Java API 编写 HDFS 文件操作程序，实现上传本地文件到 HDFS 的功能。采用本地执行和集群执行两种执行方式测试，并观察结果。

(6) 使用 HDFS Java API 编写 HDFS 文件操作程序，实现查看上传文件在 HDFS 集群中位置的功能。采用本地执行和集群执行两种执行方式测试，并观察结果。

(7) 关闭全分布模式 Hadoop 集群。

四、实验报告

实验报告主要内容包括实验名称、实验类型、实验地点、学时、实验环境、实验原理、实验步骤、实验结果、总结与思考等。

第 4 章

分布式计算框架 MapReduce

单节点在处理海量数据时，会受到硬件条件的限制。具体地讲，每个计算机的 CPU、内存和硬盘等资源均有限制，无法在短时间内完成大量运算。一种有效的解决方案就是开发一套分布式系统，先将处理海量数据的任务拆分成多个子任务，然后由每个节点分别完成一个子任务，最后再将所有子任务进行汇总即可。然而，开发一套分布式系统无疑会大大增加程序的复杂性，从而增大开发成本。能否拥有一套现成的框架，我们只需编写各个子任务的业务逻辑，之后再将业务逻辑代码填入到这个框架中就能完成分布式运算呢？这套框架就是 MapReduce。

本章首先介绍了 MapReduce 的编程思想和发展史；其次引入入门案例 WordCount，详细讲解了 MapReduce 的内部实现细节；然后讲解了 MapReduce 作业的执行流程、MapReduce 数据类型、Shuffle 机制以及如何定义和使用自定义组件；接着通过实战案例演示了 MapReduce Shell、MapReduce Web 和 MapReduce Java API 编程等具体的 MapReduce 应用；最后简单介绍了 Spark、Storm、Flink 等目前其他主流的分布式计算框架。

本章知识结构图如图 4-1 所示(★表示重点，▶表示难点)。

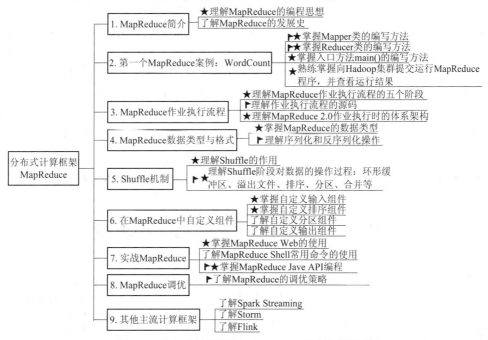

图 4-1 分布式计算框架 MapReduce 的知识结构图

4.1　MapReduce 简介

MapReduce 是 Hadoop 生态中的一款分布式计算框架，它提供了非常完善的分布式架构，可以让不熟悉分布式计算的人员也能编写出优秀的分布式系统，因此可以让开发人员将精力专注到业务逻辑本身。

MapReduce 采用"分而治之"的核心思想，可以先将一个大型任务拆分成若干个简单的子任务，然后将每个子任务交给一个独立的节点去处理。当所有节点的子任务都处理完毕后，再汇总所有子任务的处理结果，从而形成最终的结果。以"单词统计"为例，如果要统计一个拥有海量单词的词库，就可以先将整个词库拆分成若干个小词库，然后将各个小词库发送给不同的节点去计算；当所有节点将分配给自己的小词库中的单词统计完毕后，再将各个节点的统计结果进行汇总，形成最终的统计结果。以上"拆分"任务的过程称为 Map 阶段，"汇总"任务的过程称为 Reduce 阶段，如图 4-2 所示。

图 4-2　MapReduce 的执行流程

MapReduce 在发展史上经过一次重大改变，旧版 MapReduce(MapReduce 1.0)采用的是典型的 Master/Slave 结构，Master 表现为 JobTracker 进程，而 Slave 表现为 TaskTracker。但是这种结果过于简单，例如 Master 的任务过于集中，并且存在单点故障等问题。因此 MapReduce 进行了一次重要的升级，舍弃 JobTracker 和 TaskTracker，而改用 ResourceManager 进程负责处理资源，并且使用 ApplicationMaster 进程管理各个具体的应用，用 NodeManager 进程对各个节点的工作情况进行监听。升级后的 MapReduce 称为 MapReduce 2.0，但也许由于"MapReduce"这个词已使用太久，有些参考资料中经常使用"MapReduce"来代指 YARN。YARN 的具体组成结构和各部分的作用，会在第 5 章中进行详细介绍。

4.2　第一个 MapReduce 案例：WordCount

Hadoop 提供了一个 MapReduce 入门案例"WordCount"，用于统计输入文件中每个单词出现的次数。该案例源码保存在 $HADOOP_HOME/share/hadoop/mapreduce/sources/hadoop-mapreduce-examples-2.9.2.jar 的 WordCount.java 中，其源码共分为 TokenizerMapper 类、IntSumReducer 类和 main()函数三个部分。

4.2.1　TokenizerMapper 类

　　从类名可知，该类是 Map 阶段的实现，并且在 MapReduce 中 Map 阶段的业务代码需要继承自 org.apache.hadoop.mapreduce.Mapper 类。Mapper 类的四个泛型分别表示输入数据的 key 类型、输入数据的 value 类型、输出数据的 key 类型、输出数据的 value 类型。以本次"WordCount"为例，每次 Map 阶段需要处理的数据是文件中的一行数据，而默认情况下这一行数据的偏移量(该行起始位置距离文件初始位置的位移)就是输入数据的 key 类型(一般而言，偏移量是一个长整型，也可以写成本例中使用的 Object 类型)；输入数据的 value 类型就是这行数据本身，因此是 Text 类型(即 Hadoop 中定义的字符串类型)；输出数据的 key 类型是每个单词本身，因此也是 Text 类型；而输出数据的 value 类型，就表示该单词出现了一次，因此就是数字 1，可以表示为 IntWritable 类型(即 Hadoop 中定义的整数类型)。

　　TokenizerMapper 类的源码如下所示：

```
import org.apache.hadoop.mapreduce.Mapper;
public static class TokenizerMapper extends Mapper<Object, Text, Text, IntWritable>{

    private final static IntWritable one = new IntWritable(1);
    private Text word = new Text();

    public void map(Object key, Text value, Context context) throws IOException, InterruptedException {
        StringTokenizer itr = new StringTokenizer(value.toString());
        while (itr.hasMoreTokens()) {
            word.set(itr.nextToken());
            context.write(word, one);
        }
    }
}
```

　　从源码可知，Mapper 类提供了 map()方法，用于编写 Map 阶段具体的业务逻辑。map()方法的前两个参数表示输入数据的 key 类型和 value 类型(即与 Mapper 类前两个参数的含义一致)，而 map()的第三个参数 Context 对象表示 Map 阶段的上下文对象，可以用于将 Map 阶段的产物输出到下一个阶段中。

　　现在具体分析 TokenizerMapper 类的源码：当输入数据被提交到 MapReduce 流程后，MapReduce 会先将输入数据进行拆分(Split)，之后再将拆分后的文件块提交给 Map 阶段的 map()方法；map()方法拿到文件块后，默认以"行"为单位进行读取；每读取一行数据后，通过 StringTokenizer 构造方法将该行数据以空白字符(空格、制表符等)为分隔符进行拆分；然后再遍历拆分后的单词，并将每个单词的输出 value 设置为 1。也就是说，Map 阶段会将读入的每一行数据拆分成各个单词,然后标记该单词出现了 1 次,之后再通过 context.write()输出到 MapReduce 中的下一个阶段，如图 4-3 所示。

　　Map 阶段的产物会经过一个名为 Shuffle 的阶段，并在 Shuffle 阶段中进行排序和分区操作，Shuffle 阶段的产物是以"key=单词，value=出现次数的数组"形式输出的。如图 4-4 所示，hello 出现了两次，而 world 和 hadoop 各出现了一次。

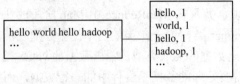

图 4-3　Map 阶段　　　　　　　　　　　图 4-4　Shuffle 阶段的输出结果

4.2.2　IntSumReducer 类

数据在经过了 Shuffle 阶段后，就会进入 Reduce 阶段。入门案例"WordCount"中的 Reduce 源码如下所示：

```
import org.apache.hadoop.mapreduce.Reducer;
public static class IntSumReducer extends Reducer<Text,IntWritable,Text,IntWritable> {
    private IntWritable result = new IntWritable();
    public void reduce(Text key, Iterable<IntWritable> values, Context context) throws IOException,
InterruptedException {
        int sum = 0;
        for (IntWritable val : values) {
            sum += val.get();
        }
        result.set(sum);
        context.write(key, result);
    }
}
```

从上述源码可知，Reduce 阶段的业务代码需要继承自 org.apache.hadoop. mapreduce.Reducer 类。Reducer 类的四个泛型分别表示 Reduce 阶段输入数据的 key 类型、value 类型，以及 Reduce 阶段输出数据的 key 类型、value 类型。MapReduce 的流程依次为 Map 阶段、Shuffle 阶段和 Reduce 阶段，因此 Shuffle 阶段的产物就是 Reduce 阶段的输入数据。也就是说，本例中的 IntSumReducer 就是对 Shuffle 的产物进行统计，计算出 hello、world 和 hadoop 各个单词出现的次数分别是 2、1 和 1，Reduce 阶段的输出结果如图 4-5 所示。IntSumReducer 源码中最后的 context.write()方法表示将 Reduce 阶段的产物输出到最终的 HDFS 中进行存储，而存储在 HDFS 中的具体位置是在 main()方法中进行设置的。

```
hello, 2
world, 1
hadoop, 1
...
```

图 4-5　Reduce 阶段的输出结果

4.2.3　入口方法(main()函数)

入门案例"WordCount"中 main()方法的源码如下所示：

```
public static void main(String[] args) throws Exception {
```

```
Configuration conf = new Configuration();
String[] otherArgs = new GenericOptionsParser(conf, args).getRemainingArgs();
if (otherArgs.length < 2) {
    System.err.println("Usage: wordcount <in> [<in>...] <out>");
    System.exit(2);
}
Job job = Job.getInstance(conf, "word count");
job.setJarByClass(WordCount.class);
job.setMapperClass(TokenizerMapper.class);
job.setCombinerClass(IntSumReducer.class);
job.setReducerClass(IntSumReducer.class);
job.setOutputKeyClass(Text.class);
job.setOutputValueClass(IntWritable.class);
for (int i = 0; i < otherArgs.length - 1; ++i) {
    FileInputFormat.addInputPath(job, new Path(otherArgs[i]));
}
FileOutputFormat.setOutputPath(job,new Path(otherArgs[otherArgs.length - 1]));
System.exit(job.waitForCompletion(true) ? 0 : 1);
}
```

从上述源码可知，main()的输入参数决定了输入数据的文件位置以及输出数据存储到HDFS 中的位置，并且 main()方法设置了 Map 阶段和 Reduce 阶段的类文件，并通过setOutputKeyClass()和 setOutputValueClass()指定了最终输出数据的类型。

4.2.4　向 Hadoop 集群提交并运行 WordCount

使用如下命令向 Hadoop 集群提交并运行 WordCount：

```
hadoop jar /usr/local/hadoop-2.9.2/share/hadoop/mapreduce/hadoop-mapreduce-examples-2.9.2.jar wordcount
/InputDataTest /OutputDataTest3
```

在上述命令中，/InputDataTest 表示输入目录，/OutputDataTest3 表示输出目录。执行该命令前，假设 HDFS 的目录/InputDataTest 下已存在待分析词频的三个文件，而输出目录/OutputDataTest3 不存在，在执行过程中会自动创建。部分执行过程如图 4-6 所示。

上述程序执行完毕后，会将结果输出到/OutputDataTest3 目录中。不能直接在 CentOS文件系统中查看运行结果，可使用命令"hdfs dfs -ls /OutputDataTest3"来查看。使用的 HDFS Shell 命令及具体过程如图 4-7 所示。图 4-7 中/OutputDataTest3 目录下有两个文件，其中/OutputDataTest3/_SUCCESS 表示 Hadoop 程序已执行成功，这个文件大小为 0，文件名就告知了 Hadoop 程序的执行状态；第二个文件/OutputDataTest3/part-r-00000 才是 Hadoop 程序的运行结果。在命令终端利用命令"hdfs dfs -cat /OutputDataTest3/part-r-00000"查看Hadoop 程序的运行结果，使用的 HDFS Shell 命令及单词计数统计结果如图 4-7 所示。

```
[xuluhui@master ~]$ hadoop jar /usr/local/hadoop-2.9.2/share/hadoop/mapreduce/ha
doop-mapreduce-examples-2.9.2.jar wordcount /InputDataTest /OutputDataTest3
19/09/17 03:01:35 INFO client.RMProxy: Connecting to ResourceManager at master/1
92.168.18.130:8032
19/09/17 03:01:37 INFO input.FileInputFormat: Total input files to process : 3
19/09/17 03:01:37 INFO mapreduce.JobSubmitter: number of splits:3
19/09/17 03:01:37 INFO Configuration.deprecation: yarn.resourcemanager.system-me
trics-publisher.enabled is deprecated. Instead, use yarn.system-metrics-publishe
r.enabled
19/09/17 03:01:37 INFO mapreduce.JobSubmitter: Submitting tokens for job: job_15
68702465801_0001
19/09/17 03:01:38 INFO impl.YarnClientImpl: Submitted application application_15
68702465801_0001
19/09/17 03:01:38 INFO mapreduce.Job: The url to track the job: http://master:80
88/proxy/application_1568702465801_0001/
19/09/17 03:01:38 INFO mapreduce.Job: Running job: job_1568702465801_0001
19/09/17 03:01:50 INFO mapreduce.Job: Job job_1568702465801_0001 running in uber
 mode : false
19/09/17 03:01:50 INFO mapreduce.Job:  map 0% reduce 0%
19/09/17 03:02:11 INFO mapreduce.Job:  map 100% reduce 0%
19/09/17 03:02:19 INFO mapreduce.Job:  map 100% reduce 100%
19/09/17 03:02:20 INFO mapreduce.Job: Job job_1568702465801_0001 completed succe
ssfully
19/09/17 03:02:20 INFO mapreduce.Job: Counters: 49
        File System Counters
                FILE: Number of bytes read=11351
                FILE: Number of bytes written=816115
                FILE: Number of read operations=0
                FILE: Number of large read operations=0
                FILE: Number of write operations=0
                HDFS: Number of bytes read=11954
                HDFS: Number of bytes written=6532
                HDFS: Number of read operations=12
                HDFS: Number of large read operations=0
                HDFS: Number of write operations=2
        Job Counters
                Launched map tasks=3
                Launched reduce tasks=1
                Data-local map tasks=3
                Total time spent by all maps in occupied slots (ms)=52667
                Total time spent by all reducers in occupied slots (ms)=5770
```

图 4-6　向 Hadoop 集群提交并运行 WordCount 的执行过程(部分)

```
[xuluhui@master ~]$ hdfs dfs -ls /OutputDataTest3
Found 2 items
-rw-r--r--   3 xuluhui supergroup          0 2019-09-17 03:02 /OutputDataTest3/_
SUCCESS
-rw-r--r--   3 xuluhui supergroup       6532 2019-09-17 03:02 /OutputDataTest3/p
art-r-00000
[xuluhui@master ~]$ hdfs dfs -cat /OutputDataTest3/part-r-00000
!=      3
""      8
"$HADOOP_CLASSPATH"     1
"$HADOOP_HEAPSIZE"      1
"$HADOOP_JOB_HISTORYSERVER_HEAPSIZE"    1
"$JAVA_HOME"    2
"$YARN_HEAPSIZE"        1
"$YARN_LOGFILE" 1
"$YARN_LOG_DIR" 1
"$YARN_POLICYFILE"      1
"AS     3
"Error: 1
"License");     3
"run    1
"x"     1
"x$JAVA_LIBRARY_PATH"   1
#       149
```

图 4-7　查看 WordCount 的运行结果

4.3　MapReduce 的作业执行流程

本节解析了 MapReduce 作业执行流程的相关源码。建议读者阅读本书的同时，还要打开 Eclipse 等开发工具，比对本节内容追踪相关源码，这样才能加深理解。

4.3.1　作业执行流程

MapReduce 作业的执行流程主要包括 InputFormat、Map、Shuffle、Reduce、OutputFormat 五个阶段，其作业执行流程如图 4-8 所示。

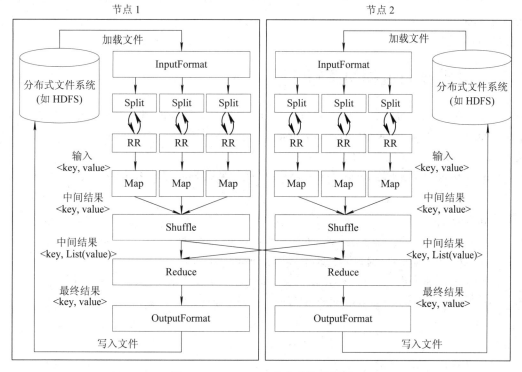

图 4-8　MapReduce 的作业执行流程

关于 MapReduce 作业各个执行阶段的详细说明，具体如下所示：

1）InputFormat

InputFormat 模块首先对输入数据做预处理，比如验证输入格式是否符合输入定义；然后将输入文件切分为逻辑上的多个 InputSplit(InputSplit 是 MapReduce 对文件进行处理和运算的输入单位，并没有对文件进行实际切割)；由于 InputSplit 是逻辑切分而非物理切分，所以还需要通过 RecordReader 根据 InputSplit 中的信息来处理 InputSplit 中的具体记录，加载数据并转换为适合 Map 任务读取的键值对<key, valule>，输入给 Map 任务。

2）Map

Map 模块会根据用户自定义的映射规则，输出一系列的<key, value>作为中间结果。

3) Shuffle

为了让 Reduce 可以并行处理 Map 的结果，需要对 Map 的输出进行一定的排序、分区、合并、归并等操作，得到<key, List(value)>形式的中间结果，再交给对应的 Reduce 进行处理。这个过程叫做 Shuffle。

4) Reduce

Reduce 以一系列的<key, List(value)>中间结果作为输入，执行用户定义的逻辑，输出<key, value>形式的结果给 OutputFormat。

5) OutputFormat

OutputFormat 模块会验证输出目录是否已经存在以及输出结果类型是否符合配置文件中的配置类型，如果都满足，就将 Reduce 的结果输出到分布式文件系统。

需要注意的是，用 MapReduce 来处理的数据集必须具备这样的特点：待处理的数据集可以分解成许多小的数据集，而且每一个小的数据集都可以完全并行地进行处理。这也是 MapReduce 的局限性。

4.3.2 作业执行流程的源码解析

4.2.3 节 main()的最后一行代码将整个任务通过 job.waitForCompletion(true)提交到了 MapReduce 作业中，而 waitForCompletion()在底层调用了 org.apache.hadoop.mapreduce.Job 类的 submit()方法，源码如下所示：

```
public void submit() throws IOException, InterruptedException, ClassNotFoundException {
    ...
    connect();
    final JobSubmitter submitter = getJobSubmitter(cluster.getFileSystem(), cluster.getClient());
    status = ugi.doAs(new PrivilegedExceptionAction<JobStatus>() {
        public JobStatus run() throws IOException, InterruptedException,ClassNotFoundException {
            return submitter.submitJobInternal(Job.this, cluster);
        }
    });
    state = JobState.RUNNING;
    ...
}
```

其中，connect()依次调用了 cluster()构造方法和 initialize()方法，并在 initialize()中通过 clientProtocol 变量判断当前 MapReduce 的运行环境是本地还是 YARN。判断时借助了 Configuration 对象，此对象可以获取 Hadoop 的配置文件信息。而 MapReduce 的运行环境就是在配置文件 mapred-site.xml 中的 mapreduce.framework.name 属性里配置的。

connect()方法结束后，就进入了 submitter.submitJobInternal()方法，用于真正将任务提交到 YARN 中，其源码如下所示：

```
JobStatus submitJobInternal(Job job, Cluster cluster)
                throws ClassNotFoundException, InterruptedException, IOException {
```

```
checkSpecs(job);
Configuration conf = job.getConfiguration();
addMRFrameworkToDistributedCache(conf);
Path jobStagingArea = JobSubmissionFiles.getStagingDir(cluster, conf);
…
JobID jobId = submitClient.getNewJobID();
job.setJobID(jobId);
Path submitJobDir = new Path(jobStagingArea, jobId.toString());
JobStatus status = null;
try {
    …
    copyAndConfigureFiles(job, submitJobDir);

    Path submitJobFile = JobSubmissionFiles.getJobConfPath(submitJobDir);
    …

    // Write job file to submit dir
    writeConf(conf, submitJobFile);

    // Now, actually submit the job (using the submit name)
    printTokens(jobId, job.getCredentials());
    status = submitClient.submitJob(jobId, submitJobDir.toString(), job.getCredentials());
} finally {
    …
}
}
```

submitJobInternal()在底层先后调用了 checkSpecs()和 checkOutputSpecs()方法，用于对 MapReduce 的输出参数进行检查。而 checkOutputSpecs()是在顶级抽象类 OutputFormat 中定义的，其作者在对 checkOutputSpecs()的描述时明确说到"在 MapReduce 运行之前，必须先保证输出路径不存在，否则会抛出一个 IOException"。因此，我们在 main()中通过 FileOutputFormat.setOutputPath()给 MapRedcue 设置输出路径时，要务必注意这一点。

在输出参数检查完毕后，MapReduce 会将准备提交到集群的文件先暂时存放到一个暂存区中，该暂存区的位置可以在 submitJobInternal()中通过 JobSubmissionFiles.getStagingDir()获取；之后 MapReduce 再给本次提交的任务分配一个 JobId，然后再将暂存区和 JobId 封装到 submitJobDir 对象中(实际上，submitJobDir 就是一个由暂存区和 JobId 拼接起来的路径)；接着，copyAndConfigureFiles()方法会将本地要处理的任务资源上传到 HDFS 中的 submitJobDir 路径中等待处理，writeSplits()会将切片信息写入到 submitJobDir 中(例如，切片信息描述了如何将一个较大的输入文件切分成多个小文件处理)；后面的 writeConf()方法用于将当前待处理的任务信息封装成 job.xml 并写入到 submitJobDir 中；程序最后的

submitClient.submitJob()将 submitJobDir 的最终文件提交到 YARN 中,并在提交后清空暂存区。

4.3.3　作业执行时的架构

MapReduce 2.0 在执行作业时的整体架构如图 4-9 所示。

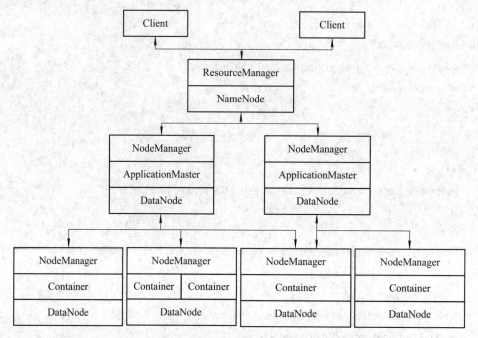

图 4-9　MapReduce 2.0 执行作业时的体系架构

ResourceManager 称为资源管理器,负责集中管理 MapReduce 执行作业时所有参与运算的全部计算机的资源(如所有计算机的 CPU、内存、硬盘等),并将这些资源按需分配给各个节点。

ApplicationMaster 称为应用管理器,负责管理某一个具体应用的调度工作。例如,某一次 MapReduce 作业可能被划分为了若干个小应用,而每一个应用就对应着由一个 ApplicationMaster 全权管理。

Container 称为容器,ResourceManager 分配给各个节点的资源会被独立存入 Container 中运行。也就是说,Container 就是 YARN 提供的一套隔离资源的容器。每个容器内都拥有一套可独立运行的资源环境(CPU、内存以及当前需要执行的任务文件等)。

NodeManager 称为节点监视器,它会向 ApplicationMaster 汇报当前节点的资源使用情况以及所管理的所有 Container 的运行状态。此外,它还会接收并处理 ApplicationMaster 发来的启动任务、停止任务等请求。

当客户端通过 waitForCompletion()方法将 MapReduce 任务提交给 ResourceManager 后,ResourceManager 会给该 Job 分配一个 JobId 和暂存区(暂存区位于 HDFS 中),用于告知客户端将请求的资源存放到该暂存区中。之后,客户端将资源存放入暂存区,并向 ResourceManager 提交执行任务的请求。ResourceManager 收到请求后,会将请求转交给一个空闲的 ApplicationMaster 进行处理。ApplicationMaster 之后全权处理这个任务,先从暂存区中获取任务需要处理数据的切片信息，然后请求 ResourceManager 给这个任务分配容器，之后 ApplicationMaster 就会启动该容器，并通过一个 YarnChild 进程在容器中执行 MapReduce 程序定义的 Map 阶段或 Reduce 阶段。在任务执行期间，NodeManager 会定期向 ApplicationMaster 汇报进度，并且 waitForCompletion()方法也会定期检查当前任务是否执行完毕。一旦任务执行完毕，ApplicationMaster 和容器就会进行清理并释放资源，例如会清空当前任务所使用的暂存区。

4.4　MapReduce 的数据类型与格式

在第一个 WordCount 程序中可以发现，MapReduce 使用 Text 定义字符串，使用 IntWritable 定义整型变量，而没有使用 Java 内置的 String 和 int 类型。这样做主要有两个方面的原因：

(1) MapReduce 是集群运算，因此必然会在执行期间进行网络传输，然而在网络中传输的数据必须是可序列化的类型。

(2) 为了良好地匹配 MapReduce 内部的运行机制，MapReduce 专门设计了一套数据类型。MapReduce 中常见的数据类型如表 4-1 所示。

表 4-1　MapReduce 中常见的数据类型

数 据 类 型	说 明
IntWritable	整型类型
LongWritable	长整型类型
FloatWritable	单精度浮点数类型
DoubleWritable	双精度浮点数类型
ByteWritable	字节类型
BooleanWritable	布尔类型
Text	UTF-8 格式存储的文本类型
NullWritable	空对象

需要注意的是，这些数据类型的定义类都实现了 WritableComparable 接口，其源码如下所示：

```
public abstract interface WritableComparable extends Writable, Comparable {...}
```

可以发现，WritableComparable 继承自 Writable 和 Comparable 接口。其中 Writable 就是 MapReduce 提供的序列化接口(类似于 Java 中的 Serializable 接口)，源码如下所示：

```
public abstract interface org.apache.hadoop.io.Writable {
    public abstract void write(DataOutput output) throws IOException;
    public abstract void readFields(DataInput input) throws java.io.IOException;
    ...
}
```

其中，write()用于将数据进行序列化操作；readFields()用于将数据进行反序列化操作。

Comparable 接口就是 Java 中的比较器，用于对数据集进行排序操作。因此，如果我们要在 MapReduce 自定义一个数据类型，就需要实现 Writable 接口；如果还需要对自定义的数据类型进行排序操作，就需要实现 WritableComparable 接口(或者分别实现 Writable 和 Comparable 接口)。

以下是 IntWritable 类型的完整定义(其他 MapReduce 中的数据类型与之类似)：

```
package org.apache.hadoop.io;
import java.io.DataInput;
import java.io.DataOutput;
import java.io.IOException;
import org.apache.hadoop.classification.InterfaceAudience.Public;
import org.apache.hadoop.classification.InterfaceStability.Stable;

@Public
@Stable
public class IntWritable implements WritableComparable<IntWritable> {
    //封装了基本的 int 类型变量
    private int value;

    public IntWritable() {
    }

    public IntWritable(int value) {
        this.set(value);
    }

    public void set(int value) {
        his.value = value;
    }

    public int get() {
        return this.value;
    }
    //反序列化
    public void readFields(DataInput in) throws IOException {
        this.value = in.readInt();
    }
    //序列化
    public void write(DataOutput out) throws IOException {
        out.writeInt(this.value);
```

```
}
//在比较时，重写了 equals()和 hashCode()方法
public boolean equals(Object o) {
    if (!(o instanceof IntWritable)) {
        return false;
    } else {
        IntWritable other = (IntWritable)o;
        return this.value == other.value;
    }
}

public int hashCode() {
    return this.value;
}
//比较大小
public int compareTo(IntWritable o) {
    int thisValue = this.value;
    int thatValue = o.value;
    return thisValue < thatValue ? -1 : (thisValue == thatValue ? 0 : 1);
}

public String toString() {
    return Integer.toString(this.value);
}

static {
    WritableComparator.define(IntWritable.class, new IntWritable.Comparator());
}

public static class Comparator extends WritableComparator {
    public Comparator() {
        super(IntWritable.class);
    }

    public int compare(byte[] b1, int s1, int l1, byte[] b2, int s2, int l2) {
        int thisValue = readInt(b1, s1);
        int thatValue = readInt(b2, s2);
        return thisValue < thatValue ? -1 : (thisValue == thatValue ? 0 : 1);
    }
```

```
    }
}
```

通过上述源码可知，IntWritable 通过 readFields()和 write()方法实现了网络传输必要的序列化和反序列化操作，并且使用 compareTo()方法实现了数字的比较功能。

4.5　Shuffle 的机制

在 WordCount 程序中，Map 阶段输出的数据是"hello,1""world,1""hello,1"的形式，Reduce 输入的数据形式是"hello,[1,1]""world,[1]"。而中间缺省的部分，就是 Shuffle 阶段，如图 4-10 所示。

图 4-10　Shuffle 阶段的位置

在 Shuffle 阶段，会对数据进行以下操作：

首先，Shuffle 会持续接收 Map 阶段发来的数据，并将数据写入到一个"环形缓冲区"中。当缓冲区被填满时就会将覆盖掉的部分数据溢出存放到"溢出文件"中，如图 4-11 所示。

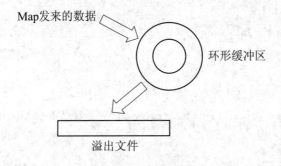

图 4-11　环形缓冲区

其次，Shuffle 会对溢出文件中的数据进行排序(Sort)，然后再将排序后的数据进行分区(Partition)。例如，将以字母 A～字母 K 开头的放在 0 个分区，以字母 L～字母 Q 开头的放在第 1 个分区，……，如图 4-12 所示。

第0区	第1区	第2区	…

图 4-12　Shuffle 阶段的排序、分区

同样，Shuffle 会生成很多个排序且分区后的溢出文件，最后会将所有溢出文件中相同分区号的内容进行合并(Combine)，形成本 Map 阶段最终的第 0 区内容、第 1 区内容……如图 4-13 所示。

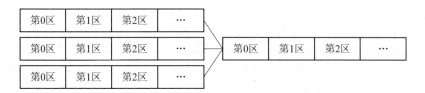

图 4-13　MapReduce 合并阶段

与此同时，其他 Map 阶段也会生成当前 Map 最终的第 0 区内容、第 1 区内容……然后 Shuffle 会对所有 Map 阶段相同分区号的内容再次进行合并，从而形成最终的第 0 区内容、第 1 区内容……最后不同区号中的内容就会发送到不同的 Reduce 中进行处理，如图 4-14 所示。

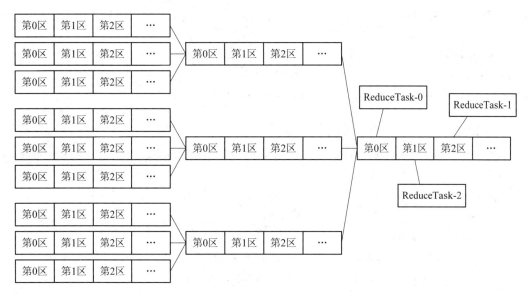

图 4-14　MapReduce 的流程

4.6　在 MapReduce 中自定义组件

"组件"实际就是一些继承了 MapReduce 内置类的子类，或者实现了一些接口的实现类。

MapReduce 在执行时会遵循一系列的默认规则，例如默认读取文本文件，并且默认以"行"为单位进行读取；默认以字典顺序对数据进行排序；根据默认规则进行分区等。我们也可以对这些默认规则进行自定义设置，从而以自定义组件的形式运行 MapReduce 程序。

4.6.1　自定义输入组件

MapReduce 接收输入数据的顶级类是 org.apache.hadoop.mapreduce.InputFormat<K, V>，其源码如下所示：

@InterfaceAudience.Public

```
@InterfaceStability.Stable
public abstract class InputFormat<K, V> {
    public abstract List<InputSplit> getSplits(JobContext context) throws IOException, InterruptedException;
    public abstract RecordReader<K,V> createRecordReader(InputSplit split, TaskAttemptContext context)
throws IOException, InterruptedException;
}
```

其中 getSplits()用于获取输入文件的切片，createRecordReader()用于处理每次读取的数据形式。在 WordCount 程序中默认使用的输入组件是 TextInputFormat，该组件通过重写 createRecordReader()实现了以"行"为单位进行读取的默认行为，其源码如下所示：

```
/**
 * Files are broken into lines...
 */
@InterfaceAudience.Public
@InterfaceStability.Stable
public class TextInputFormat extends FileInputFormat<LongWritable, Text> {

    @Override
    public RecordReader<LongWritable, Text> createRecordReader(InputSplit split, TaskAttemptContext
context) {
        String delimiter = context.getConfiguration().get("textinputformat.record.delimiter");
        byte[] recordDelimiterBytes = null;
        if (null != delimiter)
            recordDelimiterBytes = delimiter.getBytes(Charsets.UTF_8);
        return new LineRecordReader(recordDelimiterBytes);
    }
    ...
}
```

可以发现 MapReduce 在读取数据时的拆分符号是由"textinputformat.record.delimiter"参数设置的，而该参数的默认值就是换行符。因此，如果要修改拆分符号，就只需要修改此参数即可，如下就将默认的拆分符号修改成了英文逗号"，"：

```
public class MyInputFormat extends TextInputFormat {

    private static final String MY_DELIMITER = ",";

    @Override
    public RecordReader<LongWritable, Text> createRecordReader(InputSplit split, TaskAttemptContext tac) {
        byte[] recordDelimiterBytes = null;
        recordDelimiterBytes = MY_DELIMITER.getBytes();
        return new LineRecordReader(recordDelimiterBytes);
    }
```

```
    …
}
```

以后只需要在 main()中将输入组件设置为 MyInputFormat，就可以实现按逗号 "," 分割的效果，如下所示：

```
public static void main(String[] args) throws Exception {
    Configuration conf = new Configuration();
    …
    Job job = Job.getInstance(conf);
    //将输入组件设置为 MyInputFormat
    job.setInputFormatClass(MyInputFormat.class);
    …
}
```

4.6.2 自定义排序组件

如果自定义类实现了 Comparable 或 WritableComparable，就可以在自定义类中通过重写 compareTo()方法实现自定义排序功能。例如，可以通过以下代码，让 MapReduce 在处理 Person 类数据时按照 age 属性进行升序排列：

```
public class Person implements WritableComparable<Person>{
    private int age ;
    …
    //根据 age 字段升序
    public int compareTo(Person person) {
        return this.getAge() >person.getAge() ? 1:-1 ;
    }
}
```

MapReduce 会在 Shuffle 阶段中对 Map 阶段输出的 key 进行排序，因此还需要将 Person 对象设置为 Map 阶段中 context.write()方法的第一个参数，代码如下所示：

```
class PersonMapper extends Mapper<LongWritable, Text, Person, Text> {
    @Override
    protected void map(LongWritable key, Text value, Context context) throws IOException,
InterruptedException {
        Person person = ...
        /*
        Person 重写了 compareTo()方法，因此 Person 对象会根据自定义的规则(根据 age 升序)进行排序
        */
        context.write(person , ...);
    }
}
```

4.6.3　自定义分区组件

在 Shuffle 阶段，MapReduce 会对溢出文件中排好序的数据进行分区。如果要指定分区，就需要使用 MapReduce 提供的抽象类 org.apache.hadoop.mapreduce.Partitioner<KEY, VALUE>，并重写其中的 getPartition()方法。该方法的返回值就是各个区的区号。例如，以下代码就将数据随机分配到第 0 区或第 1 区中：

```java
public class MyPartitioner extends Partitioner<Text, Person>{
    @Override
    public int getPartition(Text key, Person person, int numPartitions) {
        //返回值：分区号
        return (int)(Math.random()*2);
    }
}
```

最后，再在 main()中将自定义分区类设置到 job 中即可，代码如下所示：

```java
public static void main(String[] args) throws Exception {
    ...
    //设置自定义分区类
    job.setPartitionerClass(MyPartitioner.class);
    job.setNumReduceTasks(2);
    ...
}
```

一般情况下，ReduceTask 的个数需要和分区的数量保持一致。

4.6.4　自定义输出组件

MapReduce 接收输出数据的顶级类是 org.apache.hadoop.mapreduce.OutputFormat<K, V>，其源码如下所示：

```java
package org.apache.hadoop.mapreduce;

import java.io.IOException;
import org.apache.hadoop.classification.InterfaceAudience.Public;
import org.apache.hadoop.classification.InterfaceStability.Stable;

@Public
@Stable
public abstract class OutputFormat<K, V> {
    public OutputFormat() {
    }
```

```
    public abstract RecordWriter<K, V> getRecordWriter(TaskAttemptContext var1) throws IOException,
InterruptedException;

    public abstract void checkOutputSpecs(JobContext var1) throws IOException, InterruptedException;

    public abstract OutputCommitter getOutputCommitter(TaskAttemptContext var1) throws IOException,
InterruptedException;
}
```

其中，通过 RecordWriter 来实现核心的输出功能。也就是说，我们可通过重写 getRecordWriter(TaskAttemptContext var1)方法实现自定义的输出功能。

RecordWriter 是一个抽象类，它的定义如下所示：

```
package org.apache.hadoop.mapreduce;
import java.io.IOException;
import org.apache.hadoop.classification.InterfaceAudience.Public;
import org.apache.hadoop.classification.InterfaceStability.Stable;

@Public
@Stable
public abstract class RecordWriter<K, V> {
    public RecordWriter() {
    }

    public abstract void write(K var1, V var2) throws IOException, InterruptedException;

    public abstract void close(TaskAttemptContext var1) throws IOException, InterruptedException;
}
```

不难发现，输出功能最终还是要通过 write(K var1, V var2)方法进行实现，该方法的两个参数就是用于指定输出的具体参数。close()方法用于执行输出完毕后的一些资源释放操作，例如，如果我们是通过 IO 流读取的本地文件进行 MapReduce 处理，那么就可以将这些流操作通过 close()方法进行释放，防止内存资源的泄漏。

通过本节介绍的自定义组件可以发现，MapReduce 提供了非常轻量级的自定义方式，开发者可以通过自定义类或者重写方法等形式轻松地替换到原生态的 MapReduce 组件，从而实现自定义的组件开发。

4.7 实战 MapReduce

4.7.1 MapReduce Web UI

MapReduce Web UI 接口面向管理员。可以在页面上看到已经完成的所有 MR-App 执行过程中的统计信息，该页面只支持读，不支持写。在 MapReduce 程序运行时，我们除了观察控制台打印的日志以外，还可以通过 Web 界面查看具体的运行情况。MapReduce Web UI 的默认地址为 http://JobHistoryServerIP:19888，可以查看 MapReduce 的历史运行情况，如图 4-15 所示。

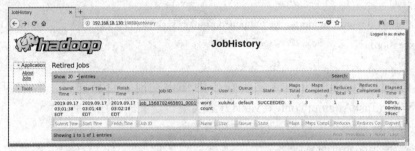

图 4-15　MapReduce 的历史运行情况

点击图中的"Job ID"还可以查看具体作业的详细运行情况，如图 4-16 所示。

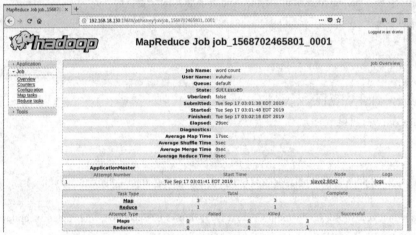

图 4-16　具体作业的详情

4.7.2　MapReduce Shell

MapReduce Shell 接口面向 MapReduce 程序员。程序员通过 Shell 接口能够向 YARN 集群提交 MR-App，查看正在运行的 MR-App，甚至可以终止正在运行的 MR-App。

MapReduce Shell 命令统一入口为 mapred，语法格式如下：

```
mapred [--config confdir] [--loglevel loglevel] COMMAND
```

读者需要注意的是，若$HADOOP_HOME/bin 未加入到系统环境变量 PATH 中，则需要切换到 Hadoop 安装目录下，输入"bin/mapred"。

读者可以使用"mapred -help"查看其帮助，命令"mapred"的具体用法和参数说明如图 4-17 所示。

MapReduce Shell 命令分为用户命令和管理员命令。本章仅介绍部分命令，关于 MapReduce Shell 命令的完整说明，读者请参考官方网站 https://hadoop.apache. org/docs/r2.9.2/hadoop-mapreduce-client/hadoop-mapreduce-client-core/MapredCommands.html。

```
[xuluhui@master ~]$ mapred -help
Usage: mapred [--config confdir] [--loglevel loglevel] COMMAND
       where COMMAND is one of:
  pipes                run a Pipes job
  job                  manipulate MapReduce jobs
  queue                get information regarding JobQueues
  classpath            prints the class path needed for running
                       mapreduce subcommands
  historyserver        run job history servers as a standalone daemon
  distcp <srcurl> <desturl> copy file or directories recursively
  archive -archiveName NAME -p <parent path> <src>* <dest> create a hadoop archi
ve
  archive-logs         combine aggregated logs into hadoop archives
  hsadmin              job history server admin interface

Most commands print help when invoked w/o parameters.
[xuluhui@master ~]$
```

图 4-17 命令 "mapred" 的用法

1. 用户命令

MapReduce Shell 用户命令如表 4-2 所示。

表 4-2 MapReduce Shell 的用户命令

命令选项	功 能 描 述
archive	创建一个 Hadoop 档案文件
archive-logs	将聚合日志合并到 Hadoop 档案文件中
classpath	打印运行 MapReduce 子命令所需的包路径
distcp	递归拷贝文件或目录
job	管理 MapReduce 作业
pipes	运行 Pipes 任务，此功能允许用户使用 C++语言编写 MapReduce 程序
queue	查看 Job Queue 信息

【实例 4-1】 查看集群中当前所有 MapReduce 的作业信息。

分析如下：

首先，可以使用命令 "mapred job -help" 来查看 "mapred job" 的帮助信息，如图 4-18 所示。

```
[xuluhui@master ~]$ mapred job -help
Usage: job <command> <args>
        [-submit <job-file>]
        [-status <job-id>]
        [-counter <job-id> <group-name> <counter-name>]
        [-kill <job-id>]
        [-set-priority <job-id> <priority>]. Valid values for priorities are: VE
RY_HIGH HIGH NORMAL LOW VERY_LOW DEFAULT. In addition to this, integers also can
 be used.
        [-events <job-id> <from-event-#> <#-of-events>]
        [-history [all] <jobHistoryFile|jobId> [-outfile <file>] [-format <human
|json>]]
        [-list [all]]
        [-list-active-trackers]
        [-list-blacklisted-trackers]
        [-list-attempt-ids <job-id> <task-type> <task-state>]. Valid values for
<task-type> are MAP REDUCE. Valid values for <task-state> are pending, running,
completed, failed, killed
        [-kill-task <task-attempt-id>]
        [-fail-task <task-attempt-id>]
        [-logs <job-id> <task-attempt-id>]
        [-config <job-id> <file>
Generic options supported are:
```

图 4-18 命令 "mapred job" 的帮助信息(部分)

其次，使用命令"mapred job -list"来显示出集群当前所有的节点信息，运行效果如图 4-19 所示。从图 4-19 中可以看出，该集群目前没有 MapReduce 作业运行。

```
[xuluhui@master ~]$ mapred job -list
19/09/17 03:07:34 INFO client.RMProxy: Connecting to ResourceManager at master/1
92.168.18.130:8032
Total jobs:0
                  JobId        State        StartTime      UserName         Q
ueue     Priority     UsedContainers RsvdContainers  UsedMem         RsvdMem
 NeededMem        AM info
[xuluhui@master ~]$
```

图 4-19 命令"mapred job -list"的运行效果

【实例 4-2】 查看集群中正在运行的 MapReduce 作业状态。

假设集群中当前正在运行一个 MapReduce 作业，"JobID"为 job_1568702465801_0001，可使用命令"mapred job -status job_1568702465801_0001"来查看该作业的状态，运行效果如图 4-20 所示。从图 4-20 中可以看出，该 MapReduce 作业正处于运行(RUNNING)状态。

```
[xuluhui@master ~]$ mapred job -status job_1568702465801_0001
19/09/17 03:02:01 INFO client.RMProxy: Connecting to ResourceManager at master/1
92.168.18.130:8032

Job: job_1568702465801_0001
Job File: hdfs://192.168.18.130:9000/tmp/hadoop-yarn/staging/xuluhui/.staging/jo
b_1568702465801_0001/job.xml
Job Tracking URL : http://master:8088/proxy/application_1568702465801_0001/
Uber job : false
Number of maps: 3
Number of reduces: 1
map() completion: 0.0
reduce() completion: 0.0
Job state: RUNNING
retired: false
reason for failure:
Counters: 2
        Job Counters
                Launched map tasks=3
                Data-local map tasks=3
[xuluhui@master ~]$
```

图 4-20 通过命令"mapred job -status"查看 MapReduce 作业的状态信息

2. 管理员命令

MapReduce Shell 管理员命令如表 4-3 所示。

表 4-3 MapReduce Shell 管理员命令

命令选项	功 能 描 述
historyserver	启动 JobHistoryServer 服务
hsadmin	JobHistoryServer 管理命令接口

其中，命令"mapred historyserver"与启动 MapReduce 的命令"mr-jobhistory-daemon.sh start historyserver"效果相同。

读者请注意，一般不建议使用命令 start-all.sh 启动 HDFS 和 YARN，而建议使用 start-dfs.sh 和 start-yarn.sh 命令来分别启动。另外，对于一般计算机而言，在执行 start-dfs.sh 和 start-yarn.sh 命令之后最好等待一会儿再操作各种 MapReduce 命令，防止因为线程未加载完毕而导致的各种初始化问题。

在 MapReduce 程序运行一段时间后，可能由于各种故障造成 HDFS 的数据在各个 DataNode 中分布不均匀的情况，此时也只需要通过以下 Shell 命令即可重新分布 HDFS 集群上的各个 DataNode：

```
$HADOOP_HOME/bin/start-balancer.sh
```

此外，在启动时可以通过日志看到"Name node in safe mode"提示，这表示系统正在处于安全模式，此时只需要等待一会儿即可(通常是十几秒)。如果硬件资源较差，也可以通过执行以下命令直接退出安全模式：

```
$HADOOP_HOME/bin /hadoop dfsadmin -safemode leave
```

4.7.3　MapReduce Java API 编程

MapReduce Java API 接口面向 Java 开发工程师。程序员可以通过该接口编写 MR-App 用户层代码 MRApplicationBusinessLogic。基于 YARN 编写的 MR-App 和基于 MapReduce 1.0 编写的 MR-App 编程步骤相同。

MR-App 称为 MapReduce 应用程序，标准 YARN-App 包含三部分：MRv2 框架中的 MRAppMaster、MRClient，加上用户编写的 MRApplicationBusinessLogic(Mapper 类和 Reducer 类)，合称为 MR-App。MR-App 编写步骤如下所示：

(1) 编写 MRApplicationBusinessLogic。自行编写。

(2) 编写 MRApplicationMaster。无须编写，Hadoop 开发人员已编写好 MRAppMaster.java。

(3) 编写 MRApplicationClient。无须编写，Hadoop 开发人员已编写好 YARNRunner.java。

其中，MRApplicationBusinessLogic 编写步骤如下：

(1) 确定<key,value>对。

(2) 定制输入格式。

(3) Mapper 阶段。

(4) Reducer 阶段。

(5) 定制输出格式。

编写类后，在 main 方法里，按下述过程依次指向各类即可：

(1) 实例化配置文件类。

(2) 实例化 Job 类。

(3) 指向 InputFormat 类。

(4) 指向 Mapper 类。

(5) 指向 Partitioner 类。

(6) 指向 Reducer 类。

(7) 指向 OutputFormat 类。

(8) 提交任务。

1. MapReduce Java API 解析

我们已经使用过 MapReduce Java API 提供的 Mapper 类、Reducer 类和 Partitioner 类等，本节继续学习 MapReduce 提供的类 org.apache.hadoop.conf.Configuration 和 org.apache.hadoop.mapreduce.Job。

在执行 MapReduce 程序时，可以通过 Configuration 设置 MapReduce 的运行参数，然后将 Configuration 对象封装到 Job 中进行任务提交，例如"Job job = Job.getInstance(conf, …)"。

Configuration 和 Job 在初始化时，会先从外部文件中读取并加载参数，或使用 set 方法进行设置，具体如下所示：

(1) 自动加载 CLASSPATH 下的 core-default.xml 和 core-site.xml，其在 Configuration 类中的相关源码如下所示：

```
static {
    // Add default resources
    addDefaultResource("core-default.xml");
    addDefaultResource("core-site.xml");
    …
}
```

(2) 自动加载 CLASSPATH 下的 mapred-default.xml、mapred-site.xml、yarn-default.xml 和 yarn-site.xml，其在 Job 类中的相关源码如下所示：

```
static {
    ConfigUtil.loadResources();
}
```

涉及到的 loadResources()方法的源码如下所示：

```
public static void loadResources() {
    addDeprecatedKeys();
    Configuration.addDefaultResource("mapred-default.xml");
    Configuration.addDefaultResource("mapred-site.xml");
    Configuration.addDefaultResource("yarn-default.xml");
    Configuration.addDefaultResource("yarn-site.xml");
}
```

MapReduce 加载的这些文件，既可以是安装 Hadoop 时$HADOOP_HOME/etc/hadoop 中存在的配置文件，也可以是我们导入到项目构建路径中的相关文件。

(3) 通过 Configuration 对象硬编码。

MapReduce 的运行参数还可以通过 Configuration 对象进行设置，例如 "Configuration 对象.set("mapreduce.framework.name", "yarn")"。

除了运行参数以外，还可以通过 Job 对象设置任务执行时的 Map 处理类、Reduce 处理类、输入类型、输出类型以及设置任务的分区处理类等，具体代码如下所示：

```
job.setMapperClass(…);
job.setReducerClass(…);
job.setOutputKeyClass(…);
job.setOutputValueClass(…);
job.setInputFormatClass(…);
job.setOutputFormatClass(…);
```

如果在同一程序中有多个 Job 同时执行，还可以通过 addDependingJob 设置多个 Job 之间的依赖关系，具体代码如下所示：

```
Job jobA = new Job(conf, "jobA");
Job jobB = new Job(conf, "jobB");
//jobB 依赖于 jobA
jobB.addDependingJob(jobA);
JobControl jc = new JobControl("jobControl");
jc.addJob(jobA);
jc.addJob(jobB);

Thread t = new Thread(jc);
t.start();
```

本程序中包含 jobA 和 jobB 两个任务，并且 jobB 会在 jobA 执行完毕后再执行。

2. MapReduce 1.0 与 MapReduce 2.0

在使用 MapReduce API 时还要注意，MapReduce 2.0 使用的是较新的 API，而 MapReduce 1.0 使用的是旧版 API，二者在使用上有着一定的差异。MapReduce 1.0 以接口的形式定义了 Mapper 和 Reducer，而 MapReduce 2.0 以类的形式定义了 Mapper 和 Reducer。

例如，MapReduce 1.0 中的 Mapper 接口如下所示：

```
package org.apache.hadoop.mapred;
import ...
public interface Mapper<K1, V1, K2, V2> extends JobConfigurable, Closeable {
    void map(K1 var1, V1 var2, OutputCollector<K2, V2> var3, Reporter var4) throws IOException;
}
```

MapReduce 1.0 中的 Reducer 接口如下所示：

```
package org.apache.hadoop.mapred;
import ...
public interface Reducer<K2, V2, K3, V3> extends JobConfigurable, Closeable {
    void reduce(K2 var1, Iterator<V2> var2, OutputCollector<K3, V3> var3, Reporter var4) throws IOException;
}
```

MapReduce 2.0 中的 Mapper 类如下所示：

```
package org.apache.hadoop.mapreduce;
import ...
public class Mapper<KEYIN, VALUEIN, KEYOUT, VALUEOUT> {
    ...
    protected void map(KEYIN key, VALUEIN value, Mapper<KEYIN, VALUEIN, KEYOUT, Context context) throws IOException, InterruptedException {
        context.write(key, value);
    }
    ...
```

```
}
```

MapReduce 2.0 中的 Reducer 类如下所示：

```
package org.apache.hadoop.mapreduce;
import ...
public class Reducer<KEYIN, VALUEIN, KEYOUT, VALUEOUT> {
    ...
    protected void reduce(KEYIN key, Iterable<VALUEIN> values, Context context) throws IOException,
InterruptedException {
        Iterator i$ = values.iterator();
        while(i$.hasNext()) {
            VALUEIN value = i$.next();
            context.write(key, value);
        }
    }
    ...
}
```

从源码中还能够发现，MapReduce 1.0 提供的 API 定义在 org.apache.hadoop.mapred 包中，而 MapReduce 2.0 提供的 API 定义在 org.apache.hadoop.mapreduce 包中。并且 MapReduce 1.0 和 MapReduce 2.0 在对 map()和 reduce()方法的签名上也各不相同。因此，我们在编写 MapReduce 程序时，首先要区分使用的 API 是哪个版本。

除此以外，两个版本还有一个重大的区别：MapReduce 1.0 框架中使用的是 JobTracker 和 TaskTracker 结构，而 MapReduce 2.0 使用的是前文所讲的 ResourceManager、ApplicationMaster 和 NodeManager 结构。可以发现，MapReduce 2.0 将 MapReduce 1.0 中的 JobTracker 拆解成了管理资源调度的 ResourceManager 以及管理应用程序的 ApplicationMaster。

关于 MapReduce 更详细的 API 信息，读者请参考官网 https://hadoop.apache.org/docs/r2.9.2/api/index.html。

4.8   MapReduce 调优

在 MapReduce 执行期间，可能会出现运行速度太慢等性能较低的情况。以下是造成性能较低的一些常见原因以及相应解决方案。

1) 输入数据中存在大量的小文件

MapReduce 默认使用的输入类 TextInputformat 会将每个小文件作为一个独立的文件切片，并且会将每个文件切片交由一个maptask 处理。因此，大量的小文件就会导致 MapReduce 产生大量的 maptask，从而导致 MapReduce 的整体效率低下。

为了减少小文件的数量，可以在 maptask 处理之前将小文件进行合并，然后将合并后的文件进行处理。如何合并文件呢？既可以通过程序语言、软件工具进行合并，也可以使用 MapReduce 提供的 CombineFileInputFormat 或自定义 MapReduce 的执行方式。

2) 减少 MapReduce 各阶段数据传输的次数

默认情况下，数据会从 Map 节点通过网络传输到 Reduce 节点。但如果 Map 节点存在大量的数据，就会造成大量数据需要经由网络传输的后果。对此，我们可以先将各个 Map 节点的数据在本地处理，然后再将各个 Map 节点本地处理的结果经网络传输到 Reduce 进行汇总。以 WordCount 为例，如果某个 Map 节点有 100 个 "hello" 单词，默认情况下会通过网络传输 100 次 "hello"，然后再在 Reduce 端进行 100 的累加。而如果先将 100 个 "hello" 在 Map 端累加完毕，然后将累加的结果经由网络传输到 Reduce 端，那么就仅仅会在网络中传输 1 次即可，很明显可以大大减少网络流量。但要注意，并不是所有业务逻辑都适合先在 Map 阶段处理。读者可以思考，"求平均数问题" 是否适合先在 Map 阶段处理，然后再经由网络传输至 Reduce 汇总？我们将数据在 Map 阶段处理的过程称为 Combine，自定义 Combine 类需要继承自 Reducer 类。

当环形缓冲区中的数据传递到溢出文件时，会进行数据的传输操作。因此，可以根据机器的硬件性能，通过 io.sort.mb 参数适当调大环形缓冲区的大小，或者通过 io.sort.spill.percent 参数适当调大环形缓冲区中存放数据的空间大小。

当多个溢出文件进行合并时，会执行数据的排序操作。显然，每次合并的文件数量越多，合并的次数就越少，排序的次数也就越少。对于这点，可以通过 io.sort.factor 适当调大每次参与合并的文件个数。

3) 数据压缩

除了减少数据在网络的传输次数以外，还可以减少每次传输的数据容量。为此，MapReduce 提供了 org.apache.hadoop.io.compress.DefaultCodec 等压缩工具类，并且封装好了数据压缩的接口。我们只需要根据业务需求，先在 Map 端通过 conf.setBoolean()方法开启压缩功能，并通过 conf.setClass()方法设置压缩方式；然后再在 Reduce 端使用 FileOutputFormat.setCompressOutput()方法开启解压缩，并使用 FileOutputFormat.setOutputCompressorClass()设置解压的方式即可。需要注意的是，压缩和解压缩的方式必须保持一致。

4) 避免数据倾斜

如图 4-21 所示，如果某个任务在经过 Shuffle 处理后，将大量数据集中在某一个 Reduce 上，就会造成该 Reduce 非常繁忙、而其他 Reduce 又过于空闲的情况。这种任务不均衡的情况也会拖慢整个 MapReduce 的执行周期。

解决数据倾斜的方法有很多，可以使用抽样统计、自定义 Combine 组件、将 Reduce Join 改为 Map Join 等方式。

5) 参数调优

在搭建 MapReduce 环境时，需要配置 mapred-default.xml 、 mapred-site.xml 、 yarn-

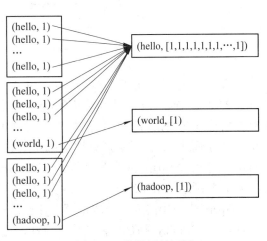

图 4-21　数据倾斜问题

default.xml、yarn-site.xml 等配置文件，在这些配置文件中可以设置很多 MapReduce 运行参数。因此也可以通过调整这些参数值来改变 MapReduce 的整体设置，从而改变 MapReduce 在运行时的性能情况。

4.9　其他主流计算框架

除了本章讲解的 MapReduce 以外，Spark Streaming、Storm 和 Flink 也是目前比较流行的分布式计算框架。

MapReduce 出现的时间最早，在分布式计算领域有着里程碑的意义，它可以处理大批量的海量数据，并且可以方便地进行横向扩展，但时效性较差，不能做到实时响应。为了便于读者对其他主流计算框架进行了解，本节将对 Spark Streaming、Storm 和 Flink 等计算框架进行介绍。

4.9.1　Spark Streaming

Spark Streaming 在时效性方面做了改进，使计算的中间结果可以保存在内存中，从而大大提高了计算速度，可以用于开发推荐系统等延迟性较低的系统。Spark Streaming 是 Apache Spark 的内容之一，Apache Spark 是一款快速处理大数据的计算引擎，其商标如图 4-22 所示。

图 4-22　Apache Spark 的商标

Spark 包含 Spark Core、Spark SQL、Spark Streaming、MLlib、GraphX 等核心库，开发者可以在同一个 Spark 体系中方便地组合使用这些库，其生态系统如图 4-23 所示。

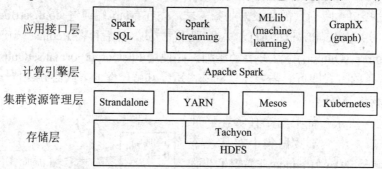

图 4-23　Spark 生态系统

Spark Core 是 Spark 的核心基础，包含弹性分布式数据集(即 RDD)等核心组件。但需要注意的是，Spark Core 是离线计算的，这点类似于 MapReduce 的处理过程。而 Spark Streaming 则是将连续的数据转换为不连续的离散流(DStream)，从而实现快速的数据处理功能。Spark SQL 用于简化 Spark 库，就好比可以使用 Hive 简化 MapReduce 一样，我们可以使用 Spark SQL 快速实现 Spark 的开发。具体地讲，Spark SQL 可以将 DStream 转为 Spark 处理时的 RDD，然后运行 RDD 程序。

Spark 生态中的其他技术也都有各自擅长的领域。例如 MLlib 是 Spark 提供的机器学习类库，而 GraphX 则是一款图计算组件，可以实现对图形数据的分析、图形数据可视化等功能。在实际开发时，Spark 除了可使用 Java 进行开发以外，还可以使用 Scala、Python 等语言进行开发。

4.9.2　Storm

Twitter 开源的 Apache Storm 在实时处理领域也有着广泛的应用，它可以用于分布式或大数据领域的实时计算，其商标如图 4-24 所示。Storm 在运行时，是由一个 Nimbus 和一个或多个 supervisors 组成的，并且通过 Apache ZooKeeper 进行各组件之间的协调。在运行方式上，Storm 也有本地模式和生成模式两种。

图 4-24　Apache Storm 的商标

一般情况下，在平时的开发、调试过程中，可以使用本地模式，这样利于快速开发以及进行性能的优化。而在最终实施时，就可以切换到生产模式，最大限度地发挥 Storm 的作用和提高 Storm 的性能。

4.9.3　Flink

Flink 和 Storm 的定位都是分布式实时计算框架，因此二者的时效性最高，可以用于实时分析、实时计算等领域。Apache Flink 的商标如图 4-25 所示。具体地讲，可以将 Flink 称为一个流式的数据执行引擎，可以提供高性能的分布式数据通信以及容错机制，并且 Flink 提供了非常丰富的 API，用于非常方便地进行实时计算开发。例如，可

图 4-25　Apache Flink 的商标

以使用 DataSet API 对静态数据进行快速地批处理操作，使用 DataStream API 对数据流进行流处理操作，使用 Table AP 对结构化数据进行查询操作，这点非常类似 Spark SQL。Flink 同时支持 Java 和 Scala 等高级语言，适合不同领域的程序员进行开发。

本 章 小 结

本章从理论和实战两个角度详细介绍了 Hadoop 体系中的分布式计算框架 MapReduce，首先介绍了 MapReduce 的编程思想和发展史，其次引入入门案例 WordCount 详细讲解了 MapReduce 的内部实现细节，然后讲解了 MapReduce 作业的执行流程、MapReduce 数据类型、Shuffle 机制以及如何定义和使用自定义组件，接着通过实战案例演示了 MapReduce Shell、MapReduce Web UI 和 MapReduce Java API 编程等具体的 MapReduce 应用，最后简单介绍了目前其他主流的分布式计算框架 Spark、Storm、Flink 等。

MapReduce 是 Hadoop 生态中的一款分布式计算框架，它提供了非常完善的分布式架构，可以让不熟悉分布式计算的人员也能编写出优秀的分布式系统。MapReduce 采用"分而治之"的思想，简单地说，MapReduce 就是"任务的分解与结果的汇总"。

MapReduce 1.0 采用的是典型的 Master/Slave 结构，Master 表现为 JobTracker 进程，而

Slave 表现为 TaskTracker。由于存在种种问题，研究人员对 MapReduce 体系架构进行了重新设计，生成了 MapReduce 2.0 和 YARN。

MapReduce 作业的执行流程主要包括 InputFormat、Map、Shuffle、Reduce、OutputFormat 五个阶段。其中，Map 阶段的业务代码需要继承自 org.apache.hadoop.mapreduce.Mapper 类；Reduce 阶段的业务代码需要继承自 org.apache.hadoop.mapreduce.Reducer 类；Shuffle 阶段是 MapReduce 的心脏，关乎整个框架性能，可对 Map 的输出进行一定的排序(Sort)、分区(Partition)、合并(Combine)等操作，得到<key, List(value)>形式的中间结果，再交给 Reduce 进行处理。

MapReduce 是集群运算，在网络中传输的数据必须是可序列化的数据类型，不同于 Java 内置数据类型。

MapReduce 在执行时会遵循一系列的默认规则，例如默认以字典顺序对数据进行排序，根据默认规则进行分区等。我们也可以对这些默认规则进行自定义设置，从而以自定义组件的形式运行 MapReduce 程序。

MapReduce 提供 MapReduce Shell、MapReduce Web UI 和 MapReduce Java API 三类接口，用户可以通过它们使用 MapReduce。

目前，比较常见的分布式计算框架除了 Apache Hadoop MapReduce 之外，还有 Apache Spark、Apache Storm、Apache Flink 等。

思考与练习题

1. 试述 MapReduce 框架的主要思想。

2. 试述 MapReduce 作业的执行流程。

3. 与 Java 类型相比较，MapReduce 中定义的数据类型有哪些特点？

4. 试述 Shuffle 机制各个阶段的主要作用。

5. 试述在 MapReduce 运行的整个阶段中，哪些阶段可以实现自定义设计？请描述这些自定义设计如何具体地实现。

6. 试述 MapReduce 常见的 Shell 命令及其作用。

7. 试述 MapReduce 中常用的 Java API 以及具体的使用方法。

8. 除了 MapReduce 以外，你还了解哪些其他的主流计算框架？这些框架与 MapReduce 相比较，各自有什么特点。

9. 试述 MapReduce 1.0 和 MapReduce 2.0 的主要区别是什么。

10. 实践操作题：模仿 Hadoop 自带的示例程序 WordCount，尝试编写自己的 WordCount 程序，并成功运行在 Hadoop 集群上。

实验 3 MapReduce 编程

关于本实验的完整指导请参见本教材配套实验教程《Hadoop 大数据原理与应用实验

教程》。

一、实验目的

(1) 理解 MapReduce 的编程思想。

(2) 理解 MapReduce 的作业执行流程。

(3) 理解 MR-App 的编写步骤，掌握使用 MapReduce Java API 进行 MapReduce 的基本编程，熟练掌握如何在 Hadoop 集群上运行 MR-App 并查看运行结果。

(4) 熟练掌握 MapReduce Web UI 界面的使用。

(5) 掌握 MapReduce Shell 常用命令的使用。

二、实验环境

本实验所需的软件环境包括全分布模式 Hadoop 集群、Eclipse。

三、实验内容

(1) 启动全分布模式 Hadoop 集群，守护进程包括 NameNode、DataNode、SecondaryNameNode、ResourceManager、NodeManager 和 JobHistoryServer。

(2) 在 Hadoop 集群主节点上搭建 MapReduce 的开发环境 Eclipse。

(3) 查看 Hadoop 自带的 MR-App 单词计数源代码 WordCount.java，在 Eclipse 项目 MapReduceExample 下建立新包 com.xijing.mapreduce，模仿内置的 WordCount 示例，自己编写一个 WordCount 程序，最后打包成 JAR 形式并在 Hadoop 集群上运行该 MR-App，并查看运行结果。

(4) 分别在自编 MapReduce 程序 WordCount 的运行过程中和运行结束后查看 MapReduce Web UI 的界面。

(5) 分别在自编 MapReduce 程序 WordCount 的运行过程中和运行结束后练习 MapReduce Shell 的常用命令。

(6) 关闭 Hadoop 集群。

四、实验报告

实验报告主要内容包括实验名称、实验类型、实验地点、学时、实验环境、实验原理、实验步骤、实验结果、总结与思考等。

第 5 章

统一资源管理和调度框架 YARN

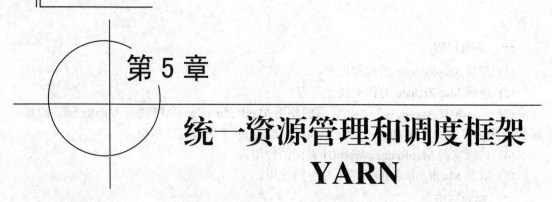

针对 MapReduce 1.0 在可用性、可扩展性、资源利用率、框架支持等方面的不足,研究人员对 MapReduce 1.0 的架构进行了重新设计,提出了全新的资源管理和调度框架 YARN。YARN 是 Hadoop 2.0 的资源管理和调度框架,是一个通用的资源管理系统,在其上可以部署各种计算框架。它的引入为集群高可用性、可扩展性、资源利用率和数据共享等方面带来了很大好处。

本章首先从 MapReduce 1.0 存在的问题入手,引入新一代资源管理和调度框架 YARN,介绍了 YARN 的优势和发展目标;然后介绍了 YARN 的体系架构和工作流程,并演示了 YARN 的基本使用;接着介绍了 YARN 的新特性,包括 ResourceManager Restart 自动重启机制、ResourceManager HA 高可用机制、YARN Federation 联邦机制的基本原理知识和配置使用技能;最后介绍了当前比较常见的其他统一资源管理与调度平台 Apache Mesos、Hadoop Corona、Google Borg/Omega/Kubernetes、Docker Swarm 等。

本章知识结构图如图 5-1 所示(★表示重点,▶表示难点)。

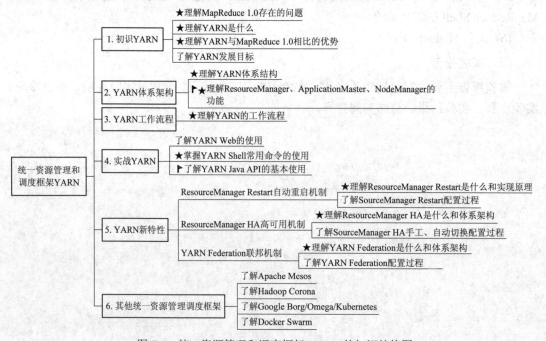

图 5-1 统一资源管理和调度框架 YARN 的知识结构图

5.1　初识 YARN

5.1.1　MapReduce 1.0 存在的问题

业内常用 MapReduce 1.0(即 MRv1)来指代 Hadoop 初始版本(包括 1.0 和更早期版本)中的分布式计算框架 MapReduce，以区别于 Hadoop 2.0 及以后版本中的 MRv2。

在 Hadoop 1.0 中，MapReduce 采用 Master/Slave 架构，有两类守护进程控制作业的执行过程，即一个 JobTracker 和多个 TaskTracker。JobTracker 负责资源管理和作业调度；TaskTracker 定期向 JobTracker 汇报本节点的健康状况、资源使用情况、任务执行情况以及接收来自 JobTracker 的命令并执行。随着集群规模负载的增加，MapReduce JobTracker 在内存消耗、扩展性、可靠性、性能等方面暴露出各种缺点，具体包括以下几个方面：

(1) 单点故障问题。JobTracker 只有一个，它负责所有 MapReduce 作业的调度。若这个唯一的 JobTracker 出现故障，就会导致整个集群不可用。

(2) 可扩展性瓶颈。业内普遍总结出当节点数达到 4000、任务数达到 40 000 时，MapReduce 1.0 会遇到可扩展性瓶颈。这是由于 JobTracker "大包大揽" 任务过重，既要负责作业的调度和失败恢复，又要负责资源的管理分配。当执行过多的任务时，需要巨大的内存开销，这也潜在增加了 JobTracker 失败的风险。

(3) 资源划分不合理。资源(CPU、内存)被强制等量划分为多个 Slot，每个 TaskTracker 都配置有若干固定长度的 Slot。这些 Slot 是静态分配的，在配置的时候就被划分为 Map Slot 和 Reduce Slot，且 Map Slot 仅能用于运行一个 Map 任务，Reduce Slot 仅能用于运行一个 Reduce 任务，彼此之间不能使用分配给对方的 Slot。这意味着，当集群中只存在单一 Map 任务或 Reduce 任务时，会造成资源的极大浪费。

(4) 仅支持 MapReduce 一个计算框架。MapReduce 是一个基于 Map 和 Reduce、适合批处理、基于磁盘的计算框架，不能解决所有场景问题。而一个集群仅支持一个计算框架，不支持 Spark、Storm 等其他类型的计算框架，集群多，管理复杂，且各个集群不能共享资源，造成集群间的资源浪费。

5.1.2　YARN 简介

为了解决 MapReduce 1.0 存在的问题，Hadoop 2.0 以后版本对其核心子项目 MapReduce 的体系架构进行了重新设计，生成了 MRv2 和 YARN。

Apache Hadoop YARN(Yet Another Resource Negotiator，另一种资源协调者)是 Hadoop 2.0 的资源管理和调度框架，其设计的基本思路就是 "放权"，即不让 JobTracker 承担过多功能，把 MapReduce 1.0 中 JobTracker 三大功能资源管理、任务调度和任务监控进行拆分，分别交给不同的新组件承担。重新设计后得到的 YARN 包括 ResourceManager、ApplicationMaster 和 NodeManager，其中，ResourceManager 负责资源管理，ApplicationMaster 负责任务调度和任务监控，NodeManager 负责承担原 TaskTracker 的功能。且原资源被划分的 Slot 重新设计为容器 Container，NodeManager 能够启动和监控容器 Container。另外，原 JobTracker 负责存储已完成作业的作业历史。此功能也可以运行一个作业历史服务器，作为一个独立守护进程来取代 JobTracker，YARN 中与之等价的角色是时间轴服务器 Timeline Server。

MapReduce 1.0 与 YARN 在组成上的比较如表 5-1 所示。

表 5-1　MapReduce 1.0 与 YARN 的组成比较

MapReduce 1.0	YARN
JobTracker	ResourceManager、ApplicationMaster、Timeline Server
TaskTracker	NodeManager
Slot	Container

总之，在 Hadoop 1.0 中，MapReduce 既是一个计算框架，又是一个资源管理和调度框架。到了 Hadoop 2.0 以后，MapReduce 中资源管理和调度功能被单独分割出来形成 YARN。YARN 是一个纯粹的资源管理调度框架，被剥离了资源管理调度功能的 MapReduce 变成了 MRv2。MRv2 是运行在 YARN 上的一个纯粹的计算框架。

从 MapReduce 1.0 发展到 YARN，客户端并没有发生变化，其大部分 API 及接口都保持兼容，因此，原来针对 Hadoop 1.0 开发的代码不需做大的改动，就可以直接放在 Hadoop 2.0 平台上运行。

5.1.3　YARN 与 MapReduce 1.0 相比具有的优势

YARN 的很多设计是为了解决 MapReduce 1.0 的局限性，使用 YARN 的优势包括以下几个方面：

1. 可扩展性(Scalability)

与 MapReduce 1.0 相比，YARN 可以在更大规模的集群上运行。当节点数达到 4000、任务数达到 40 000 时，MapReduce 1.0 会遇到可扩展性瓶颈，JobTracker 无法既负责作业的调度和失败恢复，又负责资源的管理分配。YARN 利用 ResourceManager 和 ApplicationMaster 分离的架构优点克服了这个局限性，可以扩展到将近 10 000 个节点和 100 000 个任务。另外，YARN Federation 的联邦机制进一步增强了集群的水平横向扩展性。

2. 可用性(Availability)

当守护进程失败时，通常需要另一个守护进程复制接管工作所需的状态，以便其继续提供服务，从而可以获得高可用性(High Available)。但是，由于 MapReduce 1.0 中 JobTracker 内存中存在大量快速变化的复杂状态，导致改进 JobTracker 使其获得高可用性非常困难。

YARN 对 MapReduce 1.0 的体系架构进行了重新设计，ResourceManager 和 ApplicationMaster 分别承担 MapReduce 1.0 中 JobTracker 的功能，高可用的服务随之成为一个分而治之的问题：先为 ResourceManager 提供高可用性，再为 YARN 应用提供高可用性。YARN 的 ResourceManager HA 特性通过 Active/Standby ResourceManager 保证了 YARN 的高可用性；ResourceManager Restart 特性保证了若 ResourceManager 发生单点故障，ResourceManager 能尽快自动重启。

3. 利用率(Utilization)

MapReduce 1.0 使用 Slot 表示各个节点上的计算资源。Slot 分为 Map Slot 和 Reduce Slot 两种，且不允许共享。对于一个作业，刚开始运行时，Map Slot 资源紧缺而 Reduce Slot 空闲；当 Map Task 全部运行完成后，Reduce Slot 紧缺而 Map Slot 空闲。很明显，这种区分 Slot 类别的资源管理方案在一定程度上降低了 Slot 的利用率。同时，这种基于无类别 Slot 的资源划分方法的划分粒度过大，往往会造成节点资源利用率过高或者过低。

在 YARN 中，一个 NodeManager 管理一个资源池，而不是指定固定数目的 Slot。YARN 上运行的 MapReduce 不会出现 MapReduce 1.0 中由于集群中只有 Map Slot 可用而导致 Reduce Task 必须等待的情况。如果能够获取运行任务的资源，那么应用程序就会正常进行。而且，YARN 中的资源是精细化管理的，每个应用程序都能够按需请求资源，而不是请求一个不可分割的、对于特定任务而言可能太大(浪费资源)或太小(可能导致失败)的 Slot。

4. 多租户(Multitenancy)

在某种程度上可以说，YARN 最大的优点是向 MapReduce 以外的其他分布式计算框架开放了 Hadoop。MapReduce 仅是许多 YARN 应用中的一个，Spark、Tez、Storm 等计算框架也都可以运行在 YARN 上。另外，用户甚至可以在同一个 YARN 集群上运行不同版本的 MapReduce，这使得升级 MapReduce 更好管理。

5.1.4 YARN 的发展目标

随着互联网的高速发展，基于数据密集型应用的计算框架不断出现，从支持离线处理的 MapReduce 到支持在线处理的 Storm，从迭代式计算框架 Spark 到流式处理框架 S4，各种计算框架诞生于不同的公司或实验室，它们各有所长，各自解决了某一类应用问题。在大部分互联网公司中，这些框架可能都会采用。比如对于搜索引擎公司，网页建索引采用 MapReduce 框架，自然语言处理/数据挖掘采用 Spark，对性能要求很高的数据挖掘算法用 MPI 等。考虑到资源利用率、运维成本和数据共享等因素，公司一般希望将所有这些框架部署到一个公共的集群中，让它们共享集群的资源，并对资源进行统一使用。

YARN 的提出并非仅仅为了解决 MapReduce 1.0 中存在的问题。实际上 YARN 有着更加伟大的目标，即实现"一个集群多个框架"。也就是说，在一个集群上部署一个统一的资源管理调度框架 YARN，打造以 YARN 为核心的生态圈。如图 5-2 所示，在 YARN 之上可以部署其他各种计算框架，满足一个公司各种不同的业务需求，如离线计算框架 MapReduce、DAG 计算框架 Tez、流式计算框架 Storm、内存计算框架 Spark 等，由 YARN 为这些计算框架提供统一的资源管理调度服务，并且根据各种计算框架的负载需求，调整各自占用的资源，实现集群资源的共享和资源的弹性收缩。

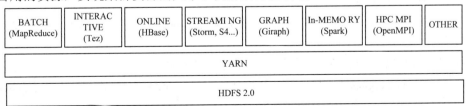

图 5-2 以 YARN 为核心的生态圈

5.2 YARN 的体系架构

YARN 采用主从架构(Master/Slave)，其核心组件包括 ResourceManager、NodeManager 和 ApplicationMaster 三个。其中，ResourceManager 是主进程，NodeManager 是从进程，一个 ResourceManager 对应多个 NodeManager，每个应用程序拥有一个 ApplicationMaster。此外，YARN 中引入了一个逻辑概念——容器(Container)，它将各类资源(如 CPU、内存)抽象化，方便从节点 NodeManager 管理本机资源，如规定<1 核，2G>为 1 个 Container。YARN 的体系架构如图 5-3 所示。

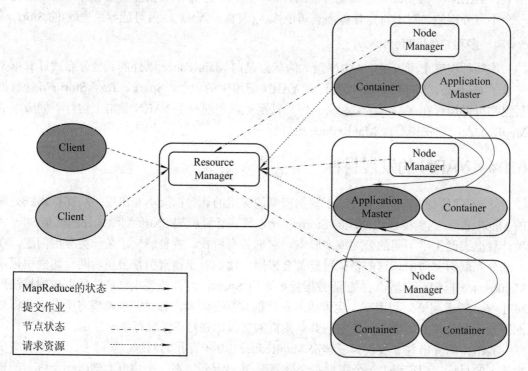

图 5-3 YARN 体系架构

关于 YARN 各组成部分的功能介绍如下：

1. Client

Client 负责向 ResourceManager 提交任务、终止任务等。

2. ResourceManager

整个集群只有一个 ResourceManager，负责集群资源的统一管理和调度，具体承担的功能包括：

(1) 处理来自客户端的请求，包括启动/终止应用程序。

(2) 启动/监控 ApplicationMaster。一旦某个 ApplicationMaster 出现故障，ResourceManager 将会在另一个节点上启动该 ApplicationMaster。

(3) 监控 NodeManager，接收 NodeManager 汇报的心跳信息并分配任务给 NodeManager 去执行。一旦某个 NodeManager 出现故障，标记该 NodeManager 的任务，并告诉对应的 ApplicationMaster 如何处理。

3. NodeManager

整个集群有多个 NodeManager，负责单节点资源的管理和使用，具体承担的功能包括：

(1) 周期性向 ResourceManager 汇报本节点上的资源使用情况和各个 Container 的运行状态。

(2) 接收并处理来自 ApplicationMaster 的 Container 启动/停止的各种命令。

4. ApplicationMaster

每个应用程序拥有一个 ApplicationMaster，负责管理应用程序，具体承担的功能包括：

(1) 数据切分。

(2) 为应用程序/作业向 ResourceManager 申请资源(Container)，并分配给内部任务。

(3) 与 NodeManager 通信，以启动/停止任务。

(4) 任务监控和容错，在任务执行失败时重新为该任务申请资源并重启任务。

(5) 接收并处理 ResourceManager 发出的命令，如终止 Container、重启 NodeManager 等。

5. Container

Container 是 YARN 中新引入的一个逻辑概念，是 YARN 对资源的抽象，是 YARN 中最重要的概念之一。Container 封装了某个节点上一定量的资源(CPU 和内存两类资源)，它与 Linux Container 没有任何关系，仅仅是 YARN 提出的一个概念。

Container 由 ApplicationMaster 向 ResourceManager 申请，由 ResouceManager 中的资源调度器异步分配给 ApplicationMaster。Container 的运行是由 ApplicationMaster 向资源所在的 NodeManager 发起的，运行时需提供内部执行的任务命令(可以是任何命令，如 Java、Python、C++进程启动命令等)以及该命令执行所需的环境变量和外部资源(如词典文件、可执行文件、jar 包等)。

另外，一个应用程序所需的 Container 分为以下两大类：

(1) 运行 ApplicationMaster 的 Container。这是由 ResourceManager 和其内部的资源调度器申请和启动的。用户提交应用程序时，可指定唯一的 ApplicationMaster 所需的资源。

(2) 运行各类任务的 Container。这是由 ApplicationMaster 向 ResourceManager 申请的，并由 ApplicationMaster 与 NodeManager 通信以启动。该类 Container 上运行的任务类型可以是 Map Task、Reduce Task 或 Spark Task 等。

以上两类 Container 可能在任意节点上，它们的位置通常而言是随机的，即 ApplicationMaster 可能与它管理的任务运行在一个节点上。

5.3　YARN 的工作流程

YARN 的工作流程如图 5-4 所示。

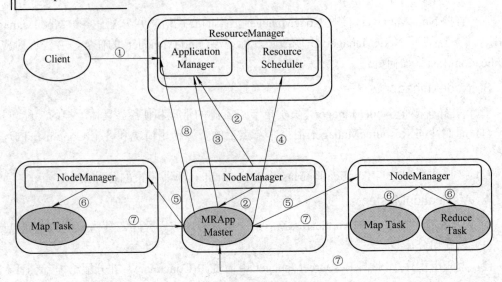

图 5-4　YARN 的工作流程

例如，在 YARN 框架中执行一个 MapReduce 应用程序时，从提交到完成需要经历的步骤如下：

① Client 向 YARN 提交 MapReduce 应用程序，提交的内容包括 ApplicationMaster 程序、启动 ApplicationMaster 的命令、用户程序等。

② ResourceManager 接收到 Client 应用程序请求后，为应用程序分配第一个 Container，并与对应的 NodeManager 通信，要求它在这个 Container 中启动该应用程序的 ApplicationMaster(即图 5-4 中的"MRAppMaster")。

③ ApplicationMaster 被创建后会首先向 ResourceManager 注册，从而使得用户可以直接通过 ResourceManager 查询应用程序的运行状态。接下来的④～⑦是具体应用程序的执行步骤。

④ ApplicationMaster 采用轮询的方式通过 RPC 请求向 ResourceManager 申请资源。

⑤ ResourceManager 以"容器(Container)"的形式向提出申请的 ApplicationMaster 分配资源。一旦 ApplicationMaster 申请到资源，便与对应的 NodeManager 通信，要求它启动任务。

⑥ 当 ApplicationMaster 要求容器启动任务时，它会为任务设置好运行环境，包括环境变量、JAR 包、二进制程序等，然后将任务启动命令写到一个脚本中，最后 NodeManager 在容器中运行该脚本以启动任务。

⑦ 各个任务通过 RPC 协议向 ApplicationMaster 汇报自己的状态和进度，以便 ApplicationMaster 随时掌握各个任务的运行状态，以便在任务失败时重启任务。在应用程序运行过程中，用户可以随时通过 RPC 向 ApplicationMaster 查询应用程序当前运行状态。

⑧ 应用程序运行完成后，ApplicationMaster 向 ResourceManager 的应用程序管理器 ApplicationManager 注销并关闭自己。若 ApplicationMaster 因故失败，ResourceManager 中的应用程序管理器 ApplicationManager 会监测到失败的情形，然后将其重新启动，直到所有的任务都执行完毕为止。

5.4　实战 YARN

5.4.1　YARN Web UI

YARN Web UI 接口面向管理员。从页面上，管理员能看到"集群统计信息""应用程序列表""调度器"等功能模块，此页面支持读，不支持写。YARN Web UI 的默认地址为 http://ResourceManagerIP:8088。YARN Web 主界面——应用程序列表的效果图如图 5-5 所示。从图 5-5 中可以看出，当前 YARN 上并没有任何应用程序运行。

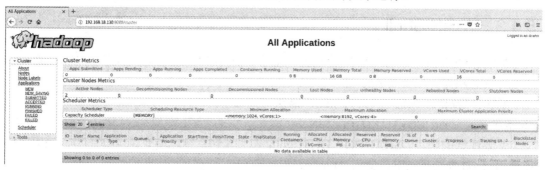

图 5-5　YARN Web 主界面——应用程序列表效果图

YARN Web 调度器界面效果图如图 5-6 所示。从图 5-6 中可以看出，当前 YARN 上正在运行着一个应用程序"wordcount"，其 Application Type 为"MAPREDUCE"，采用的调度器为容量调度器 Capacity Scheduler。YARN 调度器的工作就是根据既定策略为应用程序分配资源，当前正在使用的 Container 有 4 个，共分配的 CPU 为 4 核，内存为 5120 MB。

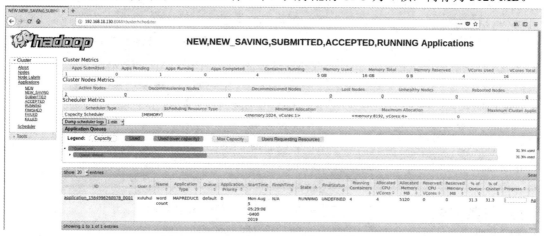

图 5-6　YARN-App 运行中的调度器效果图

集群资源统计信息的效果图如图 5-7 所示。从图 5-7 中可以看出，按容量调度器 Capacity Scheduler 得出该集群的计算资源最小分配值为<memory:1024, vCores:1>，最大分配值为<memory:8192, vCores:4>。

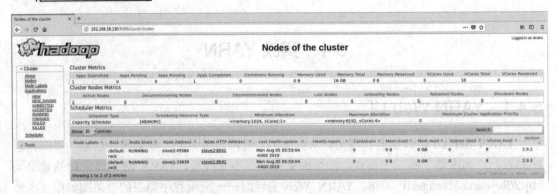

图 5-7　集群资源统计信息的效果图

5.4.2　YARN Shell

YARN Shell 接口面向 YARN 管理员。通过 Shell 接口，管理员能够查看 YARN 系统级别统计信息和提交 YARN-App 等。

YARN Shell 命令统一入口为 yarn，语法格式如下：

```
yarn [--config confdir] [COMMAND | CLASSNAME]
```

需要注意的是，若$HADOOP_HOME/bin 未加入到系统环境变量 PATH 中，则需要切换到 Hadoop 安装目录下，输入 "bin/yarn"。

读者可以使用 "yarn -help" 查看其帮助，命令 "yarn" 的具体用法和参数说明如下所示：

```
Usage: yarn [--config confdir] [COMMAND | CLASSNAME]

  CLASSNAME                         run the class named CLASSNAME
or
  where COMMAND is one of:
  resourcemanager                   run the ResourceManager
                                    Use -format-state-store for deleting the RMStateStore.
                                    Use -remove-application-from-state-store <appId> for
                                          removing application from RMStateStore.
  nodemanager                       run a nodemanager on each slave
  timelinereader                    run the timeline reader server
  timelineserver                    run the timeline server
  rmadmin                           admin tools
  router                            run the Router daemon
  sharedcachemanager                run the SharedCacheManager daemon
  scmadmin                           SharedCacheManager admin tools
  version                           print the version
  jar <jar>                         run a jar file
  application                       prints application(s) report/kill application
  applicationattempt                prints applicationattempt(s) report
```

container	prints container(s) report
node	prints node report(s)
queue	prints queue information
logs	dump container logs
schedulerconf	updates scheduler configuration
classpath	prints the class path needed to
	get the Hadoop jar and the required libraries
cluster	prints cluster information
daemonlog	get/set the log level for each daemon
top	run cluster usage tool

YARN Shell 命令分为系统级命令、程序级命令和其他辅助命令，本章仅介绍部分命令。关于 YARN Shell 命令的完整说明，读者可参考官方网站 https://hadoop.apache.org/docs/r2.9.2/hadoop-yarn/hadoop-yarn-site/YarnCommands.html。

1．系统级命令

YARN Shell 部分系统级命令如表 5-2 所示。

表 5-2　YARN Shell 系统级命令(部分)

命令选项	功　能　描　述
rmadmin	管理集群
node	查看集群当前的节点信息
queue	查看集群当前队列的运行状况
cluster	查看集群信息

【实例 5-1】　查看 YARN 集群中当前所有的节点信息。

首先，可以使用命令"yarn node -help"来查看"yarn node"的帮助信息，如图 5-8 所示。

```
[xuluhui@master ~]$ yarn node -help
19/08/05 07:17:19 INFO client.RMProxy: Connecting to ResourceManager at master/1
92.168.18.130:8032
usage: node
 -all                   Works with -list to list all nodes.
 -help                  Displays help for all commands.
 -list                  List all running nodes. Supports optional use of
                        -states to filter nodes based on node state, all -all
                        to list all nodes, -showDetails to display more
                        details about each node.
 -showDetails           Works with -list to show more details about each node.
 -states <States>       Works with -list to filter nodes based on input
                        comma-separated list of node states. The valid node
                        state can be one of the following:
                        NEW,RUNNING,UNHEALTHY,DECOMMISSIONED,LOST,REBOOTED,DEC
                        OMMISSIONING,SHUTDOWN.
 -status <NodeId>       Prints the status report of the node.
[xuluhui@master ~]$
```

图 5-8　命令"yarn node"的帮助信息

其次，通过使用命令"yarn node -all -list"来显示出集群当前所有的节点信息，运行效果如图 5-9 所示。从图 5-9 中可以看出，该集群共有两个 NodeManager，分别为 slave1:33893

和 slave2:45580，都处于运行状态。

```
[xuluhui@master ~]$ yarn node -all -list
19/08/05 07:20:26 INFO client.RMProxy: Connecting to ResourceManager at master/1
92.168.18.130:8032
Total Nodes:2
        Node-Id           Node-State Node-Http-Address    Number-of-Runnin
g-Containers
    slave2:45580             RUNNING       slave2:8042
            0
    slave1:33839             RUNNING       slave1:8042
            0
[xuluhui@master ~]$
```

图 5-9　命令"yarn node -all -list"的运行效果

2. 程序级命令

YARN Shell 部分程序级命令如表 5-3 所示。

表 5-3　YARN Shell 程序级命令(部分)

命令选项	功　能　描　述
jar	向 YARN 集群提交 YARN-App
application	查看 YARN 集群中正在运行的 YARN-App
container	当 YARN 集群上正在运行 YARN-App 时，可以使用"container"查看该 YARN-App 所有 Container 以及各 Container 的执行状态

【实例 5-2】　查看某 YARN-App 运行时分配的所有 Container 信息。

首先，可以使用命令"yarn container -help"来查看"yarn container"的帮助信息，如图 5-10 所示。

```
[xuluhui@master ~]$ yarn container -help
19/08/05 07:30:30 INFO client.RMProxy: Connecting to ResourceManager at master/1
92.168.18.130:8032
usage: container
 -help                                  Displays help for all commands.
 -list <Application Attempt ID>         List containers for application
                                        attempt.
 -signal <container ID [signal command]>  Signal the container. The
                                        available signal commands are
                                        [OUTPUT_THREAD_DUMP,
                                        GRACEFUL_SHUTDOWN,
                                        FORCEFUL_SHUTDOWN] Default
                                        command is OUTPUT_THREAD_DUMP.
 -status <Container ID>                 Prints the status of the
                                        container.
[xuluhui@master ~]$
```

图 5-10　命令"yarn container"的帮助信息

其次，使用命令"yarn container -list <Application Attempt ID>"查看某 YARN-App 运行时分配的所有 Container 信息，运行效果如图 5-11 所示。从图 5-11 中可以看出，应用程序 application_1564996260078_0002 的 appattempt_1564996260078_0002_000001 共计分配了 4 个容器 Container，分别为 container_1564996260078_0002_01_000001～ container_1564996260078_0002_01_000004，且这 4 个容器均在节点 slave2:45580 上。

```
[xuluhui@master ~]$ yarn container -list appattempt_1564996260078_0002_000001
19/08/05 07:27:20 INFO client.RMProxy: Connecting to ResourceManager at master/1
92.168.18.130:8032
Total number of containers :4
                    Container-Id        Start Time            Finish Time
          State              Host         Node Http Address
container_1564996260078_0002_01_000004  Mon Aug 05 07:27:11 -0400 2019
        N/A               RUNNING              slave2:45580        http://slave2:
8042    http://slave2:8042/node/containerlogs/container_1564996260078_0002_01_00
0004/xuluhui
container_1564996260078_0002_01_000002  Mon Aug 05 07:27:11 -0400 2019
        N/A               RUNNING              slave2:45580        http://slave2:
8042    http://slave2:8042/node/containerlogs/container_1564996260078_0002_01_00
0002/xuluhui
container_1564996260078_0002_01_000003  Mon Aug 05 07:27:11 -0400 2019
        N/A               RUNNING              slave2:45580        http://slave2:
8042    http://slave2:8042/node/containerlogs/container_1564996260078_0002_01_00
0003/xuluhui
container_1564996260078_0002_01_000001  Mon Aug 05 07:27:00 -0400 2019
        N/A               RUNNING              slave2:45580        http://slave2:
8042    http://slave2:8042/node/containerlogs/container_1564996260078_0002_01_00
0001/xuluhui
```

图 5-11　命令"yarn container -list"的运行效果

3．其他辅助命令

YARN Shell 部分辅助命令如表 5-4 所示。

表 5-4　YARN Shell 其他辅助命令(部分)

命令选项	功　能　描　述
version	查看 YARN 的版本
classpath	显示 YARN 的环境变量
logs	显示某特定进程日志

【实例 5-3】 查看 YARN 的版本信息。

使用命令"yarn version"来查看 YARN 版本信息，运行效果如图 5-12 所示。

```
[xuluhui@master ~]$ yarn version
Hadoop 2.9.2
Subversion https://git-wip-us.apache.org/repos/asf/hadoop.git -r 826afbeae31ca68
7bc2f8471dc841b66ed2c6704
Compiled by ajisaka on 2018-11-13T12:42Z
Compiled with protoc 2.5.0
From source with checksum 3a9939967262218aa556c684d107985
This command was run using /usr/local/hadoop-2.9.2/share/hadoop/common/hadoop-co
mmon-2.9.2.jar
[xuluhui@master ~]$
```

图 5-12　命令"yarn version"的运行效果

5.4.3　YARN Java API 编程

YARN Java API 接口面向 Java 开发工程师，程序员可以通过该接口编写 YARN-App。YARN 三大范式及其示例实现如表 5-5 所示。

表 5-5　YARN 三大范式及其示例实现

并　行　范　式	示　例　实　现
M 范式	DistributedShell 框架
M-S-R 范式	MapReduce 框架、Spark 框架
BSP 范式	Giraph 框架

YARN-App 三大模块包括：

(1) ApplicationBusinessLogic：应用程序的业务逻辑模块。

(2) ApplicationClient：应用程序客户端，负责提交和监管应用程序。

(3) ApplicationMaster：负责整个应用程序的运行，是应用程序并行化指挥地，需要指挥所有 Container 并行执行 ApplicationBusinessLogic。

YARN-App 三大模块对应不同范式的类，如表 5-6 所示。

表 5-6　YARN-App 三大模块对应不同范式的类

YARN 应用程序的标准模块	DistributedShell 框架对应的类	MapReduce 框架对应的类	Giraph 框架对应的类
ApplicationBussinessLogic	用户编写的 Shell 命令	用户自定义 Mapper 类、Partition 类和 Reduce 类	用户自定义 BasicComputation 类
ApplicationClient	Client.java	YARNRunner.java	GiraphYarnClient.java
ApplicationMaster	ApplicationMaster.java	MRAPPMaster.java	GiraphApplicationMaster.java

YARN Java API 并不是本章重点，关于 YARN API 的详细内容，读者可参考官方网站 https://hadoop.apache.org/docs/r2.9.2/api/index.html。

5.5　YARN 的新特性

5.5.1　ResourceManager Restart 的自动重启机制

1. ResourceManager Restart 概述

在 YARN 体系架构中，ResourceManager 地位极其重要，它负责集群资源的统一管理和调度。为了降低 ResourceManager 发生单点故障时生产集群中作业执行失败的可能性，YARN 提供了新特性——ResourceManager 自动重启。该特性可保证 ResourceManager 能尽快自动重启，且重启的过程用户感知不到。

2. ResourceManager Restart 的实现原理

ResourceManager 自动重启机制在不同版本的 Hadoop 中有两种不同的实现。两种实现的原理不同，配置相同。

1) Non-work-preserving RM restart(Hadoop 2.4.0 实现)

第一种是 Non-work-preserving RM restart，即在重启过程中任务不保留，其原理是当 Client 提交一个 Application 给 ResourceManager 时，ResourceManager 会将该 Application 的相关信息存储起来。具体存储位置是可以在配置文件中指定的，可以存储到本地文件系统、HDFS 或是 ZooKeeper 上。此外，ResourceManager 也会保存 Application 的最终状态信息 (failed，killed，finished)。如果是在安全环境下运行，ResourceManager 还会保存相关的证书文件。

当 ResourceManager 被关闭后，NodeManager 和 Client 由于发现连接不上 ResourceManager，会不断向 ResourceManager 发送消息，以便能及时确认 ResourceManager 是否已经恢复正常。当 ResourceManager 重新启动后，它会发送一条 re-sync(重新同步)的命令给所有的 NodeManager 和 ApplicationMaster。NodeManager 收到重新同步的命令后会杀死所有正在运行的 Containers 并重新向 ResourceManager 注册。从 ResourceManager 的角度来看，每台重新注册的 NodeManager 跟一台新加入到集群中 NodeManager 是一样的。ApplicationMaster 收到重新同步的命令后会自行将自己杀掉。接下来，ResourceManager 会将存储的关于 Application 的相关信息读取出来，并重新提交运行在 ResourceManager 关闭之前最终状态为正在运行中的 Application。

2) Work-preserving RM restart(Hadoop 2.6.0 实现)

第二种是 Work-preserving RM restart，即在重启过程中任务是保留的。它与第一种实现的区别在于，ResourceManager 会记录下 Container 整个生命周期的数据，包括 Application 运行的相关数据、资源申请状况、队列资源的使用状况等数据。因此，当 ResourceManager 重启之后，会读取之前存储的关于 Application 的运行状态数据，同时发送 re-sync 命令。与第一种方式不同的是，NodeManager 在接收到重新同步的命令后并不会杀死正在运行的 Containers，而是继续运行 Containers 中的任务，同时将 Containers 的运行状态发送给 ResourceManager；之后，ResourceManager 根据自己所掌握的数据重构 Container 实例和相关 Application 的运行状态。这样，在 ResourceManager 重启之后，会紧接着 ResourceManager 关闭时任务的执行状态继续执行。

对比以上两种实现方式，第一种只保存了 Application 提交的信息和最终执行状态，并不保存运行过程中的相关数据，所以 ResourceManager 重启后，会先杀死正在执行的任务，再重新提交，从零开始执行任务；第二种方式则保存了 Application 运行中的状态数据，所以在 ResourceManager 重启之后，不需要杀死之前的任务，而是接着原来执行的进度继续执行。ResourceManager 将应用程序的状态及其他验证信息保存到一个可插拔的状态存储中，重启时从状态存储中重新加载这些信息，然后重新开始之前正在运行的应用程序，用户不需要重新提交应用程序。

3. ResourceManager Restart 的配置

为了使 ResourceManager 自动重启机制生效，需要进行以下配置：

1) 启用 ResourceManager 的重启功能

配置项"yarn.resourcemanager.recovery.enabled"的默认值为"false"，在配置文件 yarn-site.xml 中添加以下内容：

```
<property>
        <description>Enable RM to recover state after starting. If true, then yarn.resourcemanager.store.class
must be specified</description>
        <name>yarn.resourcemanager.recovery.enabled</name>
        <value>true</value>
</property>
```

2) 配置状态存储

配置项"yarn.resourcemanager.store.class"定义了用于状态存储的类，有三种取值：

(1) org.apache.hadoop.yarn.server.resourcemanager.recovery.ZKRMStateStore：基于 ZooKeeper 的状态存储实现。

(2) org.apache.hadoop.yarn.server.resourcemanager.recovery.FileSystemRMStateStore：基于 Hadoop 文件系统的状态存储实现。

(3) org.apache.hadoop.yarn.server.resourcemanager.recovery.LeveldbRMStateStore：基于 LevelDB 的状态存储实现。

其中默认值是"org.apache.hadoop.yarn.server.resourcemanager.recovery.FileSystem RMStateStore"，基于 Hadoop 文件系统的状态存储实现。例如，选用基于 ZooKeeper 的状态存储实现，在配置文件 yarn-site.xml 中添加以下内容：

```
<property>
        <description>The class to use as the persistent store.</description>
        <name>yarn.resourcemanager.store.class</name>
        <value>org.apache.hadoop.yarn.server.resourcemanager.recovery.ZKRMStateStore</value>
</property>
```

然后需要配置被 ResourceManager 用于状态存储的 ZooKeeper 服务器列表，依照在第 6 章部署的 ZooKeeper 集群，在配置文件 yarn-site.xml 中添加以下内容：

```
<property>
        <description>Comma separated list of Host:Port pairs. Each corresponds to a ZooKeeper server(e.g.
"127.0.0.1:3000,127.0.0.1:3001,127.0.0.1:3002") to be used by the RM for storing RM state. This must be
supplied when using org.apache.hadoop.yarn.server.resourcemanager.recovery.ZKRMStateStore as the value for
yarn.resourcemanager.store.class</description>
        <name>yarn.resourcemanager.zk-address</name>
        <value>192.168.18.130:2181,192.168.18.131:2181,192.168.18.132:2181</value>
</property>
```

5.5.2　ResourceManager HA

1. ResourceManager HA 概述

在 YARN 中，ResourceManager 负责整个集群资源的管理和应用程序的调度。在 Hadoop 2.4 之前，ResourceManager 存在单点故障问题，一旦出现故障，就会影响到整个集群的正常运行。Hadoop 2.4 增加了 Active/Standby ResourceManager，解决了 ResourceManager 单点故障问题。这就是 ResourceManager High Availability(ResourceManager 高可用机制，简称 ResourceManager HA)。

2. ResourceManager HA 的体系架构

ResourceManager HA 的体系架构如图 5-13 所示。

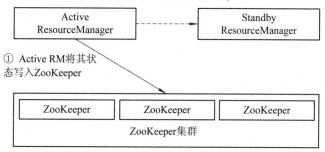

图 5-13　ResourceManager HA 的体系架构

从图 5-13 中可以看出，Active ResourceManager 会将状态信息写入 ZooKeeper 集群中。若 Active ResourceManager 发生故障，可以将 Standby ResourceManager 切换成 Active ResourceManager。切换方式有手工切换和自动切换两种。ResourceManager HA 就是通过 Active/Standby 架构模式实现的。在任意时刻，只有一个 ResourceManager 是 Active 的，其余的一个或多个 ResourceManager 则处于 Standby 状态，等待 Active ResourceManager 发生故障时切换使用。

3. ResourceManager HA 的切换配置

1）手工切换

当 Active ResourceManager 发生故障时，管理员可通过命令手工切换，方法为首先查看当前的 RM 状态，然后手工切换 RM，依次使用的命令如下所示：

```
yarn rmadmin -getServiceState rm1
yarn rmadmin -transitionToStandby rm1
```

2）自动切换

自动切换时，通过内嵌的基于 ZooKeeper 的 ActiveStandbyElector 来决定哪个 ResourceManager 处于 Active 状态。当 Active ResourceManager 出现故障时，其他的 ResourceManager 将会被自动选举并切换成 Active 状态。

【实例 5-4】假设某一集群共有 8 台机器，每个节点的进程分布如表 5-7 所示。试对该集群配置 ResourceManager HA 自动切换。

表 5-7　HDFS 和 YARN 的集群规划表

	master1	master2	master3	slave1	slave2	slave3	slave4	slave5
NameNode	√	√						
DataNode				√	√	√	√	√
ResourceManager	√	√						
NodeManager				√	√	√	√	√
JournalNode	√	√	√					
ZooKeeper	√	√	√					
DFSZKFailover-Controller	√	√						

分析如下：

为了达到启动切换 ResourceManager 的效果，首先需要在配置文件 yarn-site.xml 中添加如下内容：

```
<!-- 开启 RM 高可用 -->
<property>
        <name>yarn.resourcemanager.ha.enabled</name>
        <value>true</value>
</property>

<!-- 指定 RM 的 cluster id -->
<property>
        <name>yarn.resourcemanager.cluster-id</name>
        <value>yarn-cluster</value>
</property>

<!-- 指定 RM 的名字 -->
<property>
        <name>yarn.resourcemanager.ha.rm-ids</name>
        <value>rm1,rm2</value>
</property>

<!-- 指定 RM 的地址 -->
<property>
        <name>yarn.resourcemanager.hostname.rm1 </name>
        <value>master1</value>
</property>
<property>
        <name>yarn.resourcemanager.hostname.rm2 </name>
        <value>master2</value>
</property>

<property>
        <name>yarn.resourcemanager.webapp.address.rm1</name>
        <value>master1:8088</value>
</property>

<property>
        <name>yarn.resourcemanager.webapp.address.rm2</name>
        <value>master2:8088</value>
</property>
```

```
<!-- 指定 ZooKeeper 集群地址 -->
<property>
        <name>yarn.resourcemanager.zk-address</name>
        <value>master1:2181,master2:2181,master3:2181</value>
</property>

<property>
        <name>yarn.nodemanager.aux-services</name>
        <value>mapreduce_shuffle</value>
</property>
```

其次需要在配置文件 mapred-site.xml 中添加如下内容:

```
<!—指定 MapReduce 框架为 YARN 方式 -->
<property>
        <name>mapreduce.framework.name</name>
        <value>yarn</value>
</property>
```

5.5.3 YARN Federation 的联邦机制

1. YARN Federation 概述

众所周知，YARN 可以扩展到数千个节点。YARN 的可伸缩性由 ResourceManager 确定，并且与节点数、活跃的应用程序、活跃的容器和心跳频率成比例。降低心跳可以提高可扩展性，但对利用率有害。基于联邦(Federation)的方法，通过联合多个 YARN 子集，可以将单个 YARN 集群扩展到数万个节点。YARN Federation 是指将大的(10～100 千个节点)集群划分成称为子集群的较小单元，每个集群具有自己的 ResourceManager 和 NodeManager。联合系统(Federation System)将这些子集群拼接在一起，使它们成为应用程序的一个大型 YARN 集群。在此联合环境中运行的应用程序将看到单个大型 YARN 集群，并且能够在联合集群的任何节点上计划任务。联合系统将与子集群的 ResourceManager 协商并为应用程序提供资源，目标是允许单个作业无缝地"跨越"子集群。

这种设计在结构上是可扩展的，因为通过限制每个 ResourceManager 负责的节点数量，并且采用适当的策略可保证大多数应用程序驻留在单个子集群中，因此每个 ResourceManager 看到的应用程序数量也是有限的。这意味着几乎可以通过简单地添加子集的方法来线性扩展(因为它们之间需要很少的协调)。

2. YARN Federation 的体系架构

YARN Federation 的主要设计思想是希望通过联合的方式让集群可以有多个 SubCluster。每个 SubCluster 都是一个独立的小集群，由子集群的 ResourceManager 分别管理一部分节点。这些小集群共同组成一个大的 YARN Federation 集群，实现资源的统一管理与作业调度。YARN Federation 的体系架构如图 5-14 所示。

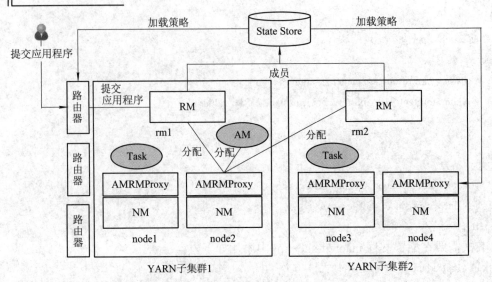

图 5-14　YARN Federation 的体系架构

YARN Federation 体系架构中各个组成部分简单介绍如下：

1）YARN Sub-cluster

YARN Sub-cluster 为子集群。子集群是一个 YARN 集群，具有多达数千个节点。

子集群的 YARN ResourceManager 将在保持高可用性的情况下运行，可容忍 YARN ResourceManager、NodeManager 故障。如果整个子集群遭到破坏，外部机制将确保在单独的子集群中重新提交作业。

子集群也是联合环境中的可伸缩性单元，可以通过添加一个或多个子集群来扩展联合环境。

2）Router

Router 为路由器。一个 Federation 集群可以配置一组，但最少配置一个。用户提交应用时首先会访问其中一个 Router，然后 Router 会先从 State Store 中获得所有子集群信息(Active ResourceManager 和其他一些使用率信息)，之后根据配置的路由策略(从策略存储中获取)将应用程序提交请求转发到对应的 ResourceManager 上。

3）AMRMProxy

AMRMProxy 是应用程序和多个 ResourceManager 通信的桥梁。它允许一个 Application 跨子集群运行。例如，一个 Application 有 2000 个 Task，这些 Task 会分散到所有子集群上运行，每个子集群运行一部分。AMRMProxy 运行在所有的 NodeManager 机器上，它实现的 ApplicationMasterProtocol 接口作为 ApplicationMaster 的 YARN ResourceManager 的代理。应用程序不能直接与子集群的 ResourceManager 通信。YARN 框架强制应用程序只能连接到 AMRMProxy，从而提供对多个 YARN ResourceManager(通过动态路由/拆分/合并通信)的透明访问。在任何时候，作业都可以跨主子集群和多个辅助子集群运行，其中 AMRMProxy 的运行策略会试图限制每个作业的占用空间以降低调度上的开销。

4）Global Policy Generator(GPG)

Global Policy Generator(GPG)全局策略生成器，它忽略整个联合，并确保系统始终被正确地配置和调整,其关键设计点是集群的可用性不依赖于永远在线的 GPG。

5) Federation StateStore

Federation StateStore 为联合状态,它定义了需要维护的附加状态,以便将多个单独的子集群松散地耦合到单个大型联合集群中。

6) Federation Policy Store

Federation Policy Store 联合策略存储,是一个逻辑上独立的存储,其中包含有关如何将应用程序和资源请求路由到不同子集群的信息。当前的实现提供了几种策略,如随机/散列/循环/优先级(random/hashing/roundrobin/priority)以及更复杂的策略,这些策略考虑了子集群的负载。

3. YARN Federation 的配置

关于 YARN Federation 如何配置,本章不再讲述,有兴趣的读者可以参考官网 https://hadoop.apache.org/docs/r2.9.2/hadoop-yarn/hadoop-yarn-site/Federation.html。

5.6 其他统一资源管理调度框架

统一资源管理和调度平台一般都具有以下特点:

1. 支持多种计算框架

统一资源管理和调度平台应该提供一个全局的资源管理器。所有接入的框架要先向该全局资源管理器申请资源,申请成功之后,再由框架自身的调度器决定资源交由哪个任务使用。也就是说,整个大的系统是一个双层调度器,第一层是统一管理和调度平台的调度器,另外一层是框架自身的调度器。

统一资源管理和调度平台应该提供资源隔离。不同框架中的不同任务需要的资源(如内存、CPU、网络 I/O 等)往往不同,它们运行在同一个集群中,会相互干扰。为此,应该提供一种资源隔离机制,避免任务之间由于资源争用而导致效率的下降。

2. 高扩展性

现有的分布式计算框架都会将系统扩展性作为一个非常重要的设计目标,比如 Hadoop。好的扩展性意味着系统能够随着业务的扩展而线性扩展。统一资源管理和调度平台融入多种计算框架后,不应该破坏这种特性。也就是说,统一管理和调度平台不应该制约框架进行水平扩展。

3. 高容错性

同高扩展性类似,高容错性也是当前分布式计算框架的一个重要设计目标。统一管理和调度平台在保持原有框架的容错特性基础上,自己本身也应具有良好的容错性。

4. 高资源利用率

如果采用静态资源分配,也就是每个计算框架分配一个集群,往往会由于作业自身特点或者作业提交频率等原因,造成集群利用率很低。当将各种框架部署到同一个大的集群中进行统一管理和调度后,由于各种作业交叉且作业提交频率大幅度升高,因此为资源利用率的提升增加了机会。

5．细粒度资源分配

细粒度的资源分配是指资源的分配对象是任务(Task)，不是作业(Job)、框架(Framework)或者应用程序(Application)。这至少会带来以下几个好处：高资源利用率、高响应时间和较好的局部性。

目前，比较常见的统一资源管理与调度平台除了 Apache Hadoop YARN 之外，还包括 Apache Mesos、Hadoop Corona、Google Borg/Omega/Kubernetes、Docker Swarm 等。下面具体加以讲述。

5.6.1　Apache Mesos

Apache Mesos 诞生于 UC Berkeley 的一个研究项目，是仿谷歌内部的资源管理系统 Borg 实现的，现已成为 Apache 的一个开源项目。当前有一些公司使用 Mesos 管理集群资源，如国外的 Twitter、Apple 和国内的豆瓣等。Apache Mesos 的商标如图 5-15 所示。

图 5-15　Mesos 的商标

总体上米看，Apache Mesos 采用 Master/Slave 架构，一个 Mesos Master 管理多个 Mesos Agent。其中，Mesos Master 是非常轻量级的，仅保存了各种计算框架和 Mesos Agent 的一些状态，而这些状态很容易通过计算框架和 Mesos Agent 重新注册而重构。Mesos 使用 ZooKeeper 解决了 Mesos Master 的单点故障问题。Mesos Master 实际上是一个全局资源调度器，采用某种策略将某个 Mesos Agent 上的空闲资源分配给某一个计算框架，各种计算框架通过自己的调度器向 Mesos Master 注册，以接入到 Mesos 中；Mesos Agent 的主要功能是汇报任务的状态和启动各个计算框架的执行器(Executor)。Apache Mesos 的体系架构如图 5-16 所示。

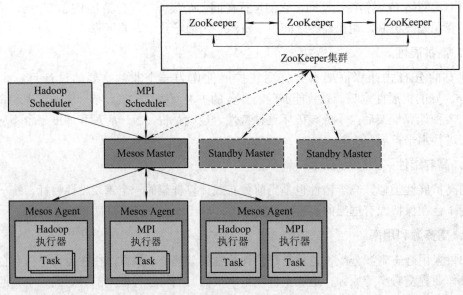

图 5-16　Apache Mesos 的体系架构

5.6.2　Hadoop Corona

　　Hadoop Corona 是 Facebook 开源的下一代 MapReduce 框架,其基本设计动机和 Apache 的 YARN 一致，前文已介绍，此处不再重复。

　　Hadoop Corona 采用 Master/Slave 架构，其体系架构如图 5-17 所示。

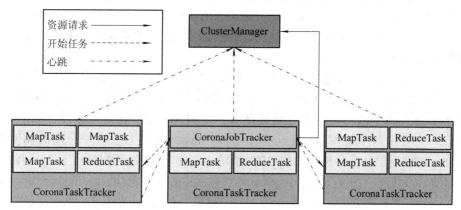

图 5-17　Hadoop Corona 的体系架构

　　Hadoop Corona 的各个构成组件介绍如下。

1. ClusterManager

　　ClusterManager 类似于 Apache YARN 中的 ResourceManager，负责资源分配和调度。ClusterManager 掌握着各个节点的资源使用情况,并将资源分配给各个作业(默认调度器为 Fair Scheduler)。同 YARN 中的 ResourceManager 一样，ClusterManager 是一个高度抽象的资源统一分配与调度框架，它不仅可以为 MapReduce 分配资源，也可以为其他计算框架分配资源。

2. CoronaJobTracker

　　CoronaJobTracker 类似于 YARN 中的 ApplicationMaster,用于作业的监控和容错，它可以运行在两个模式下:

　　(1) 作为 JobClient，用于提交作业和方便用户跟踪作业的运行状态。

　　(2) 作为一个 Task，运行在某个 TaskTracker 上。

　　与 MRv1 中的 JobTracker 不同，每个 CoronaJobTracker 只负责监控一个作业。

3. CoronaTaskTracker

　　CoronaTaskTracker 类似于 YARN 中的 NodeManager，它的实现重用了 MRv1 中 TaskTracker 的很多代码。它通过心跳将节点资源使用情况汇报给 ClusterManager，同时会与 CoronaJobTracker 通信，以获取新任务和汇报任务运行状态。

4. ProxyJobTracker

　　ProxyJobTracker 用于在页面上展示一个作业的实际运行信息。

5.6.3　Google Borg/Omega/Kubernetes

　　自 2000 年以来，谷歌基于容器研发了三个容器管理系统，分别是 Borg、Omega 和

Kubernetes。

1. Borg

　　Borg 是谷歌的第一代/第二代容器管理系统，在谷歌已使用和发展十多年。Borg 上可以运行成千上万个 Job，这些 Job 来自许多不同的应用，并且跨多个集群，而每个集群有上万个机器。Borg 通过组合准入控制、高效的任务打包、超额负载以及基于进程级别性能隔离的机器共享实现高利用率。它支持高可用的应用，在运行时能够最小化错误恢复时间，其调度策略降低了相关错误发生的可能性。Borg 的主要用户是谷歌的开发者以及运行谷歌应用和服务的系统管理员。

　　用户以 Job 的形式向 Borg 提交工作，每个 Job 由一个或多个运行相同程序的 Task 组成，运行在一个 Borg Cell 中。Borg Cell 由一系列机器组成，其上运行着一个逻辑中央控制器叫做 BorgMaster，其中的每台机器上则运行着一个叫 Borglet 的代理进程。每个 Cell 的 BorgMaster 主要由两个进程组成：一个主 BorgMaster 进程以及一个分离的调度器。主 BorgMaster 进程用于处理各种客户的 RPC 请求，这些请求包括状态变更(用于创建 Job)或者对数据的只读访问(用于查询 Job)；用于管理系统中各个对象(机器、Task、alloc 等)的状态机和 Borglets 之间的交互以及提供一个 Web 的 UI 作为 Sigma 的备份。Borglet 是本地 Borg 代理，它会出现在 Cell 中的每一台机器上，用于启动/停止 Task，并在 Task 失败的时候重启它们，可以通过控制操作系统内核设置来管理本地资源以及向 BorgMaster 和其他监视系统报告机器状态。Borg 的所有组件都是用 C++编写的，其体系架构如图 5-18 所示。

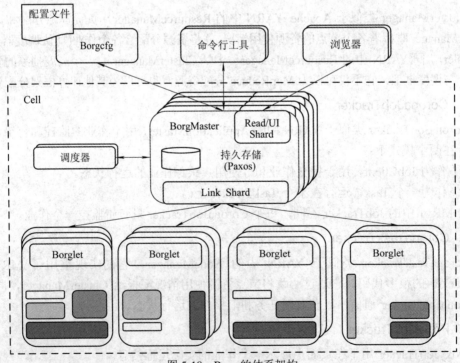

图 5-18　Borg 的体系架构

　　在过去的几年里，已有很多应用框架部署到了 Borg 上面，包括谷歌内部的 MapReduce、FlumeJava、Millwheel 和 Pregel，谷歌的分布式存储系统如 GFS 以及它的后继者 CFS、

BigTable 和 Megastore 等。由于 Borg 功能的广泛性和超高的稳定性，它在谷歌内部依然是主要的容器管理系统。

2. Omega

Omega 是 Borg 的延伸。谷歌在 2013 年发表的论文中公布了它的下一代集群管理系统 Omega 的设计细节，但论文并未公布 Omega 的设计架构。谷歌经历了三代资源调度器架构，分别是中央式调度器架构(类似于 Hadoop JobTracker，但是支持多种类型的作业调度)、双层调度器架构(类似于 Apache Mesos 和 Hadoop YARN)和共享状态架构(Omega)。

为了解决双层调度器在全局资源视图和并发控制方面的问题，谷歌提出了共享状态调度，其典型代表就是谷歌下一代调度系统 Omega。运行在 Omega 之上的计算框架调度器具有全局资源视图和整个集群的完全访问权限。Omega 元调度器维护着一个全局共有的集群状态，每个调度器具有一个私有集群状态副本。为增加系统的并发性，Omega 采用乐观并发控制机制。

在 Omega 看来，Apache YARN 中的 ApplicationMaster 提供的仅仅是一个任务管理服务，并不是一个真正的二层调度器。它认为到目前为止，YARN 只支持一种资源类型。另外，尽管 YARN 中的 ApplicationMaster 可以请求一个特定节点的资源，但是其具体策略是不清晰的。

另外，在 Omega 看来，Apache Mesos 的 offer 机制本质上是一个动态的过滤机制，因此 Mesos Master 向应用框架提供的只是一个资源池的子集。当然可以把这个子集扩大为一个全集，也是状态共享的，但其接口依然是悲观策略的。

3. Kubernetes

谷歌研发的第三个容器管理系统是 Kubernetes(K8s)，其商标如图 5-19 所示。Kubernetes 是一个开源的容器集群管理系统，可以实现容器集群的自动化部署、自动扩缩容、维护等功能。Kubernetes 是谷歌于 2014 年创建管理的，是谷歌十多年大规模容器管理技术 Borg 的开源版本。Kubernetes 在开发的时候非常强调开发者在开发集群中应用的体验，它的主要目标就是简化管理和部署复杂的分布式系统，同时还能受益于容器的高利用率。通过 Kubernetes 可以快速部署应用和扩展应用，无缝对接新的应用功能，节省资源，优化硬件资源的使用。

图 5-19　Kubernetes 的商标

Kubernetes 具有以下特点：

(1) 可移植性：支持公有云、私有云、混合云、多重云(multi-cloud)。

(2) 可扩展性：模块化，插件化，可挂载，可组合。

(3) 自动化：可自动部署、自动重启、自动复制、自动伸缩/扩展。

Kubernetes 是当今业界的流行语，也是非常好的容器管理和容器编排平台(容器编排是可以部署多个容器以通过自动化实现应用程序的过程)，华为、Pokemon、Box、eBay、Ing、Yahoo Japan、SAP、纽约时报、Open AI、Sound Cloud 等跨国公司都在使用 Kubernetes。有人表示，Kubernetes 在云计算领域已经成为既定标准并进入主流市场，最新版本主要关注稳定性、可扩展性方面。目前，Kubernetes 在开发人员中非常流行，其未来的发展趋势是往下管理所有的基础设施，往上管理所有种类的应用。不难预测，将会有越来越多的周边技术向它靠拢，并在其之上催化出一个庞大的云原生技术生态。

Kubernetes 借鉴了 Borg 的整体架构思想，其体系架构如图 5-20 所示。

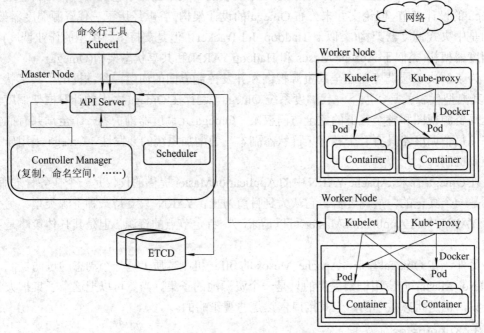

图 5-20　Kubernetes 的体系架构

Kubernetes 的构成组件分为 Master 组件和 Node 组件两大类。Master 组件提供集群的管理控制中心，可以在集群中的任何节点上运行。但是为了简单起见，通常在一台 VM/机器上启动所有 Master 组件，并且不会在此 VM/机器上运行用户容器。Master 组件包括 API Server、ETCD、Controller Manager、Scheduler 等。Node 组件运行在各个节点上，提供 Kubernetes 运行时的环境，并维护 Pod。Node 组件包括 Kubelet、Kube-proxy、Docker 等。几个关键的组件介绍如下：

1. ETCD

ETCD 是 Kubernetes 提供的默认存储系统，用于存储所有集群的状态数据，采用 Go 语言编写，是一个分布式键值存储，负责协调分布式工作。ETCD 除了具备状态存储的功能，还有事件监听和订阅、Leader 选举的功能。所谓事件监听和订阅，是指各个其他组件通信并不是通过互相调用 API 来完成的，而是把状态写入 ETCD(相当于发布消息)，其他组件通过监听 ETCD 的状态变化(相当于订阅消息)做后续处理，然后再一次把更新的数据写入 ETCD。所谓 Leader 选举，是指它的一些组件比如 Scheduler，为了实现高可用，通过 ETCD 从多个(通常是 3 个)实例里面选举出来一个做 Master，其他都是 Standby。

2. API Server

ETCD 是整个系统的核心，所有组件之间通信都需要通过 ETCD。实际上，它们并不是直接访问 ETCD，而是访问一个代理。这个代理通过标准的 RESTFul API，重新封装了对 ETCD 接口的调用。除此之外，这个代理还实现了一些附加功能，比如身份的认证、缓存等。它就是 API Server。API Server 用于公开 Kubernetes API，它遵循横向扩展架构，是主节点控制面板的前端，任何资源请求/调用操作都是通过它提供的接口进行的，并负责在 Kubernetes 节点和 Kubernetes 主组件之间建立通信。

3. Controller Manager

Controller Manager 是实现任务调度的。简单地说，直接请求 Kubernetes 做调度的都是任务，比如 Deployment、Deamon Set 或者 Job。每一个任务请求发送给 Kubernetes 之后，都是由 Controller Manager 来处理的。每一个任务类型对应一个 Controller Manager，比如 Deployment 对应 Deployment Controller，DaemonSet 对应 DaemonSet Controller。

Controller Manager 分为 kube-controller-manager 和 cloud-controller-manager。kube-controller-manager 用于运行管理控制器，它们是集群中处理常规任务的后台线程。逻辑上来说，每个控制器是一个单独的进程，但为了降低复杂性，它们都被编译成单个二进制文件，并在单个进程中运行。这些控制器包括节点(Node)控制器、副本(Replication)控制器、端点(Endpoints)控制器、Service Account 和 Token 控制器。cloud-controller-manager(云控制器管理器)负责与底层云提供商的平台交互。云控制器管理器是 Kubernetes 1.6 中引入的，目前还是 Alpha 的功能。云控制器管理器仅运行云提供商特定的控制器循环(Controller Loops)，可以通过将--cloud-provider flag 设置为 external 启动 kube-controller-manager，来禁用控制器循环。cloud-controller-manager 的控制器包括节点(Node)控制器、路由(Route)控制器、Service 控制器、卷(Volume)控制器。

4. Scheduler

Scheduler 负责工作节点上资源的分配和管理。Controller Manager 会把任务对资源的要求(其实就是 Pod)写入到 ETCD 里面；Scheduler 监听到有新的资源需要调度(新的 Pod)后，就会根据整个集群的状态，将 Pod 分配到具体的节点上。

5. Kubelet

Kubelet 是主要的节点代理，运行在每一个节点上。它会监听 ETCD 中的 Pod 信息，发现有分配给它所在节点的 Pod 需要运行，就在节点上运行相应的 Pod，并且把状态更新回到 ETCD。

6. Kube-proxy

Kube-proxy 可以在每个节点上运行，并且可以跨后端网络服务进行简单的 TCP/UDP 数据包转发。它是一个网络代理，反映了每个节点上 Kubernetes API 中配置的服务。

7. Docker

Docker 用于运行容器。Docker 是一种容器管理服务，可帮助开发人员设计应用程序，并通过使用容器更轻松地创建、部署和运行应用程序。Docker 具有用于群集容器的内置机制，称为"群集模式"。通过群集模式，可以使用 Docker Engine 在多台计算机上启动应用程序。

8. Kubectl

Kubectl 是一个命令行工具，提供了针对 Kubernetes 集群运行命令的方法以及创建和管理 Kubernetes 组件的各种方法。它会调用 API Server 发送请求写入状态到 ETCD 或者查询 ETCD 的状态。

5.6.4　Docker Swarm

Docker Swarm 是开源的 Docker 原生的集群管理工具。之前是个独立项目，Docker 1.12 后被整合到 Docker Engine 中，作为 Swarm Mode 存在，执行一条命令即可启用。因此 Docker Swarm 实际上有独立的 Swarm 和整合后 Swarm Mode 两种，官方推荐后者。相较于 Kubernetes、Mesos 等工具，Swarm 最大的优势是轻量、原生和易于配置，可使原本单主机的应用方便地部署到集群中。2018 年后，除了原生 Swarm 应用，Docker Swarm 还可以部署和管理 Kubernetes 应用。Docker 和 Docker Swarm 的商标如图 5-21 所示。

图 5-21　Docker 和 Docker Swarm 的商标

Docker Swarm 包含企业级的 Docker 安全集群和微服务应用编排引擎两方面。集群方面，Swarm 将一个或多个 Docker 节点组织起来，使用户能够以集群方式管理它们。Swarm 默认内置有加密的分布式集群存储(Encrypted Distributed Cluster Store)、加密网络(Encrypted Network)、公用 TLS(Mutual TLS)、安全集群接入令牌(Secure Cluster Join Token)以及一套简化数字证书管理的 PKI(Public Key Infrastructure)，安全性极高，可以自如地添加或删除节点。编排方面，Swarm 提供了一套丰富的 API，使部署和管理复杂的微服务应用变得易如反掌，通过将应用定义在声明式配置文件中，就可以使用原生的 Docker 命令完成部署。Swarm 中的最小调度单元是服务(Service)，它是随 Swarm 引入的新概念，在 API 中是一个新的对象元素。它基于容器封装了一些高级特性，是一个更高层次的概念。当容器被封装在一个服务中时，称之为一个任务(Task)或一个副本，服务中增加了扩缩容、滚动升级以及简单回滚等特性。

Swarm 的主要作用是把若干台 Docker 主机抽象为一个整体，并且通过一个入口统一管理这些 Docker 主机上的各种 Docker 资源。

从集群架构来说，一个 Swarm 由一个或多个 Docker 节点组成，这些节点可以是物理服务器、虚拟机、树莓派(Raspberry Pi)或云实例，唯一的前提就是要求所有节点通过可靠的网络相连。Docker 节点分为管理节点(Manager Node)和工作节点(Worker Node)，其中 Manager Node 负责管理集群和维护集群状态，还负责分发 Task 给 Worker Node。一个 Task 表示要在 Swarm 集群中的某个 Node 上启动 Docker 容器，一个或多个 Docker 容器运行在 Swarm 集群中的某个 Worker Node 上。Worker Node 负责接收并执行来自 Manager Node 的 Task，它通过启动一个 Docker 容器来运行指定的服务，并且 Worker Node 需要向 Manager Node 汇报被指派的 Task 的执行状态。需要注意的是，默认情况下，Manager Node 也可以作为一个 Worker Node 来执行任务。Swarm 的支持配置 Manager 只作为一个管理 NodeSwarm 的专用配置和状态信息，保存在一套位于所有管理节点上的分布式 ETCD 数据库中。该数据库运行于内存中，并保持数据的最新状态。ETCD 数据库最大的优点是几乎不需要任何配置，作为 Swarm 的一部分被安装，无需管理。Docker Swarm 的体系架构如图 5-22 所示。

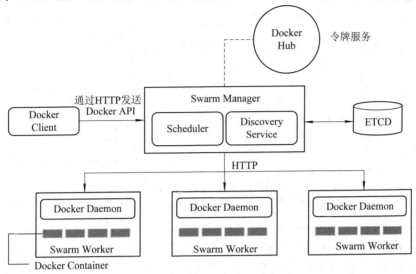

图 5-22　Docker Swarm 的体系架构

综上所述，Kubernetes 和 Docker Swarm 是目前最好的容器编排工具，虽然 Kubernetes 和 Docker 在不同的级别工作，但两者不是竞争对手，可以一起使用。Kubernetes 可以与 Docker 引擎集成，以完成 Docker 容器的调度和执行。由于 Docker 和 Kubernetes 都是容器协调器，因此它们都可以帮助管理数字容器并帮助实现 DevOps，两者都可以自动执行运行容器化基础架构所涉及的大多数任务，并且是由 Apache License 2.0 管理的开源软件项目。除此之外，两者都使用 YAML 格式的文件来管理如何编排容器集群。当两者一起使用时，Docker 和 Kubernetes 都是部署现代云架构的最佳工具。由于 Docker Swarm 的豁免，Kubernetes 和 Docker 可相互补充。Kubernetes 和 Docker Swarm 的对比如表 5-8 所示。

表 5-8　Kubernetes 和 Docker Swarm 的对比

	Docker Swarm	Kubernetes
开发公司	Docker	谷歌(Google)
发布年份	2013	2014
公司使用	Bugsnag, Bluestem Brands, Hammerhead, Code Picnic, Dial once 等	Asana，Buffer，CircleCI，Evernote，Harvest，Intel，Starbucks，Shopify 等
主服务	Manager	Master
从服务	Worker	Node
存储	Volumes	Persistent and Ephermal
公共云服务提供商	谷歌，Azure，AWS，OTC	Azure
兼容性	用途有限，较少可定制	用途广泛，高度可定制
安装	易于安装	安装过程繁琐
容错性	低容错性	高容错性
大集群	速度被认为是强集群状态	即使在大型集群中也提供容器部署和扩展，而不考虑速度

续表

	Docker Swarm	Kubernetes
负载均衡	将容器 Pods 定义为服务时启动负载平衡	通过集群中的任何节点提供自动内部负载平衡
部署单位	Task	Pod
社区	活跃的用户群,定期更新各种应用程序的图像。与 Kubernetes 相比,社区规模小	获得开源社区和谷歌、亚马逊、微软和 IBM 等大公司的大力支持
学习难度	容易上手	学习曲线陡峭
容器设置	功能由 Docker API 提供并受其限制	客户端 API 和 YAML 在 Kubernetes 中是唯一的
可扩展性	即使在非常大的集群中,也可以快速实现容器部署和扩展	以牺牲速度为代价为集群状态提供强有力的保证

如果希望快速启动集群而不运行关键应用,或者快速入门编排工具,建议使用 Docker Swarm;如果场景接近商业环境,则应该考虑 Kubernetes。

本 章 小 结

本章从 MapReduce 1.0 存在的问题入手,引入新一代资源管理和调度框架 YARN,介绍了 YARN 的基本概况、体系架构、工作流程、新特性(ResourceManager Restart 自动重启机制、ResourceManager HA 高可用机制和 YARN Federation 联邦机制)等基本原理知识,并在这些基础上介绍了 YARN 的基本使用技能以及 ResourceManager Restart、ResourceManager HA 和 YARN Federation 的配置等应用实践技能;最后为拓展读者知识面,简单介绍了 Apache Mesos、Hadoop Corona、Google Borg/Omega/Kubernetes、Docker Swarm 等当前比较常见的其他统一资源管理与调度平台。

为了解决 MapReduce 1.0 存在的问题,Hadoop 2.0 以后版本对其核心子项目 MapReduce 的体系架构进行了重新设计,生成了 MRv2 和 YARN。

Apache Hadoop YARN(Yet Another Resource Negotiator,另一种资源协调者)是 Hadoop 2.0 的资源管理和调度框架,是一个通用资源管理系统,在其上可以部署 MapReduce、Spark、Storm、Tez 等各种计算框架。它可为上层应用提供统一的资源管理和调度,其引入为集群在利用率、资源统一管理和数据共享等方面带来了很大好处。

YARN 采用主从架构(Master/Slave),其核心组件包括 ResourceManager、NodeManager 和 ApplicationMaster 三个。整个集群只有一个 ResourceManager,负责集群资源的统一管理和调度;可以有多个 NodeManager,负责单节点资源的管理和使用;每个应用程序拥有一个 ApplicationMaster,负责管理应用程序。YARN 中新引入的一个逻辑概念是容器(Container),它是 YARN 对资源的抽象。Container 封装了某个节点上一定量的资源(CPU 和内存两类资源),它与 Linux Container 没有任何关系。

在 YARN 框架中执行一个 MapReduce 应用程序时,其基本工作流程包括 8 个步骤:Client 向 YARN 提交 MapReduce 应用程序;ResourceManager 为应用程序分配第一个

Container，并与对应的 NodeManager 通信，要求它在这个 Container 中启动该应用程序的 ApplicationMaster；ApplicationMaster 向 ResourceManager 注册；ApplicationMaster 采用轮询的方式向 ResourceManager 申请资源；ResourceManager 以 Container 的形式向 ApplicationMaster 分配资源，一旦 ApplicationMaster 申请到资源，便与对应的 NodeManager 通信，要求它启动任务；NodeManager 在容器中运行任务启动脚本以启动任务；各个任务向 ApplicationMaster 汇报自己的状态和进度，从而可以在任务失败时重启任务；应用程序运行完成后，ApplicationMaster 向 ResourceManager 注销并关闭自己。

用户可以通过 YARN Web UI、YARN Shell 命令和 YARN Java API 编程来使用 YARN。

YARN 的新特性包括 ResourceManager Restart 自动重启机制、ResourceManager HA 高可用机制、YARN Federation 联邦机制。其中，ResourceManager Restart 特性保证 ResourceManager 发生故障时能尽快自动重启，以减少生产集群中作业执行失败的可能性；ResourceManager HA 特性增加了 Active/Standby ResourceManager，以解决 ResourceManager 的单点故障问题；YARN Federation 特性增强了 YARN 的可扩展性，基于 Federation 的方法，通过联合多个 YARN 子集，可以将单个 YARN 集群扩展到数万个节点。

目前，比较常见的统一资源管理与调度平台除了 Apache Hadoop YARN 之外，还包括 Apache Mesos、Hadoop Corona、Google Borg/Omega/Kubernetes、Docker Swarm 等，其中 Google Kubernetes 和 Docker Swarm 是目前最好的容器编排工具。

思考与练习题

1. 试述 MapReduce 1.0 存在的问题。
2. 试述 YARN 对 MapReduce 1.0 的架构进行了怎样的重新设计。
3. 试述 YARN 与 MapReduce 1.0 相比有哪些优势。
4. 试述 YARN 体系架构中三大核心组件及各自功能。
5. 试述用户向 YARN 集群提交一个 MapReduce 应用程序时，从提交到完成需要经历哪些流程。
6. 试述 YARN Shell 的常用命令有哪些，并描述各个命令的功能。
7. 试述自动重启机制 ResourceManager Restart 是为了解决何种问题而设计的，并简述其实现原理。
8. 试述 HA 高可用机制 ResourceManager 是为了解决何种问题而设计的，并简述其实现原理。
9. 试述联邦机制 YARN Federation 是为了解决何种问题而设计的，并简述其实现原理。
10. 试述目前比较常见的统一资源管理与调度平台有哪些。
11. 实践操作题：尝试在个人 YARN 集群配置 ResourceManager Restart。
12. 实践操作题：尝试在个人 YARN 集群规划和配置 ResourceManager HA 的自动切换。
13. 实践操作题：尝试在个人 YARN 集群配置 YARN Federation。

第 6 章

分布式协调框架 ZooKeeper

Apache ZooKeeper 于 2010 年 11 月成为 Apache 顶级项目。ZooKeeper 是 Google Chubby 的开源实现，是一个分布式的、开放源码的分布式应用程序协调框架，为大型分布式系统提供了高效且可靠的分布式协调服务，提供了诸如统一命名服务、配置管理、分布式锁等分布式基础服务，并广泛应用于 Hadoop、HBase、Kafka 等大型分布式系统。

本章首先引入分布式协调技术，其次介绍了 ZooKeeper 的来源、基本概念，然后详细讲解了 ZooKeeper 的数据模型、节点特性、版本机制、Watcher 监听机制、ACL 权限控制机制等系统模型相关的原理知识，接着从集群架构、服务器角色、ZAB 协议、Leader 选举机制等方面介绍了 ZooKeeper 工作原理，还介绍了几个 ZooKeeper 典型的应用场景，最后介绍了 ZooKeeper 集群的部署、ZooKeeper 四字命令的使用、ZooKeeper Shell 命令的使用、ZooKeeper Java API 编程等应用实践技能。

本章知识结构图如图 6-1 所示(★表示重点，▶表示难点)。

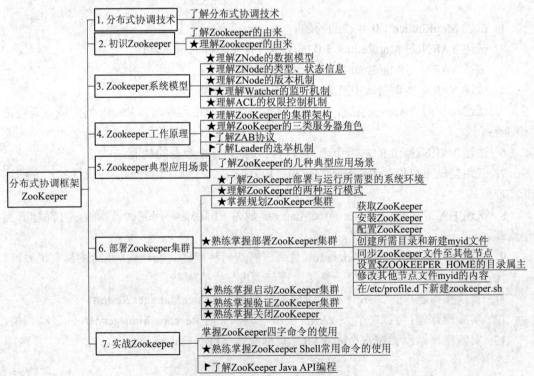

图 6-1　分布式协调框架的知识结构图

6.1　分布式协调技术

　　在介绍 ZooKeeper 之前，读者先来了解一种技术——分布式协调技术。什么是分布式协调技术？分布式协调技术主要用来解决分布式环境中多个进程之间的同步控制，让它们有序地访问某种临界资源，防止造成"脏数据"。为了防止分布式系统中的多个进程之间相互干扰，就需要一种分布式协调技术来对这些进程进行调度，而分布式协调技术的核心就是实现分布式锁。

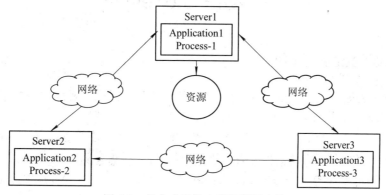

图 6-2　分布式系统中进程是同步的

　　如图 6-2 所示，假设有三台机器，每台机器上各运行一个应用程序，三台机器通过网络互连，构成一个系统来为用户提供服务。对用户来说这个系统的架构是一个黑盒，用户不必知道这个系统采用何种架构。那么，就可以把这种系统称为一个分布式系统。

　　在这个分布式系统中如何对进程进行调度？假设在 Server1 上挂载了一个资源，三个物理分布的进程都要竞争这个资源，但不希望它们同时进行访问，这时就需要一个协调器，来让三个进程有序地访问这个资源。这个协调器就是经常提到的锁，比如"Process-1"在使用该资源的时候会先去获得锁，获得锁之后会对该资源保持独占，这样其他进程就无法访问该资源；"Process-1"用完该资源后就将锁释放掉，让其他进程来获得锁。通过这个锁机制，就能保证分布式系统中多个进程能够有序地访问该临界资源。我们把这个分布式环境下的锁叫做分布式锁，这个分布式锁就是分布式协调技术实现的核心内容。

　　那么，如何实现分布式锁呢？或许有人认为这无非是将原来在同一台机器上对进程调度的原语，通过网络实现在分布式环境中。是的，表面上可以这么说，但问题就在网络。在分布式系统中，所有在同一台机器上的假设都不存在，因为网络是不可靠的。比如，在同一台机器上，对一个服务的调用如果成功，那就是成功；如果调用失败，比如抛出异常那就是调用失败。但是在分布式环境中，由于网络的不可靠，对一个服务调用的失败并不表示一定是失败的，可能是执行成功了，但是响应返回的时候失败了。另外，A 和 B 都去调用 C 服务，在时间上 A 先调用，B 后调用，那么最后的结果是不是一定 A 的请求就先于 B。这些在同一台机器上的种种假设都要重新思考。此外，还要思考这些问题给设计和编码带来了哪些影响。还有，在分布式环境中为了提升可靠性，往往会部署多套服务，但是如何在多套服务中达到一致性，这在同一台机器上多个进程之间的同步相对来说是比较容易的，但在分布式环境中确实一个难题。

所以，分布式协调远比在同一台机器上对多个进程的调度要难得多，而且如果为每一个分布式应用都开发一个独立的协调程序，一方面协调程序的反复编写浪费，且难以形成通用的、伸缩性好的协调器；另一方面，协调程序开销比较大，会影响系统原有的性能。所以，急需一种高可靠、高可用的通用协调机制来用以协调分布式应用。

目前，已实现分布式协调技术的有 Google Chubby 和 Apache ZooKeeper，它们都是分布式锁的实现者。

6.2 初识 ZooKeeper

6.2.1 ZooKeeper 简介

Apache ZooKeeper 是一个分布式的、开放源码的分布式应用程序协调框架，是 Google Chubby 的开源实现，它为大型分布式系统中的各种协调问题提供了一个解决方案，主要用于解决分布式应用中经常遇到的一些数据管理问题，如配置管理、命名服务、分布式同步、集群管理等。Apache ZooKeeper 的商标如图 6-3 所示。

Apache ZooKeeper™

图 6-3 Apache ZooKeeper 的商标

ZooKeeper 易于编程，使用文件系统目录树作为数据模型，提供 Java 和 C 的编程接口。众所周知，协调服务非常容易出错，但却很难恢复正常。例如，协调服务很容易出现死锁。ZooKeeper 的设计目标是将那些复杂且容易出错的分布式一致性服务封装起来，构成一个高效可靠的原语集，并以一系列简单易用的接口提供给用户使用。

6.2.2 ZooKeeper 的来源

ZooKeeper 最早起源于雅虎研究院的一个研究小组。当时，研究人员发现，在雅虎内部很多大型系统基本都需要依赖一个类似的系统来进行分布式协调，但是这些系统往往都存在分布式单点问题。所以，雅虎的开户人员就试图开发一个通用的无单点问题的分布式协调框架，以便让开发人员将精力集中在处理业务逻辑上。

雅虎模仿 Google Chubby 开发出了 ZooKeeper，实现了类似的分布式锁功能，并且将 ZooKeeper 捐献给了 Apache。ZooKeeper 于 2010 年 11 月正式成为了 Apache 的顶级项目。

关于"ZooKeeper"这个项目的名字，也有一段趣闻。在立项初期，考虑到之前内部很多项目都是使用动物的名字来命名，雅虎的工程师希望给这个项目也取一个动物的名字。时任研究院的首席科学家 Raghu Ramakrishnan 开玩笑地说："再这样下去，我们这儿就变成动物园了！"此话一出，大家纷纷表示就叫动物园管理员，因为各个以动物命名的分布式组件放在一起，雅虎的整个分布式系统看上去就像一个大型动物园了，而该项目正好要用来进行分布式环境的协调。于是，ZooKeeper 的名字也就由此诞生了。

6.2.3 选择 ZooKeeper 的原因

随着分布式架构的出现，越来越多的分布式应用会面临数据一致性问题。在解决分布式数据的一致性问题上，除了 ZooKeeper 之外，目前还没有其他成熟稳定且被大规模应用的解决方案。ZooKeeper 无论从性能、易用性还是稳定性上来说，都已经达到了一个工业级产品标准。

其次，ZooKeeper 是开放源码的。所有人都可以贡献自己的力量，你可以和全世界成千上万的 ZooKeeper 开发者们一起交流使用经验，共同解决问题。

再次，ZooKeeper 是免费的。这点对于一个小型公司尤其是初创团队来说，无疑是非常重要的。

最后，ZooKeeper 已经得到了广泛的应用。诸如 Hadoop、HBase、Storm、Solr、Kafka 等越来越多的大型分布式项目都已经将 ZooKeeper 作为其核心组件，用于分布式协调。

6.2.4 ZooKeeper 的基本概念

本节将介绍 ZooKeeper 的几个核心概念。这些概念贯穿于后续所有 ZooKeeper 内容，因此有必要预先了解这些概念。

1. 集群角色

通常在分布式系统中，构成一个集群的每一台机器都有自己的角色，最典型的集群模式就是 Master/Slave 模式。在这种模式中，把能够处理所有写操作的机器称为 Master 机器，把所有通过异步复制方式获取最新数据并提供读服务的机器称为 Slave 机器。

而在 ZooKeeper 中，它并没有沿用传统的 Master/Slave 概念，而是引入了 Leader、Follower、Observer 三种角色。ZooKeeper 集群中的所有机器通过选举机制来选定一台被称为 "Leader" 的机器。除 Leader 外，其他机器包括 Follower 和 Observer。其中，Leader 服务器为客户端提供读和写服务；Leader 不直接接收 Client 的请求，而接收由其他 Follower 和 Observer 转发过来的 Client 请求；Leader 还负责投票的发起和决议。Follower 和 Observer 都能为客户端提供读服务，两者区别在于 Observer 不参与 Leader 选举过程，也不参与写操作的 "过半写成功" 策略，因此 Observer 可以在不影响写性能的情况下提升集群的读性能。

2. 会话

Session 是指客户端会话。在介绍会话前，先来了解一下客户端连接。在 ZooKeeper 中，一个客户端连接是指客户端和服务器之间的一个 TCP 长连接。ZooKeeper 对外服务端口默认是 2181，客户端启动的时候，首先会与服务器建立一个 TCP 连接，从第一次连接建立开始，客户端会话的生命周期也就开始了。通过这个连接，客户端能够通过心跳检测与服务器保持有效的会话，也能够向 ZooKeeper 服务器发送请求并接收响应，同时还能够通过该连接接收来自服务器的 Watch 事件通知。Session 的 sessionTimeout 参数用于设置一个客户端会话的超时时间。当由于服务器压力太大、网络故障或是客户端主动断开连接等各种原因导致客户端连接断开时，只要在 sessionTimeout 的规定时间内重新连接上集群中任意一台服务器，那么之前创建的会话就仍然有效。

3. 数据节点

在谈到分布式的时候，通常说的"节点"是指组成集群的每一台机器。然而在 ZooKeeper 中，"节点"分为两类，第一类同样是指构成集群的机器，称之为机器节点；第二类则是指数据模型中的数据单元，称之为数据节点——ZNode。ZooKeeper 将所有数据存储在内存中，数据模型是一棵树，由斜杠"/"进行分割的路径，就是一个 ZNode，例如/app1/p_1。每个 ZNode 上都会保存自己的数据内容，同时还会保存一系列属性信息。

4. 版本

ZooKeeper 每个 ZNode 上会存储数据，对应于每个 ZNode，ZooKeeper 都会为其维护一个 Stat 的数据结构，Stat 中记录了这个 ZNode 的上数据版本，分别是 dataVersion(当前 ZNode 数据内容的版本号)、cversion(当前 ZNode 子节点的版本号)、aclVersion(当前 ZNode 的 ACL 版本号)。

5. 事件监听器

Watcher 是 ZooKeeper 中的一个很重要的特性。ZooKeeper 允许用户在指定节点上注册一些 Watcher，并且在一些特定事件触发时，ZooKeeper 服务端会将事件通知到感兴趣的客户端上去。该机制是 ZooKeeper 实现分布式协调服务的重要特性。

6. 访问控制列表

ZooKeeper 采用 ACL(Access Control Lists)即访问控制列表策略来进行权限控制，类似于但不同于 UNIX/Linux 文件系统的权限控制方式 UGO。UGO 是一种粗粒度的文件系统权限控制模式，只能对三类用户进行权限控制。而 ACL 是一种相对来说细粒度的权限管理方式，可以针对任意用户和组进行细粒度的权限控制。

6.3　ZooKeeper 的系统模型

6.3.1　数据模型

ZooKeeper 采用类似标准文件系统的数据模型，其节点构成了一个具有层次关系的树状结构，如图 6-4 所示，其中每个节点被称为数据节点 ZNode。ZNode 是 ZooKeeper 中数据的最小单元，每个节点上可以存储数据和挂载子节点，因此构成了一个层次化的命名空间。

ZNode 通过路径引用，如同 UNIX 中的文件路径。路径必须是绝对的，因此它们必须由斜杠"/"来开头。在 ZooKeeper 中，路径由 Unicode 字符串组成，并且有一些限制。例如 ZooKeeper 系统保留 ZNode "/zookeeper" 用以保存关键配额信息等管理信息。

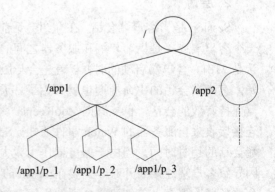

图 6-4　ZooKeeper 的数据模型

6.3.2 节点特性

1. 节点类型

在 ZooKeeper 中，每个数据节点都是有生命周期的，其生命周期的长短取决于数据节点的节点类型。ZNode 类型在创建时即被确定，并且不能改变。节点可以分为持久节点 (PERSISTENT)、临时节点(EPHEMERAL)和顺序节点(SEQUENTIAL)三大类型。在节点创建过程中，通过组合使用，可以生成以下四种组合型节点类型：

1) 持久节点 PERSISTENT

持久节点是 ZooKeeper 中最常见的一种节点类型。所谓持久节点，是指此类节点的生命周期不依赖于会话，自节点被创建就会一直存在于 ZooKeeper 服务器上，并且只有在客户端显式执行删除操作时，它们才能被删除。

2) 持久顺序节点 PERSISTENT_SEQUENTIAL

持久顺序节点的基本特性与持久节点相同，额外特性表现在顺序性上。在 ZooKeeper 中，每个父节点都会为它的第一级子节点维护一份顺序，用于记录每个子节点创建的先后顺序。基于这个顺序特性，在创建子节点的时候，可以设置一个标记，在创建节点过程中，ZooKeeper 会自动为给定节点名加上一个数字后缀，作为一个新的、完整的节点名。不过 ZooKeeper 会给此类节点名称进行顺序编号，自动在给定节点名后加上一个数字后缀。这个数字后缀的上限是整型的最大值，其格式为"%10d"(10 位数字，没有数值的数位用 0 补充，例如"0000000001")。当计数值大于 $2^{32}-1$ 时，计数器将溢出。

3) 临时节点 EPHEMERAL

与持久节点不同的是，临时节点的生命周期依赖于创建它的会话。也就是说，如果客户端会话失效，临时节点将被自动删除；当然也可以手动删除。

注意：这里提到的是客户端会话失效，而非 TCP 连接断开。另外，ZooKeeper 规定临时节点不允许拥有子节点。

4) 临时顺序节点 EPHEMERAL_SEQUENTIAL

临时顺序节点的基本特性和临时节点也是一致的，同样是在临时节点的基础上，添加了顺序的特性。

2. 节点结构

ZooKeeper 命名空间中的 ZNode 兼具文件和目录两种特点,既能像文件一样维护数据、元信息、ACL、时间戳等数据结构,又能像目录一样可以作为路径标识的一部分。每个 ZNode 由三部分组成：

(1) stat：状态信息，描述该 ZNode 的版本、权限等信息。

(2) data：与该 ZNode 关联的数据。

(3) children：该 ZNode 下的子节点。

ZooKeeper 虽然可以关联一些数据，但并没有被设计为常规的数据库或者大数据存储。相反的是，它用来管理调度数据，比如分布式应用中的配置文件信息、状态信息、汇集位置等。这些数据的共同特性就是它们都是很小的数据，通常以 KB 为大小单位。ZooKeeper 的服务器和客户端都会严格检查并限制每个 ZNode 的数据大小(至多 1M)，但常规使用中应该远小于此值。

3. 节点状态信息

一个 ZNode 除了存储数据内容，还存储了许多表示其自身状态的重要信息，例如，通过后续内容讲述的 ZooKeeper Shell 命令来获取一个数据节点的内容及状态，如下所示：

```
[zk: slave1:2181(CONNECTED) 3] get /xijing
it's a persistent node
cZxid = 0x600000002
ctime = Mon Jul 08 10:15:00 EDT 2019
mZxid = 0x600000002
mtime = Mon Jul 08 10:15:00 EDT 2019
pZxid = 0x600000002
cversion = 0
dataVersion = 0
aclVersion = 0
ephemeralOwner = 0x0
dataLength = 22
numChildren = 0
[zk: slave1:2181(CONNECTED) 4]
```

从上面的返回结果中可以看到，第一行是当前数据节点的数据内容，从第二行开始就是节点的状态信息了，这其实就是数据节点的 Stat 对象的格式化输出。zxid 表示一个事务编号，ZooKeeper 集群内部的所有事务都有一个全局的、唯一的顺序编号。zxid 是一个 64 位的长整型，它由两部分组成：高 32 位用来标识 Leader 关系是否改变，如 "0x2"；低 32 位用来做当前这个 Leader 领导期间的全局的递增事务编号，如 "00000009"。关于数据节点 Stat 对象所有状态属性的说明如表 6-1 所示。

表 6-1 节点 Stat 对象状态属性的说明

状态属性	说　　明
czxid	数据节点创建时的事务 ID
mzxid	数据节点最后一次更新时的事务 ID
ctime	数据节点创建时的时间
mtime	数据节点最后一次更新时的时间
version	数据节点数据内容的版本号
cversion	数据节点子节点的版本号
aversion	数据节点的 ACL 版本号
ephemeralOwner	如果节点是临时节点，则表示创建该节点的会话的 SessionID；如果节点是持久节点，则该属性值为 0
dataLength	数据内容的长度
numChildren	数据节点当前的子节点个数
pzxid	数据节点子节点列表最后一次被修改(子节点列表的变更而非子节点内容的变更)时的事务 ID

6.3.3　版本——保证分布式数据原子性操作

ZooKeeper 中为数据节点引入了版本的概念，每个数据节点都具有三种类型的版本信息，对数据节点的任何更新操作都会引起版本的编号。这三种类型的版本信息前文已介绍到，分别为：

(1) version：当前数据节点数据内容的版本号。

(2) cversion：当前数据节点子节点的版本号。

(3) aversion：当前数据节点的 ACL 版本号。

ZooKeeper 中的版本概念和传统意义上的软件版本有很大区别，它表示的是对数据节点的数据内容、子节点列表或节点 ACL 信息的修改次数。以 version 版本类型为例，在一个数据节点 "/xijing" 被创建完毕之后，节点的 version 是 0，表示 "当前节点自从创建之后，被更新过 0 次"；如果现在对该节点的数据内容进行更新操作，那么随后 version 的值就会变成 1。同时需要注意的是，在上文中提到的关于 version 的说明，其表示的是数据节点数据内容的变更次数，强调的是变更次数，因此即使前后两次变更并没有使数据内容的值发生变化，version 的值依然会变更。

通过上面的介绍，我们已基本了解了 ZooKeeper 中的版本概念。那么版本究竟用来干什么呢？在讲解版本的作用之前，先来看下分布式领域中最常见的一个概念——锁。

一个多线程应用，尤其是分布式系统，在运行过程中往往需要保证数据访问的排他性。例如在最常见的火车售票系统上，在对系统中车票 "剩余量" 的更新处理中，希望在针对某个时间点的数据进行更新操作时，数据不会因为其他人或系统的操作再次发生变化。也就是说，车站的售票员在卖票的过程中，必须要保证在自己的操作过程中，其他售票员不会同时也在出售这个车次的车票。为了保证上面这个场景的正常运作，一种可能的做法或许是这样：车站某售票窗口的售票员向其他售票员大喊一声："现在你们不要出售西安到北京的 XX 次车票！"

当然在现实生活中，不会依靠这么原始的人工方式来实现数据访问的排他性，但这个例子告诉我们：在并发环境中，需要通过一些机制来保证这些数据在某个操作过程中不会被外界修改，我们称这样的机制为 "锁"。在数据库技术中通常提到的 "悲观锁" 和 "乐观锁" 就是这种机制的典型实现。

悲观锁又被称为悲观并发控制(Pessimistic Concurrency Control，PCC)，是数据库中一种非常典型且非常严格的并发控制策略。悲观锁具有强烈的独占和排他特性，能够有效地避免不同事务对同一数据并发更新而造成的数据一致性问题。在悲观锁的实现原理中，如果一个事务正在对数据进行处理，那么在整个处理过程中，都会对数据加锁，在这期间，其他事务将无法对该数据进行更新操作，直到该事务完成对该数据的处理，释放了对应的锁后，其他事务才能重新竞争来对数据进行更新操作。一般认为，在实际生产应用中，悲观锁策略适合解决那些对于数据更新竞争十分激烈的场景。在这类场景中，通常采用简单粗暴的悲观锁机制来解决并发控制问题。

乐观锁又被称作乐观并发可控制(Optimistic Concurrency Control，OCC)，也是一种常见的并发控制策略。相对于悲观锁而言，乐观锁机制显得更加宽松与友好。从上文对悲观锁的介绍中可以看到，悲观锁假定不同事务之间的处理一定会出现互相干扰，从而需要在一个事务从头到尾的过程中都对数据进行加锁处理。而乐观锁则刚好相反，它假定多个事务在处理过程中不会彼此影响，因此在事务处理的绝大部分时间里不需要进行加锁处理。当然，既然有并发，就一定存在数据更新冲突的可能。在乐观锁机制中，在更新请求提交之前，每个事务都会首先检查当前事务读取数据后，是否有其他事务对该数据进行了修改。如果其他事务有更新的话，那么正在提交的事务就需要回滚。乐观锁通常适合使用在数据并发竞争不大、事务冲突较少的应用场景中。

由上面的讲解可知，其实可以把一个乐观锁控制的事务分成读取数据、写入校验、写入数据三个阶段，其中写入数据阶段是整个乐观锁控制的关键所在。在写入校验阶段，事务会检查数据在读取阶段后是否有其他事务对数据进行过更新，以确保数据更新的一致性。

现在再回头看看 ZooKeeper 中版本的作用。事实上，在 ZooKeeper 中，version 属性正是用来实现乐观锁机制中的"写入校验"的。

6.3.4　Watcher——数据变更的通知

ZooKeeper 提供了分布式数据的发布/订阅功能。一个典型的发布/订阅模型系统定义了一种一对多的订阅关系，能够让多个订阅者同时监听某一个主题的对象。当这个主题对象自身状态变化时，会通知所有订阅者，使它们能够做出相应的处理。ZooKeeper 引入了 Watcher 机制来实现这种分布式的通知功能。ZooKeeper 允许客户端向服务端注册一个 Watcher 监听。当服务端的一些指定事件触发了这个 Watcher 后，就会向指定客户端发送一个事件通知，来实现分布式的通知功能。

ZooKeeper 的 Watcher 机制主要包括客户端线程、客户端 WatcherManager 和 ZooKeeper 服务器三部分。在工作流程上，简单地讲，客户端在向 ZooKeeper 服务器注册的同时，会将 Watcher 对象存储在客户端的 WatcherManager 当中。当 ZooKeeper 服务器触发 Watcher 事件后，会向客户端发送通知，客户端线程从 WatcherManager 中取出对应的 Watcher 对象来执行回调逻辑。整个 Watcher 注册与通知过程如图 6-5 所示。

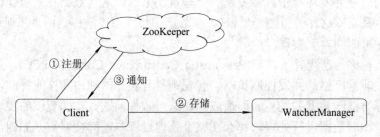

图 6-5　ZooKeeper Watcher 机制概述

在 ZooKeeper 中，接口类 Watcher 用于表示一个标准的事件处理器，其定义了事件通知相关的逻辑，包含 KeeperState 和 EventType 两个枚举类，分别代表通知状态和事件类型，同时定义了事件的回调方法 process(WatchedEvent event)。同一事件类型在不同的通知状态中代表的含义有所不同，表 6-2 列举了常见的通知状态和事件类型。

表 6-2 Watcher 通知状态与事件类型一览表

通知状态	事件类型	触发条件	说　明
SyncConnected	None	客户端与服务器成功建立会话	此时客户端和服务器处于连接状态
	NodeCreated	Watcher 监听的对应数据节点被创建	
	NodeDeleted	Watcher 监听的对应数据节点被删除	
	NodeDataChanged	Watcher 监听的对应数据节点的数据内容发生变更	
	NodeChildrenChanged	Watcher 监听的对应数据节点的子节点列表发生变更	
Disconnected	None	客户端与 ZooKeeper 服务器断开连接	此时客户端和服务器处于断开连接状态
Expired	None	会话超时	此时可客户端会话失效，通常同时也会收到 SessionExpiredException
AuthFailed	None	通常有两种情况： (1) 使用错误的 scheme 进行权限检查； (2) SASL 权限检查失败	通常同时也会收到 AuthFailedException

其中，NodeDataChanged 事件的触发条件是数据内容的变化变更，此处所说的变更包括节点的数据内容和数据版本号 version 的变化，因此，即使使用相同的数据内容来更新，还是会触发这个事件。所以对于 ZooKeeper 来说，无论数据内容是否变更，一旦有客户端调用了数据更新的接口且更新成功，就会更新 version 值。

NodeChildrenChanged 事件会在数据节点的子节点列表发生变更的时候被触发，这里说的子节点变化特指子节点个数和组成情况的变更，即新增子节点或删除子节点，而子节点数据内容的变化是不会触发这个事件的。

对于 AuthFailed 事件，需要注意的是，它的触发条件并不是简单因为当前客户端会话没有权限，而是授权失败。

6.3.5 ACL——保障数据安全

从前面的介绍中我们已经了解到，ZooKeeper 作为一个分布式协调框架，其内部存储的都是一些关乎分布式系统运行时状态的元数据，尤其是一些涉及分布式锁、Master 选举和分布式协调等应用场景的数据，会直接影响基于 ZooKeeper 进行构建的分布式系统的运行状态。因此，如何有效地保障 ZooKeeper 中数据的安全，从而避免因误操作而带来的数据随意变更导致的分布式系统异常就显得格外重要了。所幸的是，ZooKeeper 提供了一套完善的 ACL(Access Control List)权限控制机制来保障数据的安全。

提到权限控制，我们首先来看看在 UNIX/Linux 文件系统中使用的、也是目前应用最广泛的权限控制方式——UGO(User、Group 和 Others)权限控制机制。简单地说，UGO 就是针对一个文件或目录，对创建者(User)、创建者所在的组(Group)和其他用户(Others)分别配置不同的权限。从这里可以看出，UGO 是一种粗粒度的文件系统权限控制模式，它只能对三类用户进行权限控制，无法解决所有场景问题。

接下来，我们介绍另一种典型的权限控制方式——ACL。ACL 即访问控制列表，是一种相对来说比较新颖且更细粒度的权限管理方式，可以针对任意用户和组进行细粒度的权限控制。目前绝大部分 UNIX 系统都已经只支持 ACL，Linux 也从 2.6 版本的内核开始支持 ACL 权限控制方式。

上文中已经介绍了 ACL 的基本概念，本节将重点讲述 ACL 机制的技术内幕。

ZooKeeper 的 ACL 权限控制和 UNIX/Linux 操作系统中的 ACL 有一些区别，读者可以从权限模式(Scheme)、授权对象(ID)和权限(Permission)三个方面来理解 ACL 机制，通常使用 "scheme:id:permission" 来标识一个有效的 ACL 信息。

1. 权限模式

权限模式用来确定权限验证过程中使用的检验策略。在 ZooKeeper 中，开发人员使用最多的就是以下四种权限模式。

1) IP

IP 模式通过 IP 地址粒度进行权限控制。例如配置了 "ip:192.168.18.130"，就表示权限控制都是针对这个 IP 地址的。同时，IP 模式也支持按照网段的方式进行配置，例如 "ip:192.168.18.1/24" 表示针对 192.168.18.*的 IP 段进行权限控制。

2) Digest

Digest 是最常用的控制权限模式，也更符合对于权限控制的认识，它以类似于 "username:password" 形式的权限标识来进行权限配置，通过区分不同应用来进行权限控制。当通过 "username:password" 形式配置了权限标识后，ZooKeeper 会对其先后进行两次编码处理，分别是 SHA-1 算法加密和 BASE64 编码。

3) World

World 是一种最开放的权限控制模式。事实上这种权限控制方式几乎没有任何作用，数据节点的访问权限对所有用户开发，即所有用户都可以在不进行任何权限校验的情况下操作该数据节点。另外，World 模式也可以看作是一种特殊的 Digest 模式，它只有一个权限标识 "world:anyone"。

4) Super

Super 模式顾名思义就是超级用户的意思，也是一种特殊的 Digest 模式。在 Super 模式下，超级用户可以对任意 ZooKeeper 上的数据节点进行任何操作。

2. 授权对象(ID)

授权对象指的是权限赋予的用户或一个指定实体，例如 IP 地址或机器等。在不同的授权模式下，授权对象是不同的。表 6-3 中列出了各个权限模式和授权对象之间的对应关系。

表6-3　权限模式和授权对象之间的对应关系

权限模式	授 权 对 象
IP	通常是一个 IP 地址或 IP 段，例如"ip:192.168.18.130"或"ip:192.168.18.1/24"
Digest	自定义，通常是"username:BASE64(SHA-1(username:password))"
World	只有一个 ID"anyone"
Super	与 Digest 模式一致

3. 权限

权限就是指那些通过权限检查后可以被允许执行的操作。在 ZooKeeper 中，所有对数据的操作权限分为以下五大类：

(1) CREATE(C)：数据节点的创建权限，允许授权对象在该数据节点下创建子节点。

(2) DELETE(D)：子节点的删除权限，允许授权对象删除该数据节点下的子节点。

(3) READ(R)：数据节点的读取权限，允许授权对象访问该数据节点并读取其数据内容或子节点列表等。

(4) WRITE(W)：数据节点的更新权限，允许授权对象对该数据节点进行更新操作。

(5) ADMIN(A)：数据节点的管理权限，允许授权对象对数据节点进行 ACL 相关的设置操作。

例如，利用下文将介绍的 ZooKeeper Shell 命令获取 ZooKeeper 系统节点"/zookeeper"的 ACL 信息为：

```
[zk: slave1:2181(CONNECTED) 0] getAcl /zookeeper
'world,'anyone
: cdrwa
[zk: slave1:2181(CONNECTED) 1]
```

从上述信息可以看出，数据节点"/zookeeper"的权限模式为"world"，授权对象为"anyone"，权限为"cdrwa"。

6.4　ZooKeeper 的工作原理

6.4.1　ZooKeeper 的集群架构

ZooKeeper 的运行模式有单机模式(Standalone Mode)和集群模式(Replicated Mode)两种。其中，单机模式主要用于评估、开发和测试，而在实际的生产环境中均采用集群模式。

ZooKeeper 采用单机模式部署时，只在一台机器上安装 ZooKeeper；该 ZooKeeper 提供一切协调服务。单机模式运行时，该 ZooKeeper 就是 Leader。

ZooKeeper 采用集群模式部署时，在多台机器上安装 ZooKeeper；ZooKeeper 采用对等结构，无 Master、Slave 之分，统一都是 QuorumPeerMain 进程。ZooKeeper 集群模式运行时采取选举方式选择 Leader，采用原子广播协议 ZAB 完成。此协议是对 Paxos 算法的修改与实现，获得 n/2+1 票数的服务器成为 Leader，其余节点是 Follower。当发生客户端读/写操作时，读操作可在所有节点上实现，但写操作必须经 Leader 同意后方可执行。若有新加入的服务器，则该服务器发起一次选举，如果该服务器获得 n/2+1 个票数，则此服务器将成为整个 ZooKeeper 集群的 Leader。当 Leader 发生故障时，剩下的 Follower 将重新进行新一轮 Leader 选举。ZooKeeper 集群的模式架构如图 6-6 所示。

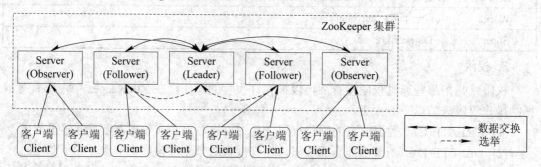

图 6-6　ZooKeeper 集群的模式架构

Leader 选举时要求"可用节点数量>总节点数量/2"，即 ZooKeeper 集群中的存活节点必须过半。因此，在节点数量是奇数的情况下，ZooKeeper 集群总能对外提供服务(即使损失了一部分节点)；如果节点数量是偶数，则会存在 ZooKeeper 集群不能用的可能性。在生产环境中，如果 ZooKeeper 集群个能提供服务，那将是致命的，所以 ZooKeeper 集群的节点数一般采用奇数。

6.4.2　ZooKeeper 的服务器角色

通过上面的介绍，我们已经了解到，ZooKeeper 集群有 Leader、Follower 和 Observer 三种类型的服务器角色。本节中，将继续深入介绍这三种服务器角色的技术内幕。

1. Leader

Leader 服务器是整个 ZooKeeper 集群工作机制中的核心，其主要工作包括以下两个方面：
(1) 事务请求的唯一调度和处理者，保证集群事务处理的顺序性。
(2) 集群内部各服务器的调度者。

使用责任链模式来处理每一个客户端请求是 ZooKeeper 的一大特色。在每一个服务器启动的时候，都会进行请求处理链的初始化，Leader 服务器的请求处理链如图 6-7 所示。从 PreRequestProcessor 到 FinalRequestProcessor 前后一共 7 个请求处理器。关于这 7 个请求处理器的功能本书不再介绍，读者可以查阅其他资料。

为了保持整个集群内部的实时通信，同时也为了确保可以控制所有的 Follower 和 Observer 服务器，Leader 服务器会与每一个 Follower/Observer 服务器建立一个 TCP 长连接，同时也会为每个 Follower/Observer 服务器创建一个名为 LearnerHandler 的实体。LearnerHandler，顾名思义，是 ZooKeeper 集群中 Learner 服务器的管理器，主要负责 Follower/Observer 服务器和 Leader 服务器之间的一系列网络通信，包括数据同步、请求转发和 Proposal 提议的投票等。Leader 服务器中保存了所有 Follower/Observer 对应的 LearnerHandler。

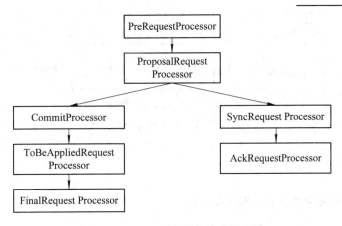

图 6-7　Leader 服务器的请求处理链

2. Follower

Follower 服务器是 ZooKeeper 集群状态的跟随者，其主要工作包括以下三个方面：

(1) 处理客户端非事务请求，转发事务请求给 Leader 服务器。

(2) 参与事务请求 Proposal 的投票。

(3) 参与 Leader 的选举投票。

和 Leader 服务器一样，Follower 也同样使用采用责任链模式组装的请求处理链来处理每一个客户端请求。由于不需要负责对事务请求的投票处理，因此相对来说比 Leader 的请求处理链简单一些。Follower 的请求处理链如图 6-8 所示。

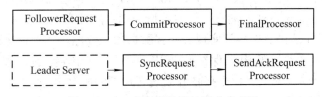

图 6-8　Follower 服务器的请求处理链

从图 6-8 中可以看到，和 Leader 服务器请求处理链最大的不同点在于，Follower 服务器的第一个处理器换成了 FollowerRequestProcessor。同时由于不需要处理事务请求的投票，因此也没有了 ProposalRequestProcessor 处理器。

3. Observer

Observer 是 ZooKeeper 自 3.3.0 版本开始引入的一个全新的服务器角色。从字面意思看，该服务器充当了一个观察者的角色——观察 ZooKeeper 集群的最新状态变化并将这些状态变更同步过来。Observer 服务器在工作原理上和 Follower 基本是一致的，对于非事务请求，都可以进行独立的处理；而对于事务请求，则会转发给 Leader 服务器进行处理。和 Follower 唯一的区别在于 Observer 不参与任何形式的投票，包括事务请求 Proposal 的投票和 Leader 的选举投票。简单地说，Observer 服务器只提供非事务服务，通常用于在不影响集群事务处理能力的前提下提升集群的非事务处理能力。

Observer 的请求处理链和 Follower 服务器也非常相似，如图 6-9 所示。

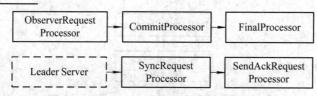

图 6-9   ObserverRequest 服务器的请求处理链

另外需要注意的一点是，虽然在图 6-9 中，Observer 服务器在初始化阶段会将
SyncRequestProcessor 处理器也组装上去，但是在实际运行过程中，Leader 服务器不会将事
务请求的投票发送给 Observer 服务器。

6.4.3   ZooKeeper 的 ZAB 协议

在深入了解 ZooKeeper 之前，相信很多读者都会认为 ZooKeeper 就是 Paxos 算法的一
个实现。但事实上，ZooKeeper 并没有完全采用 Paxos 算法，而是使用了一种称为 ZooKeeper
Atomic Broadcast(ZAB，ZooKeeper 原子消息广播协议)的协议作为其数据一致性的核心
算法。

1. ZAB 协议简介

ZAB 协议是专门为分布式协调服务 ZooKeeper 设计的一种支持崩溃恢复的原子广播协
议。ZAB 协议的开发设计人员在协议设计之初并没有要求其具有很好的扩展性，最初只是
为雅虎公司内部那些高吞吐量、低延迟、健壮、简单的分布式系统场景设计的。在 ZooKeeper
的官方文档中也指出："ZAB 协议并不像 Paxos 算法，是一种通用的分布式一致性算法，它
是一种特别为 ZooKeeper 设计的崩溃可恢复的原子消息广播算法。"

ZooKeeper 主要依赖 ZAB 协议实现分布式数据的一致性。基于该协议，ZooKeeper 实
现了一种主备模式的系统架构来保持集群中各副本之间数据的一致性。具体来说，
ZooKeeper 使用一个单一的主进程来接收并处理客户端的所有事务请求，并采用 ZAB 的原
子广播协议将服务器数据的状态进行变更，以事务 Proposal 的形式广播到所有的副本进程
上去。ZAB 协议的主备模型架构保证了同一时刻集群中只能够有一个主进程来广播服务器
的状态变更，因此能够很好地处理客户端大量的并发请求。另一方面，考虑到在分布式环
境中，顺序执行的一些状态在变更其前后会存在一定的依赖关系，有些状态变更必须依赖
于比它早生成的那些状态变更。这样的依赖关系也对 ZAB 协议提出了一个要求：ZAB 协
议必须能够保证全局的变更序列被顺序应用。也就是说，ZAB 协议需要保证如果一个状态
变更已经被处理了，那么所有其依赖的状态变更都应该已经被提前处理掉了。最后，考虑
到主进程在任何时候都有可能出现崩溃退出或重启现象，因此，ZAB 协议还需要做到在当
前主进程出现上述异常情况的时候，依旧能够正常工作。

ZAB 协议的核心是定义了对于那些会改变 ZooKeeper 服务器数据状态的事务请求的处
理方式，即所有事务请求必须由一个全局唯一的服务器来协调处理，这个服务器就是
Leader，而其他服务器则成为 Follower。Leader 服务器负责将一个客户端事务请求转换成
一个事务 Proposal(提议)，并将该 Proposal 分发给集群中所有 Follower，之后 Leader 需要等
待所有 Follower 的反馈。一旦超过半数的 Follower 服务器进行了正确的反馈后，那么 Leader
就会再次向所有的 Follower 分发 Commit 消息，要求其将前一个 Proposal 进行提交。

2. ZAB 协议的具体内容

ZAB 协议包括崩溃恢复和消息广播两种基本模式。

当整个服务器框架在启动过程中，或是当 Leader 服务器出现网络中断、崩溃退出与重启等异常情况时，ZAB 协议就会进入崩溃恢复模式并选举产生新的 Leader 服务器。当选举产生了新的 Leader 服务器，同时集群中已经有过半的机器与该 Leader 服务器完成了状态同步后，ZAB 协议就会退出崩溃恢复模式进入消息广播模式。其中，所谓的状态同步是指数据同步，用来保证集群中存在过半的机器能够和 Leader 服务器的数据状态保持一致。

当一台同样遵守 ZAB 协议的服务器启动后加入到集群中时，如果此时集群中已经存在一个 Leader 服务器在负责进行消息广播，那么新加入的服务器就会自觉进入恢复模式：找到 Leader 所在的服务器，并与其进行数据同步，然后一起参与到消息广播流程中去。正如上文所说，ZooKeeper 只允许唯一的一个 Leader 服务器来进行事务请求的处理。Leader 服务器在接收到客户端的事务请求后，会生成对应的事务提议并发起一轮广播协议；而如果集群中的其他机器接收到客户端的事务请求，那么这些非 Leader 服务器会首先将这个事务请求转发给 Leader 服务器。

当 Leader 出现崩溃退出或是机器重启，亦或是集群中已经不存在过半的服务器与该 Leader 保持正常通信时，那么在重新开始新一轮的原子广播事务操作之前，所有进程首先会使用崩溃恢复协议来使彼此达到一个一致的状态，于是整个 ZAB 流程就会从消息广播模式进入到崩溃恢复模式。

一个机器要成为新的 Leader，必须获得过半进程的支持，同时由于每个进程都有可能会崩溃，因此，在 ZAB 协议运行过程中，前后会出现多个 Leader，并且每个进程也有可能会多次成为 Leader。进入崩溃恢复模式后，只要集群中存在过半的服务器能够彼此进行正常通信，那么就可以产生一个新的 Leader 并再次进入消息广播模式。

6.4.4　Leader 选举机制

Leader 选举机制是 ZooKeeper 中最重要的技术之一，也是保证分布式数据一致性的关键所在。

1. 选举机制中的术语

1) SID —— 服务器 ID

SID 是一个数字，用来唯一标识一台 ZooKeeper 集群中的机器。每台机器不能重复，和 myid 值一致。

2) ZXID —— 事务 ID

ZXID 是一个事务 ID，用来唯一标识一次服务器状态的变更。在某一个时刻，集群中每台服务器的 ZXID 值不一定全都一致，这和 ZooKeeper 服务器对于客户端"更新请求"的处理逻辑有关。

3) Vote —— 投票

Leader 选举必须通过投票来实现。当集群中的机器发现自己无法检测到 Leader 机器时，就会开始尝试进行投票。

4) Quorum——过半机器数

这是整个 Leader 选举算法中最重要的一个术语，可以把它理解为一个量词，指的是
ZooKeeper 集群中过半的机器数。如果集群中总的机器数是 n，则 quorum 值的计算公式为
quorum = n/2 + 1。

5) 服务器状态

服务器状态有 4 种，分别是 LOOKING 竞选状态、FOLLOWING 随从状态、OBSERVING
观察状态和 LEADING 领导者状态。

2. Leader 选举概述

我们先从整体上认识 ZooKeeper 的 Leader 选举。读者需要注意的一点是，ZooKeeper
集群至少拥有两台机器，这里，我们以三台机器组成的服务器集群为例介绍。假设 3 台机
器的 myid 依次为 1、2、3，称它们依次为 Server1、Server 2 和 Server3，那么 Server1 的 SID
为 1，Server2 的 SID 为 2，Server3 的 SID 为 3。

1) 服务器启动时期的 Leader 选举

在服务器集群初始化阶段，当只有服务器 Server1 启动时，它是无法完成 Leader 选举
的。只有当第二台服务器 Server2 也启动后，这两台机器才能够进行互相通信。此时，每台
机器都试图找到一个 Leader，于是便进入了 Leader 选举流程。

(1) 每个 Server 会发出一个投票。

由于是初始状态，因此 Server1 和 Server2 都会将自己作为 Leader 服务器来进行投票，
每次投票包含的最基本的元素包括所推举的服务器的 SID 和 ZXID，以(SID，ZXID)形式表
示。由于是初始化阶段，因此无论是 Server1 还是 Server2，都会投给自己，即 Server1 的投
票为(1，0)，Server2 的投票为(2，0)，然后各自将这个投票发给集群中其他所有机器。

(2) 接收来自各个服务器的投票。

每个服务器都会接收来自其他服务器的投票。集群中的每个服务器在接收到投票后，首
先会判断该投票的有效性，包括检查是否是本轮投票、是否是来自 LOOKING 状态的服务器。

(3) 处理投票。

在接收到来自其他服务器的投票后，针对每一个投票，服务器都需要将别人的投票和
自己的投票进行 PK，PK 规则如下：

① 优先检查 ZXID，ZXID 比较大的服务器优先作为 Leader。

② 如果 ZXID 相同，那么就比较 SID。SID 比较大的服务器作为 Leader 服务器。

根据以上规则，对于 Server1，它自己的投票是(1，0)，而接收到的投票为(2，0)。首
先对比两者的 ZXID，因为都是 0，所以无法决定谁是 Leader；接下来会对比两者的 SID，
很显然，Server1 发现接收到的投票中的 SID 是 2，大于自己，于是就会更新自己的投票为
(2，0)，然后重新将投票发出去。而对于 Server2 来说，不需要更新自己的投票信息，只需
再一次向集群中所有机器发出上一次投票信息即可。

(4) 统计投票。

每次投票后，服务器都会统计所有投票，判断是否已经有过半的机器收到相同的投票
信息。对于 Server1 和 Server2 服务器来说，都统计出集群中已经有 2 台机器接受了(2，0)
这个投票信息。对于由三台机器构成的集群，两台即达到了"过半"要求(≥n/2+1)。那么，

当 Server1 和 Server2 都收到相同的投票信息(2，0)时，即认为已经选出了 Leader。

(5) 改变服务器状态。

一旦确定了 Leader，每个服务器都会更新自己的状态：如果是 Follower，那么就变更为 FOLLOWING；如果是 Leader，那么就变更为 LEADING。

2) 服务器运行期间的 Leader 选举

在 ZooKeeper 集群正常运行的过程中，一旦选出一个 Leader，那么所有服务器的集群角色一般不会再发生变化。也就是说，Leader 服务器将一直作为集群的 Leader，即使集群中有非 Leader 宕机或是有新机器加入集群，也不会影响 Leader。但是一旦 Leader 宕机，则整个集群将暂时无法对外服务，而是进入新一轮的 Leader 选举。服务器运行期间的 Leader 选举和启动时期的 Leader 选举基本过程是一致的。

假设当前正在运行的 ZooKeeper 集群由 Server1、Server2、Server3 3 台机器组成，当前 Leader 是 Server2。假设某一瞬间 Leader 宕机，这个时候便开始了新一轮的 Leader 选举，具体过程如下所述：

(1) 变更服务器状态。

当 Leader 宕机后，余下的非 Observer 服务器就会将自己的服务器状态变更为 LOOKING，然后开始进入 Leader 选举流程。

(2) 每个 Server 都会发出一个投票信息。

在这个过程中，需要生成投票信息(SID，ZXID)。由于是运行期间，因此每个服务器上的 ZXID 可能不同。假定 Server1 的 ZXID 为 123，而 Server3 的 ZXID 为 122。在第一轮投票中，Server1 和 Server3 都会投自己，即分别产生投票(1，123)和(3，122)，然后各自将投票发给集群中的所有机器。

(3) 接收来自各个服务器的投票。

(4) 处理投票。

对于投票的处理，和上面提到的服务器启动期间的处理规则是一致的。在这个例子中，由于 Server1 的 ZXID 值大于 Server3 的 ZXID 值，因此 Server1 会成为 Leader。

(5) 统计投票。

(6) 改变服务器状态。

3. Leader 选举算法分析

ZooKeeper 提供了三种 Leader 选举算法，分别是 LeaderElection、UDP 版本的 FastLeaderElection 和 TCP 版本的 FastLeaderElection，可以通过在配置文件 zoo.cfg 中使用 electionAlg 属性来指定，分别使用数字 0~3 来表示，各个数字所代表的 Leader 选举算法如表 6-4 所示。

表 6-4　Leader 选举算法

electionAlg 属性值	对应的 Leader 选举算法	备　注
0	LeaderElection，这是一种纯 UDP 实现的 Leader 选举算法	自 3.4.0 版本起，废弃了 0、1、2 这 3 种 Leader 选举算法
1	UDP 版本的 FastLeaderElection，并且是非授权模式	
2	UDP 版本的 FastLeaderElection，但使用授权模式	
3	TCP 版本的 FastLeaderElection	

如表 6-4 所示，自 ZooKeeper 3.4.0 版本起，废弃了 0、1、2 这三种 Leader 选举算法，因此接下来我们一起深入探讨 Leader 选举算法——TCP 版本的 FastLeaderElection，了解 Leader 选举的技术内幕。

1）进入 Leader 选举

当 ZooKeeper 集群中的一台服务器出现以下两种情况之一时，就会开始进入 Leader 选举：

（1）服务器初始化启动。

（2）服务器运行期间无法和 Leader 保持连接。

而当一台机器进入 Leader 选举流程时，当前集群也可能会处于以下两种状态：

（1）集群中本来就已经存在一个 Leader。

（2）集群中确实不存在 Leader。

第一种情况通常是由于集群中某一台服务器启动比较晚。在它启动之前，集群已经可以正常工作，即已经存在一台 Leader 服务器。这种情况下，当该机器试图去选举 Leader 的时候，会被告知当前服务器的 Leader 信息。对于该机器来说，仅仅需要和 Leader 机器建立连接并同步状态即可。

第二种情况通常由以下两种原因造成：一是在整个服务器刚刚初始化启动时，尚未产生一台 Leader 服务器；二是在运行期间，当前 Leader 所在服务器宕机。无论哪种原因，此时集群中的所有机器都处于一种试图选举出一个 Leader 的状态，这个状态称为"LOOKING"，意思是说正在寻找 Leader。接下来重点介绍在"集群中确实不存在 Leader"的情况下，如何进行 Leader 选举。

2）开始第一次投票

当一台服务器处于 LOOKING 状态时，它就会向集群中所有其他机器发送消息，我们称这个消息为"投票"。这个投票信息中包含所推举的服务器 SID 和 ZXID 两个最基本的信息，以(SID, ZXID)形式来标识一次投票信息。例如，如果当前服务器要推举 SID 为 1、ZXID 为 8 的服务器成为 Leader，则它的本次投票信息可以表示为(1, 8)。假设 ZooKeeper 集群由五台机器组成，SID 分别为 1、2、3、4、5，ZXID 分别为 9、9、9、8、8，并且此时 SID 为 2 的机器是 Leader。若某一时刻 1 和 2 所在的机器出现故障，则集群开始进行 Leader 选举。

在第一次投票的时候，由于还无法检测到集群中其他机器的状态信息，因此每台机器都将自己作为被推举的对象来进行投票，于是 SID 为 3、4、5 的机器投票信息分别为(3, 9)、(4, 8)、(5, 8)。

3）变更投票

集群中每台机器发出自己的投票信息后，也会接受到来自集群中其他机器的投票。每台机器都会根据一定的规则，来处理收到的其他机器的投票，并以此来决定是否需要变更自己的投票。这个规则也称为整个 Leader 选举算法的核心所在。为了便于描述，需要先定义一些名词。

（1）vote_sid：接收到的投票中所推举 Leader 服务器的 SID。

（2）vote_zxid：接收到的投票中所推举 Leader 服务器的 ZXID。

(3) self_sid：当前服务器自己的 SID。

(4) self_zxid：当前服务器自己的 ZXID。

每次对于收到的投票的处理，都是一次对(vote_sid，vote_zxid)和(self_sid，self_zxid)进行对比的过程，规则如下：

(1) 规则 1：如果 vote_zxid > self_zxid，就认可当前收到的投票，并再次将该投票发送出去。

(2) 规则 2：如果 vote_zxid < self_zxid，那么就坚持自己的投票，不做任何变更。

(3) 规则 3：如果 vote_zxid = self_zxid，那么就对比二者的 SID。如果 vote_sid > self_sid，那么就认可当前收到的投票，并再次将该投票发送出去；否则就坚持自己的投票，不做任何变更。

图 6-10 是 Leader 选举过程中发生的投票变更示意图。

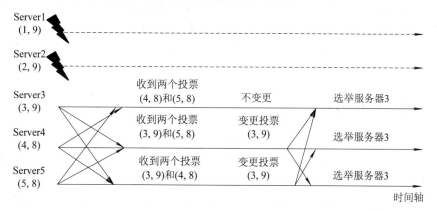

图 6-10　Leader 选举过程中发生的投票变更

根据上面的规则 1 和规则 2，并结合图 6-10 来分析一下前文提到的 5 台机器组成的 ZooKeeper 集群的投票变更过程。每台机器都把投票发出后，同时也会接收到来自另外两台机器的投票。

(1) Server3 接收到了(4，8)和(5，8)两个投票。对比后，由于自己的 ZXID 均大于接收到的两个投票，因此不需要做任何变更。

(2) Server4 接收到了(3，9)和(5，8)两个投票。对比后，由于(3，9)这个投票的 ZXID 大于自己，因此需要变更投票为(3，9)，然后继续将这个投票发送给另外两台机器。

(3) Server5 接收到了(3，9)和(4，8)两个投票。对比后，由于(3，9)这个投票的 ZXID 大于自己，因此需要变更投票为(3，9)，然后继续将这个投票发送给另外两台机器。

4) 确定 Leader

经过第二次投票后，集群中的每台机器都会再次收到其他机器的投票，然后开始统计投票。如果一台机器收到了超过半数的相同的投票，那么这个投票对应的 SID 机器即为 Leader。

例如，在图 6-10 所示的 Leader 选举例子中，因为 ZooKeeper 集群的总机器数为 5 台，所以 quorum = 5/2 + 1 = 3。

也就是说，只要接收到 3 个或 3 个以上(包含当前服务器自身)一致的投票即可。在这里，Server3、Server4 和 Server5 都投票(3，9)，因此确定了 Server3 为新一轮 Leader。

根据上文所讲述内容，我们总结一下 Leader 选举算法——TCP 版本的 FastLeaderElection，简单地说，通常哪台服务器上的数据越新，那么越有可能成为 Leader。原因很简单，数据越新，那么 ZXID 也就越大，也就越能够保证数据的恢复。当然，如果集群中有几个服务器具有相同的 ZXID，那么 SID 最大的那台服务器就会成为 Leader。

6.5　ZooKeeper 的典型应用场景

ZooKeeper 是一个典型的发布/订阅模式的分布式数据管理与协调框架，开发人员可以使用它进行分布式数据的发布与订阅。另一方面，通过 ZooKeeper 中丰富的数据节点类型进行交叉使用，配合 Watcher 事件通知机制，可以非常方便地构建一系列分布式应用中都会涉及的核心功能，如数据发布/订阅、负载均衡、命名服务、分布式协调/通知、集群管理、Master 选举、分布式锁、分布式队列等。本节将针对一些典型的分布式应用场景来做讲解。

当然，仅仅从理论上学习 ZooKeeper 的应用场景还远远不够。在本书第 3、5、7、9 章节中，还将结合 Hadoop、HBase、Kafka 等广泛使用的开源系统，来讲解 ZooKeeper 在大型分布式系统中的实际应用。

6.5.1　数据发布/订阅

数据发布/订阅(Publish/Subscribe)系统即所谓的配置中心，就是发布者将数据发布到 ZooKeeper 的一个或一系列节点上，供订阅者进行数据订阅，进而达到动态获取数据的目的，实现配置信息的集中式管理和数据的动态更新。

数据发布/订阅系统一般有推模式和拉模式两种设计模式。在推模式中，服务端主动将数据更新发送给所有订阅的客户端；而拉模式则是客户端主动发起请求来获取最新数据，通常客户端都采用定时进行轮询拉取的方式。这两种模式各自都有优缺点，ZooKeeper 采用推拉相结合的方式，即客户端向服务端注册自己需要关注的节点，一旦该节点的数据发生变更，那么服务端就会向相应的客户端发送 Watcher 事件通知。客户端接收到这个消息通知之后，需要主动到服务端获取最新数据。

如果将配置信息存放到 ZooKeeper 上进行集中管理，那么通常情况下，应用在启动时都会主动到 ZooKeeper 服务端上进行一次配置信息的获取，同时在指定节点上注册一个 Watcher 监听。这样一来，但凡配置信息发生变更，服务端都会实时通知所有订阅的客户端，从而达到实时获取最新配置信息的目的。关于配置管理的 ZooKeeper 节点示意图如图 6-11 所示。

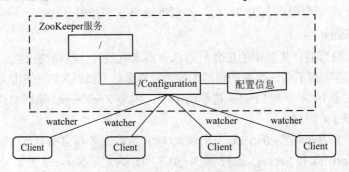

图 6-11　配置管理的 ZooKeeper 节点示意图

6.5.2　命名服务

命名服务(Name Service)也是分布式系统中比较常见的一类场景。在分布式系统中，被命名的实体通常是集群中的机器、提供的服务地址或远程对象等，这些都可以统称为名字(Name)，其中较为常见的就是一些分布式服务框架，如 RPC、RMI 中的服务地址列表。通过使用命名服务，客户端应用能够根据指定名字来获取资源的实体、服务地址、提供者的信息等。

ZooKeeper 提供的命名服务功能与 Java 的 JNDI 技术相似，都能够帮助应用系统通过资源引用的方式来实现对资源的定位与使用。另外，广义上命名服务的资源定位并不是真正意义的实体资源。在分布式环境中，上层应用仅仅需要一个全局唯一的名字，类似于数据库中的唯一主键。前文中已经提到，在 ZooKeeper 中，每一个数据节点都能够维护一份子节点的顺序序列。当客户端对其创建一个顺序子节点的时候，ZooKeeper 会自动在其子节点名后加上一个数字后缀。利用这个特性，就可以借助 ZooKeeper 来实现一套分布式全局唯一 ID 的分配机制了。全局唯一 ID 生成的 ZooKeeper 节点示意图如图 6-12 所示。

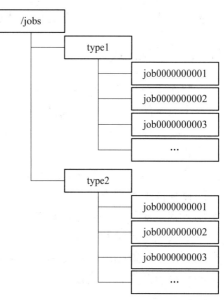

图 6-12　全局唯一 ID 生成的 ZooKeeper
节点示意图

6.5.3　集群管理

随着分布式系统规模的日益扩大，集群中的机器规模也随之变大。因此，如何更好地进行集群管理也显得越来越重要。

所谓集群管理，包括集群监控和集群控制两大块。前者侧重对集群运行时状态的收集，后者则是对集群进行操作与控制。在日常开发和运维过程中，经常会有类似于如下的需求：希望知道当前集群中究竟有多少机器在工作，对集群中每台机器运行时的状态进行数据收集，对集群中机器进行上下线操作等。

在传统的基于 Agent 的分布式集群管理体系中，都是通过在集群中的每台机器上部署一个 Agent，由这个 Agent 负责主动向指定的一个监控中心系统汇报自己所在机器的状态。在集群规模适中的场景下，这确实是一种在生产实践中广泛使用的解决方案，能够快速有效地实现分布式环境集群监控。但是一旦系统的业务场景增多，集群规模变大之后，该解决方案的弊端就显现出来了，例如大规模升级困难、统一的 Agent 无法满足多样的需求、编程语言多样性等。

ZooKeeper 具有以下两大特性：

(1) 客户端如果对 ZooKeeper 的一个数据节点注册 Watcher 监听，那么当该数据节点的内容或是其子节点列表发生变更时，ZooKeeper 服务器就会向订阅客户端发送变更通知。

(2) 对在 ZooKeeper 上创建的临时节点，一旦客户端与服务器之间的会话失效，那么该临时节点也就被自动清除。

利用 ZooKeeper 的这两个特性，可以实现另一种集群机器存活性监控的系统。例如，监控系统在/clusterServers 节点上注册一个 Watcher 监听，但凡进行动态添加机器的操作，就会在/clusterServers 节点下创建一个临时节点/clusterServers/[Hostname]。这样一来，控制系统就能够实时检测到机器的变动情况。

6.5.4　分布式锁

分布式锁是控制分布式系统之间同步访问共享资源的一种方式。如果不同的系统或是同一个系统的不同主机之间共享了一个或一组资源，那么访问这些资源的时候，往往需要通过一些互斥手段来防止彼此之间的干扰，以保证一致性。在这种情况下，就需要使用分布式锁了。

在平时的项目开发中，人们往往很少会去在意分布式锁，而是依赖于关系型数据库固有的排他性来实现不同进程之间的互斥。这确实是一种非常简单且被广泛使用的分布式锁实现方式。然而，目前绝大多数大型分布式系统的性能瓶颈都集中在数据库操作上，因此，如果上层业务再给数据库添加一些额外的锁，例如行锁、表锁甚至是繁重的事务处理，那么是不是会让数据库更加不堪重负呢？接下来，我们来介绍如何使用 ZooKeeper 实现排它锁和共享锁两类分布式锁。

1. 排它锁

排它锁(Exclusive Locks，简称 X 锁)又称为写锁或独占锁。如果事务 T1 对数据对象 O1 加上了排它锁，那么在整个加锁期间，只允许事务 T1 对 O1 进行读取和更新操作，其他任何事务都不能再对这个数据对象进行任何类型的操作，直到 T1 释放了排它锁。排它锁的核心是保证当前有且仅有一个事务获得该锁，并且该锁被释放后，所有正在等待获取该锁的事务都能够被通知到。借助 ZooKeeper 实现排它锁可以通过以下步骤完成：

1) 定义锁

定义锁是指通过 ZooKeeper 上的临时数据节点来表示一个锁，例如/exclusive_lock/lock 节点就可以被定义为一个锁。

2) 获取锁

在需要获取排它锁时，所有客户端都会试图在/exclusive_lock 节点下创建临时子节点/exclusive_lock/lock。ZooKeeper 会保证在所有的客户端中，最终只有一个客户端能够创建成功，那么就可以认为该客户端获取了锁。同时，所有没有获取到该锁的客户端就需要在/exclusive_lock 节点上注册一个子节点变更的 Watcher 监听，以便实时监听 lock 节点的变更情况。

3) 释放锁

在"定义锁"部分，已经提到/exclusive_lock/lock 是一个临时节点，因此在以下两种情况下，都有可能释放锁：

(1) 当前获取锁的客户端机器发生宕机，那么 ZooKeeper 上的这个临时节点就会被移除。

（2）正常执行完业务逻辑后，客户端就会主动将自己创建的临时节点删除。

无论在什么情况下移除了 lock 节点，ZooKeeper 都会通知所有在/exclusive_lock 节点上注册了子节点变更 Watcher 监听的客户端。这些客户端在接收到通知后，会再次重新发起分布式锁获取，即重复"获取锁"过程。

整个排它锁的获取和释放流程如图 6-13 所示。

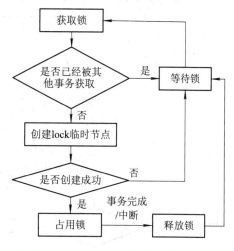

图 6-13　ZooKeeper 实现分布式排它锁的流程图

2. 共享锁

共享锁(Shared Locks，简称 S 锁)又称为读锁。如果事务 T1 对数据对象 O1 加上了共享锁，那么当前事务 T1 可对 O1 进行读取操作，其他事务只能对这个数据对象加共享锁，直到该数据对象上的所有共享锁都被释放。共享锁和排他锁的最根本区别在于，加上排他锁后，数据对象只对一个事务可见；而加上共享锁后，数据对所有事务都可见。借助 ZooKeeper 实现共享锁可以通过以下步骤完成：

1) 定义锁

与排他锁相同，通过 ZooKeeper 上的数据节点来表示一个锁，是一个类似于"/shared_lock/[hostname]-请求类型-序号"的临时顺序节点。例如，/shared_lock/192.168.18.1-R-0000000001 就代表了一个共享锁。

2) 获取锁

在需要获取共享锁时，所有客户端都会到/shared_lock 节点下创建一个临时顺序节点。如果当前是读请求，那么就创建/shared_lock/192.168.18.1-R-0000000001；如果当前是写请求，那么就创建/shared_lock/192.168.18.1-W-0000000001。

3) 判断读/写顺序

根据共享锁的定义，不同的事务都可以同时对同一个数据对象进行读取操作，而更新操作必须在当前没有任何事务进行读写操作的情况下进行。基于这个原则，通过 ZooKeeper 的节点来确定分布式读写顺序的步骤如下所示：

（1）创建完节点后，获取/shared_lock 节点下的所有子节点，并对该节点注册子节点变更的 Watcher 监听。

（2）确定自己的节点序号在所有子节点中的顺序。

（3）对读和写请求进行分类处理。对于读请求，若没有比自己序号小的子节点，或是所有比自己序号小的子节点都是读请求，那么表明自己已经成功获取到了共享锁，同时开始执行读取操作；若比自己序号小的子节点中有写请求，那么就需要进入等待。对于写请求，若自己不是序号最小的子节点，那么就需要进入等待。

（4）接收到 Watcher 通知后，重复步骤(1)。

4) 释放锁

释放锁的逻辑和排他锁相同。

整个共享锁的获取和释放流程如图 6-14 所示。

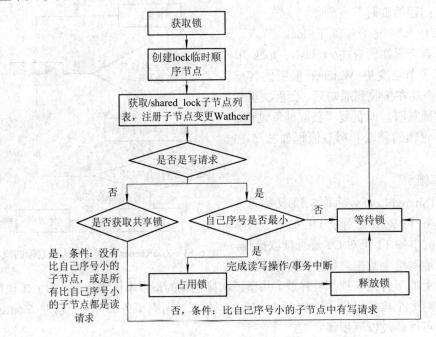

图 6-14 ZooKeeper 实现分布式共享锁的流程图

6.6 部署 ZooKeeper 集群

6.6.1 运行环境

对于大部分 Java 开源产品而言，在部署与运行之前，总是需要搭建一个合适的环境，通常包括操作系统和 Java 环境两方面。ZooKeeper 部署与运行所需要的系统环境，同样包括操作系统和 Java 环境两部分。

1) 操作系统

ZooKeeper 支持不同平台，在当前绝大多数主流的操作系统上都能够运行，例如 GNU/Linux、Sun Solaris、FreeBSD、Windows、Mac OS X 等。需要注意的是，ZooKeeper 官方文档中特别强调，不建议在 Mac OS X 系统上部署生成环境的 ZooKeeper 服务器。本书采用的操作系统为 Linux 发行版 CentOS 7。

2) Java 环境

ZooKeeper 使用 Java 语言编写，因此它的运行环境需要 Java 环境的支持，其中 ZooKeeper 3.4.13 需要 Java 1.6 及以上版本的支持。

6.6.2 运行模式

ZooKeeper 有单机模式和集群模式两种运行模式。单机模式是只在一台机器上安装

ZooKeeper，主要用于开发测试；而集群模式则是在多台机器上安装 ZooKeeper，实际生产环境中均采用集群模式。无论哪种部署方式，创建 ZooKeeper 的配置文件 zoo.cfg 都是至关重要的。单机模式和集群模式部署的步骤基本一致，只是在 zoo.cfg 文件的配置上有些差异。

读者需要注意的是，假设你拥有一台比较好的机器(CPU 核数大于 10，内存大于等于 8 GB)，如果作为单机模式进行部署，资源明显有点浪费；如果按照集群模式进行部署，需要借助硬件上的虚拟化技术，把一台物理机器转换成几台虚拟机，这样操作成本太高。幸运的是，和 Hadoop 等其他分布式系统一样，ZooKeeper 也允许在一台机器上完成一个伪集群的搭建。所谓伪集群，是指集群中所有的机器都在一台机器上，但是还是以集群的特性来对外提供服务。这种模式和集群模式非常类似，只是把 zoo.cfg 文件中的配置项 "server.id=host:port:port" 略做修改。

本节将以集群模式为例，详细介绍如何部署和运行 ZooKeeper 集群。

6.6.3　规划 ZooKeeper 集群

部署集群模式 ZooKeeper 时，最少需要三台机器。本书拟将 ZooKeeper 集群运行在 Linux 上，将使用三台安装有 Linux 操作系统的机器，主机名分别为 master、slave1、slave2。具体 ZooKeeper 集群的规划表如表 6-5 所示。

表 6-5　ZooKeeper 集群部署规划表

主机名	IP 地址	运行服务	软硬件配置
master	192.168.18.130	QuorumPeerMain	内存：4 GB CPU：1 个 2 核 硬盘：40 GB 操作系统：CentOS 7.6.1810 Java：Oracle JDK 8u191 ZooKeeper：ZooKeeper 3.4.13 Eclipse：Eclipse IDE 2018-09 for Java Developers
slave1	192.168.18.131	QuorumPeerMain	内存：1 GB CPU：1 个 1 核 硬盘：20 GB 操作系统：CentOS 7.6.1810 Java：Oracle JDK 8u191 ZooKeeper：ZooKeeper 3.4.13
slave2	192.168.18.132	QuorumPeerMain	内存：1 GB CPU：1 个 1 核 硬盘：20 GB 操作系统：CentOS 7.6.1810 Java：Oracle JDK 8u191 ZooKeeper：ZooKeeper 3.4.13

注意：本书采用的是 ZooKeeper 版本是 3.4.13，三个节点的机器名分别为 master、slave1、slave2，IP 地址依次为 192.168.18.130、192.168.18.131、192.168.18.132。后续内容均在表 6-5 的规划基础上完成，请读者务必确认自己的 ZooKeeper 版本、机器名等信息。

6.6.4 部署 ZooKeeper 集群

本书采用的 ZooKeeper 版本是 3.4.13，因此本章的讲解都是针对这个版本进行的。尽管如此，由于 ZooKeeper 各个版本在部署和运行方式上的变化不大，因此本章的大部分内容也都适用于 ZooKeeper 其他版本。

在部署 ZooKeeper 集群之前，确保已经在 Linux CentOS 7 集群的各机器节点上安装了 Java 1.6 或更高版本，也可以选择性地安装和配置好 Linux 集群中各机器节点间的 SSH 免密登录。安装和配置 SSH 免密登录并不是部署 ZooKeeper 集群必须的，这样做仅是为了操作方便。

1. 获取 ZooKeeper

ZooKeeper 官方下载地址为 https://zookeeper.apache.org/releases.html，建议读者下载 stable 目录下的当前稳定版本。本书选用的 ZooKeeper 版本是 2018 年 7 月 15 日发布的稳定版 ZooKeeper 3.4.13，其安装包文件 zookeeper-3.4.13.tar.gz 可存放在 master 机器的 /home/xuluhui/Downloads 中。

2. 安装 ZooKeeper

安装 ZooKeeper 的方法是：切换到 root，在 master 机器上解压 zookeeper-3.4.13.tar.gz 到安装目录如/usr/local 下，依次使用的命令如下所示：

```
su root
cd /usr/local
tar –zxvf /home/xuluhui/Downloads/zookeeper-3.4.13.tar.gz
```

3. 配置 ZooKeeper

安装 ZooKeeper 后，在 $ZOOKEEPER_HOME/conf 中有一个示例配置文件 zoo_sample.cfg。ZooKeeper 启动时，默认读取$ZOOKEEPER_HOME/conf/zoo.cfg 文件，zoo.cfg 文件需要配置 ZooKeeper 的运行参数。ZooKeeper 部分配置参数及其含义如表 6-6 所示。

注意：这里仅列举了部分参数，完整的配置参数介绍请参见官方文档 https://zookeeper. apache.org/doc/r3.4.13/zookeeperAdmin.html#sc_configuration。

表 6-6 ZooKeeper 部分配置参数

参 数 名		说　　明
基本配置	clientPort	用于配置当前服务器对外的服务端口，客户端会通过该端口和 ZooKeeper 服务器创建连接，一般设置为 2181
	dataDir	用于配置 ZooKeeper 服务器存储 ZooKeeper 数据快照文件的目录，同时用于存放集群的 myid 文件
	tickTime	用于配置 ZooKeeper 中最小时间单元(单位：毫秒)。ZooKeeper 所有时间均以这个时间单元的整数倍配置，例如，Session 的最小超时时间是 2*tickTime

续表

参　数　名		说　　明
高级配置	dataLogDir	用于配置 ZooKeeper 服务器存储 ZooKeeper 事务日志文件的目录。默认情况下，ZooKeeper 会将事务日志文件和数据快照文件存储在同一个目录即 dataDir 中。应尽量给事务日志的输出配置一个单独的磁盘或者挂载点，以允许使用一个专用日志设备，有助于避免事务日志和数据快照之间的竞争
	maxClientCnxns	用于配置单个客户端与单台服务器之间的最大并发连接数，根据 IP 来区分。默认值为 60；如果设置为 0，表示没有任何限制
	minSessionTimeout	用于配置服务端对客户端会话超时时间的最小值，默认值为 2*tickTime
	maxSessionTimeout	用于配置服务端对客户端会话超时时间的最大值，默认值为 20*tickTime
集群选项	initLimit	用于配置 Leader 服务器等待 Follower 启动，并完成数据同步的时间，以 tickTime 的倍数来表示。当超过设置倍数的 tickTime 时间，则连接失败
	syncLimit	用于配置 Leader 服务器和 Follower 之间进行心跳检测的最大延迟时间。如果超过此时间 Leader 还没有收到响应，那么 Leader 就会认为该 Follower 已经脱离了和自己的同步
	server.id=host:port:port	用于配置组成 ZooKeeper 集群的机器列表。集群中每台机器都需要感知到整个集群是由哪几台机器组成的，表示不同 ZooKeeper 服务器的自身标识。"id"为 Server ID，用来标识该机器在集群中的机器序号，与每台服务器 myid 文件中的数字相对应；"host"代表服务器的 IP 地址；第一个端口"port"用于指定 Follower 服务器与 Leader 进行通信和数据同步时所使用的端口；第二个端口"port"代表进行 Leader 选举时与服务器相互通信的端口。myid 文件应创建于服务器的 dataDir 目录下，这个文件的内容只有一行且是一个数字，对应于每台机器的 Server ID 数字。比如，服务器"1"应该在 myid 文件中写入"1"，该 id 必须在集群环境下服务器标识中是唯一的，且大小在 1~255 之间

配置集群模式下的 ZooKeeper 集群具体过程如下所述：

1) 复制模板配置文件 zoo_sample.cfg 为 zoo.cfg

在 master 机器上使用命令"cp"将 ZooKeeper 示例配置文件 zoo_sample.cfg 复制并重命名为 zoo.cfg。使用如下命令实现，假设当前目录为 "/usr/local/zookeeper-3.4.13"：

```
cp conf/zoo_sample.cfg conf/zoo.cfg
```

2) 修改配置文件 zoo.cfg

读者可以发现，模板中已配置好 tickTime、initLimit、syncLimit、dataDir、clientPort 等配置项，此处，本书仅在 master 机器上修改配置参数 dataDir 和添加配置参数 dataLogDir。由于机器重启后，系统会自动清空/tmp 目录下的文件，因此将存放数据快照的目录更改为某固定目录，将原始的"dataDir=/tmp/zookeeper"修改为 "/usr/local/zookeeper-3.4.13/data"。另外，添加事务日志存放路径 dataLogDir，设置为 "/usr/local/zookeeper-3.4.13/datalog"。修改后的配置文件 zoo.cfg 的内容如图 6-15 所示。

```
# The number of milliseconds of each tick
tickTime=2000
# The number of ticks that the initial
# synchronization phase can take
initLimit=10
# The number of ticks that can pass between
# sending a request and getting an acknowledgement
syncLimit=5
# the directory where the snapshot is stored.
# do not use /tmp for storage, /tmp here is just
# example sakes.
dataDir=/usr/local/zookeeper-3.4.13/data
dataLogDir=/usr/local/zookeeper-3.4.13/datalog
# the port at which the clients will connect
clientPort=2181
```

图 6-15　修改配置文件 zoo.cfg

然后，在 master 机器上配置 ZooKeeper 集群地址，在配置文件 zoo.cfg 最后补充几行内容，如下所示：

```
server.1=master:2888:3888

server.2=slave1:2888:3888

server.3=slave2:2888:3888
```

4. 创建所需目录和新建 myid 文件

由于步骤 3 修改配置文件 zoo.cfg 时，将存放数据快照和事务日志的目录设置为目录 data 和 datalog，所以需要在 master 机器上创建这两个目录。假设当前目录为 "/usr/local/zookeeper-3.4.13"，使用如下命令实现：

```
mkdir data

mkdir datalog
```

然后，在数据快照目录下新建文件 myid 并填写 ID。在 master 机器配置项 dataDir 指定目录下创建文件 "myid"，例如在 dataDir 目录 "/usr/local/zookeeper3.4.13/data" 下使用命令 "vim" 新建文件 myid，并将其内容设置为 "1"。之所以为 "1"，是由于配置文件 zoo.cfg 中 "server.id=host:port:port" 配置项 master 机器对应的 "id" 为 "1"。

5. 同步 ZooKeeper 文件至 slave1、slave2

使用 scp 命令将 master 机器中目录 "zookeeper-3.4.13" 及下属子目录和文件统一拷贝至 slave1 和 slave2 上，依次使用的命令如下所示：

```
scp -r /usr/local/zookeeper-3.4.13 root@slave1:/usr/local/zookeeper-3.4.13

scp -r /usr/local/zookeeper-3.4.13 root@slave2:/usr/local/zookeeper-3.4.13
```

6. 设置$ZOOKEEPER_HOME 的目录属主

为了在普通用户下使用 ZooKeeper 集群，依次将 master、slave1、slave2 3 台机器上的 $ZOOKEEPER_HOME 目录属主设置为 Linux 普通用户(例如 xuluhui)，使用以下命令完成：

```
chown -R xuluhui /usr/local/zookeeper-3.4.13
```

7. 修改 slave1、slave2 文件的 myid 内容

配置文件 conf/zoo.cfg 中 "server.id=host:port:port" 配置项中 id 与哪台主机对应，myid 文件中的内容就是什么数字。本例中，3 台机器按 master、slave1、slave2 对应的 "id" 依

次为 "1、2、3"，因此将 slave1 机器上文件 myid 的内容修改为 "2"，将 slave2 机器上文件 myid 的内容修改为 "3"。

至此，Linux 集群中三台机器的 ZooKeeper 均已安装和配置完毕。

8. 在系统配置文件目录/etc/profile.d 下新建 zookeeper.sh

在 ZooKeeper 集群的所有机器上执行以下操作：

首先，切换到 root 用户，使用 "vim /etc/profile.d/zookeeper.sh" 命令在/etc/profile.d 文件夹下新建文件 zookeeper.sh，添加如下内容：

```
export ZOOKEEPER_HOME=/usr/local/zookeeper-3.4.13
export PATH=$ZOOKEEPER_HOME/bin:$PATH
```

其次，重启机器，使之生效。

此步骤可省略。之所以将$ZOOKEEPER_HOME/bin 加入到系统环境变量 PATH 中，是因为当输入启动和管理 ZooKeeper 集群命令时，无须再切换到$ZOOKEEPER_HOME/bin，否则会出现错误信息 "bash: ****: command not found..."。

例如 master 机器，新建配置文件 zookeeper.sh 前，直接启动 ZooKeeper 集群时会出现错误信息 "bash: zkServer.sh.command not found..."。而新建配置文件 zookeeper.sh 且重启机器后，可以直接启动 ZooKeeper 集群而无须进入到$ZOOKEEPER_HOME/bin 目录下启动 ZooKeeper，效果如图 6-16 所示，这样使用起来会更加方便。

```
[xuluhui@master ~]$ zkServer.sh start
bash: zkServer.sh: command not found...
[xuluhui@master ~]$

[xuluhui@master ~]$ zkServer.sh start
ZooKeeper JMX enabled by default
Using config: /usr/local/zookeeper-3.4.13/bin/../conf/zoo.cfg
Starting zookeeper ... STARTED
[xuluhui@master ~]$
```

图 6-16　$ZOOKEEPER_HOME/bin 加入系统环境变量 PATH 前后服务端命令的使用区别

6.6.5　启动 ZooKeeper 集群

常见的 ZooKeeper 服务启动方式有以下两种。

1) Java 命令行

这是 Java 语言中通常使用的方式，使用 Java 命令来运行 JAR 包，具体方法是在$ZOOKEEPER_HOME 目录下执行如下命令：

```
java -cp zookeeper3.4.13.jar:lib/slf4j-api-1.7.25.jar:lib/slf4j-log4j12-1.7.25.jar:lib/log4j-1.2.17.jar:conf
org.apache.zookeeper.server.quorum.QuorumPeerMain conf/zoo.cfg
```

通过运行上述命令，ZooKeeper 的主入口 QuorumPeerMain 类就会启动 ZooKeeper 服务器。同时，随着 ZooKeeper 服务的启动，其内部的 JMX 也会被启动，方便管理员在 JMX 管理控制台上对 ZooKeeper 进行监控与操作。

2) 使用 ZooKeeper 自带的启动脚本来启动 ZooKeeper

在 ZooKeeper 的$ZOOKEEPER_HOME/bin 目录下有几个脚本，如图 6-17 所示，可以

用这些脚本来启动和停止 ZooKeeper 服务。这个目录下的文件有 ".sh" 和 ".cmd" 两种文件格式，分别适用于 UNIX 系统和 Windows 系统。

```
[xuluhui@master ~]$ ls -all /usr/local/zookeeper-3.4.13/bin
total 48
drwxr-xr-x.  2 xuluhui games  202 Jul  5 11:03 .
drwxr-xr-x. 12 xuluhui games 4096 Jul  5 11:39 ..
-rwxr-xr-x.  1 xuluhui games  232 Jun 29 2018 README.txt
-rwxr-xr-x.  1 xuluhui games 1937 Jun 29 2018 zkCleanup.sh
-rwxr-xr-x.  1 xuluhui games 1056 Jun 29 2018 zkCli.cmd
-rwxr-xr-x.  1 xuluhui games 1534 Jun 29 2018 zkCli.sh
-rwxr-xr-x.  1 xuluhui games 1759 Jun 29 2018 zkEnv.cmd
-rwxr-xr-x.  1 xuluhui games 2696 Jun 29 2018 zkEnv.sh
-rwxr-xr-x.  1 xuluhui games 1089 Jun 29 2018 zkServer.cmd
-rwxr-xr-x.  1 xuluhui games 6773 Jun 29 2018 zkServer.sh
-rwxr-xr-x.  1 xuluhui games  996 Jun 29 2018 zkTxnLogToolkit.cmd
-rwxr-xr-x.  1 xuluhui games 1385 Jun 29 2018 zkTxnLogToolkit.sh
[xuluhui@master ~]$
```

图 6-17　$ZOOKEEPER_HOME/bin 目录下的文件列表

这些脚本文件及其作用如表 6-7 所示。

表 6-7　ZooKeeper 的可执行脚本

脚　　本	说　　明
zkCleanup	清理 ZooKeeper 历史数据，包括事务日志文件和数据快照文件
zkCli	ZooKeeper 客户端
zkEnv	设置 ZooKeeper 环境变量
zkServer	ZooKeeper 服务器的启动、停止和重启
zkTxnLogToolkit	恢复 CRC 损坏的事务日志条目

本例中使用 ZooKeeper 自带的启动脚本来启动 ZooKeeper。在 ZooKeeper 集群的每个节点上，在普通用户 xuluhui 下使用命令 "zkServer.sh start" 来启动 ZooKeeper，使用的命令及效果如图 6-18 所示。从图 6-18 中可以看出，三个节点均显示 "Starting zookeeper … STARTED" 信息。

```
[xuluhui@master ~]$ /usr/local/zookeeper-3.4.13/bin/zkServer.sh start
ZooKeeper JMX enabled by default
Using config: /usr/local/zookeeper-3.4.13/bin/../conf/zoo.cfg
Starting zookeeper ... STARTED
[xuluhui@master ~]$
[xuluhui@slave1 ~]$ /usr/local/zookeeper-3.4.13/bin/zkServer.sh start
ZooKeeper JMX enabled by default
Using config: /usr/local/zookeeper-3.4.13/bin/../conf/zoo.cfg
Starting zookeeper ... STARTED
[xuluhui@slave1 ~]$
[xuluhui@slave2 ~]$ /usr/local/zookeeper-3.4.13/bin/zkServer.sh start
ZooKeeper JMX enabled by default
Using config: /usr/local/zookeeper-3.4.13/bin/../conf/zoo.cfg
Starting zookeeper ... STARTED
[xuluhui@slave2 ~]$
```

图 6-18　启动 ZooKeeper 集群

6.6.6　验证 ZooKeeper 集群

启动 ZooKeeper 集群后可查看 zookeeper.out 的日志。由于 ZooKeeper 集群启动的时候，每个节点都试图去连接集群中的其他节点，故可能启动时后边的节点还没有启动，所以会出现异常的日志，这是正常的。启动后选出一个 Leader 后就稳定了。

查看 ZooKeeper 是否部署成功的第一种方法是：在各个节点上通过 "zkServer.sh status" 命令查看状态，包括集群中各个节点的角色，效果如图 6-19 所示。从图 6-19 中可以看出，slave1 是 Leader。

```
[xuluhui@master ~]$ /usr/local/zookeeper-3.4.13/bin/zkServer.sh status
ZooKeeper JMX enabled by default
Using config: /usr/local/zookeeper-3.4.13/bin/../conf/zoo.cfg
Mode: follower
[xuluhui@master ~]$
[xuluhui@slave1 ~]$ /usr/local/zookeeper-3.4.13/bin/zkServer.sh status
ZooKeeper JMX enabled by default
Using config: /usr/local/zookeeper-3.4.13/bin/../conf/zoo.cfg
Mode: leader
[xuluhui@slave1 ~]$
[xuluhui@slave2 ~]$ /usr/local/zookeeper-3.4.13/bin/zkServer.sh status
ZooKeeper JMX enabled by default
Using config: /usr/local/zookeeper-3.4.13/bin/../conf/zoo.cfg
Mode: follower
[xuluhui@slave2 ~]$
```

图 6-19 通过 zkServer.sh status 查看 ZooKeeper 集群的启动状态

查看 ZooKeeper 是否部署成功的第二种方法是：在各个节点上通过 "jps" 命令查看进程服务，若部署成功的话，可在各个节点上看到 QuorumPeerMain 的进程，效果如图 6-20 所示。

```
[xuluhui@master ~]$ jps
13932 QuorumPeerMain
14238 Jps
[xuluhui@master ~]$

[xuluhui@slave1 ~]$ jps
10001 Jps
9756 QuorumPeerMain
[xuluhui@slave1 ~]$

[xuluhui@slave2 ~]$ jps
9605 QuorumPeerMain
9852 Jps
[xuluhui@slave2 ~]$
```

图 6-20 通过 jps 查看进程服务

6.6.7 关闭 ZooKeeper 集群

在 ZooKeeper 集群的每个节点上，在普通用户 xuluhui 下使用命令 "zkServer.sh stop" 来关闭 ZooKeeper 集群。

6.7 实战 ZooKeeper

通过上面的步骤，我们已经部署好了一个能够正常运行的 ZooKeeper 集群，接下来，本节将从 ZooKeeper 的四字命令、ZooKeeper Shell 命令和 ZooKeeper Java API 编程三个方面来介绍如何使用 ZooKeeper。

6.7.1 ZooKeeper 的四字命令

ZooKeeper 中有一系列的命令可以查看服务器的运行状态，它们的长度通常都是四个英文字母，因此又被称之为"四字命令"。ZooKeeper 的四字命令及功能如表 6-8 所示。

表 6-8 ZooKeeper 的四字命令

命令	功 能 描 述
conf	用于输出 ZooKeeper 服务器运行时使用的基本配置信息，包括 clientPort、dataDir 和 tickTime 等
cons	用于输出当前这台服务器上所有客户端连接的详细信息,包括每个客户端的客户端 IP、会话 ID 和最后一次与服务器交互的操作类型等
crst	功能性命令，用于重置所有客户端连接的统计信息
dump	用于输出当前集群的所有会话信息,包括这些会话的会话 ID 以及每个会话创建的临时节点等信息
envi	用于输出 ZooKeeper 所在服务器运行时的环境信息，包括 os.version、java.version 和 user.home 等
mntr	用于输出比 stat 命令更为详尽的服务器统计信息，包括请求处理的延迟情况、服务器内存数据库大小和集群的数据同步情况
ruok	用于输出当前 ZooKeeper 服务器是否正在运行。该命令的名字非常有趣，其谐音正好是"Are you ok"。执行该命令后，如果当前 ZooKeeper 服务器正在运行，那么返"imok"；否则没有任何响应输出
stat	用于获取 ZooKeeper 服务器的运行时状态信息，包括基本的 ZooKeeper 版本、打包信息、运行时角色、集群数据的节点个数等信息
srvr	和 stat 命令的功能一致，唯一的区别是 srvr 不会将客户端的连接情况输出，仅仅输出服务器的自身信息
srst	功能性命令，用于重置所有服务器的统计信息
wchc	用于输出当前服务器上管理的 Watcher 的详细信息，以会话为单位进行归组，同时列出被该会话注册了 Watcher 的节点路径
wchp	和 wchc 命令非常类似，也是用于输出当前服务器上管理的 Watcher 的详细信息，不同点在于 wchp 命令的输出信息以节点路径为单位进行归组
wchs	用于输出当前服务器上管理的 Watcher 的概要信息

需要注意的是，ruok 命令的输出仅仅只能表明当前服务器是否正在运行，准确地讲，只能说明 2181 端口打开着，同时四字命令执行流程正常，但是不能代表 ZooKeeper 服务器是否运行正常。在很多时候，如果当前服务器无法正常处理客户端的读/写请求，甚至已经无法和集群中的其他机器进行通信，ruok 命令依然返回"imok"。

ZooKeeper 四字命令的使用很简单，通常有两种方式：第一种是通过 telnet 方式，使用 Telnet 客户端登录 ZooKeeper 对外服务端口，然后直接输入四字命令即可，此方式需要在机器上安装 Telnet。例如，telnet 方式使用 ZooKeeper 四字命令"conf"的命令效果如图 6-21 所示。

```
[xuluhui@master ~]$ telnet localhost 2181
Trying ::1...
Connected to localhost.
Escape character is '^]'.
conf
clientPort=2181
dataDir=/usr/local/zookeeper-3.4.13/data/version-2
dataLogDir=/usr/local/zookeeper-3.4.13/datalog/version-2
tickTime=2000
maxClientCnxns=60
minSessionTimeout=4000
maxSessionTimeout=40000
serverId=1
initLimit=10
syncLimit=5
electionAlg=3
electionPort=3888
quorumPort=2888
peerType=0
Connection closed by foreign host.
[xuluhui@master ~]$
```

图 6-21　telnet 方式使用 ZooKeeper 的四字命令

第二种则是使用 nc 方式，命令语法如下所示：

```
echo {command} | nc {host} 2181
```

nc 方式使用 ZooKeeper 四字命令"conf"的命令效果如图 6-22 所示。

```
[xuluhui@master ~]$ echo conf | nc localhost 2181
clientPort=2181
dataDir=/usr/local/zookeeper-3.4.13/data/version-2
dataLogDir=/usr/local/zookeeper-3.4.13/datalog/version-2
tickTime=2000
maxClientCnxns=60
minSessionTimeout=4000
maxSessionTimeout=40000
serverId=1
initLimit=10
syncLimit=5
electionAlg=3
electionPort=3888
quorumPort=2888
peerType=0
[xuluhui@master ~]$
```

图 6-22　nc 方式使用 ZooKeeper 的四字命令

6.7.2　ZooKeeper Shell

1. 服务器命令行工具 zkServer.sh

zkServer.sh 用于启动、查看、关闭 ZooKeeper 集群等，可以使用"zkServer.sh -help"查看其帮助，其具体用法如图 6-23 所示。

```
[xuluhui@master ~]$ zkServer.sh -help
ZooKeeper JMX enabled by default
Using config: /usr/local/zookeeper-3.4.13/bin/../conf/zoo.cfg
Usage: /usr/local/zookeeper-3.4.13/bin/zkServer.sh {start|start-foreground|stop|
restart|status|upgrade|print-cmd}
[xuluhui@master ~]$
```

图 6-23　ZooKeeper Shell 服务器的命令用法

常用选项功能如下所述：

(1) start：启动 ZooKeeper 服务。

(2) stop：停止 ZooKeeper 服务。

(3) restart：重启 ZooKeeper 服务。

(4) status：查看 ZooKeeper 状态。

2. 客户端命令行工具 zkCli.sh

zkCli.sh 用于对 ZooKeeper 文件系统中数据节点进行新建、查看或删除等操作，进入客户端命令行的方法有如下几种：

1) 连接本地 ZooKeeper 服务器

使用命令"zkCli.sh"即可连接到本地 ZooKeeper 服务器，命令中没有显式指定 ZooKeeper 服务器地址，那么默认是本地 ZooKeeper 服务器。使用效果如下所示：

```
[xuluhui@master ~]$ zkCli.sh
[zk: localhost:2181(CONNECTED) 0]
```

2) 连接指定 ZooKeeper 服务器

若希望连接到指定的 ZooKeeper 服务器，可以通过如下命令实现：

```
zkCli.sh -server host:port
```

其中参数"host"表示提供 ZooKeeper 服务的节点 IP 或主机名；参数"port"是 6.6.4 节介绍的客户端连接当前 ZooKeeper 服务器的端口号，一般设置为 2181。例如，连接到 slave1 节点的 ZooKeeper 服务器可通过如下命令实现：

```
[xuluhui@master ~]$ zkCli.sh -server slave1:2181
[zk: slave1:2181(CONNECTED) 0]
```

再如，如下命令并不是连接了两个节点，而是按照顺序连接一个；当第一个连接无法获取时，就连接第二个。

```
[xuluhui@master ~]$ zkCli.sh -server slave1:2181,slave2:2181
[zk: slave1:2181,slave2:2181(CONNECTED) 0]
```

读者可以通过客户端命令行 zkCli.sh 命令"help"来查看可以进行的所有操作，如图 6-24 所示。

```
[zk: slave1:2181(CONNECTED) 0] help
ZooKeeper -server host:port cmd args
        stat path [watch]
        set path data [version]
        ls path [watch]
        delquota [-n|-b] path
        ls2 path [watch]
        setAcl path acl
        setquota -n|-b val path
        history
        redo cmdno
        printwatches on|off
        delete path [version]
        sync path
        listquota path
        rmr path
        get path [watch]
        create [-s] [-e] path data acl
        addauth scheme auth
        quit
        getAcl path
        close
        connect host:port
[zk: slave1:2181(CONNECTED) 1]
```

图 6-24　ZooKeeper Shell 客户端命令的用法

在图 6-24 所展示的客户端命令中，create 用于新建节点，set 用于设置节点数据，get 用于获取节点数据，delete 只能删除一个节点，rmr 可以级联删除，close 用于关闭当前 session，quit 用于退出客户端命令行。几个常用命令的使用方法如表 6-9 所示。由于命令众多，此处不再一一讲解，读者可以自行查阅资料并进行实践。

表 6-9 ZooKeeper Shell 客户端部分命令的使用说明

命令	语 法	功 能
ls	ls path [watch]	列出 ZooKeeper 指定节点下的所有子节点。这个命令仅能看到指定节点下第一级的所有子节点，其中参数 path 用于指定数据节点的节点路径
create	create [-s] [-e] path data acl	创建 ZooKeeper 数据节点。其中，参数-s 和-e 用于指定节点特性，-s 为顺序节点，-e 为临时节点。默认情况下(即不添加-s 或-e 参数的)，创建的是持久节点；参数 path 指定节点路径；参数 data 指定节点数据内容；参数 acl 用来进行权限控制，默认情况下不做任何权限控制
get	get path [watch]	获取 ZooKeeper 指定节点的数据内容和属性信息
set	set path data [version]	更新 ZooKeeper 指定节点的数据内容。其中，参数 data 就是要更新的新内容；参数 version 用于指定本次更新操作是基于数据节点的哪一个数据版本进行的
delete	delete path [version]	删除 ZooKeeper 上指定数据节点。其中，参数 version 的作用与 set 命令中 version 参数一致

3. ZooKeeper Shell 应用实例

(1) 在 ZooKeeper 集群的所有节点上，在普通用户 xuluhui 下使用命令"zkServer.sh start"启动 ZooKeeper，并使用命令"zkServer.sh status"查看哪个节点是 ZooKeeper 的 Leader 服务器。本示例中，slave1 是 Leader 服务器。

(2) 使用命令"zkCli.sh -server slave1:2181"连接到 slave1 节点的 ZooKeeper 服务，进入命令行。使用的命令及运行效果如图 6-25 所示。

```
[xuluhui@master ~]$ zkCli.sh -server slave1:2181
Connecting to slave1:2181
2019-07-08 09:05:10,392 [myid:] - INFO  [main:Environment@100] - Client environm
ent:zookeeper.version=3.4.13-2d71af4dbe22557fda74f9a9b4309b15a7487f03, built on
06/29/2018 04:05 GMT
2019-07-08 09:05:10,395 [myid:] - INFO  [main:Environment@100] - Client environm
ent:host.name=master
2019-07-08 09:05:10,395 [myid:] - INFO  [main:Environment@100] - Client environm
ent:java.version=1.8.0_191
2019-07-08 09:05:10,397 [myid:] - INFO  [main:Environment@100] - Client environm
ent:java.vendor=Oracle Corporation
2019-07-08 09:05:10,397 [myid:] - INFO  [main:Environment@100] - Client environm
ent:java.home=/usr/java/jdk1.8.0_191/jre
2019-07-08 09:05:10,397 [myid:] - INFO  [main:Environment@100] - Client environm
ent:java.class.path=/usr/local/zookeeper-3.4.13/bin/../build/classes:/usr/local/
zookeeper-3.4.13/bin/../build/lib/*.jar:/usr/local/zookeeper-3.4.13/bin/../lib/s
lf4j-log4j12-1.7.25.jar:/usr/local/zookeeper-3.4.13/bin/../lib/slf4j-api-1.7.25.
```

图 6-25 进入 ZooKeeper 客户端命令行

连接成功之后，系统会输出该 ZooKeeper 服务器的相关环境及配置信息，并在屏幕输出"Welcome to ZooKeeper！"等信息，如图 6-26 所示。

```
$SendThread@1029) - Opening socket connection to server slave1/192.168.18.131:21
81. Will not attempt to authenticate using SASL (unknown error)
Welcome to ZooKeeper!
JLine support is enabled
2019-07-08 09:05:10,474 [myid:] - INFO  [main-SendThread(slave1:2181):ClientCnxn
$SendThread@879] - Socket connection established to slave1/192.168.18.131:2181,
initiating session
[zk: slave1:2181(CONNECTING) 0] 2019-07-08 09:05:10,494 [myid:] - INFO  [main-Se
ndThread(slave1:2181):ClientCnxn$SendThread@1303] - Session establishment comple
te on server slave1/192.168.18.131:2181, sessionid = 0x100000539580000, negotiat
ed timeout = 30000

WATCHER::

WatchedEvent state:SyncConnected type:None path:null

[zk: slave1:2181(CONNECTED) 0]
```

图 6-26　ZooKeeper 的相关环境及配置信息

此时，已连接上 slave1 的 ZooKeeper 服务并进入到命令行，且连接端口号为 2181。

(3) 使用命令 ls 查看根节点下的所有子节点，使用的命令及运行效果如下所示：

[zk: slave1:2181(CONNECTED) 0] ls /

[zookeeper]

[zk: slave1:2181(CONNECTED) 1]

第一次部署的 ZooKeeper 集群，默认在根节点"/"下有一个"/zookeeper"的保留节点。

(4) 使用命令 create 在根目录"/"下创建 ZNode "xijing"及相关数据内容，默认创建持久节点，使用的命令及运行效果如下所示：

[zk: slave1:2181(CONNECTED) 1] create /xijing "it's a persistent node"

Created /xijing

[zk: slave1:2181(CONNECTED) 2]

(5) 使用命令 get 查看 ZNode "/xijing"数据内容及节点信息，使用的命令及运行效果如下所示(这里，各个属性信息后均人工添加了注释)：

[zk: slave1:2181(CONNECTED) 2] get /xijing

it's a persistent node　　# 数据节点的数据内容

cZxid = 0x100000002 # 数据节点创建时的事务 ID

ctime = Wed Jul 17 02:25:54 EDT 2019 # 数据节点创建时的时间

mZxid = 0x100000002# 数据节点最后一次更新时的事务 ID

mtime = Wed Jul 17 02:25:54 EDT 2019# 数据节点最后一次更新时的时间

pZxid = 0x100000002# 数据节点的子节点列表最后一次被修改(子节点列表的变更而非子节点内容的变更)时的事务 ID

cversion = 0　　　　　　　　# 子节点的版本号

dataVersion = 0　　　　　　　# 数据节点的版本号

aclVersion = 0　　　　　　　# 数据节点的 ACL 版本号

ephemeralOwner = 0x0　　　　# 如果节点是临时节点，则表示创建该节点的会话的 SessionID；如果节点是持久节点，则该属性值为 0

dataLength = 22　　　　　　　# 数据内容的长度

```
numChildren = 0                 # 数据节点当前的子节点个数
[zk: slave1:2181(CONNECTED) 3]
```

　　从上面的输出信息中可以看到，第一行是节点/xijing 的数据内容，其他几行则是创建该节点的事务 ID(cZxid)、最后一次更新该节点的事务 ID(mZxid)、最后一次更新该节点的时间(mtime)、数据节点的版本号(dataVersion)等属性信息。关于 ZooKeeper 节点的数据结构，6.3.2 节已讲述过。

　　(6) 使用命令 set 对 ZNode "/xijing" 数据内容进行更新，使用的命令及运行效果如下所示：

```
[zk: slave1:2181(CONNECTED) 3] set /xijing "xijing is a persistent node"
cZxid = 0x100000002
ctime = Wed Jul 17 02:25:54 EDT 2019
mZxid = 0x100000003
mtime = Wed Jul 17 02:29:23 EDT 2019
pZxid = 0x100000002
cversion = 0
dataVersion = 1
aclVersion = 0
ephemeralOwner = 0x0
dataLength = 27
numChildren = 0
[zk: slave1:2181(CONNECTED) 4]
```

　　执行完以上命令后，节点 "/xijing" 的数据内容被更新为 "xijing is a persistent node"。从上面的输出信息中可以看到，数据节点最后一次更新时的事务 ID(mZxid)发生了变化，最后一次更新该节点的时间(mtime)发生了变化，数据节点的版本号(dataVersion)由原来的 "0" 变化为当前的 "1"，数据内容的长度(dataLength)由原来的 "22" 变化为当前的 "27"。

　　(7) 使用命令 create 在根目录 "/" 下依次创建持久顺序节点 "xijing"、临时节点 "xijingTmp"、临时顺序节点 "xijingTmp" 及各自相关的数据内容，并查看这 3 个节点信息。依次使用的命令及运行效果如下所示：

```
[zk: slave1:2181(CONNECTED) 4] create -s /xijing "it's a persistent sequential node"
Created /xijing0000000001
[zk: slave1:2181(CONNECTED) 5] get /xijing0000000001
it's a persistent sequential node
cZxid = 0x100000004
ctime = Wed Jul 17 02:34:14 EDT 2019
mZxid = 0x100000004
mtime = Wed Jul 17 02:34:14 EDT 2019
pZxid = 0x100000004
cversion = 0
dataVersion = 0
```

```
aclVersion = 0
ephemeralOwner = 0x0
dataLength = 33
numChildren = 0
[zk: slave1:2181(CONNECTED) 6]
```

执行完以上命令后，就在根目录 "/" 下依次创建了持久顺序节点 "xijing"。从上面的输出信息中可以看到，ZooKeeper 自动在持久顺序节点 "xijing" 名字后添加了数字后缀 "0000000001"，该持久顺序节点的完整名字为 "/xijing0000000001"。

```
[zk: slave1:2181(CONNECTED) 6] create -e /xijingTmp "it's a ephemeral node"
Created /xijingTmp
[zk: slave1:2181(CONNECTED) 7] get /xijingTmp
it's a ephemeral node
cZxid = 0x100000005
ctime = Wed Jul 17 02:34:59 EDT 2019
mZxid = 0x100000005
mtime = Wed Jul 17 02:34:59 EDT 2019
pZxid = 0x100000005
cversion = 0
dataVersion = 0
aclVersion = 0
ephemeralOwner = 0x200075948aa0000
dataLength = 21
numChildren = 0
[zk: slave1:2181(CONNECTED) 8]
```

执行完以上命令后，就在根目录 "/" 下依次创建了临时节点 "xijingTmp"。从上面的输出信息中可以看到，ephemeralOwner 不再是之前持久节点的值 "0x0"，因为该节点是临时节点，此状态信息表示创建该节点的会话的 SessionID。

```
[zk: slave1:2181(CONNECTED) 8] create -e -s /xijingTmp "it's a ephemeral sequential node"
Created /xijingTmp0000000003
[zk: slave1:2181(CONNECTED) 9] get /xijingTmp0000000003
it's a ephemeral sequential node
cZxid = 0x100000006
ctime = Wed Jul 17 02:35:27 EDT 2019
mZxid = 0x100000006
mtime = Wed Jul 17 02:35:27 EDT 2019
pZxid = 0x100000006
cversion = 0
dataVersion = 0
aclVersion = 0
```

```
ephemeralOwner = 0x200075948aa0000
dataLength = 32
numChildren = 0
[zk: slave1:2181(CONNECTED) 10]
```

　　执行完以上命令后，就在根目录"/"下依次创建了临时顺序节点"xijingTmp"。从上面的输出信息中可以看到，ZooKeeper 自动在临时顺序节点"xijingTmp"名字后添加了数字后缀"0000000003"，该临时顺序节点的完整名字为"/xijingTmp0000000003"。

　　(8) 使用命令 ls 再次查看当前根目录下包含的数据节点，使用的命令及运行效果如下所示：

```
[zk: slave1:2181(CONNECTED) 10] ls /
[xijing0000000001, xijingTmp, xijingTmp0000000003, zookeeper, xijing]
[zk: slave1:2181(CONNECTED) 11]
```

　　(9) 使用命令 close 关闭本次连接回话 Session，再使用命令 connect host:port 重新打开一个连接，使用的命令及运行效果如下所示：

```
[zk: slave1:2181(CONNECTED) 11] close
2019-07-17 02:50:32,598 [myid:] - INFO    [main:ZooKeeper@693] - Session: 0x200075948aa0000 closed
2019-07-17 02:50:32,601 [myid:] - INFO    [main-EventThread:ClientCnxn$EventThread@522] - EventThread
shut down for session: 0x200075948aa0000

[zk: slave1:2181(CLOSED) 12] connect slave1:2181
2019-07-17  02:51:16,873  [myid:] -  INFO    [main:ZooKeeper@442] - Initiating  client  connection,
connectString=slave1:2181                                        sessionTimeout=30000
watcher=org.apache.zookeeper.ZooKeeperMain$MyWatcher@6996db8
2019-07-17 02:51:16,876 [myid:] - INFO    [main-SendThread(slave1:2181):ClientCnxn$SendThread@1029] -
Opening socket connection to server slave1/192.168.18.131:2181. Will not attempt to authenticate using SASL
(unknown error)
[zk:      slave1:2181(CONNECTING)     13]      2019-07-17      02:51:16,877     [myid:] -      INFO
[main-SendThread(slave1:2181):ClientCnxn$SendThread@879]  -  Socket   connection   established   to
slave1/192.168.18.131:2181, initiating session
2019-07-17 02:51:16,886 [myid:] - INFO    [main-SendThread(slave1:2181):ClientCnxn$SendThread@1303] -
Session  establishment  complete  on  server  slave1/192.168.18.131:2181,  sessionid = 0x200075948aa0001,
negotiated timeout = 30000

WATCHER::

WatchedEvent state:SyncConnected type:None path:null

[zk: slave1:2181(CONNECTED) 13]
```

　　(10) 再次使用命令 ls 查看当前根目录下包含的数据节点，使用的命令及运行效果如下所示：

```
[zk: slave1:2181(CONNECTED) 13] ls /
[xijing0000000001, zookeeper, xijing]
[zk: slave1:2181(CONNECTED) 14]
```

从上面的输出信息中可以看到，临时节点"xijingTmp"和"/xijingTmp0000000003"均已随着上次会话的关闭而自动删除了。

(11) 删除持久节点"/xijing"和持久顺序节点"/xijing0000000001"，并查看根目录下包含的数据节点，依次使用的命令及运行效果如下所示：

```
[zk: slave1:2181(CONNECTED) 14] delete /xijing
[zk: slave1:2181(CONNECTED) 15] delete /xijing0000000001
[zk: slave1:2181(CONNECTED) 16] ls /
[zookeeper]
[zk: slave1:2181(CONNECTED) 17]
```

(12) 退出与 slave1 节点的 ZooKeeper 服务器连接，使用的命令及运行效果如下所示：

```
[zk: slave1:2181(CONNECTED) 17] quit
Quitting...
2019-07-17 02:56:34,848 [myid:] - INFO    [main:ZooKeepcr@693]   Session: 0x200075948aa0001 closed
2019-07-17 02:56:34,848 [myid:] - INFO    [main-EventThread:ClientCnxn$EventThread@522] - EventThread
shut down for session: 0x200075948aa0001
[xuluhui@master ~]$
```

6.7.3 ZooKeeper Java API 编程

ZooKeeper 作为一个分布式服务框架，主要用来解决分布式数据一致性问题。它提供了简单的分布式原语，并且对多种编程语言提供了 API。下面重点介绍 ZooKeeper 的 Java 客户端 API 的使用方式。

ZooKeeper Java API 面向开发工程师，包含 org.apache.zookeeper、org.apache.zookeeper.data、org.apache.zookeeper.server、org.apache.zookeeper.server.quorum、org.apache.zookeeper.server.upgrade 等包，其中 org.apache.zookeeper 包含 ZooKeeper 类，它是编程时最常用的类文件。本小节仅讲述几个常用的 ZooKeeper Java API，完整的 ZooKeeper Java API 请参考官方参考指南 http://zookeeper.apache.org/doc/r3.4.13/api/index.html，其首页如图 6-27 所示。

1. 创建会话

客户端可以通过创建一个 ZooKeeper(org.apache.zookeeper.ZooKeeper)实例来连接 ZooKeeper 服务器。ZooKeeper 提供了 4 种构造方法，如下所示：

(1) ZooKeeper(java.lang.String connectString, int sessionTimeout, Watcher watcher)。

(2) ZooKeeper(java.lang.String connectString, int sessionTimeout, Watcher watcher, boolean canBeReadOnly)。

(3) ZooKeeper(java.lang.String connectString, int sessionTimeout, Watcher watcher, long sessionId, byte[] sessionPasswd)。

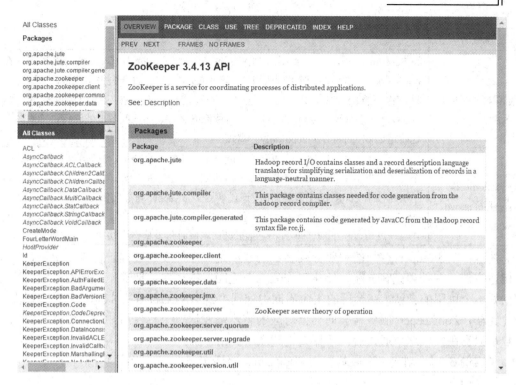

图 6-27　ZooKeeper 3.4.13 API 官方参考指南首页

(4) ZooKeeper(java.lang.String connectString, int sessionTimeout, Watcher watcher, long sessionId, byte[] sessionPasswd, boolean canBeReadOnly)。

任选一个以上构造方法都可以顺序完成与 ZooKeeper 服务器的会话创建，表 6-10 中列出了每个参数的说明。

表 6-10　ZooKeeper 构造方法的参数说明

参数名	说　明
connectString	ZooKeeper 服务器列表，由英文逗号分隔的 host:port 字符串组成，每一个都代表一台 ZooKeeper 服务器，例如 master:2181,slave1:2181,slave2:2181。另外也可以在 connectString 中设置客户端连接上 ZooKeeper 后的根目录，方法是在 host:port 后添加上这个根目录，例如 master:2181,slave1:2181,slave2:2181/xijing，就指定了该客户端连接 ZooKeeper 服务器后，所有对 ZooKeeper 的操作都会基于这个根目录。这个目录也叫 Chroot，即客户端隔离命名空间
sessionTimeout	会话的超时时间，是一个以"毫秒"为单位的整型值。在一个会话周期内，ZooKeeper 客户端和服务器之间会通过心跳检测机制来维持会话的有效性，一旦在 sessionTimeout 时间内没有完成有效的心跳检测，会话就会失效
watcher	允许客户端在构造方法中传入一个接口 Watcher(org.apache.zookeeper.Watcher)的实现类对象来作为默认的 Watcher 事件通知处理器。当然，该是参数可以设置为 null，以表明不需要设置默认的 Watcher 处理器

续表

参数名	说　明
canBeReadOnly	Boolean 类型，用于标识当前会话是否支持 "read-only" 模式。默认情况下，在 ZooKeeper 集群中，一个机器如果和集群中过半及以上机器失去了连接，那么这个机器将不再处理客户端请求，包括读和写请求。但是在某些使用场景下，当 ZooKeeper 服务器发生此类故障时，还是希望 ZooKeeper 服务器能够提供读服务，这就是 ZooKeeper 的 "read-only" 模式
sessionId 和 sessionPasswd	会话 ID 和会话密钥。这两个参数能够唯一确定一个会话，同时客户端使用这两个参数可以实现客户端会话复用，从而达到恢复会话的效果。具体使用方法是，第一次连接上 ZooKeeper 服务器时，通过调用 ZooKeeper 对象实例的 long sessionId 和 byte[] sessionPasswd 两个接口即可获得当前会话的 ID 和密钥。获取到这两个参数值之后，就可以在下次创建 ZooKeeper 对象实例时传入构造方法了

　　注意：ZooKeeper 客户端和服务端会话的建立是一个异步的过程。也就是说，在程序中构造方法会在处理完客户端初始化工作后立即返回，在大多数情况下，此时并没有真正建立好一个可用的会话，在会话的生命周期中处理 "CONNECTING" 状态。当该会话真正创建完毕，ZooKeeper 服务端会向会话对应的客户端发送一个事件通知，以告知客户端。客户端只有在获取这个通知后，才算真正建立了会话。

　　【实例 6-1】 创建一个最基本的 ZooKeeper 会话实例。

　　程序如下：

```
package com.xijing.zookeeper;

import java.util.concurrent.CountDownLatch;

import org.apache.zookeeper.WatchedEvent;

import org.apache.zookeeper.Watcher;

import org.apache.zookeeper.Watcher.Event.KeeperState;

import org.apache.zookeeper.ZooKeeper;

// 创建一个最基本的 ZooKeeper 会话实例
public class ZooKeeperConstructorSample_Basic implements Watcher {

    private static CountDownLatch connectedSemaphore = new CountDownLatch(1);

    public static void main(String[] args) throws Exception {

        ZooKeeper    zk    =    new    ZooKeeper("master:2181,slave1:2181,slave2:2181",5000,new
ZooKeeperConstructorSample_Basic());

        System.out.println(zk.getState());

        try {

            connectedSemaphore.await();

        } catch (InterruptedException e) {}

        System.out.println("ZooKeeper session connected.");

    }
```

```
public void process(WatchedEvent event) {
    System.out.println("Receive watched event: " + event);
    if (KeeperState.SyncConnected == event.getState()) {
        connectedSemaphore.countDown();
    }
}
```

运行程序，输出结果如下：

```
CONNECTING
Receive watched event: WatchedEvent state:SyncConnected type:None path:null
ZooKeeper session connected.
```

上述示例代码使用第一种构造方法 ZooKeeper(java.lang.String connectString, int sessionTimeout, Watcher watcher)，实例化了一个 ZooKeeper 对象 zk，从而建立了会话。另外，ZooKeeperConstructorSample_Basic 类实现了 Watcher 接口，重写了 process 方法。该方法负责处理来自 ZooKeeper 服务端的 Watcher 通知，在收到服务端发来的"SyncConnected"事件之后会解除主程序在 CountDownLatch 上的等待阻塞。至此，客户端会话创建完毕。

2. 创建节点

客户端可以通过 ZooKeeper 的 create 方法创建一个数据节点。ZooKeeper 提供了两种方法，如下所述：

(1) java.lang.String create(java.lang.String path, byte[] data, java.util.List<ACL> acl, CreateMode createMode)。

(2) void create(java.lang.String path, byte[] data, java.util.List<ACL> acl, CreateMode createMode, AsyncCallback.StringCallback cb, java.lang.Object ctx)。

这两个方法分别以同步和异步方式创建节点，表 6-11 中列出了每个参数的说明。

表 6-11 ZooKeeper create API 方法的参数说明

参数名	说 明
path	需要创建的数据节点的路径
data[]	一个字节数组，是数据节点创建后的初始内容
acl	数据节点的 ACL 策略
createMode	节点类型，是一个枚举类型，包含 4 种可选的节点类型： (1) EPHEMERAL：临时节点 (2) EPHEMERAL_SEQUENTIAL：临时顺序节点 (3) PERSISTENT：持久节点 (4) PERSISTENT_SEQUENTIAL：持久顺序节点
cb	注册一个异步回调函数。开发人员需要实现 StringCallback 接口，主要是对下面这个方法的重写： void processResult(int rc, String path, Object ctx, String name); 当服务端节点创建完毕后，ZooKeeper 客户端就会自动调用这个方法，就可以处理相关的业务逻辑了
ctx	用于传递一个对象，可以在回调方法执行时使用，通常是一个上下文信息

关于 create 方法的使用需要注意以下几点：

(1) 无论是同步还是一异步，ZooKeeper 都不支持递归创建，即无法在父节点不存在的情况下创建一个子节点。另外，如果一个节点已经存在了，那么创建同名节点的时候，会抛出 NodeExistsException 异常。

(2) 目前，ZooKeeper 节点数据内容只支持字节数组 byte[]类型。也就是说，ZooKeeper 不负责对节点内容进行序列化，开发人员需要自己使用序列化工具对节点内容进行序列化和反序列化。对于字符串，可以简单地使用 "string".getBytes()来生成一个字节数组；对于其他复杂对象，可以使用 Hessian 或是 Kryo 等专门的序列化工具来进行序列化。

(3) 关于权限控制，如果你的应用场景没有太高的权限要求，那么可以不关注这个参数，只需要在 acl 参数中传入参数 Ids.OPEN_ACL_UNSAFE，这表明之后对这个节点的任何操作都不受权限控制。

【实例 6-2】 使用同步方式的 create API 创建一个 ZooKeeper 数据节点。

程序如下：

```
package com.xijing.zookeeper;

import java.util.concurrent.CountDownLatch;
import org.apache.zookeeper.CreateMode;
import org.apache.zookeeper.WatchedEvent;
import org.apache.zookeeper.Watcher;
import org.apache.zookceper.Watcher.Event.KeeperState;
import org.apache.zookeeper.ZooDefs.Ids;
import org.apache.zookeeper.ZooKeeper;


// 使用同步方式的 create API 创建一个 ZooKeeper 数据节点
public class CreateZnodeSample_sync implements Watcher {
    private static CountDownLatch connectedSemaphore = new CountDownLatch(1);

    public static void main(String[] args) throws Exception {
        ZooKeeper zk = new ZooKeeper("master:2181,slave1:2181,slave2:2181",5000,new CreateZnodeSample_sync());
        connectedSemaphore.await();
        String path1 = zk.create("/xijingTmp-", "".getBytes(), Ids.OPEN_ACL_UNSAFE, CreateMode.EPHEMERAL);
        System.out.println("Sucess create znode: " + path1);

        String path2= zk.create("/xijingTmp-", "".getBytes(), Ids.OPEN_ACL_UNSAFE, CreateMode.EPHEMERAL_SEQUENTIAL);
        System.out.println("Sucess create znode: " + path2);
```

```
    }

    public void process(WatchedEvent event) {
        System.out.println("Receive watched event: " + event);
        if (KeeperState.SyncConnected == event.getState()) {
            connectedSemaphore.countDown();
        }
    }
}
```

运行程序，输出结果如下：

```
Receive watched event: WatchedEvent state:SyncConnected type:None path:null
Sucess create znode: /xijingTmp-
Sucess create znode: /xijingTmp-0000000012
```

上述示例代码使用同步的创建节点接口方法：java.lang.String create(java.lang.String path, byte[] data, java.util.List<ACL> acl, CreateMode createMode)。在接口使用中，该代码分别创建了临时节点和临时顺序节点两种类型的节点。从程序运行结果中可以看出，如果创建了临时节点，那么 API 的返回值就是当时传入的 path 参数；如果创建了临时顺序节点，那么 ZooKeeper 会自动在节点最后加上一个数字后缀，并且在 API 接口的返回值中返回该数据节点的一个完整的节点路径。

【实例 6-3】 使用异步方式的 create API 创建一个 ZooKeeper 数据节点。

程序如下：

```
package com.xijing.zookeeper;

import java.util.concurrent.CountDownLatch;
import org.apache.zookeeper.CreateMode;
import org.apache.zookeeper.WatchedEvent;
import org.apache.zookeeper.Watcher;
import org.apache.zookeeper.Watcher.Event.KeeperState;
import org.apache.zookeeper.ZooDefs.Ids;
import org.apache.zookeeper.ZooKeeper;
import org.apache.zookeeper.AsyncCallback;

// 使用异步方式的 create API 创建一个 ZooKeeper 数据节点
public class CreateZnodeSample_ASync implements Watcher {
    private static CountDownLatch connectedSemaphore = new CountDownLatch(1);

    public static void main(String[] args) throws Exception {
        ZooKeeper    zk    =    new    ZooKeeper("master:2181,slave1:2181,slave2:2181",5000,new
```

```
CreateZnodeSample_ASync());
        connectedSemaphore.await();

        zk.create("/xijingTmp-", "".getBytes(), Ids.OPEN_ACL_UNSAFE, CreateMode.EPHEMERAL,new
IStringCallback(),"I am context");
        zk.create("/xijingTmp-", "".getBytes(), Ids.OPEN_ACL_UNSAFE, CreateMode.EPHEMERAL,new
IStringCallback(),"I am context");
        zk.create("/xijingTmp-",                "".getBytes(),                Ids.OPEN_ACL_UNSAFE,
CreateMode.EPHEMERAL_SEQUENTIAL,new IStringCallback(),"I am context");

        Thread.sleep(Integer.MAX_VALUE);
    }

    public void process(WatchedEvent event) {
        if (KeeperState.SyncConnected == event.getState()) {
            connectedSemaphore.countDown();
        }
    }
}
class IStringCallback implements AsyncCallback.StringCallback {
    public void processResult(int rc,String path, Object ctx, String name) {
        System.out.println("Create znode result: ["+ rc +", "+ path + ", "+ ctx +", real znode name: "+ name);
    }
}
```

运行程序，输出结果如下：

```
Create znode result: [0, /xijingTmp-, I am context, real znode name: /xijingTmp-
Create znode result: [-110, /xijingTmp-, I am context, real znode name: null
Create znode result: [0, /xijingTmp-, I am context, real znode name: /xijingTmp-0000000022
```

从上述示例代码可以看出，使用异步方式创建节点也很简单，用户仅仅需要实现 AsyncCallback.StringCallback 接口即可。AsyncCallback 包含了 ACLCallback、Children2Callback、ChildrenCallback、DataCallback、MultiCallback、StatCallback、StringCallback 和 VoidCallback 八种不同的回调接口，用户可以在不同的异步接口中实现不同的接口。

和同步方式最大的区别在于，节点的创建过程是异步的，而且在同步方式调用过程中，需要关注接口抛出异常的可能；但在异步方式中，接口本身是不会抛出异常的，所有的异常都会在回调函数中通过响应码 Result Code 来体现。本例输出结果第二条的 Result Code 为"-110"，表示节点已存在。

关于回调函数 void processResult(int rc,String path, Object ctx, String name)的几个参数说明如表 6-12 所示。

表 6-12　processResult 方法的参数说明

参数名	说　　明
rc	Result Code，服务端响应码。客户端可以从这个响应码中识别出 API 调用的结果，常见的响应码如下： (1) 0(OK)：接口调用成功。 (2) -4(ConnectionLoss)：客户端与服务端连接已断开。 (3) -110(NodeExists)：指定节点已存在。 (4) -112(SessionExpired)：会话已过期
path	接口调用时传入 API 的数据节点的节点路径参数值
ctx	接口调用时传入 API 的 ctx 参数值
name	实际在服务端上创建的节点名

在上述示例代码中，第三次创建节点时，由于创建的节点类型是顺序节点，因此在服务端没有真正创建好顺序节点之前，客户端无法知道节点的完整节点路径。因此在回调方法中，服务端会返回这个数据节点的完整节点路径 "/xijingTmp-0000000022"。

3. 删除节点

客户端可以通过 ZooKeeper 的 delete 方法删除一个数据节点。ZooKeeper 提供了两种方法，如下所述：

(1)　void delete(java.lang.String path, int version)。

(2)　void delete(java.lang.String path, int version, AsyncCallback.VoidCallback cb, java.lang.Object ctx)。

这两个方法分别以同步和异步方式删除节点，表 6-13 中列出了每个参数的说明。

表 6-13　ZooKeeper delete API 方法的参数说明

参数名	说　　明
path	指定欲删除的数据节点的路径
version	指定数据节点的数据版本，即表明本次删除操作是针对该数据版本进行的
cb	注册一个异步回调函数
ctx	用于传递上下文信息的对象

需要注意的是，在 ZooKeeper 中，只允许删除叶子节点，也就是说，如果一个节点存在子节点，那么该节点将无法被直接删除，必须先删除掉其所有子节点。

【实例 6-4】　使用同步方式的 delete API 删除一个 ZooKeeper 数据节点。

程序如下：

```
package com.xijing.zookeeper;

import java.util.concurrent.CountDownLatch;
import org.apache.zookeeper.CreateMode;
import org.apache.zookeeper.WatchedEvent;
import org.apache.zookeeper.Watcher;
```

```
import org.apache.zookeeper.Watcher.Event.KeeperState;
import org.apache.zookeeper.ZooDefs.Ids;
import org.apache.zookeeper.ZooKeeper;

// 使用同步方式的 delete API 删除一个 ZooKeeper 数据节点
public class DeleteZnodeSample_Sync implements Watcher {
    private static CountDownLatch connectedSemaphore = new CountDownLatch(1);

    public static void main(String[] args) throws Exception {
        ZooKeeper       zk       =       new       ZooKeeper("master:2181,slave1:2181,slave2:2181",5000,new
DeleteZnodeSample_Sync());
        connectedSemaphore.await();
        // 创建节点
        String   path = zk.create("/xijingTmp-",   "".getBytes(),   Ids.OPEN_ACL_UNSAFE,   CreateMode.
EPHEMERAL);
        System.out.println("Sucess create znode: " + path);
        // 删除节点
        zk.delete(path, -1);
        System.out.println("Sucess delete znode: " + path);
    }
    public void process(WatchedEvent event) {
        System.out.println("Receive watched event: " + event);
        if (KeeperState.SyncConnected == event.getState()) {
            connectedSemaphore.countDown();
        }
    }
}
```

运行程序，输出结果如下：

```
Receive watched event: WatchedEvent state:SyncConnected type:None path:null
Sucess create znode: /xijingTmp-
Sucess delete znode: /xijingTmp-
```

在上述示例代码中，删除节点方法中参数 version 传入的值为 "-1"。严格地讲，"-1"
并不是一个合法的数据版本，仅仅是一个标识符。如果客户端传入的版本参数是 "-1"，就
是要告诉 ZooKeeper 服务器，客户端需要基于数据的最新版本进行删除操作。

4. 读取数据

读取数据包括子节点列表的获取和节点数据的获取两个方面。

1) getChildren

客户端可以通过 ZooKeeper 的 getChildren 方法来获取一个节点的子节点列表，有如下

8 种方法可供使用：

(1) java.util.List<java.lang.String> getChildren(java.lang.String path, boolean watch)。

(2) void getChildren(java.lang.String path, boolean watch, AsyncCallback.Children2Callback cb, java.lang.Object ctx)。

(3) void getChildren(java.lang.String path, boolean watch, AsyncCallback.ChildrenCallback cb, java.lang.Object ctx)。

(4) java.util.List<java.lang.String> getChildren(java.lang.String path, boolean watch, Stat stat)。

(5) java.util.List<java.lang.String> getChildren(java.lang.String path, Watcher watcher)。

(6) void getChildren(java.lang.String path, Watcher watcher, AsyncCallback.Children2Callback cb, java.lang.Object ctx)。

(7) void getChildren(java.lang.String path, Watcher watcher, AsyncCallback.ChildrenCallback cb, java.lang.Object ctx)。

(8) java.util.List<java.lang.String> getChildren(java.lang.String path, Watcher watcher, Stat stat)。

以上 8 种方法包含同步和异步方式获取子节点列表，表 6-14 中列出了每个参数的说明。

表 6-14　ZooKeeper getChildren API 方法的参数说明

参数名	说　　明
path	指定数据节点的路径
watcher	注册的 Watcher。一旦在本次子节点获取之后，子节点列表发生变更的话，那么就会向客户端发送通知。该参数允许传入 null
watch	表明是否需要注册一个 Watcher。如果这个参数值为 true，那么 ZooKeeper 客户端会自动使用默认 Watcher；如果为 false，表明不需要注册 Watcher
cb	注册一个异步回调函数
ctx	用于传递上下文信息的对象
stat	指定数据节点的节点状态信息。使用方法是在方法中传入一个旧的 stat 变量，该 stat 变量会在方法执行过程中，被来自服务端响应的新 stat 对象替换

关于 getChildren 方法的使用需要注意以下几点：

(1) Watcher。如果 ZooKeeper 客户端在获取到指定节点的子节点列表后，还需要订阅这个节点的子节点列表变化的通知，那么就可以通过注册一个 Watcher 来实现。当有子节点被添加或是删除时，服务端就会向客户端发送一个 NodeChildrenChanged(EventType. NodeChildrenChanged)类型的事件通知。

注意：在服务端发送给客户端的事件通知中，是不包含最新的子节点列表的，客户端必须主动重新获取。

(2) stat。stat 对象中记录了一个节点的状态信息，包括节点创建时的事务 ID(cZxid)、最后一次修改的事务 ID(mZxid)、节点数据内容的长度(dataLength)等。有时候，不仅需要获取节点的最新子节点列表，还需要获取这个节点的最新状态信息。对于这种情况，可以将一个旧的 stat 变量传入 API 接口。该 stat 变量会在方法执行过程中，被来自服务端响应的新 stat 对象替换。

【实例6-5】使用同步方式的 getChildren API 获取 ZooKeeper 数据节点的子节点列表。

程序如下：

```
package com.xijing.zookeeper;

import java.util.List;
import java.util.concurrent.CountDownLatch;
import org.apache.zookeeper.CreateMode;
import org.apache.zookeeper.WatchedEvent;
import org.apache.zookeeper.Watcher;
import org.apache.zookeeper.Watcher.Event.EventType;
import org.apache.zookeeper.Watcher.Event.KeeperState;
import org.apache.zookeeper.ZooDefs.Ids;
import org.apache.zookeeper.ZooKeeper;

// 使用同步方式的 getChildren API 获取 ZooKeeper 数据节点的子节点列表
public class ReadZnodeGetChildrenSample_Sync implements Watcher {
    private static CountDownLatch connectedSemaphore = new CountDownLatch(1);
    private static ZooKeeper zk = null;

    public static void main(String[] args) throws Exception {
        String path = "/xijing";
        zk = new ZooKeeper("master:2181,slave1:2181,slave2:2181", 5000,
                new ReadZnodeGetChildrenSample_Sync());
        connectedSemaphore.await();
        zk.create(path, "".getBytes(), Ids.OPEN_ACL_UNSAFE, CreateMode.PERSISTENT);
        zk.create(path + "/c1", "".getBytes(), Ids.OPEN_ACL_UNSAFE, CreateMode.EPHEMERAL);

        List<String> childrenList = zk.getChildren(path, true);
        System.out.println("Get child: " + childrenList);

        zk.create(path + "/c2", "".getBytes(), Ids.OPEN_ACL_UNSAFE, CreateMode.EPHEMERAL);

        Thread.sleep(Integer.MAX_VALUE);
    }

    public void process(WatchedEvent event) {
        System.out.println("Receive watched event: " + event);
        if (KeeperState.SyncConnected == event.getState()) {
```

```
                if (EventType.None == event.getType() && null == event.getPath()) {
                    connectedSemaphore.countDown();
                } else if (EventType.NodeChildrenChanged == event.getType()) {
                    try {
                        System.out.println("Reget child: " + zk.getChildren(event.getPath(), true));
                    } catch (Exception e) {}
                }
            }
        }
}
```

运行程序，输出结果如下：

```
Receive watched event: WatchedEvent state:SyncConnected type:None path:null
Get child: [c1]
Receive watched event: WatchedEvent state:SyncConnected type:NodeChildrenChanged path:/xijing
Reget child: [c1, c2]
```

在上述示例代码中，首先创建了一个父亲持久节点/xijing 和一个孩子临时节点/xijing/c1，然后调用 getChildren 的同步接口来获取数据节点/xijing 下的所有子节点，同时在调用接口时注册了一个 Watcher；接着继续在/xijing 下创建孩子临时节点/xijing/c2。由于之前已对节点/xijing 注册了一个 Watcher，因此一旦此时有子节点被创建，ZooKeeper 服务端就会向客户端发出一个 NodeChildrenChanged 事件通知。因此，客户端在收到这个事件通知后就可以再次调用 getChildren 方法来获取新的子节点列表。

另外，从输出结果中可以发现，调用 getChildren 获取到的节点列表，都是数据节点的相对节点路径。例如输出结果中是 "c1"、"c2"，完整的 ZNode 路径应该是/xijing/c1 和/xijing/c2。

【实例 6-6】使用异步方式的 getChildren API 获取 ZooKeeper 数据节点的子节点列表。

程序如下：

```
package com.xijing.zookeeper;

import java.util.List;
import java.util.concurrent.CountDownLatch;
import org.apache.zookeeper.AsyncCallback;
import org.apache.zookeeper.CreateMode;
import org.apache.zookeeper.WatchedEvent;
import org.apache.zookeeper.Watcher;
import org.apache.zookeeper.Watcher.Event.EventType;
import org.apache.zookeeper.Watcher.Event.KeeperState;
import org.apache.zookeeper.ZooDefs.Ids;
import org.apache.zookeeper.ZooKeeper;
import org.apache.zookeeper.data.Stat;
```

```
// 使用异步方式的 getChildren API 获取 ZooKeeper 数据节点的子节点列表
public class ReadZnodeGetChildrenSample_ASync implements Watcher {
    private static CountDownLatch connectedSemaphore = new CountDownLatch(1);
    private static ZooKeeper zk = null;

    public static void main(String[] args) throws Exception {
        String path = "/xijing";
        zk = new ZooKeeper("master:2181,slave1:2181,slave2:2181", 5000,
                new ReadZnodeGetChildrenSample_ASync());
        connectedSemaphore.await();
        zk.create(path, "".getBytes(), Ids.OPEN_ACL_UNSAFE, CreateMode.PERSISTENT);
        zk.create(path + "/c1", "".getBytes(), Ids.OPEN_ACL_UNSAFE, CreateMode.EPHEMERAL);

        zk.getChildren(path, true, new IChildren2Callback(), null);

        zk.create(path + "/c2", "".getBytes(), Ids.OPEN_ACL_UNSAFE, CreateMode.EPHEMERAL);

        Thread.sleep(Integer.MAX_VALUE);
    }

    public void process(WatchedEvent event) {
        System.out.println("Receive watched event: " + event);
        if (KeeperState.SyncConnected == event.getState()) {
            if (EventType.None == event.getType() && null == event.getPath()) {
                connectedSemaphore.countDown();
            } else if (EventType.NodeChildrenChanged == event.getType()) {
                try {
                    System.out.println("Reget child: " + zk.getChildren(event.getPath(), true));
                } catch (Exception e) {
                }
            }
        }
    }
}

class IChildren2Callback implements AsyncCallback.Children2Callback {
    public void processResult(int rc, String path, Object ctx, List<String> children, Stat stat) {
        System.out.println("Get children znode result: result code: " + rc + ", param path: " + path + ", ctx: " +
```

```
ctx + ", children list: " + children + ", stat: " + stat);
        }
}
```

运行程序，输出结果如下：

Receive watched event: WatchedEvent state:SyncConnected type:None path:null

Get children znode result: result code: 0, param path: /xijing, ctx: null, children list: [c1], stat: 4294967496,4294967496,1563420475412,1563420475412,0,1,0,0,0,1,4294967497

Receive watched event: WatchedEvent state:SyncConnected type:NodeChildrenChanged path:/xijing

Reget child: [c1, c2]

上述示例代码将子节点列表的获取逻辑进行了异步化。异步接口通常会应用在这样的使用场景中：应用启动的时候，会获取一些配置信息(例如"机器列表")。这些配置通常比较大，并且不希望配置的获取影响应用的主流程。

2）getData

客户端可以通过 ZooKeeper 的 getData 方法来获取一个节点的数据内容，有如下 4 种方法可供使用：

（1）void getData(java.lang.String path, boolean watch, AsyncCallback.DataCallback cb, java.lang.Object ctx)。

（2）byte[] getData(java.lang.String path, boolean watch, Stat stat)。

（3）void getData(java.lang.String path, Watcher watcher, AsyncCallback.DataCallback cb, java.lang.Object ctx)。

（4）byte[] getData(java.lang.String path, Watcher watcher, Stat stat)

以上四种方法包含同步和异步方式获取节点数据内容，表 6-15 中列出了每个参数的说明。

表 6-15　ZooKeeper getDataAPI 方法的参数说明

参数名	说　　明
path	指定数据节点的路径
watcher	注册的 Watcher。一旦之后节点内容有变更，那么就会向客户端发送通知。该参数允许传入 null
watch	表明是否需要注册一个 Watcher。如果这个参数值为 true，那么 ZooKeeper 客户端会自动使用默认 Watcher；如果为 false，表明不需要注册 Watcher
cb	注册一个异步回调函数
ctx	用于传递上下文信息的对象
stat	指定数据节点的节点状态信息。使用方法是在方法中传入一个旧的 stat 变量，该 stat 变量会在方法执行过程中，被来自服务端响应的新 stat 对象替换

getData 方法和上文中 getChildren 方法的用法基本相同，这里需要关注一下注册 Watcher 的不同之处。可靠客户端在获取一个节点的数据内容时，是可以进行 Watcher 注册的。这

样，一旦该节点的数据内容发生变更，ZooKeeper 服务端就会向客户端发送一个 NodeDataChanged(EventType.NodeDataChanged)的事件通知。另外，API 的返回结果类型是 byte[]。上文中已提到，目前 ZooKeeper 只支持这种类型的数据存储，所以在获取数据的时候也应该返回此类型。

【实例 6-7】 使用同步方式的 getData API 获取 ZooKeeper 数据节点的数据内容。

程序如下：

```java
package com.xijing.zookeeper;

import java.util.concurrent.CountDownLatch;
import org.apache.zookeeper.CreateMode;
import org.apache.zookeeper.WatchedEvent;
import org.apache.zookeeper.Watcher;
import org.apache.zookeeper.Watcher.Event.EventType;
import org.apache.zookeeper.Watcher.Event.KeeperState;
import org.apache.zookeeper.ZooDefs.Ids;
import org.apache.zookeeper.ZooKeeper;
import org.apache.zookeeper.data.Stat;

// 使用同步方式的 getData API 获取 ZooKeeper 数据节点的数据内容
public class ReadZnodeGetDataSample_Sync implements Watcher {
    private static CountDownLatch connectedSemaphore = new CountDownLatch(1);
    private static ZooKeeper zk = null;
    private static Stat stat = new Stat();

    public static void main(String[] args) throws Exception {
        String path = "/xijing";
        zk = new ZooKeeper("master:2181,slave1:2181,slave2:2181", 5000, new ReadZnodeGetDataSample_
Sync());
        connectedSemaphore.await();
        zk.create(path, "xijing colleage".getBytes(), Ids.OPEN_ACL_UNSAFE, CreateMode.EPHEMERAL);
        System.out.println(new String(zk.getData(path, true, stat)));
        System.out.println("czxid: "+stat.getCzxid() + ", mzxid: " + stat.getMzxid() + ", version:" +
stat.getVersion());
        zk.setData(path, "xijing university".getBytes(), -1);

        Thread.sleep(Integer.MAX_VALUE);
    }

    public void process(WatchedEvent event) {
```

```
            System.out.println("Receive watched event: " + event);
            if (KeeperState.SyncConnected == event.getState()) {
                if (EventType.None == event.getType() && null == event.getPath()) {
                    connectedSemaphore.countDown();
                } else if (EventType.NodeDataChanged == event.getType()) {
                    try {
                        System.out.println(new String(zk.getData(event.getPath(), true, stat)));
                        System.out.println("czxid: "+stat.getCzxid() + ", mzxid: " + stat.getMzxid() + ",
version:" + stat.getVersion());
                    } catch (Exception e) {
                    }
                }
            }
        }
}
```

运行程序，输出结果如下：

```
Receive watched event: WatchedEvent state:SyncConnected type:None path:null
xijing colleage
czxid: 4294967513, mzxid: 4294967513, version:0
Receive watched event: WatchedEvent state:SyncConnected type:NodeDataChanged path:/xijing
xijing colleage
czxid: 4294967513, mzxid: 4294967514, version:1
```

　　上述示例代码首先创建了一个节点/xijing，并初始化其数据内容为 "xijing college"，然后调用 getData 的同步接口来获取节点/xijing 的数据内容，调用的同时注册了一个 Watcher；接着以同样的数据内容 "xijing college" 去更新该节点的数据内容。此时，由于之前在该节点上注册了一个 Watcher，因此一旦该节点的数据发生变化，ZooKeeper 服务器端就会向客户端发出一个 NodeDataChanged 的事件通知。客户端在接收到这个事件通知后，再次调用 getData 接口来获取新的数据内容。另外，在调用 getData 的同时传入了一个 stat 变量，在 ZooKeeper 客户端的内部实现中，会从服务端的响应中获取到数据节点的最新节点状态信息，来替换这个客户端的旧状态。

　　从上面的输出结果中可以看到，第一次客户端主动调用 getData 接口获取的数据为：

```
xijing colleage
czxid: 4294967513, mzxid: 4294967513, version:0
```

　　第二次则是节点数据变更后，服务端发送 Watcher 事件通知给客户端后，客户端再次调用 getData 接口获取的数据，为：

```
xijing colleage
czxid: 4294967513, mzxid: 4294967514, version:1
```

　　读者可以发现，在两次调用的输出结果中，节点的数据内容并没有发生变化。既然节点的数据内容并没有发生变化，那么 ZooKeeper 服务端为什么会向客户端发送 Watcher 事件通知呢？前文已经讲过，节点的数据内容或是节点的数据版本发生变化，都被看做是 ZooKeeper 节点的变化。从输出结果中可以看到，节点的数据版本从"0"变化为"1"，最后一次修改数据节点的事务 ID 由"4294967513"变化为"4294967514"。这里要明确的一点是：节点的数据内容或是数据版本发生变化，都会触发服务端的 NodeDataChanged 通知。

【实例 6-8】 使用异步方式的 getData API 获取 ZooKeeper 数据节点的数据内容。

程序如下：

```
package com.xijing.zookeeper;

import java.util.concurrent.CountDownLatch;
import org.apache.zookeeper.AsyncCallback;
import org.apache.zookeeper.CreateMode;
import org.apache.zookeeper.WatchedEvent;
import org.apache.zookeeper.Watcher;
import org.apache.zookeeper.Watcher.Event.EventType;
import org.apache.zookeeper.Watcher.Event.KeeperState;
import org.apache.zookeeper.ZooDefs.Ids;
import org.apache.zookeeper.ZooKeeper;
import org.apache.zookeeper.data.Stat;

// 使用异步方式的 getData API 获取 ZooKeeper 数据节点的数据内容
public class ReadZnodeGetDataSample_ASync implements Watcher {
    private static CountDownLatch connectedSemaphore = new CountDownLatch(1);
    private static ZooKeeper zk = null;

    public static void main(String[] args) throws Exception {
        String path = "/xijing";
        zk = new ZooKeeper("master:2181,slave1:2181,slave2:2181", 5000, new ReadZnodeGetDataSample_ASync());
        connectedSemaphore.await();

        zk.create(path, "xijing colleage".getBytes(), Ids.OPEN_ACL_UNSAFE, CreateMode.EPHEMERAL);
        zk.getData(path, true, new IDataCallback(), null);
        zk.setData(path, "xijing university".getBytes(), -1);

        Thread.sleep(Integer.MAX_VALUE);
    }

    public void process(WatchedEvent event) {
```

```
            System.out.println("Receive watched event: " + event);
            if (KeeperState.SyncConnected == event.getState()) {
                if (EventType.None == event.getType() && null == event.getPath()) {
                    connectedSemaphore.countDown();
                } else if (EventType.NodeDataChanged == event.getType()) {
                    try {
                        zk.getData(event.getPath(), true, new IDataCallback(), null);
                    } catch (Exception e) {
                    }
                }
            }
        }
}

class IDataCallback implements AsyncCallback.DataCallback {
    public void processResult(int rc, String path, Object ctx, byte[] data, Stat stat) {
        System.out.println(rc + ", " + path + "," + new String(data));
        System.out.println("czxid: " + stat.getCzxid() + ", mzxid: " + stat.getMzxid() + ", version:" +
stat.getVersion());
    }
}
```

运行程序，输出结果如下：

```
Receive watched event: WatchedEvent state:SyncConnected type:None path:null
0, /xijing,xijing colleage
czxid: 4294967581, mzxid: 4294967581, version:0
Receive watched event: WatchedEvent state:SyncConnected type:NodeDataChanged path:/xijing
0, /xijing,xijing university
czxid: 4294967581, mzxid: 4294967582, version:1
```

上述代码就是使用 getData 接口的异步方式实现获取数据内容的示例程序。

5. 更新数据

客户端可以通过 ZooKeeper 的 setData 方法来更新一个数据节点的数据内容。ZooKeeper
提供了两种方法，如下所述：

（1）Stat setData(java.lang.String path, byte[] data, int version)。

（2）void setData(java.lang.String path, byte[] data, int version, AsyncCallback.StatCallback
cb, java.lang.Object ctx)。

这两种方法分别以同步和异步方式更新节点数据内容，表 6-16 中列出了每个参数的
说明。

表 6-16　ZooKeeper setData API 方法的参数说明

参数名	说　　明
path	指定数据节点的路径
data	一个字节数组，即需要使用该数据内容来覆盖节点现有的数据内容
version	指定数据节点的数据版本，即表明本次更新操作是针对该数据版本进行的
cb	注册一个异步回调函数
ctx	用于传递上下文信息的对象

更新数据的方法比较简单。这里需要说明的是，version 参数用于指定节点的数据版本，表明本次更新操作是针对指定的数据版本进行的。但是在上文讲过的读取数据的方法 getData 中，并没有提供根据指定的数据版本来获取数据的接口，那么，这里数据版本更新的意义何在呢？

ZooKeeper setData 接口中的 version 参数是由 CAS 原理衍化而来的。从前面的介绍中我们已经了解到，ZooKeeper 每个节点都有数据版本的概念，在调用更新操作的时候，就可以添加 version 参数。该参数可以对应于 CAS 原理中的"预期值"，表明是针对该数据版本进行更新的。具体来说，假如一个客户端试图进行更新操作，它会携带上次获取到的 version 值进行更新。而如果在这段时间内，ZooKeeper 服务器上该节点的数据恰好已经被其他客户端更新了，那么其数据版本一定也发生了变化，与客户端携带的 version 无法匹配，因此便无法更新成功。这里 version 可以有效地避免一些分布式更新的的并发问题。ZooKeeper 的客户端可以利用该特性构建更复杂的应用场景，例如分布式锁。

【实例 6-9】 使用同步方式的 setData API 更新 ZooKeeper 数据节点的数据内容。

程序如下：

```
package com.xijing.zookeeper;

import java.util.concurrent.CountDownLatch;
import org.apache.zookeeper.CreateMode;
import org.apache.zookeeper.KeeperException;
import org.apache.zookeeper.WatchedEvent;
import org.apache.zookeeper.Watcher;
import org.apache.zookeeper.Watcher.Event.EventType;
import org.apache.zookeeper.Watcher.Event.KeeperState;
import org.apache.zookeeper.ZooDefs.Ids;
import org.apache.zookeeper.ZooKeeper;
import org.apache.zookeeper.data.Stat;

// 使用同步方式的 setData API 更新 ZooKeeper 数据节点的数据内容
public class WriteZnodeSetDataSample_Sync implements Watcher {
    private static CountDownLatch connectedSemaphore = new CountDownLatch(1);
    private static ZooKeeper zk = null;
```

```
public static void main(String[] args) throws Exception {
        String path = "/xijing";
        zk = new ZooKeeper("master:2181,slave1:2181,slave2:2181", 5000, new WriteZnodeSetDataSample_
Sync());

        connectedSemaphore.await();

        zk.create(path, "xijing colleage".getBytes(), Ids.OPEN_ACL_UNSAFE, CreateMode.EPHEMERAL);
        zk.getData(path, true, null);

        Stat stat1 = zk.setData(path, "xijing university".getBytes(), -1);
        System.out.println(
                "czxid: " + stat1.getCzxid() + ", mzxid: " + stat1.getMzxid() + ", version:" +
stat1.getVersion());

        Stat stat2 = zk.setData(path, "xijing university".getBytes(), stat1.getVersion());
        System.out.println(
                "czxid: " + stat2.getCzxid() + ", mzxid: " + stat2.getMzxid() + ", version:" +
stat2.getVersion());

        try {
                zk.setData(path, "xijing university".getBytes(), stat1.getVersion());
        } catch (KeeperException e) {
                System.out.println("Error: " + e.code() + ", " + e.getMessage());
        }
        Thread.sleep(Integer.MAX_VALUE);
    }

    public void process(WatchedEvent event) {
        System.out.println("Receive watched event: " + event);
        if (KeeperState.SyncConnected == event.getState()) {
                if (EventType.None == event.getType() && null == event.getPath()) {
                        connectedSemaphore.countDown();
                }
        }
    }
}
```

运行程序，输出结果如下：

```
Receive watched event: WatchedEvent state:SyncConnected type:None path:null
Receive watched event: WatchedEvent state:SyncConnected type:NodeDataChanged path:/xijing
```

czxid: 4294967588, mzxid: 4294967589, version:1

czxid: 4294967588, mzxid: 4294967590, version:2

Error: BADVERSION, KeeperErrorCode = BadVersion for /xijing

上述示例代码前后进行了三次更新操作，分别使用了不同的 version。

在第一次更新操作中，使用的 version 是"-1"，并且更新成功。前文已讲述过，在 ZooKeeper 中，数据版本从 0 开始计数，所以严格说"-1"并不是一个合法的数据版本，它仅仅是一个标识符。如果客户端传入的版本参数值为"-1"，就是说客户端需要基于数据的最新版本进行更新操作。如果对数据节点的更新操作没有原子性要求，那么就可以使用"-1"。第一次更新操作成功执行后，ZooKeeper 服务器会返回给客户端节点/xijing 的状态信息对象 stat1。从这个数据结构中可以通过 stat1.getVersion()获取该节点的最新数据版本。从程序的运行结果可以看出，第一次更新操作完成后，节点的数据版本变更为"1"。

在第二次的更新操作中，接口中传入了版本号 stat1.getVersion()并且执行成功。同时从输出结果中可以看到，此时的数据版本已经变更为"2"。

在第三次的更新操作中，程序依然使用了之前的数据版本 stat1.getVersion()即"1"来进行更新操作，所以更新操作失败。

从上面这个示例中可以看出，基于 version 参数，可以很好地来控制 ZooKeeper 上节点数据的原子性操作。

【实例 6-10】 使用异步方式的 setData API 更新 ZooKeeper 数据节点的数据内容。

程序如下：

```java
package com.xijing.zookeeper;

import java.util.concurrent.CountDownLatch;
import org.apache.zookeeper.AsyncCallback;
import org.apache.zookeeper.CreateMode;
import org.apache.zookeeper.WatchedEvent;
import org.apache.zookeeper.Watcher;
import org.apache.zookeeper.Watcher.Event.EventType;
import org.apache.zookeeper.Watcher.Event.KeeperState;
import org.apache.zookeeper.ZooDefs.Ids;
import org.apache.zookeeper.ZooKeeper;
import org.apache.zookeeper.data.Stat;

// 使用异步方式的 setData API 更新 ZooKeeper 数据节点的数据内容
public class WriteZnodeSetDataSample_ASync implements Watcher {
    private static CountDownLatch connectedSemaphore = new CountDownLatch(1);
    private static ZooKeeper zk = null;

    public static void main(String[] args) throws Exception {
        String path = "/xijing";
```

```
        zk = new ZooKeeper("master:2181,slave1:2181,slave2:2181", 5000, new WriteZnodeSetDataSample_
ASync());

        connectedSemaphore.await();

        zk.create(path, "xijing colleage".getBytes(), Ids.OPEN_ACL_UNSAFE, CreateMode.EPHEMERAL);
        zk.setData(path, "xijing university".getBytes(), -1,new IStatCallback(),null);

        Thread.sleep(Integer.MAX_VALUE);
    }

    public void process(WatchedEvent event) {
        System.out.println("Receive watched event: " + event);
        if (KeeperState.SyncConnected == event.getState()) {
            if (EventType.None == event.getType() && null == event.getPath()) {
                connectedSemaphore.countDown();
            }
        }
    }
}
class IStatCallback implements AsyncCallback.StatCallback {
    public void processResult(int rc, String path, Object ctx, Stat stat) {
        if (rc == 0) {
            System.out.println("Success write znode");
        }
    }
}
```

上述示例程序通过异步方式的 setData 接口实现对数据节点数据内容的更新，其使用方法与前面例子基本类似，此处不再赘述。

6. 检测节点是否存在

客户端可以通过 ZooKeeper 的 exists 方法来检测一个节点是否存在。ZooKeeper 提供了四种方法，如下所述：

(1) Stat exists(java.lang.String path, boolean watch)。

(2) void exists(java.lang.String path, boolean watch, AsyncCallback.StatCallback cb, java.lang.Object ctx)。

(3) Stat exists(java.lang.String path, Watcher watcher)。

(4) void exists(java.lang.String path, Watcher watcher, AsyncCallback.StatCallback cb, java.lang.Object ctx)。

这四种方法以同步和异步方式检测节点是否存在，表 6-17 中列出了每个参数的说明。

表 6-17　ZooKeeper exists API 方法的参数说明

参数名	说　　明
path	指定数据节点的路径
watcher	注册的 Watcher，用于监听以下三种类型事件： (1) 节点被创建 NodeCreated。 (2) 节点被删除 NodeDeleted。 (3) 节点被更新 NodeDataChanged
watch	表明是否需要注册一个 Watcher。如果这个参数值为 true，那么 ZooKeeper 客户端会自动使用默认 Watcher；如果为 false，表明不需要注册 Watcher
cb	注册一个异步回调函数
ctx	用于传递上下文信息的对象

需要注意的是，如果在调用接口时注册 Watcher，就可以实现对节点的监听。一旦节点被创建、被删除或是数据被更新，都会通知客户端。

【实例 6-11】　使用同步方式的 exists API 检测 ZooKeeper 数据节点是否存在。

程序如下：

```
package com.xijing.zookeeper;

import java.util.concurrent.CountDownLatch;
import org.apache.zookeeper.CreateMode;
import org.apache.zookeeper.WatchedEvent;
import org.apache.zookeeper.Watcher;
import org.apache.zookeeper.Watcher.Event.EventType;
import org.apache.zookeeper.Watcher.Event.KeeperState;
import org.apache.zookeeper.ZooDefs.Ids;
import org.apache.zookeeper.ZooKeeper;

// 使用同步方式的 exists API 检测 ZooKeeper 数据节点是否存在
public class ExistsSample_Sync implements Watcher {
    private static CountDownLatch connectedSemaphore = new CountDownLatch(1);
    private static ZooKeeper zk;

    public static void main(String[] args) throws Exception {
        String path = "/xijing";
        zk = new ZooKeeper("master:2181,slave1:2181,slave2:2181", 5000, new ExistsSample_Sync());
        connectedSemaphore.await();

        zk.exists(path, true);

        zk.create(path, "".getBytes(), Ids.OPEN_ACL_UNSAFE, CreateMode.PERSISTENT);
```

```
        zk.setData(path, "xijing university".getBytes(), -1);
        zk.create(path+"/c1", "".getBytes(), Ids.OPEN_ACL_UNSAFE, CreateMode.PERSISTENT);
        zk.delete(path+"/c1", -1);
        zk.delete(path, -1);

        Thread.sleep(Integer.MAX_VALUE);
    }
    @Override
    public void process(WatchedEvent event) {
        System.out.println("Receive watched event: " + event);
        try {
            if (KeeperState.SyncConnected == event.getState()) {
                if (EventType.None == event.getType() && null == event.getPath()) {
                    connectedSemaphore.countDown();
                } else if (EventType.NodeCreated == event.getType()) {
                    System.out.println("Node ("+event.getPath()+") created");
                    zk.exists(event.getPath(), true);
                } else if (EventType.NodeDeleted == event.getType()) {
                    System.out.println("Node ("+event.getPath()+") deleted");
                    zk.exists(event.getPath(), true);
                } else if (EventType.NodeDataChanged == event.getType()) {
                    System.out.println("Node ("+event.getPath()+") data changed");
                    zk.exists(event.getPath(), true);
                }
            }
        } catch (Exception e) {}
    }
}
```

运行程序，输出结果如下：

```
Receive watched event: WatchedEvent state:SyncConnected type:None path:null
Receive watched event: WatchedEvent state:SyncConnected type:NodeCreated path:/xijing
Node (/xijing) created
Receive watched event: WatchedEvent state:SyncConnected type:NodeDataChanged path:/xijing
Node (/xijing) data changed
Receive watched event: WatchedEvent state:SyncConnected type:NodeDeleted path:/xijing
Node (/xijing) deleted
```

上述示例代码针对节点 "/xijing"（假设服务器上不存在该节点)先后进行了如下操作：

(1) 通过 exists 接口来检测是否存在指定节点，同时注册了一个 Watcher。

(2) 通过 create 接口创建节点/xijing，此时服务器马上会向客户端发送一个事件通知

NodeCreated。客户端在收到该事件通知后，再次调用 exists 接口，同时注册 Watcher。

(3) 使用 setData 接口更新节点/xijing 数据内容，此时服务器又会向客户端发送一个事件通知 NodeDataChanged。客户端在收到该事件通知后，继续调用 exists 接口，同时注册 Watcher。

(4) 使用 create 接口创建子节点/xijing/c1。

(5) 使用 delete 接口删除子节点/xijing/c1。

(6) 使用 delete 接口删除节点/xijing，此时，服务器又会向客户端发送一个事件通知 NodeDeleted。客户端在收到该事件通知后，继续调用 exists 接口，同时注册 Watcher。

从上面 6 个操作步骤以及服务端对应的事件通知发送中，可以得到如下结论：

(1) 无论指定节点是否存在，通过调用 exists 接口都可以注册 Watcher。

(2) exists 接口中注册的 Watcher 能够对节点的创建、删除、数据更新这些事件进行监听。

(3) 对于指定节点的子节点的各种变化，都不会通知客户端。

7. 权限控制

在 ZooKeeper 的实际使用中，往往会搭建一个共用的 ZooKeeper 集群，统一为若干个应用提供服务。在这种情况下，不同的应用之间往往是不存在共享数据的使用场景的，因此需要解决不同应用之间的权限问题。

为了避免存储在 ZooKeeper 服务器上的数据被其他进程干扰或认为操作修改，需要对 ZooKeeper 上的数据访问进行权限控制。ZooKeeper 提供了 ACL 的权限控制机制。简单地说，就是通过设置 ZooKeeper 服务器上数据节点的 ACL，来控制客户端对该数据节点的访问权限：如果一个客户端符合该 ACL 控制，那么就可以对其进行访问；否则将无法操作。针对这样的控制机制，如 6.3.5 节所讲，ZooKeeper 提供了多种权限控制的模式(Scheme)，分别是 world、auth、digest、ip 和 super。此处将以 digest 模式为例，讲解如何进行 ZooKeeper 的权限控制。

开发人员如若要使用 ZooKeeper 的权限控制功能，需要在完成 ZooKeeper 会话创建后，给该会话添加上相关的权限信息。ZooKeeper 客户端提供了 API 接口 addAuthInfo 方法来进行权限信息的设置，如下所示：

```
void addAuthInfo(java.lang.String scheme, byte[] auth)
```

该方法的参数说明如表 6-18 所示。

表 6-18 ZooKeeper addAuthInfo API 方法的参数说明

参数名	说　　明
scheme	权限控制模式，分别为 world、auth、digest、ip 和 super
auth	具体权限信息

该接口主要用于为当前的 ZooKeeper 会话添加权限信息，之后凡是通过该会话对 ZooKeeper 服务端进行的任何操作，都会带上该权限信息。

【实例 6-12】使用包含权限信息的 ZooKeeper 会话创建数据节点，测试能否使用无权限信息的 ZooKeeper 会话访问该数据节点。

程序如下：

```
package com.xijing.zookeeper;
```

```
import org.apache.zookeeper.CreateMode;
import org.apache.zookeeper.ZooDefs.Ids;
import org.apache.zookeeper.ZooKeeper;

public class AuthSample_Get {
    final static String PATH = "/zk-auth-test";

    public static void main(String[] args) throws Exception {
        // 使用包含权限信息的 ZooKeeper 会话创建数据节点
        ZooKeeper zk1 = new ZooKeeper("master:2181,slave1:2181,slave2:2181",5000,null);
        zk1.addAuthInfo("digest", "xuluhui:123456".getBytes());
        zk1.create(PATH, "test zookeeper auth".getBytes(), Ids.CREATOR_ALL_ACL, CreateMode.
EPHEMERAL);
        System.out.println(new String(zk1.getData(PATH, true, null)));

        // 使用无权限信息的 ZooKeeper 会话访问包含权限信息的数据节点
        ZooKeeper zk2 = new ZooKeeper("master:2181,slave1:2181,slave2:2181",5000,null);
        System.out.println(new String(zk2.getData(PATH, true, null)));
    }
}
```

运行该程序，发生异常，输出信息如下：

```
test zookeeper auth
Exception in thread "main" org.apache.zookeeper.KeeperException$NoAuthException: KeeperErrorCode =
NoAuth for /zk-auth-test
```

在上述示例代码中，首先创建了 ZooKeeper 会话 zk1；然后给该会话添加上相关的权限信息，该权限信息采用 digest 模式，具体权限信息为"xuluhui:123456"；接着使用客户端会话 zk1 在 ZooKeeper 上创建了/zk-auth-test 临时节点，这样该节点就收到了权限控制；之后使用另一个不包含权限信息的客户端会话 zk2 对其进行访问，运行程序后出现异常信息"KeeperErrorCode = NoAuth for /zk-auth-test"。由此可见，一旦对一个数据节点设置了权限信息，那么其他没有权限的客户端会话将无法访问该数据节点，ZooKeeper 服务端由此实现了权限控制。

【实例 6-13】　使用错误权限信息的 ZooKeeper 会话访问包含权限信息的数据节点。
程序如下：

```
package com.xijing.zookeeper;

import org.apache.zookeeper.CreateMode;
import org.apache.zookeeper.ZooDefs.Ids;
import org.apache.zookeeper.ZooKeeper;
```

```
public class AuthSample_Get2 {
    final static String PATH = "/zk-auth-test";

    public static void main(String[] args) throws Exception {
        // 使用包含权限信息的 ZooKeeper 会话创建数据节点
        ZooKeeper zk1 = new ZooKeeper("master:2181,slave1:2181,slave2:2181",5000,null);
        zk1.addAuthInfo("digest", "xuluhui:123456".getBytes());
        zk1.create(PATH,        "test        zookeeper        auth".getBytes(),        Ids.CREATOR_ALL_ACL,
CreateMode.EPHEMERAL);
        System.out.println(new String(zk1.getData(PATH, true, null)));

        // 使用包含正确权限信息的 ZooKeeper 会话访问该数据节点
        ZooKeeper zk2 = new ZooKeeper("master:2181,slave1:2181,slave2:2181",5000,null);
        zk2.addAuthInfo("digest", "xuluhui:123456".getBytes());
        System.out.println(new String(zk2.getData(PATH, true, null)));

        // 使用包含错误权限信息的 ZooKeeper 会话访问该数据节点
        ZooKeeper zk3 = new ZooKeeper("master:2181,slave1:2181,slave2:2181",5000,null);
        zk3.addAuthInfo("digest", "xuluhui:654321".getBytes());
        System.out.println(new String(zk3.getData(PATH, true, null)));
    }
}
```

运行该程序，发生异常，输出信息如下：

```
test zookeeper auth
test zookeeper auth
Exception in thread "main" org.apache.zookeeper.KeeperException$NoAuthException: KeeperErrorCode =
NoAuth for /zk-auth-test
```

上述示例代码同样使用包含权限信息的客户端会话创建了数据节点/zk-auth-test，会话 zk1 添加的权限信息采用 digest 模式，具体权限信息为"xuluhui:123456"；接着客户端会话 zk2 也添加了与 zk1 相同的权限信息，对数据节点/zk-auth-test 进行访问时程序运行正常；最后会话 zk3 添加的权限信息采用 digest 模式，具体权限信息为"xuluhui:654321"。由于权限信息错误，所以对数据节点/zk-auth-test 进行访问时程序运行出现异常信息 "KeeperErrorCode = NoAuth for /zk-auth-test"。由此可见，ZooKeeper 的权限控制也能够识别出错误的权限信息。

本 章 小 结

本章介绍了分布式协调框架 ZooKeeper 的初步知识、系统模型、工作原理、应用场景等基本原理知识，并在这些基础上介绍了 ZooKeeper 集群的部署、ZooKeeper 四字命令的使用、ZooKeeper Shell 命令的使用、ZooKeeper Java API 编程等应用实践技能。

ZooKeeper 是一个开放源码的分布式应用程序协调框架，是 Google Chubby 的开源实现，是解决大型分布式系统中各种协调问题的有效解决方案。

ZooKeeper 采用类似标准文件系统的数据模型，其节点构成了一个具有层次关系的树状结构，其中每个节点被称为数据节点 ZNode，ZNode 有持久节点 PERSISTENT、持久顺序节点 PERSISTENT_SEQUENTIAL、临时节点 EPHEMERAL、临时顺序节点 EPHEMERAL_SEQUENTIAL 四种类型。ZNode 除了存储数据内容外，还存储了许多表示其自身状态的重要信息，保存在 Stat 对象中。另外，在 ZooKeeper 中，引入数据节点版本保证了分布式数据的原子性操作，引入 Watcher 监听机制来实现分布式的通知功能，提供 ACL 权限控制机制来保障数据的安全。

ZooKeeper 未采用传统的 Master/Slave 架构，而是引入 Leader、Follower 和 Observer 三种类型的服务器角色。集群所有机器通过选举机制选定一个 Leader 服务器，Leader 服务器是整个 ZooKeeper 集群工作机制中的核心，它是事务请求的唯一调度和处理者，也是集群内部各服务器的调度者。Follower 和 Observer 服务器均可以处理客户端非事务请求，并把事务请求转发给 Leader 服务器。两者的区别在于 Follower 参与事务请求的 Proposal 投票和 Leader 的选举投票；而 Observer 不参与任何形式的投票，它通常用于在不影响集群事务处理能力的前提下提升集群的非事务处理能力。ZooKeeper 并没有完全采用 Paxos 算法，而是使用 ZAB 协议作为其数据一致性的核心算法。Leader 选举机制是 ZooKeeper 中最重要的技术之一，也是保证分布式数据一致性的关键所在。自 3.4.0 版本开始，ZooKeeper 采用的 Leader 选举算法是 TCP 版本的 FastLeaderElection。

ZooKeeper 在数据发布/订阅、负载均衡、命名服务、分布式协调/通知、集群管理、Master 选举、分布式锁、分布式队列等典型的分布式应用场景均可以使用，并广泛应用于 Hadoop、HBase、Kafka 等大型分布式系统。

ZooKeeper 支持不同平台，包括 GNU/Linux、Sun Solaris、FreeBSD、Windows、Mac OS X 等。它有单机模式和集群模式两种运行模式，部署 ZooKeeper 时两种模式除了机器节点数不同之外，最关键的就是配置文件 zoo.cfg 内容有所不同。用户可通过 ZooKeeper 四字命令、ZooKeeper Shell 命令和 ZooKeeper Java API 编程来使用 ZooKeeper。

思考与练习题

1. 试述分布式协调技术主要解决的问题。
2. 试述 ZooKeeper 的数据模型。
3. 试述 ZooKeeper 数据节点的类型、状态信息。
4. 试述 ZooKeeper 如何保证分布式数据的原子性操作。
5. 试述 ZooKeeper 如何实现分布式的通知功能。
6. 试述 ZooKeeper 如何保障数据安全。
7. 试述 ZooKeeper 集群架构及各个服务器角色具体功能。
8. 试述 ZooKeeper 数据一致性的核心算法 ZAB。

9. 假设 ZooKeeper 集群由三台机器节点组成，试用 Leader 选举算法——TCP 版本的 FastLeaderElection，分别对服务器启动时期的 Leader 选举、服务器运行期间的 Leader 选举进行剖析，画出它们的 Leader 选举流程图。

10. 试述 ZooKeeper 典型的应用场景。

11. 试述 ZooKeeper 配置文件 zoo.cfg 常用配置参数的含义。

12. 试述 ZooKeeper 单机模式、集群模式部署和启动时的区别。

13. 请列举几个 ZooKeeper 四字命令，并说明其功能。

14. 请列举几个 ZooKeeper Shell 中常用的客户端命令，并说明其使用方法。

15. 请列举几个 ZooKeeper Java API 中常用的方法，并说明其功能。

实验 4　部署 ZooKeeper 集群和实战 ZooKeeper

关于该实验的完整指导请参见本书配套实验教程《Hadoop 大数据原理与应用实验教程》。

一、实验目的

(1) 理解 ZooKeeper 的系统模型，包括数据模型、版本机制、Watcher 监听机制、ACL 权限控制机制。

(2) 理解 ZooKeeper 的工作原理，包括集群架构、Leader 选举机制。

(3) 熟练掌握 ZooKeeper 集群的部署和运行。

(4) 掌握 ZooKeeper 四字命令的使用。

(5) 熟练掌握 ZooKeeper Shell 常用命令的使用。

(6) 了解 ZooKeeper Java API，能看懂简单的 ZooKeeper 编程。

二、实验环境

本实验所需的软件环境包括 Linux 集群(至少三台机器)、Oracle JDK 1.6+、ZooKeeper 安装包、Eclipse。

三、实验内容

(1) 规划 ZooKeeper 集群。

(2) 部署 ZooKeeper 集群。

(3) 启动 ZooKeeper 集群。

(4) 验证 ZooKeeper 集群。

(5) 使用 ZooKeeper 的四字命令。

(6) 使用 ZooKeeper Shell 的常用命令。

(7) 关闭 ZooKeeper 集群。

四、实验报告

实验报告主要内容包括实验名称、实验类型、实验地点、学时、实验环境、实验原理、实验步骤、实验结果、总结与思考等。

第 7 章

分布式数据库 HBase

传统关系型数据库如 Oracle、Microsoft SQL Server 擅长事务型数据，无法高效地存储和处理 Web 2.0 及大数据时代的多种非关系型数据。在这种情况下，以 Google BigTable 技术为代表的新型 NoSQL 数据库产品得到了飞速发展和应用。HBase 数据库就是 BigTable 的开源实现。作为 Hadoop 生态系统的重要组成部分之一，HBase 提供分布式的、面向列的、非结构化的数据存储和管理功能。HBase 的底层数据存储依赖于 HDFS，而并行批处理计算则通过 MapReduce 实现，所以具备类似 HDFS 的优点，如高可靠性、高性能、可扩展性强等。

本章首先介绍了 NoSQL 数据库的特点以及 HBase 数据库的发展历史和基本特点，其次介绍了 HBase 的数据模型、体系结构和运行机制，然后介绍了 HBase 集群的部署过程，接下来重点讲述了 HBase Shell 的常用命令和 JBase Java API 接口的使用方法，以及如何在 HBase 中使用 MapReduce，最后介绍了 HBase 性能优化的常见方法。

本章知识结构图如图 7-1 所示(★表示重点，▶表示难点)。

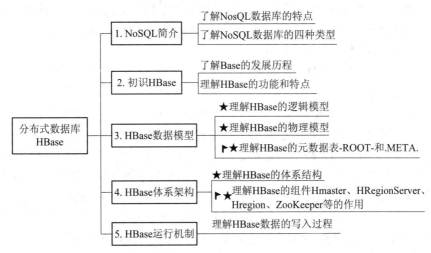

图 7-1　分布式数据库 HBase 的知识结构图

7.1　NoSQL 简介

NoSQL(Not only SQL)的含义是"不仅仅是 SQL",是一类区别于传统关系型数据库的新型数据库系统。NoSQL 出现和发展的主要背景是传统关系型数据库逐渐无法满足互联网时代日益发展的大数据软件应用系统,是为了弥补关系数据库的不足。它主要用于解决三类大数据应用的需求:高并发读/写,海量数据的高效存储和管理,高可扩展性和高可用性。相应地,NoSQL 数据库具有以下特点:

(1) 易扩展。NoSQL 数据库种类繁多,但共同的特点都是去掉关系数据库的关系型特性。数据之间无关系,这样就非常容易扩展。

(2) 高性能。NoSQL 数据库都具有非常高的读/写性能,尤其在大量数据下,同样表现优秀。这主要得益于它不受关系代数的约束,数据库的结构简单。

(3) 高灵活性。NoSQL 无须事先为要存储的数据建立字段,随时可以存储自定义的数据格式。而在关系数据库里,增删字段是一件非常麻烦的事情。如果是非常大数据量的表,增加字段简直就是一个噩梦。这点在大量数据的 Web 2.0 时代尤其明显。

(4) 高可用性。NoSQL 在不影响性能的情况下,可以方便地实现高可用的架构。比如 Cassandra、HBase 等 NoSQL 数据库,通过复制模型也能实现高可用性。

(5) 开源,成本低。多数 NoSQL 数据库产品是开源软件,不存在昂贵的产品授权和注册费用。同时,开源社区可以提供丰富的产品使用支持和扩展插件,大大方便了软件的使用。

　　NoSQL 数据库的应用场景主要包括以下四个方面：

　　(1) 数据库表 schema 经常变化。比如在线商城，维护产品的属性时经常要增加字段，这就意味着数据库相关代码和配置需要更改。如果该表的数据量达到百万级别，新增字段会带来很大的额外开销(例如重建索引等)。在这种场景下，NoSQL 可以极大提升数据库的可伸缩性，减轻开发人员的负担。

　　(2) 数据库表字段是复杂数据类型。对于复杂数据类型，传统数据库需要进行扩展才能支持。例如，xml 类型的字段不管是查询还是更改，效率都非常一般。其主要原因是关系数据库对 xml 字段很难建立高效的索引，通常应用层需要重做从字符流到 dom 的解析转换。而 NoSQL 数据库通常以 json 格式存储 xml，提供了原生态的支持，在效率上远高于传统关系型数据库。

　　(3) 高并发数据库请求。此类应用常见于 Web 2.0 的网站，很多应用对于数据一致性要求很低，而关系型数据库的事务以及大表连接反而成了"性能杀手"。

　　(4) 海量数据的分布式存储。海量数据的存储如果选用大型商用数据库，比如 Oracle，那么整个解决方案的成本是非常高的。而 NoSQL 分布式存储可以部署在廉价的硬件上，是一个性价比非常高的解决方案。

　　当然，这并不是说 NoSQL 可以解决一切问题，比如 ERP 系统、BI 系统，在大部分情况还是推荐使用传统关系型数据库。其主要原因是此类系统的业务模型复杂，使用 NoSQL 将导致系统的维护成本增加。

　　近年来，NoSQL 数据库的发展势头非常迅猛，NoSQL 领域爆炸式地产生了 220 多个新的数据库(http://nosql-database.org/)。NoSQL 数据库虽然数量众多，但是典型的 NoSQL 数据库通常包括键值数据库、列式数据库、文档数据库和图数据库四种。表 7-1 显示了四种 NoSQL 数据库的对比及相关产品。

表 7-1　常见的四种 NoSQL 数据库

NoSQL	键值数据库	列式数据库	文档数据库	图数据库
优势	快速查询	查找速度快，可扩展性强，更容易进行分布式扩展	数据结构要求不严格	利用图结构相关算法
劣势	存储的数据缺少结构化	功能相对局限	查询性能不高，而且缺乏统一的查询语法	需要对整个图做计算才能得出结果，不容易做分布式的集群方案
相关产品	Tokyo Cabinet/Tyrant、Redis 、 Voldemort 、 Berkeley DB	Cassandra、HBase、Riak	CouchDB、MongoDB	Neo4J 、 InfoGrid 、 Infinite Graph
应用	内容缓存，主要用于处理大量数据的高访问负载	分布式的文件系统	Web 应用(与 Key-Value 类似，Value 是结构化的)	社交网络
数据模型	键值对	以列族式存储，将同一列数据存在文件系统中	一系列键值对	图结构

7.2 初识 HBase

HBase 是一个高可靠、高性能、列存储、可伸缩、实时读/写的分布式数据库系统，是 Hadoop 生态系统的重要组成部分之一。HBase 是 Google BigTable 的开源实现，使用 Java 语言编写。HBase 项目开始于 2006 年，其发展历程如图 7-2 所示，其商标如图 7-3 所示。

图 7-2　HBase 项目的发展历程　　　　　图 7-3　Apache HBase 的商标

HBase 使用 HDFS 作为高可靠的底层存储，利用廉价集群提供海量数据存储能力；利用 Hadoop MapReduce 来处理 HBase 中的海量数据，实现高性能计算；使用 ZooKeeper 作为协同服务，实现稳定服务和失败恢复。与 Hadoop 一样，HBase 主要依靠横向扩展，通过不断增加廉价的商用服务器，来增加计算和存储能力。

HBase 仅能通过行键(Row Key)和行键的范围来检索数据，仅支持单行事务(可通过 Hive 支持来实现多表 Join 等复杂操作)，主要用来存储非结构化和半结构化的松散数据。HBase 的主要特点包括：数据稀疏，高维度(面向列)，分布式，键值有序存储，数据一致性。

7.3 HBase 的数据模型

逻辑上，HBase 以表的形式呈现给最终用户；物理上，HBase 以文件的形式存储在 HDFS 中。为了高效管理数据，HBase 设计了一些元数据库表来提高数据存取效率。

7.3.1 逻辑模型

HBase 以表(Table)的形式存储数据，每个表由行和列组成，每个列属于一个特定的列族(Column Family)。表中行和列确定的存储单元称为一个元素(Cell)，每个元素保存了同一份数据的多个版本，由时间戳(Time Stamp)来标识。行键(Row Key)是数据行在表中的唯一标识，并作为检索记录的主键。在 HBase 中访问表中的行只有三种方式：通过单个行键访问、给定行键的范围扫描、全表扫描。行键可以是任意字符串，默认按字段顺序存储。表中的列定义为<family>:<qualifier>(<列族>:<限定符>)，通过列族和限定符两部分可以唯一指定一个数据的存储列。元素由行键、列(<列族>:<限定符>)和时间戳唯一确定，元素中的数据以字节码的形式存储，没有类型之分。HBase 逻辑模型中涉及的相关概念及说明如表 7-2 所示。

表 7-2　HBase 逻辑模型涉及的相关概念及说明

概　念	说　明
表(Table)	由行和列组成，列划分为若干个列族
行键(Row Key)	每一行代表一个数据对象，由行键来标识。行键会被建立索引，数据的获取通过 Row Key 完成，采用字符串
列族(Column Family)	列的集合。一个表中的列可以分成不同列族，列族需在表创建时就定义好，数量不能太多，不能频繁修改
列限定符(Column Qualifier)	表中具体一个列的名字。列族里的数据通过列限定符来定位。列限定符不用事先定义，也不需在不同行之间保持一致。列族被视为 byte[]。列名以列族作为前缀，即列族：列限定符
元素(Cell)	每一个行键、列族和列标识符共同确定的一个单元。存储在单元格里的数据称为单元格数据。单元格和单元格数据也没有特定的数据类型，以 byte[]来存储
时间戳(Time Stamp)	每个单元格都保存着同一份数据的多个版本，这些版本采用时间戳进行索引。时间戳采用 64 位整型，降序存储

例如，存储网页内容的 HBase 数据的逻辑视图如表 7-3 所示。其中，行键 Row Key 为网址的逆序，这样可以将相同域名的网页存放在相邻的物理位置；时间戳(Timestamp)表示网页的历史版本；列包含 3 个列族。

注意：某些单元值可以为空。

表 7-3　HBase 数据的逻辑视图

行键	时间戳	列		
		列族 contents	列族 anchor	列族 mime
"cn.edu.xinjing.www"	t4	contents:html="<html>c4</html>"	anchor:xijing.edu.cn="…"	
	t3	contents:html="<html>c3</html>"	anchor:xijing.cn="…"	
	t2	contents:html="<html>c2</html>"		
	t1	contents:html="<html>c1</html>"		mime:type="text/html"

7.3.2　物理模型

HBase 是按照列存储的稀疏行/列矩阵，其物理模型实际上就是把逻辑模型中的一个行进行分割，并按照列族存储。例如，表 7-3 中展示的逻辑视图在物理存储的时候，会存成表中的 3 个小片段。也就是说，这个 HBase 表会按照列族 contents、anchor 和 mime 分别存放，属于同一个列族的数据保存在一起。同时，和每个列族一起存放的还包括行键和时间戳。存储网页内容的 HBase 数据的物理视图如表 7-4 所示。

表 7-4　HBase 数据的物理视图列族 contents

列族 contents		
行键	时间戳	列族 contents
"cn.edu.xinjing.www"	t4	contents:html="<html>c4</html>"
	t3	contents:html="<html>c3</html>"
	t2	contents:html="<html>c2</html>"
	t1	contents:html="<html>c1</html>"
列族 anchor		
行键	时间戳	列族 anchor
"cn.edu.xinjing.www"	t4	anchor:xijing.edu.cn="…"
	t3	anchor:xijing.cn="…"
列族 mime		
行键	时间戳	列族 mime
"cn.edu.xinjing.www"	t1	mime:type="text/html"

在表的逻辑视图中，有些列是空的，即这些列不存在值。在物理视图中，这些空的列不会被存储成 NULL，而是根本就不会被存储。当请求这些空白单元格的时候，会返回 NULL。

HBase 中的所有数据文件都存储在 HDFS 文件系统上，主要包括 HFile 和 HLog 两种文件类型。

1) HFile

HFile 是 HBase 中 KeyValue 数据的存储格式，是 Hadoop 的二进制格式文件，它是参考 BigTable 的 SSTable 和 Hadoop 的 TFile 的实现。HBase 从开始到现在经历了三个版本，其中 V2 在 0.92 引入，V3 在 0.98 引入。HFile V1 版本在实际使用过程中发现占用内存多，HFile V2 版本针对此进行了优化；HFile V3 版本基本和 V2 版本相同，只是在 Cell 层面添加了 Tag 数组的支持。鉴于此，本书主要针对 V2 版本进行分析，对 V1 和 V3 版本感兴趣的读者可以查阅其他资料。

(1) HFile 的逻辑结构。HFile V2 的逻辑结构如图 7-4 所示。

从图 7-4 中可以看出，HFile 主要分为四个部分：数据块被扫描部分(Scanned Block Section)、数据块不被扫描部分(Non-scanned Block Section)、启动即加载部分(Load-on-open Section)和 HFile 基本信息部分(Trailer)。

① Scanned Block Section：表示顺序扫描 HFile 时所有的数据块将会被读取，包括 Leaf Index Block 和 Bloom Block。

② Non-scanned Block Section：表示在 HFile 顺序扫描的时候数据不会被读取，主要包括 Meta Block 和 Intermediate Level Data Index Blocks 两部分。

③ Load-on-open Section：这部分数据在 HBase 的 Region Server 启动时，需要加载到内存中，包括 FileInfo、Bloom Filter Block、Data Block Index 和 Meta Block Index。

④ Trailer：这部分主要记录了 HFile 的基本信息、各个部分的偏移值和寻址信息。

Scanned Block Section	Data Block		
	…		
	Leaf Index Block/Bloom Block		
	…		
	Data Block		
	…		
	Leaf Index Block/Bloom Block		
	…		
	Data Block		
Non-Scanned Block Section	Meta Block	…	Meta Block
	Intermediate Level Data Index Blocks(Optional)		
Load-On-Open Section	Root Data Index		Fields For Midkey
	Meta Index		
	File Info		
	Bloom Filter Metadata(Interpreted By Storefile)		
Trailer	Trailer Fields	Version	

图 7-4　HFile V2 逻辑结构

(2) HFile 的物理结构。HFile V2 的物理结构如图 7-5 所示。

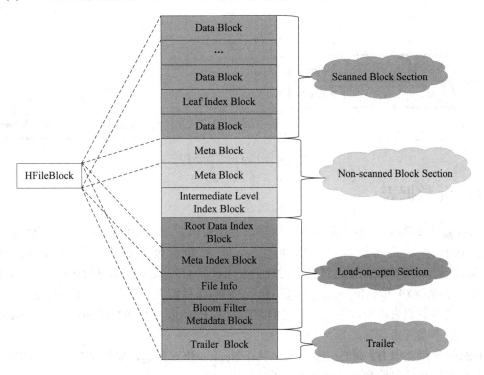

图 7-5　HFile V2 的物理结构

如图 7-5 所示，HFlie 会被切分为多个大小相等的 Block 块，每个 Block 的大小可以在创建表列族的时候通过参数 Blocksize 进行指定，默认为 64K。大号的 Block 有利于顺序扫描，小号的 Block 有利于随机查询，因而需要权衡。而且所有 Block 块都拥有相同的数据结构，如图 7-5 左侧所示，HBase 将 Block 块抽象为一个统一的 HFileBlock。HFileBlock 包含两种类型，一种类型支持 Checksum，另一种不支持 Checksum。

2）HLog

HLog 是 HBase 中 WAL(Write Ahead Log)的存储格式，物理上是 Hadoop 的 Sequence File。Sequence File 的 Key 是 HLogKey 对象，HLogKey 中记录了写入数据的归属信息。除了 Table 和 Region 名字外，同时还包括 Sequenceid 和 Write Time。Sequenceid 的起始值为 0 或者是最近一次存入文件系统中的 Sequenceid；Write Time 是写入时间。HLog Sequece File 的 Value 是 HBase 的 KeyValue 对象，对应 HFile 中的 KeyValue。HLog 的逻辑结构如图 7-6 所示。

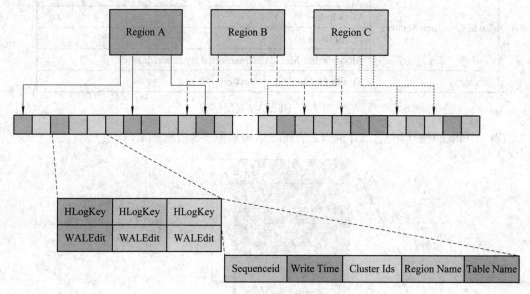

图 7-6　HLog 的逻辑结构

7.3.3　元数据表

从前文对 HBase 逻辑模型和物理模型的介绍可以看出，HBase 的大部分操作都是在 HRegionServer 中完成，客户端想要插入、删除和查询数据都需要先找到对应的 HRegionServer。客户端需要通过两个元数据表来找到 HRegionServer 和 HRegion 之间的对应关系，即 -ROOT- 和 .META.。它们是 HBase 的两张系统表，用于管理普通数据，其存储和操作方式与普通表相似，差别在于它们存储的是 Region 的分布情况和每个 Region 的详细信息，而不是普通数据。

HBase 使用类似 B+ 树的三层结构来保存 Region 位置信息，如图 7-7 所示。HBase 三层结构中各层次的名称和作用如表 7-5 所示。

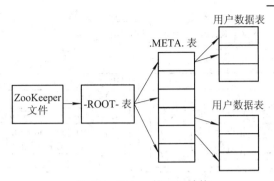

图 7-7　HBase 的三层结构

表 7-5　HBase 三层结构中各层次的名称和作用

层次	名称	作用
第一层	ZooKeeper 文件	记录了-ROOT-表的位置信息
第二层	-ROOT-表	记录了 .META. 表的 Region 位置信息。-ROOT-只能有一个 Region，通过-ROOT-表就可以访问.META.表中的数据
第三层	.META.表	记录了用户数据表的 Region 位置信息。.META.表可以有多个 Region，保存了 HBase 中所有用户数据表的 Region 位置信息

为了加快访问，.META. 表的全部 Region 都会被保存在内存中。假设 .META. 表的一行在内存中大约占用 1KB，并且每个 Region 限制为 128MB。那么，上面的三层结构可以保存用户数据表的 Region 数目为(128MB/1KB) × (128MB/1KB) = 2^{34} 个。可以看出，这种数量已经足够可以满足实际应用中的用户数据存储需求。

客户端访问用户数据之前，需要首先访问 ZooKeeperr，以获得-ROOT-表的位置；然后访问 -ROOT- 表，以获得 .META. 表的信息；接着访问 .META. 表，找到所需的 Region 具体位于哪个 Region 服务器；最后才会到该 Region 服务器上读取数据。该过程需要多次网络操作。为了加快寻址过程，一般客户端会将查询过的位置信息缓存起来。缓存不会主动失效。因此，如果客户端上的缓存全部失效，则需要进行 6 次网络来回，才能定位到正确的 Region。其中三次用来发现缓存失效，另外三次用来获取位置信息。

7.4　HBase 的体系架构

HBase 采用 Master/Slave 架构，HBase 集群成员包括 Client、ZooKeeper 集群、HMaster 节点、HRegionServer 节点。在底层，HBase 将数据存储于 HDFS 中。HBase 的体系架构如图 7-8 所示。

1. Client

HBase Client 使用 HBase 的 RPC 机制与 HMaster 和 HRegionServer 进行通信。对于管理类操作，Client 与 HMaster 进行 RPC；对于数据读/写类操作，Client 与 HRegionServer 进行 RPC。客户端包含访问 HBase 的接口，通常维护一些缓存来加快 HBase 数据的访问速度，例如缓存各个 Region 的位置信息。

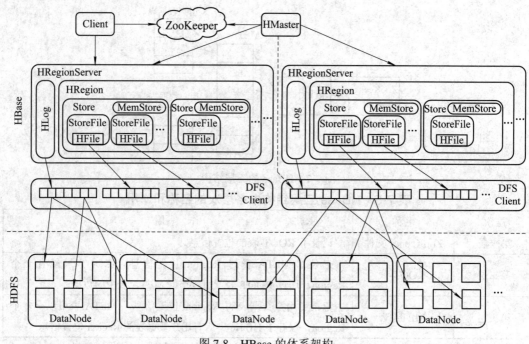

图 7-8   HBase 的体系架构

2. ZooKeeper

ZooKeeper 作为管理者,保证任何时候集群中只有一个 Master。对于 HBase,ZooKeeper 提供以下基本功能:

(1) 存储-ROOT-表、HMaster 和 HRegionServer 的地址。

(2) 通过 ZooKeeper,HMaster 可以随时感知到各个 HRegionServer 的健康状态。

(3) ZooKeeper 避免 HMaster 单点故障问题。HBase 中可以启动多个 HMaster,通过 ZooKeeper 的选举机制确保只有一个为当前 HBase 集群的 Master。

ZooKeeper 的基本功能如图 7-9 所示。

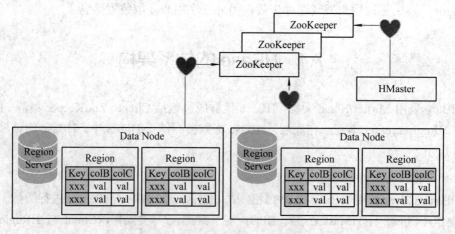

图 7-9   ZooKeeper 在 HBase 集群中的功能

3. HMaster

HMaster 是 HBase 的主服务程序。HBase 中可以启动多个 HMaster，通过 ZooKeeper 选举机制保证每个时刻只有一个 HMaster 运行。HMaster 主要完成以下任务：

(1) 管理 HRegionServer，实现其负载均衡。

(2) 管理和分配 HRegion。比如在 HRegion split 时，分配新的 HRegion；在 HRegionServer 退出时，迁移其内的 HRegion 到其他 HRegionServer 上。

(3) 实现 DDL 操作，即 Namespace 和 Table 及 Column Familiy 的增删改等。

(4) 管理 Namespace 和 Table 的元数据(实际存储在 HDFS 上)。

(5) 权限控制(ACL)。

HMaster 的功能如图 7-10 所示。

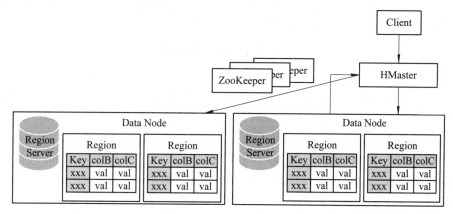

图 7-10　HMaster 功能

4. HRegionServer

HRegionServer 是 HBase 的从服务程序。HBase 集群中可以有多个 HRegionServer，其主要功能包括以下几个方面：

(1) 存放和管理本地 HRegion。

(2) 读/写 HDFS，管理 Table 中的数据。

(3) Client 直接通过 HRegionServer 读/写数据(从 HMaster 中获取元数据，找到 RowKey 所在的 HRegion/HRegionServer 后)进行数据读写。

(4) HRegionServer 和 DataNode 一般会放在相同的 Server 上，以实现数据的本地化。

下面介绍 HRegion、Store、HLog 的功能。

1) HRegion

HRegionServer 内部管理了一系列 HRegion 对象，每个 HRegion 对应表中的一个 Region。每个表最初只有一个 Region，随着表中记录增加直到某个阈值，Region 会被分割形成两个新的 Region。HRegion 的功能如图 7-11 所示。

HRegion 中由多个 Store 组成，每个 Store 对应了表中的一个 Column Family 的存储，可以看出每个 Column Family 其实就是一个集中的存储单元，因此最好将具有共同 I/O 特性的 Column 放在一个 Column Family 中，这样做最为高效。

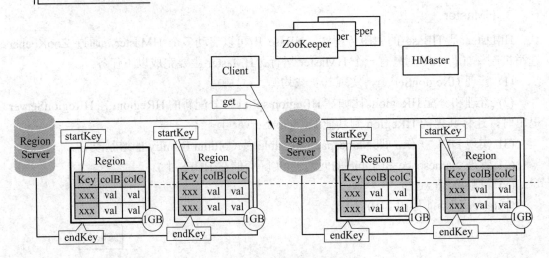

图 7-11 HRegion 功能

2) Store

Store 是 HBase 存储的核心，由 MemStore 和 StoreFiles 两部分组成。MemStore 是内存中的缓冲，用于保存最新的数据；StoreFile 是磁盘中的文件。用户写入的数据首先会放入MemStore，MemStore 满了以后会清空(Flush)成一个 StoreFile(底层实现是 HFile)。当 StoreFile文件数量增长到一定阈值，会触发合并(Compact)操作，将多个 StoreFiles 合并成一个StoreFile；合并过程中会进行版本合并和数据删除，因此可以看出 HBase 其实只有增加数据，所有的更新和删除操作都是在后续的合并(Compact)过程中进行的，这使得用户的写操作只要进入内存中就可以立即返回，保证了 HBase I/O 的高性能。当 StoreFiles 合并后，会逐步形成越来越大的 StoreFile。当单个 StoreFile 大小超过一定阈值后，会触发分片(Split)操作，同时把当前 Region 分片成两个 Region。父 Region 会下线，分片得到的两个孩子 Region会被 HMaster 分配到相应的 HRegionServer 上，使原先一个 Region 的压力得以分流到两个Region 上。

3) HLog

每个 HRegionServer 维护一个 Hlog，而不是每个 HRegion 维护一个 HLog。这样不同HRegion(来自不同表)的日志会混在一起，这样做的目的是不断追加单个文件。相对于同时写多个文件而言，可以减少磁盘寻址次数，因此可以提高对表的写性能。但同时带来的麻烦是，如果一台 HRegionServer 下线，为了恢复其上的 HRegion，需要将 HRegionServer 上的 HLog 进行拆分，然后分发到其他 HRegionServer 上进行恢复。

HLog 文件定期会滚动出新的文件并删除旧的文件(已持久化到 StoreFile 中的数据)。当HRegionServer 意外终止后，HMaster 会通过 ZooKeeper 感知到；HMaster 首先会处理遗留的 HLog 文件，将其中不同 HRegion 的 HLog 数据进行拆分，分别放到相应 HRegion 的目录下，然后再将失效的 HRegion 重新分配；领取到这些 HRegion 的 HRegionServer 在加载Region 的过程中会发现有历史 HLog 需要处理，因此会重做 HLog 中的数据到 MemStore中，然后清空到 StoreFiles，完成数据恢复。

7.5 HBase 的运行机制

7.5.1 Master 的工作原理

主服务器 Master 主要负责表和 Region 的管理工作。Master 启动后会进行以下操作：

(1) 从 ZooKeeper 上获取唯一一个代表 Active Master 的锁，用来阻止其他 Master 成为活着的 Master。

(2) 扫描 ZooKeeper 上的 Server 目录，获得当前可用的 RegionServer 列表。

(3) 与第(2)步获得的每个 RegionServer 通信，获得当前已分配的 Region 和 RegionServer 的对应关系。

(4) 扫描.META.的 Region 集合，通过计算得到当前还未分配的 Region，将它们放入待分配 Region 列表。

由于 Master 仅仅负责维护表和 Region 的元数据，而不参与表数据的 I/O 过程，Master 下线仅会导致所有元数据的修改被冻结，即无法创建删除表，无法修改表的 schema，无法进行 Region 的负载均衡，无法处理 Region 的上下线，无法进行 Region 的合并，唯一例外的是 Region 的分片可以正常进行，因为只要 RegionServer 参与，表的数据读/写就可以正常进行，因此 Master 下线短时间内对整个 HBase 集群没有影响。从上线过程可以看到，Master 保存的信息全是冗余信息(都可以从系统其他地方收集到或者计算出来)，因此，一般 HBase 集群中总是有一个 Master 在提供服务，还有一个以上的 Master 在等待时机抢占它的位置。

7.5.2 RegionServer 的工作原理

RegionServer 是 HBase 中最核心的模块,其内部管理了一系列 Region 对象和一个 HLog 文件，其中 HLog 是磁盘上的记录文件，它记录着所有的更新操作。每个 Region 对象由多个 Store 组成，每个 Store 又包含了一个 MemStore 缓存和若干个 StoreFile 文件。

当用户写入数据时，会被分配到相应的 RegionServer 去执行操作。用户数据首先被写入到 MemStore 和 HLog 中。当操作写入 HLog 后，commit()方法才会将其返回给客户端。当用户读取数据时，RegionServer 会首先访问 MemStore 缓存。如果数据不在缓存中，才会到磁盘上的 StoreFile 中去寻找。

任何时刻，一个 Region 只能分配给一个 RegionServer。Master 记录了当前有哪些可用的 RegionServer，以及当前哪些 Region 分配给了哪些 RegionServer，哪些 Region 还没有分配。当存在未分配的 Region，并且有一个 RegionServer 上有可用空间时，Master 就给这个

RegionServer 发送一个装载请求，把 Region 分配给这个 RegionServer。RegionServer 得到请求后，就开始对此 Region 提供服务。

RegionServer 的状态由 Master 使用 ZooKeeper 来跟踪。当某个 RegionServer 启动时，会首先在 ZooKeeper 上的 Server 目录下建立代表自己的文件，并获得该文件的独占锁。由于 Master 订阅了 Server 目录上的变更消息，当 Server 目录下的文件出现新增或删除操作时，Master 可以得到来自 ZooKeeper 的实时通知。因此一旦 RegionServer 上线，Master 能马上得到消息。

当 RegionServer 下线时，它和 ZooKeeper 的会话断开，ZooKeeper 自动释放代表这台 Server 的文件上的独占锁。Master 会不断轮询 Server 目录下文件的锁状态。如果 Master 发现某个 RegionServer 丢失了它自己的独占锁，或者 Master 连续几次和 RegionServer 通信都无法成功，Master 就尝试去获取代表这个 RegionServer 的读写锁。一旦获取成功，就可以确定这个 RegionServer 和 ZooKeeper 之间的网络断开了，或者 RegionServer 宕机。无论哪种情况，RegionServer 都无法继续为它的 Region 提供服务了，此时 Master 会删除 Server 目录下代表这台 RegionServer 的文件，并将这台 RegionServer 的 Region 分配给其他还活着的节点。如果网络短暂出现问题导致 RegionServer 丢失了它的锁，那么 RegionServer 重新连接到 ZooKeeper 之后，只要代表它的文件还在，它就会不断尝试获取这个文件上的锁，一旦获取到了，就可以继续提供服务。

7.5.3 Store 的工作原理

RegionServer 是 HBase 的核心模块，而 Store 则是 RegionServer 的核心。每个 Store 对应了表中一个列族的存储，每个 Store 包含了一个 MemStore 缓存和若干个 StoreFile 文件。

数据更新时会被首先写入到 HLog 和 MemStore 中。MemStore 中的数据是排序的，当 MemStore 数据增加到一定阈值时，就会创建一个新的 MemStore，并且将老的 MemStore 添加到 flush 队列，由单独的线程刷新到磁盘上，成为一个 StoreFile。与此同时，系统会在 ZooKeeper 中记录一个重做点(Redo Point)，表示这个时刻之前的变更已经持久化了(Minor Compact)。当系统出现意外时，可能导致 MemStore 中的数据丢失，此时使用 HLog 来恢复检查点(Checkpoint)之后的数据。

当一个 Store 中的 StoreFile 文件数量达到事先设定的数量时，就会进行一次合并(Major Compact)操作，将对修改同一个 key 的多个 StoreFile 文件合并到一起，形成一个大的 StoreFile。当 StoreFile 的大小达到一定阈值后，又会对 StoreFile 进行分片(Split)操作，分为两个 StoreFile。同时，当前的一个父 Region 会分片成两个子 Region，父 Region 下线，新分出的两个子 Region 会被 Master 分配到相应的 RegionServer 上。由于 StoreFile 是只读的，故对表的更新其实是不断追加的操作，因此在处理读请求时，需要访问 Store 中全部的 StoreFile 和 MemStore，将它们按照 Row Key 进行合并。由于 StoreFile 和 MemStore 都是经过排序的，并且 StoreFile 带有内存索引，合并的过程比较高效。

7.6　部署 HBase 集群

7.6.1　运行环境

对于大部分 Java 开源产品而言，在部署与运行之前，总是需要搭建一个合适的环境，通常包括操作系统和 Java 环境两方面。HBase 依赖于 ZooKeeper 和 HDFS，因此 HBase 部署与运行所需要的系统环境包括以下几个方面：

1) 操作系统

HBase 支持不同平台，在当前绝大多数主流的操作系统上都能够运行，例如 Unix/Linux、Windows 等。本书采用的操作系统为 Linux 发行版 CentOS 7。

2) Java 环境

HBase 使用 Java 语言编写，因此它的运行环境需要 Java 环境的支持。

3) HDFS

HBase 使用 HDFS 作为高可靠的底层存储，利用廉价集群提供海量数据存储能力，分布模式部署 HBase 时需要部署 HDFS。

4) ZooKeeper

HBase 使用 ZooKeeper 作为协同服务，实现稳定服务和失败恢复，因此需要部署 ZooKeeper。

7.6.2　运行模式

HBase 的运行模式有以下三种：

(1) 单机模式(Standalone Mode)：只在一台计算机上运行。在这种模式下，HBase 所有的守护进程包括 Master、RegionServers 和 ZooKeeper 都运行在一个 JVM 中；存储采用本地文件系统，没有采用分布式文件系统 HDFS。

(2) 伪分布模式(Pseudo-Distributed Mode)：只在一台计算机上运行。在这种模式下，HBase 所有守护进程都运行在一个节点上，在一个节点上模拟了一个具有 HBase 完整功能的微型集群；存储采用分布式文件系统 HDFS，但是 HDFS 的名称节点和数据节点都位于同一台计算机上。

(3) 全分布模式(Fully-Distributed Mode)：在多台计算机上运行。在这种模式下，HBase 的守护进程运行在多个节点上，形成一个真正意义上的集群；存储采用分布式文件系统 HDFS，且 HDFS 的名称节点和数据节点位于不同计算机上。

7.6.3　规划全分布模式 HBase 集群

编者采用全分布模式部署 HBase,将 HBase 集群运行在 Linux 上，使用 3 台安装有 Linux 操作系统的机器，主机名分别为 master、slave1、slave2。具体全分布模式 HBase 集群的规划表如表 7-6 所示。

表 7-6　全分布模式 HBase 集群的部署规划表

主机名	IP 地址	运行服务	软硬件配置
master	192.168.18.130	NameNode SecondaryNameNode QuorumPeerMain HMaster	内存：4 GB CPU：1 个 2 核 硬盘：40 GB 操作系统：CentOS 7.6.1810 Java：Oracle JDK 8u191 Hadoop：Hadoop 2.9.2 ZooKeeper：ZooKeeper 3.4.13 HBase：HBase 1.4.10 Eclipse：Eclipse IDE 2018-09 for Java Developers
slave1	192.168.18.131	DataNode QuorumPeerMain HRegionServer	内存：1 GB CPU：1 个 1 核 硬盘：20 GB 操作系统：CentOS 7.6.1810 Java：Oracle JDK 8u191 Hadoop：Hadoop 2.9.2 ZooKeeper：ZooKeeper 3.4.13 HBase：HBase 1.4.10
slave2	192.168.18.132	DataNode QuorumPeerMain HRegionServer	内存：1 GB CPU：1 个 1 核 硬盘：20 GB 操作系统：CentOS 7.6.1810 Java：Oracle JDK 8u191 Hadoop：Hadoop 2.9.2 ZooKeeper：ZooKeeper 3.4.13 HBase：HBase 1.4.10

注意：本书采用的 HBase 版本是 1.4.10，3 个节点的机器名分别为 master、slave1、slave2，IP 地址依次为 192.168.18.130、192.168.18.131、192.168.18.132。后续内容均在表 7-6 的规划基础上完成，读者务必确认自己的 HBase 版本、机器名等信息。

7.6.4　部署全分布模式 HBase 集群

HBase 目前有 1.x 和 2.x 两个系列的版本，建议读者使用当前的稳定版本，本书采用稳定版本 HBase 1.4.10，因此本章的讲解都是针对这个版本进行的。尽管如此，由于 HBase 各个版本在部署和运行方式上的变化不大，因此本章的大部分内容也都适用于 HBase 其他版本。

1. 初始软硬件环境准备

(1) 准备 3 台机器，安装操作系统，本书使用 CentOS Linux 7。

(2) 对集群内每一台机器配置静态 IP，修改机器名，添加集群级别域名映射，关闭防火墙。

(3) 对集群内每一台机器安装和配置 Java，要求 Java 1.7 或更高版本，本书使用 Oracle JDK 8u191。

(4) 安装和配置 Linux 集群中主节点到从节点的 SSH 免密登录。

(5) 在 Linux 集群上部署全分布模式 Hadoop 集群。

(6) 在 Linux 集群上部署 ZooKeeper 集群。

以上步骤本书已在第 2 章、第 6 章中详细介绍，具体操作过程读者参见本书，此处不再赘述。

2. 获取 HBase

HBase 官方下载地址为 https://hbase.apache.org/downloads.html，建议读者下载 stable 目录下的当前稳定版本。本书采用的 HBase 稳定版本是 2019 年 6 月 10 日发布的 HBase 1.4.10，其安装包文件 hbase-1.4.10-bin.tar.gz 可存放在 master 机器的/home/xuluhui/Downloads 中。

3. 在主节点上安装 HBase 并设置属主

(1) 在 master 机器上切换到 root，解压 hbase-1.4.10-bin.tar.gz 到安装目录/usr/local 下，依次使用的命令如下所示：

```
su root
cd /usr/local
tar -zxvf /home/xuluhui/Downloads/hbase-1.4.10-bin.tar.gz
```

(2) 为了在普通用户下使用 HBase，将 HBase 安装目录的属主设置为 Linux 普通用户(例如 xuluhui)，使用以下命令完成：

```
chown -R xuluhui /usr/local/hbase-1.4.10
```

4. 在主节点上配置 HBase

HBase 所有的配置文件位于$HBASE_HOME/conf 下，如图 7-12 所示。

```
[xuluhui@master ~]$ ls /usr/local/hbase-1.4.10/conf
hadoop-metrics2-hbase.properties   hbase-policy.xml   regionservers
hbase-env.cmd                      hbase-site.xml
hbase-env.sh                       log4j.properties
[xuluhui@master ~]$
```

图 7-12　HBase 配置文件的位置

HBase 关键的几个配置文件的说明如表 7-7 所示，单机模式、伪分布模式和全分布模式下的 HBase 集群所需修改的配置文件有差异。关于 HBase 完整的配置文件介绍可参见官方文档 https://hbase.apache.org/book.html#configuration。

表 7-7 HBase 配置文件(部分)

文件名称	描　　述
hbase-env.sh	Bash 脚本，设置 Linux/UNIX 环境下运行 HBase 要用的环境变量，包括 Java 安装路径等
hbase-site.xml	XML 文件，HBase 的核心配置文件，包括 HBase 数据的存放位置、ZooKeeper 集群地址等配置项，其配置项会覆盖默认配置 docs/hbase-default.xml
regionservers	纯文本，设置运行 HRegionServer 从进程的机器列表，每行一个主机名

其中，配置文件 hbase-site.xml 中涉及的主要配置参数如表 7-8 所示。

表 7-8 配置文件 hbase-site.xml 涉及的主要参数

参　　数	功　　能
hbase.cluster.distributed	指定 HBase 的运行模式，false 是单机模式，true 是分布式模式
hbase.rootdir	每个 regionServer 的共享目录，用来持久化 HBase，默认为 ${hbase.tmp.dir}/hbase
hbase.zookeeper.quorum	ZooKeeper 集群的地址列表，用逗号分割，默认为 localhost，是部署伪分布模式 HBase 集群用的
hbase.zookeeper.property.dataDir	与 ZooKeeper 的 zoo.cfg 中的配置参数 dataDir 一致

假设当前目录为"/usr/local/hbase-1.4.10"，切换到普通用户 xuluhui 下，在主节点 master 上配置 HBase 的具体过程如下所述：

1) 编辑配置文件 hbase-env.sh

hbase-env.sh 用于设置 Linux/Unix 环境下运行 HBase 要用的环境变量，包括 Java 安装路径等，使用"vim conf/hbase-env.sh"对其进行如下修改：

(1) 设置 JAVA_HOME，与 master 上之前安装的 JDK 位置、版本一致，将第 27 行的注释去掉，并修改为以下内容：

```
export JAVA_HOME=/usr/java/jdk1.8.0_191/
```

(2) 将第 46、47 行的 PermSize 作为注释，因为 JDK8 中无须配置。在 JDK8 下若 PermSize 配置不作为注释或删掉，则启动 HBase 集群时会出现"warning"警告信息。

(3) 设置 HBASE_PID_DIR，修改进程号文件的保存位置。该参数默认为"/tmp"，将第 120 行修改为以下内容：

```
export HBASE_PID_DIR=/usr/local/hbase-1.4.10/pids
```

其中 pids 目录由 HBase 集群启动后自动创建。

(4) 设置 HBASE_MANAGES_ZK，将其值设置为 false，即关闭 HBase 本身的 ZooKeeper 集群，将第 128 行修改为以下内容：

```
export HBASE_MANAGES_ZK=false
```

2) 编辑配置文件 hbase-site.xml

hbase-site.xml 是 HBase 的核心配置文件，包括 HBase 数据的存放位置、ZooKeeper 的集群地址等配置项。在 master 机器上修改配置文件 hbase-site.xml，具体内容如下所示：

```
<configuration>
<!-- 每个 regionServer 的共享目录，用来持久化 HBase，默认为${hbase.tmp.dir}/hbase -->
```

```
        <property>
                <name>hbase.rootdir</name>
                <value>hdfs://master:9000/hbase</value>
        </property>
<!-- HBase 集群模式，false 表示 HBase 的单机模式，true 表示是分布式模式，默认为 false -->
        <property>
                <name>hbase.cluster.distributed</name>
                <value>true</value>
        </property>
<!-- HBase 依赖的 ZooKeeper 集群地址，默认为 localhost -->
        <property>
                <name>hbase.zookeeper.quorum</name>
                <value>master:2181,slave1:2181,slave2:2181</value>
        </property>
</configuration>
```

3) 编辑配置文件 regionservers

regionservers 用于设置运行 HRegionServer 从进程的机器列表，每行一个主机名。在 master 机器上修改配置文件 regionservers，该文件原来内容为 "localhost"，修改为以下内容：

```
slave1
slave2
```

5. 同步 HBase 文件至所有从节点并设置属主

(1) 使用 scp 命令将 master 机器中目录 "hbase-1.4.10" 及下属子目录和文件统一拷贝至集群中所有 HBase 的从节点上，例如 slave1 和 slave2 上，依次使用的命令如下所示：

```
scp -r /usr/local/hbase-1.4.10 root@slave1:/usr/local/hbase-1.4.10
scp -r /usr/local/hbase-1.4.10 root@slave2:/usr/local/hbase-1.4.10
```

(2) 依次将所有 HBase 从节点 slave1、slave2 上的 HBase 安装目录的属主也设置为 Linux 的普通用户(例如 xuluhui)，使用以下命令完成：

```
chown -R xuluhui /usr/local/hbase-1.4.10
```

至此，Linux 集群中各个节点的 HBase 均已安装和配置完毕。

6. 在系统配置文件目录/etc/profile.d 下新建 hbase.sh

另外，为了方便使用 HBase 各种命令，可以在 HBase 集群所有机器上使用 "vim /etc/profile.d/hbase.sh" 命令在/etc/profile.d 文件夹下新建文件 hbase.sh，并添加如下内容：

```
export HBASE_HOME=/usr/local/hbase-1.4.10
export PATH=$HBASE_HOME/bin:$PATH
```

重启机器，使之生效。

此步骤可省略。之所以将$HBASE_HOME/bin 目录加入到系统环境变量 PATH 中，是因为当输入启动和管理 HBase 集群命令时，无须再切换到$HBASE_HOME/bin 目录，否则会出现错误信息"bash: ****: command not found…"。

7.6.5　启动全分布模式 HBase 集群

1. 启动 HDFS 集群

在主节点上使用命令"start-dfs.sh"启动 HDFS 集群，读者应保证 HDFS 所有主从进程都启动成功。

2. 启动 ZooKeeper 集群

由于上文部署时 HBase 并未自动管理 ZooKeeper，所以用户需要手工启动 ZooKeeper 集群。方法是在 ZooKeeper 集群的所有节点上使用命令"zkServer.sh start"。读者应保证 ZooKeeper 集群成功启动，可以使用命令 jps 命令验证进程，使用命令"zkServer.sh status"查看状态。

3. 启动 HBase 集群

在主节点上启动 HBase 集群，使用的命令及执行效果如图 7-13 所示。

```
[xuluhui@master ~]$ start-hbase.sh
running master, logging to /usr/local/hbase-1.4.10/logs/hbase-xuluhui-master-master.out
ter.out
slave1: running regionserver, logging to /usr/local/hbase-1.4.10/logs/hbase-xuluhui-regionserver-slave1.out
hui-regionserver-slave1.out
slave2: running regionserver, logging to /usr/local/hbase-1.4.10/logs/hbase-xuluhui-regionserver-slave2.out
hui-regionserver-slave2.out
[xuluhui@master ~]$ ▮
```

图 7-13　启动 HBase 集群

7.6.6　验证全分布模式 HBase 集群

启动 HBase 集群后，可通过以下两种方法验证 HBase 集群是否成功部署。

1. 验证进程(方法 1)

第一种验证方法是使用命令 jps 进行查看。按前文设置，HBase 主节点 master 上应该有 HBase 主进程 HMaster、HDFS 主进程 NameNode、ZooKeeper 进程 QuorumPeerMain，HBase 从节点 slave1、slave2 上应该有 HBase 从进程 HRegionServer、HDFS 从进程 DataNode、ZooKeeper 进程 QuorumPeerMain，效果如图 7-14 所示。

启动 HBase 主进程 HMaster 和从进程 HRegionServer 的同时，会依次在集群的主从节点$HBASE_HOME 下自动生成 pids 目录及其下的 HBase 进程号文件*.pid 和 ZooKeeper 节点文件*.znode。另外，启动 HBase 主进程 HMaster 和从进程 HRegionServer 的同时，会依次在集群的主从节点$HBASE_HOME 下自动生成 logs 目录及其下日志文件*.log 等。

2. 验证 HBase Web UI(方法 2)

第二种验证方法是打开浏览器，输入 HBase 集群主节点 Web UI 地址 http://192.168.18.130:16010，同时打开 HBase 集群从节点 Web UI 地址 http://192.168.18.131:16030、http://192.168.18.132:16030。若主、从节点的 Web UI 都能够顺利打开，则表示全分布式的 HBase 集群部署成功。

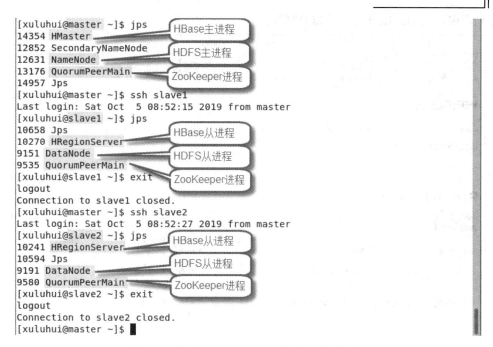

图 7-14 使用 jps 验证 HBase 集群是否部署成功

7.7 实战 HBase

7.7.1 HBase Web UI

HBase 提供了一个基于 Web 的界面，允许用户查看集群的基本信息和实时状态，包括内存使用、区域 Region 的数量、缓存效率、协处理器资源、用户创建的表等。除少部分可以操作外，多数功能是只读的。

HBase 集群主节点的 Web 界面在 1.0 之前的版本默认使用端口 60010，在 1.0 之后版本默认使用端口 16010 来在网页显示基本信息；HBase 集群从节点的 Web 界面在 1.0 之前的版本默认使用端口 60030，1.0 之后版本默认使用端口 16030 在网页上显示基本信息。端口可以在文件 hbase-site.xml 中配置，主节点和从节点的端口对应属性名称分别为 hbase.master.info.port 和 hbase.regionserver.info.port。读者应该认识到，网页上显示的 HBase 集群状态都可以通过调用对应的集群信息 API 得到。

HBase 集群主节点的 Web UI 地址为 http://HMasterIP:16010，从节点的 Web UI 地址为 http://HRegionServerIP:16030。HBase 主节点 Web UI 界面显示 Master 各种信息，包括 Region Servers、Backup Masters、Tables、Tasks、Software Attributes，其效果如图 7-15 和图 7-16 所示。其中，Region Servers 部分显示每个 Region Server 服务器的地址和其他详细信息，包括主题、内存、访问请求等；Backup Masters 部分显示所有已经配置并启动的备份主服务器，如果没有配置，通常显示为空列表；Tables 部分显示所有用户和系统表格，同时包含所有表格的快照；Tasks 部分显示当前正在执行的任务列表，Master 的所有内部操作都会显示在列表中，例如区域分割、日志分割等。

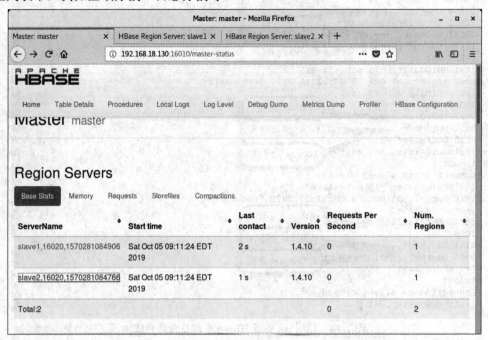

图 7-15　HBase 集群主节点 Web UI 的运行效果图

图 7-16　HBase 集群主节点 Web UI 中 Software Attributes 的显示效果

HBase 集群从节点 Web UI 界面显示 RegionServer 各种信息，包括 Server Metrics、Block

Cache、Tasks、Regions、Software Attributes。HBase 集群从节点 slave1 的 Web UI 运行效果如图 7-17 所示。

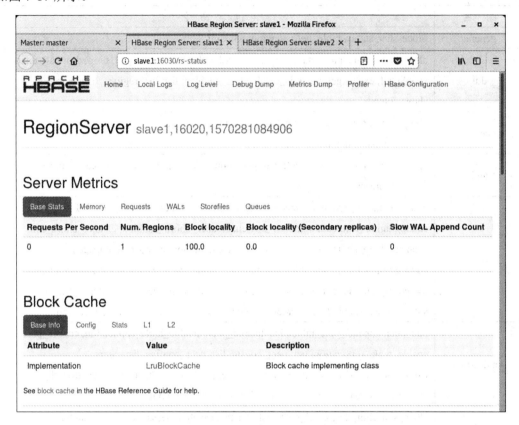

图 7-17　HBase 集群从节点 slave1 的 Web UI 的运行效果图

7.7.2　HBase Shell

$HBASE_HOME/bin 下存放有 HBase 各种命令，如图 7-18 所示。

```
[xuluhui@master ~]$ ls /usr/local/hbase-1.4.10/bin
draining_servers.rb     hbase-daemons.sh        rolling-restart.sh
get-active-master.rb    hbase-jruby             shutdown_regionserver.rb
graceful_stop.sh        hirb.rb                 start-hbase.cmd
hbase                   local-master-backup.sh  start-hbase.sh
hbase-cleanup.sh        local-regionservers.sh  stop-hbase.cmd
hbase.cmd               master-backup.sh        stop-hbase.sh
hbase-common.sh         region_mover.rb         test
hbase-config.cmd        regionservers.sh        thread-pool.rb
hbase-config.sh         region_status.rb        zookeepers.sh
hbase-daemon.sh         replication
[xuluhui@master ~]$ ▮
```

图 7-18　HBase 各种命令

其中，start-hbase.sh 用于启动 HBase 集群，stop-hbase.sh 用于关闭 HBase 集群。这里详细介绍命令行工具 "hbase shell"。进入 HBase 命令行的入口命令是 "bin/hbase shell"，进入后输入命令 "help" 可以查看 HBase Shell 命令的帮助信息。

HBase Shell 命令共分为 12 大类，各类别所包含的命令如表 7-9 所示。

表 7-9　HBase Shell 命令

组　名	包含命令
general	processlist, status, table_help, version, whoami
ddl	alter, alter_async, alter_status, create, describe, disable, disable_all, drop, drop_all, enable, enable_all, exists, get_table, is_disabled, is_enabled, list, list_regions, locate_region, show_filters
namespace	alter_namespace, create_namespace, describe_namespace, drop_namespace, list_namespace, list_namespace_tables
dml	append, count, delete, deleteall, get, get_counter, get_splits, incr, put, scan, truncate, truncate_preserve
tools	assign, balance_switch, balancer, balancer_enabled, catalogjanitor_enabled, catalogjanitor_run, catalogjanitor_switch, cleaner_chore_enabled, cleaner_chore_run, cleaner_chore_switch, clear_deadservers, close_region, compact, compact_rs, compaction_state, flush, is_in_maintenance_mode, list_deadservers, major_compact, merge_region, move, normalize, normalizer_enabled, normalizer_switch, split, splitormerge_enabled, splitormerge_switch, trace, unassign, wal_roll, zk_dump
replication	add_peer, append_peer_tableCFs, disable_peer, disable_table_replication, enable_peer, enable_table_replication, get_peer_config, list_peer_configs, list_peers, list_replicated_tables, remove_peer, remove_peer_tableCFs, set_peer_bandwidth, set_peer_tableCFs, show_peer_tableCFs, update_peer_config
snapshots	clone_snapshot, delete_all_snapshot, delete_snapshot, delete_table_snapshots, list_snapshots, list_table_snapshots, restore_snapshot, snapshot
configuration	update_all_config, update_config
security	grant, list_security_capabilities, revoke, user_permission
procedures	abort_procedure, list_procedures
visibility labels	add_labels, clear_auths, get_auths, list_labels, set_auths, set_visibility
rsgroup	add_rsgroup, balance_rsgroup, get_rsgroup, get_server_rsgroup, get_table_rsgroup, list_rsgroups, move_servers_rsgroup, move_servers_tables_rsgroup, move_tables_rsgroup, remove_rsgroup, remove_servers_rsgroup

和关系数据库类似，HBase 的表也可以进行增删改查操作。类似于数据库名称，HBase 使用 Namespace 的概念，可以指定表空间创建表；也可以直接创建表，进入 default 表空间。HBase 支持的四类主要数据操作包括以下几个。

(1) put：增加一行，修改一行。

(2) delete：删除一行，删除指定列族，删除指定 column 的多个版本，删除指定 column 的指定版本等。

(3) get：获取指定行的所有信息，获取指定行和指定列族的所有 column，获取指定 column，获取指定 column 的几个版本，获取指定 column 的指定版本等。

（4）scan：获取所有行，获取指定行键范围的行，获取从某行开始的几行，获取满足过滤条件的行等。

使用 HBase Shell 命令时，参数需要遵守以下规则：

（1）HBase 中输入的表名、列名等参数，应以单引号或者双引号将名称括起来。HBase 输入或输出的数值类型数据支持十进制、八进制和十六进制，需要使用双引号括起来。

（2）HBase Shell 命令中的多个参数需要使用逗号进行分隔。

（3）输入键值对形式的参数时，需要采用 Ruby 哈希值输入形式，例如{ 'key1' => 'value1', 'key2' => 'value2', … }。

下面举例说明 HBase Shell 常用命令的使用。

（1）启动 Shell：hbase shell，命令如下所示：

```
[xuluhui@master ~]$ hbase shell
```

（2）查询 HBase 的运行状态 status，命令如下所示：

```
hbase (main) : 001:0 > status
```

（3）获取帮助信息 help。不带任何参数时，执行后会输出 Shell 支持的命令集合。命令如下所示：

```
hbase (main) : 002:0 > help
```

（4）创建 HBase 表，表名为 student，列族名为 marks，命令如下所示：

```
hbase (main) : 003 : 0 > CREATE 'student', 'marks'
```

类似于关系数据库中数据定义语言 DDL(Data Definition Language)，HBase 也提供有对应的 Shell 命令用于定义和修改表的结构信息，如创建表、查询表、删除表、修改表等。

（5）显示 HBase 中用户定义的所有数据表。命令如下所示：

```
hbase (main) : 004 : 0 > LIST
TABLE
student
1 rows (s) in 0.0530 seconds


=> [ "student" ]
```

（6）查看表结构，命令如下所示：

```
hbase (main) : 005:0 > DESCRIBE 'student'
DESCRIPTION                    ENABLED
'student', { NAME => 'marks', BLOOMFILTER => 'ROW', VERSIONS => '1', IN_MEMORY => 'false true',
KEEP_DELETED_CELLS => 'false', DATA_BLOCK_ENCODING => 'NONE', TTL=> '2147483647',
COMPRESSION => 'NONE', MIN_VERSION => '0', BLOCKCACHE => 'true', BLOCKSIZE => '65536',
REPLICATION_SCORE => '0' }
1 row (s) in 0.5180 seconds
```

（7）修改表结构，首先设置表为不可用状态，然后添加列族，最后删除列族，设置表为可用状态。依次使用的命令如下所示：

```
hbase (main) : 006:0 > DISABLE 'student'
0 row(s) in 1.3130 seconds
```

添加列族 "info"，如下所示：

```
hbase (main) : 007 :0 > ALTER 'student', NAME=> 'info', VERSIONS => 5
Updaing all regions with the new schema …
1/1 regions updated
Done
0 row(s) in 1.2180 seconds
```

删除列族 "info"，如下所示：

```
hbase (main) : 008 :0 > ALTER 'student', NAME=> 'info', METHOD => 'delete'
Updaing all regions with the new schema …
1/1 regions updated
Done
0 row(s) in 1.1390 seconds
```

启用表 student，如下所示：

```
hbase (main) : 009 :0 > ENABLE 'student'
0 row(s) in 0.2160 seconds
```

(8) 删除表。首先禁用表，然后才能删除，直接删除会报错。使用命令如下所示：

```
hbase (main) : 010 :0 > DISABLE 'studcnt'
0 row(s) in 0.2350 seconds
hbase (main) : 011 :0 > DROP 'student'
0 row(s) in 1.0150 seconds
```

(9) 查询表是否存在，命令如下所示：

```
hbase (main) : 012 :0 > EXISTS 'student'
Table student does not exist
0 row(s) in 0.3510 seconds
```

(10) 查询表是否可用，命令如下所示：

```
hbase (main) : 013 :0 > IS_ENABLED 'student'
false
0 row(s) in 0.0700 seconds
```

(11) 退出 Shell，执行后回到命令行，命令如下所示：

```
hbase (main) : 014:0 > exit
```

类似于关系数据库的数据操作语言 DML(Data Manipulation Language)，HBase 也提供有 Shell 命令用于对表数据进行增加、查询、修改、删除等操作。下面通过实例来介绍常见的 DML 操作。

【实例 7-1】　使用 HBase Shell 命令在 HBase 下建立一个 student 表，其逻辑模型如表 7-10 所示，使用学号作为行键，包括 college 和 profile 两个列族，列族 college 包括 school 和 department 两个列，profile 包括 name、height、weight 和 birthday 四个列。可以根据需求在列族中增加更多的列，例如 profile 中可以增加列 telephone。对该表进行添加数据、修改列族模式等操作。

表 7-10　Student 表的结构

Row Key	college		profile			
	school	department	name	height	weight	birthday
19052002	Computer Engineering	CS	zhaosi	165	108	1999-05-01
19052006	Computer Engineering	EE	liuneng	170	122	1999-08-02

(1) 创建 student 表，命令如下所示：

```
hbase (main) : 001: 0 >CREATE 'student', 'college', 'profile'
```

(2) 向表中插入记录，使用 put 命令：

```
hbase (main) : 002: 0 > PUT 'student', '19052002', 'profile:name', 'zhaosi'
hbase (main) : 003: 0 > PUT 'student', '19052002', 'profile:height', '165'
hbase (main) : 004: 0 > PUT 'student', '19052002', 'profile:weight', '108'
hbase (main) : 005: 0 > PUT 'student', '19052002', 'profile:birthday', '1999-05-01'
hbase (main) : 006: 0 > PUT 'student', '19052002', 'college:school', ' Computer Engineering'
hbase (main) : 007: 0 > PUT 'student', '19052002', 'college:department', 'CS'
hbase (main) : 008: 0 > PUT 'student', '19052006', 'profile:name', 'liuneng'
hbase (main) : 009: 0 > PUT 'student', '19052006', 'profile:height', '170'
hbase (main) : 010: 0 > PUT 'student', '19052006', 'profile:weight', '122'
hbase (main) : 011: 0 > PUT 'student', '19052006', 'profile:birthday', '1999-08-02'
hbase (main) : 012: 0 > PUT 'student', '19052006', 'college:school', ' Computer Engineering '
hbase (main) : 013: 0 > PUT 'student', '19052006', 'college:department', 'EE'
```

(3) 查询表中有多少条记录，使用 count 命令：

```
hbase (main) : 014: 0 > COUNT 'student'
```

(4) 获取一条数据，使用 get 命令(需要给出 Row Key)：

```
hbase (main) : 015: 0 > GET 'student', '19052006'
COLUMN                          CELL
college:school                  timestamp=1413365819923, value=Computer Engineering
college:department              timestamp=1413365923135, value=EE
profile:namc                    timestamp=1413365962176, value=liuneng
profile:height                  timestamp=1413365995212, value=170
profile:weight                  timestamp=1413366003135, value=122
profile:birthday                timestamp=1413366052198, value=1999-08-02
```

(5) 获取某行数据一个列族的所有数据，使用 get 命令：

```
hbase (main) : 016: 0 > GET 'student', '19052006', 'profile'
COLUMN                          CELL
profile:name                    timestamp=1413365962176, value=liuneng
profile:height                  timestamp=1413365995212, value=170
profile:weight                  timestamp=1413366003135, value=122
profile:birthday                timestamp=1413366052198, value=1999-08-02
```

(6) 获取某行数据一个列族中一个列的所有数据，使用 get 命令：

```
hbase (main) : 017: 0 > GET 'student', '19052006', 'profile:name'
```

COLUMN	CELL
profile:name	timestamp=1413365962176, value=liuneng

(7) 更新一条记录，使用 put 命令，将 liuneng 的体重改为 135：

```
hbase (main) : 018: 0 > PUT 'student', '19052006', 'profile:weight', '135'
0 row(s) in 0.0850 seconds
```

(8) 全表扫描，使用 scan 命令：

```
hbase (main) : 019: 0 > SCAN 'student'
```

ROW	COLUMN+CELL
19052002	column=college:school, timestamp=1413365819923, value=Computer Engineering
19052002	column=college:department, timestamp=1413365923135, value=CS
19052002	column=profile:name, timestamp=1413365962176, value=zhaosi
19052002	column=profile:height, timestamp=1413365995212, value=165
19052002	column=profile:weight, timestamp=1413366003135, value=108
19052002	column=profile:birthday, timestamp=1413366052198, value=1999-05-01
19052006	column=college:school, timestamp=1413365819923, value=Computer Engineering
19052006	column=college:department, timestamp=1413365923135, value=EE
19052006	column=profile:name, timestamp=1413365962176, value=liuncng
19052006	column=profile:height, timestamp=1413365995212, value=170
19052006	column=profile:weight, timestamp=1413366003135, value=122
19052006	column=profile:birthday, timestamp=1413366052198, value=1999-08-02

(9) 删除行键值为 19052006 的列 height，使用 delete 命令：

```
hbase (main) : 020: 0 > DELETE 'student', '19052006', 'profile:height'
0 row(s) in 0.1210 seconds
hbase (main) : 021: 0 > GET 'student', '19052006'
```

COLUMN	CELL
college:school	timestamp=1413365819923, value=Computer Engineering
college:department	timestamp=1413365923135, value=Computer Engineering
profile:name	timestamp=1413365962176, value=liuneng
profile:weight	timestamp=1413366003135, value=122
profile:birthday	timestamp=1413366052198, value=1999-08-02

可以看到，列 height 已经被删除。

(10) 删除整张表数据，使用 TRUNCATE 命令：

```
hbase (main) : 022: 0 > TRUNCATE 'student'
Truncating 'student' table (it may take a while):
- Disabling table …
```

- Dropping table …
- Creating table …
0 row(s) in 3.2170 seconds

　　在删除表之前，读者还可以通过以下方式查看已建立的 HBase 表 student：使用 HBase 主节点的 Web UI 界面查看已建立的 student 表；使用命令"zkCli.sh"连接 ZooKeeper 客户端，从 ZooKeeper 的存储树中也可以查看已建立的 student 表(如/hbase/table/student)；通过 HDFS Web UI，也可以查看已建立的 student 表(如/hbase/default/student)。

7.7.3　HBase API

　　HBase API 用于数据的存储管理，主要操作包括建表、插入表数据、删除表数据、获取一行数据、表扫描、删除列族、删除表等。

　　HBase 使用 Java 语言编写，提供了丰富的 Java 编程接口供开发人员调用，同时 HBase 为 C、C++、Scala、Python 等其他多种编程语言也提供了 API。总的来说，使用 Java API 可以完成任何使用 Shell 命令可以完成的操作，同时 Java API 还支持 Shell 命令可能不支持的一些操作。学习 API 时可以和对应的 Shell 进行对比，以快速理解和掌握。

　　关于 HBase API 的详细资料读者请参考本地文件 file:///usr/local/hbase-1.4.10/docs/apidocs/index.html 或者官网 https://hbase.apache.org/apidocs/index.html。Apache HBase 1.4.10 API 的首页如图 7-19 所示。

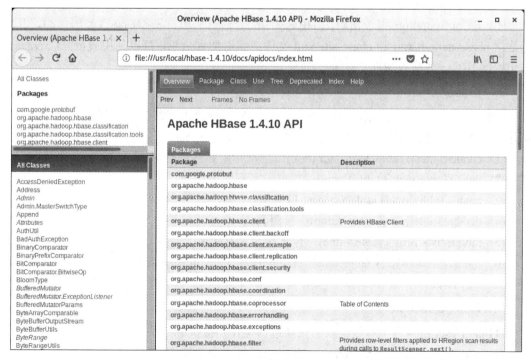

图 7-19　Apache HBase 1.4.10 API 官方参考指南首页

　　下面重点介绍 HBase 的 Java 客户端 API 使用方式，HBase 部分核心 Java API 及其简单说明如表 7-11 所示。

表 7-11　HBase 部分核心 Java API

类 或 接 口	说 明
org.apache.hadoop.hbase.HBaseConfiguration	用于管理 HBase 配置信息
org.apache.hadoop.hbase.HBaseAdmin	用于操作数据表的结构
org.apache.hadoop.hbase.HTableDescriptor	包含表的详细信息，例如表中的列族、该表的类型、该表是否只读、MemStore 的最大空间、Region 什么时候应该分裂等
org.apache.hadoop.hbase.HColumnDescriptor	包含列族的详细信息，例如列族的版本号、压缩设置等
org.apache.hadoop.hbase.HTable	用于从 HBase 数据库中获取表信息或者更新
org.apache.hadoop.hbase.client.Put	用于对单元格执行添加数据操作
org.apache.hadoop.hbase.client.Get	用于获取单行的信息
org.apache.hadoop.hbase.client.Scan	限定需要查找的数据，例如限定版本号、起始行号、终止行号、列族、列限定符、返回值的数量上限等
org.apache.hadoop.hbase.client.Result	用于存放 Get 和 Scan 操作后的查询结果，并以<key, value>格式存储在 Map 结构中
org.apache.hadoop.hbase.client.ResultScanner	客户端获取值的接口

接下来详细介绍 HBase Java API 的核心类和方法。

1. HBaseConfiguration

HBaseConfiguration 用于初始化 HBase 的配置信息。所有操作都必须使用该类，其功能是从 hbase-default.xml 和 hbase-site.xml 文件中获取配置信息，可以使用成员方法 create() 来初始化 HBase 的配置文件。

2. HBaseAdmin

HBaseAdmin 用于对数据表结构进行操作，包括创建表、删除表、列出表项、添加或删除表列族、启用或者禁用表等，提供的方法具体如下所示：

(1) createTable(HTableDescriptor desc)：根据指定属性创建 HBase 表。

(2) deleteTable(byte[] tableName)：根据表名删除表。

(3) enableTable(byte[] tableName)：启用表。

(4) disableTable(byte[] tableName)：禁用表。

(5) tableExists(String tableName)：检查指定名称的表是否存在。

(6) modifyTable(byte[] tableName, HTableDescriptor htd)：修改表结构和异步操作，需要花费一定时间。

3. HTableDescriptor

HTableDescriptor 用于对数据表的属性进行操作，提供的方法具体如下所示：

(1) addFamily(HColumnDescriptor desc)：添加一个列族。

(2) removeFamily(byte[] column)：移除一个列族。

(3) getName()：获取表的名称。

(4) getValue(byte[] key)：获取属性的值。

(5) setValue(String key, String value)：设置属性的值。

4. HColumnDescriptor

HColumnDescriptor 用于该类维护列族的信息，通常在表创建或者添加列族时使用。列族创建后不能更新，只能通过删除后重新创建的方式更改。列族删除时，它包括的数据被同时删除。提供的方法具体如下所示：

(1) getName()：获取列族名称。

(2) getValue(byte[] key)：获取 key 对应的属性值。

(3) setValue(String key, String value)：设置 key 对应的属性值。

5. HTable

HTable 用于从 HBase 数据库中获取表信息或者更新，提供的方法具体如下所示：

(1) close()：释放所有的资源或者挂起内部缓冲区中的更新。

(2) exists(Get get)：检查 Get 实例所指定的值是否存在于 HTable 的列中。

(3) getEndKeys()：获取当前打开的表中每个区域的结束键值。

(4) getScanner(byte[] family)：获取当前给定列族的 scanner 实例。

(5) getTableDescriptor()：获取当前表的 HTableDescriptor 实例。

(6) getTableName()：获取表名。

(7) isTableEnabled(HBaseConfiguration conf, String table)：检查表是否有效。

(8) put(Put put)：向表中添加值。

6. Put

Put 用于执行单行添加操作。一个 Put 实例代表一行记录，提供的方法具体如下所示：

(1) add(byte[] family, byte[] qualifier, byte[] value)：将列族和列对应值添加到一个 put 实例中。

(2) add(byte[] family, byte[] qualifier, long ts, byte[] value)：类似上面函数，增加参数 ts 表示时间戳。

(3) getRow()：获取实例对应的行数据。

(4) getRowLock()：获取实例对应行锁。

(5) getTimeStamp()：获取实例对应行时间戳。

(6) isEmpty()：检查实例的 familyMap 是否为空，即不包含列族。

(7) setTimeStamp(long timestamp)：设置实例的时间戳。

7. Get

Get 用于获取单行实例的相关信息，包括列、列族、时间戳等，提供的方法具体如下所示：

(1) addColumn(byte[] family, byte[] qualifier)：获取指定列族和列修饰符的列。

(2) addFamily(byte[] family)：获取指定列族对应列的所有列。

(3) setTimeRange(long minStamp, long maxStamp)：获取指定列族的版本号。

(4) setFilter(Filter filter)：执行 Get 操作时设置服务器端的过滤器。

(5) getFamilyMap()：获取一个 Map 映射，键为列族，值为对应的列集合。

8. Scan

Scan 用于获取所有行信息，提供的方法具体如下所示：

(1) addColumn(byte[] family, byte[] qualifier)：类似 Get 类的对应函数。

(2) addFamily(byte[] family)：类似 Get 类的对应函数。

(3) setMaxVersions(int maxVersions)：设定最大的版本个数。如果不提供参数，表示取所有版本。如果调用 setMaxVersions()，只会取到最新的版本。

(4) setTimeRange(long minStamp, long maxStamp) throws IOException：指定最大时间戳和最小时间戳，提取指定范围的所有 Cell。

(5) setTimeStamp()：指定时间戳。

(6) setFilter()：指定 Filter 来过滤掉不需要的信息。

(7) setStartRow(byte[] startRow)：指定开始行，不调用此函数时默认从第一行开始。

(8) setStopRow(byte[], stopRow)：指定结束行(不含此行)。

(9) setBatch()，指定返回的 Cell 数量，用于防止一行中数据量过大，超过 JVM 的内存限制。

9. Result

Result 用于存储 get 或 scan 操作后获取的单行值。此类提供的方法可以直接获取 Cell 值或者各种 Map 结构，即键值对，具体如下所示：

(1) containsColumn(byte[] family, byte[] qualifier)：检查指定的列修饰符是否存在。

(2) getFamilyMap(byte[] family)：获取指定列族包含的修饰符和值之间的键值对。

(3) getValue(byte[] family, byte [] qualifier)：获取列的最新值。

10. ResultScanner

ResultScanner 用于该类帮助客户端获取查询结果，提供的方法具体如下所示：

(1) next()：获取下一行的值。

(2) close()：关闭 scanner，释放内存资源。

【实例 7-2】 使用基本 Java API 类编程操作 HBase 表和数据。

首先确定编译代码所需要的 jar 包，即位于 HBase 安装目录 lib 下的所有 jar 文件。如果使用 Eclipse，则需要导入所需的 jar 包。下面示例代码使用表 7-10 的 student 结构。

1) 创建表

在 Eclipse 中新建工程 HBaseExample。在该工程中新建一个类 CreateTable，类 CreateTable 源代码如下所示：

```
public class CreateTable {
    public static void main(String[] args) throws MasterNotRunningException, ZooKeeperConnectionException,
IOException {
        Configuration conf = HBaseConfiguration.create();
        // 分布式场景下设置 ZooKeeper 地址
        conf.set("hbase.ZooKeeper.quorum", "master, slave1, slave2");
        HBaseAdmin admin = new HBaseAdmin(conf);
        // 创建命名空间，其中有 student 表
```

```
        admin.createNamespace(NamespaceDescriptor.create("my_ns").build());
        HTableDescriptor tableDesc = new HTableDescriptor( TableName.valueOf( "my_ns:student"));
        // 添加列族 college
        HColumnDescriptor hcd = new HColumnDescriptor(Bytes.toBytes("college"));
        tableDesc.addFamily(hcd);
        // 添加列族 profile
        hcd = new HColumnDescriptor(Bytes.toBytes("profile"));
        tableDesc.addFamily(hcd);
        admin.createTable(tableDesc);
        Boolean isAvailable = admin.isTableAvailable(Bytes.toBytes("students"));
        if (isAvailable)
            System.out.println("表创建成功");
        else
            System.out.println("表未创建成功");
        admin.close();
    }
}
```

2) 插入单行数据

为了节省篇幅，下面的代码只包含关键操作部分，而略去和前面创建表时类似的代码。读者可以将它们放入前面创建表代码的 main 函数中直接运行。代码如下所示：

```
HTable table = new HTable (conf, "student");
// 创建新 put 实例，表示一个学生
Put put = new Put(Bytes.toBytes("19052002"));
// 添加一个单元值，列族为 college，列名 school，值为 Computer Engineering
put.add(Bytes.toBytes("college"), Bytes.toBytes("school"), Bytes.toBytes("Computer Engineering"));
put.add(Bytes.toBytes("college"), Bytes.toBytes("department"), Bytes.toBytes("CS"));
put.add(Bytes.toBytes("profile"), Bytes.toBytes("name"), Bytes.toBytes("zhaosi"));
put.add(Bytes.toBytes("profile"), Bytes.toBytes("height"), Bytes.toBytes("165"));
put.add(Bytes.toBytes("profile"), Bytes.toBytes("weight"), Bytes.toBytes("108"));
put.add(Bytes.toBytes("profile"), Bytes.toBytes("birthday"), Bytes.toBytes("1999-05-01"));
table.put(put);
table.close();
```

说明：注意类 Put 的成员方法 add(byte[] family, byte[] qualifier, byte[] value)的使用。

3) 插入多行数据

前面插入单条记录时，类 HTable 的 put()方法接收了一个类 Put。事实上，put()方法还支持接收多个 Put 实例组成的列表 List 对象，代码如下所示：

```
HTable table = new HTable (conf, "student");
List<Put> listputs = new ArrayList<Put>( );
```

```
Put put1 = new Put(Bytes.toBytes("19052003"));
put1.add("profile".getBytes(), "name".getBytes(), "xieguangkun".getBytes());
listputs.add(put1);
Put put2 = new Put(Bytes.toBytes("19052004"));
put2.add("profile".getBytes(), "name".getBytes(), "wanglaoqi".getBytes());
listputs.add(put2);
// 将 list 中的两个 Put 实例一次插入表 student
table.put(listputs);
table.close();
```

4) 查询单行数据

类 Get 可以通过 Row Key 查询单条记录, 代码如下所示:

```
Get get = new Get(Bytes.toBytes("19052004"));
Result result = table.get(get);
// 获取列族 profile 的列 name 的单元值
byte[ ] value = result.getValue("profile".getBytes(), "name".getBytes() );
System.out.println( "student: " + "19052004" + " name: " + Bytes.toString(value) );


// 显示所有单元值
Get get2 = new Get(Bytes.toBytes("19052002"));
Result result2 = table.get(get2);
for (Cell cell : result2.rawCells() ) {
System.out.print("列族: " + new String( CellUtil.cloneFamily(cell)) );
System.out.print("列: " + new String( CellUtil.cloneQualifier(cell)) );
System.out.print("值: " + new String( CellUtil.cloneValue(cell)) );
System.out.print("时间戳: " + cell.getTimestamp() );
```

5) 查询指定时间戳范围的数据

使用 Scan 类可以查询多行数据, 例如成员方法 setTimeRange()可用于设置时间戳的范围。代码如下所示:

```
Scan s = new Scan();
s.setTimeRange(NumberUtils.toLong("1413878722100"),
NumberUtils.toLong("1418623393463") );
ResultScanner rs = table.getScanner(s);
for (Result r:rs) {
    Cell[ ] cell = r.rawCells();
    int i = 0;
    int cellcount = r.rawCells().length;
    System.out.print("行键: " + Bytes.toString(CellUtil.cloneRow(cell[i])) );
    for ( ; i < cellcount; i++) {
```

```
        System.out.print("列族: " + Bytes.toString(CellUtil.cloneFamily(cell[i])) );
        System.out.print("列: " + Bytes.toString(CellUtil.cloneQualifier(cell[i])) );
        System.out.print("值: " + Bytes.toString(CellUtil.cloneValue(cell[i])) );
        System.out.print("时间戳: " + cell[i].getTimeStamp() );
    }
    System.out.println();
}
table.close();    // 关闭表，释放资源
```

6）扫描多行数据

使用 Scan 类可以查询多行数据，代码如下所示：

```
Scan s = new Scan( );
// 添加列族 profile 的 name 列
s.addColumn(Bytes.toBytes("profile"), Bytes.toBytes("name"));
// 添加列族 profile 的 height 列
s.addColumn(Bytes.toBytes("profile"), Bytes.toBytes("height"));
// 添加列族 profile 的 weight 列
s.addColumn(Bytes.toBytes("profile"), Bytes.toBytes("weight"));
// 添加列族 college
s.addFamily(Bytes.toBytes("college"));
// 扫描开始行
s.setStartRow(Bytes.toBytes("19052001"));
// 扫描终止行
s.setStopRow(Bytes.toBytes("19052100"));
ResultScanner rs = table.getScanner(s);
for (Result r:rs) {
    Cell[ ] cell = r.rawCells( );
    int i = 0;
    int cellcount = r.rawCells().length;
    System.out.print("行键: " + Bytes.toString(CellUtil.cloneRow(cell[i])));
    for ( ; i < cellcount; i++) {
        System.out.print("列族: " + Bytes.toString(CellUtil.cloneFamily(cell[i])));
        System.out.print("列: " + Bytes.toString(CellUtil.cloneQualifier(cell[i])));
        System.out.print("值: " + Bytes.toString(CellUtil.cloneValue(cell[i])));
        System.out.print("时间戳: " + cell[i].getTimeStamp());
    }
    System.out.println();
}
table.close();    // 关闭表，释放资源
```

说明：使用类 Scan 的成员方法 addColumn()添加某个列族下的某个列；使用成员方法

addFamily()添加列族中的所有列到 Scan 中；使用成员方法 setStartRow()设置开始行键；使用成员方法 setStopRow()设置终止行键，表示扫描从起始行键(含)到终止行键(不含)的所有行。

7) 删除一行数据

删除单行数据时需要已知删除的行关键字 Row Key，例如下面代码使用 Delete 对象删除 ID 为 19052003 的学生数据：

```
Delete delete = new Delete(Bytes.toBytes( "19052003".getBytes());
table.delete(delete);
table.close();
```

8) 删除表

使用类 HBaseAdmin 的成员方法 deleteTable()删除表，代码如下所示：

```
HBaseAdmin hadmin = new HBaseAdmin(conf);
String tableName = "student";
if (hadmin.tableExists(tableName)) {
    hadmin.disableTable(tableName);          // 禁用表
    hadmin.deleteTable(tablename);           // 删除表
    System.out.println(tableName + "表删除成功");
} else {
    System.out.println(tableName + "表不存在");
}
```

11. 过滤器 Filter 的使用

很多时候希望使用 scan()方法可以返回经过筛选后的一系列数据，来更精确地查询结果，提高效率，这时需要使用过滤器 Filter。使用 setFilter()方法可以给 scan()添加过滤器，这也是结果分页和复杂条件查询的基础。

过滤器参数涉及以下两个：

(1) 比较运算符 CompareFilter.CompareOp。

比较运算符用于定义比较关系，包括相等 EQUAL、大于 GREATER、大于等于 GREATER_OR_EQUAL、小于 LESS、小于等于 LESS_OR_EQUAL、不等于 NOT_EQUAL。

(2) 比较器 ByteArrayComparable。

比较器支持不同粒度和方式的匹配，主要包括下面子类：匹配完整字节数组 BinaryComparator、匹配字节数组前缀 BinaryPrefixComparator、按位比较 BitComparator、空值比较 NullComparator、正则表达式比较 RegexStringComparator、子串比较 SubstringComparator。

常见的过滤器包括下面几种：

1) 过滤器列表 FilterList

FilterList 表示一个过滤器链，可以添加任意多个用于目标数据表的过滤器。多个过滤器之间可以指定逻辑"与"(FilterList.Operator.MUST_PASS_ALL) 或逻辑"或"(FilterList.Operator.MUST_PASS_ONE)的关系。示例代码如下所示：

```
FilterList list = new FilterList(FilterList.Operator.MUST_PASS_ONE);
// 满足一个条件即可
SingleColumnValueFilter filter1 = new SingleColumnValueFilter(Bytes.toBytes("profile"), Bytes.toBytes("name"),
CompareOp.EQUAL, Bytes.toBytes("zhaosi"));
list.add(filter1);
SingleColumnValueFilter filter2 = new SingleColumnValueFilter(Bytes.toBytes("profile"), Bytes.toBytes("name"),
CompareOp.EQUAL, Bytes.toBytes("liuneng"));
list.add(filter2);
Scan scan = new Scan();
scan.setFilter(list);
```

2）列值过滤器 SingleColumnValueFilter

SingleColumnValueFilter 用于测试列值相等 CompareOp.EQUAL、不等 CompareOp. NOT_EQUAL 及大于或小于关系(如 CompareOp.GREATER)。

例如，下面代码通过比较字符串相等过滤出 birthday 为 1999-05-01 或 null 的记录：

```
HTable table = new HTable(conf, "student");
FilterList filterList = new FilterList(FilterList.Operator.MUST_PASS_ALL);
SingleColumnValueFilter filter = new SingleColumnValueFilter(Bytes.toBytes("profile"),
Bytes.toBytes("birthday"),CompareOp.EQUAL, Bytes.toBytes("1999-05-01") );
filterLIst.addFilter(filter);
Scan scan = new Scan();
scan.setFilter(filterList);
ResultScanner rs = table.getScanner(scan);
for (Result r : rs) {
    for (Cell cell : r.rawCells()) {
        System.out.print("行键: " + new String(CellUtil.cloneRow(cell)));
        System.out.print("列族: " + Bytes.toString(CellUtil.cloneFamily(cell[i])));
        System.out.print("列: " + Bytes.toString(CellUtil.cloneQualifier(cell[i])));
        System.out.print("值: " + Bytes.toString(CellUtil.cloneValue(cell[i])));
        System.out.print("时间戳: " + cell[i].getTimeStamp());
    }
}
table.close();
```

下面代码使用 SubstringComparator 检查字符串是否是子串过滤出的 1999 年出生的学生：

```
HTable table = new HTable(conf, "student");
FilterList filterList = new FilterList(FilterList.Operator.MUST_PASS_ALL);
SubstringComparator comp = new SubstringComparator("1999");
SingleColumnValueFilter filter = new SingleColumnValueFilter(Bytes.toBytes("profile"), Bytes.toBytes("birthday"),
CompareOp.EQUAL, comp);
```

```
filterLIst.addFilter(filter);
Scan scan = new Scan();
scan.setFilter(filterList);
ResultScanner rs = table.getScanner(scan);
for (Result r : rs) {
    for (Cell cell : r.rawCells() ) {
        System.out.print("行键: " + new String(CellUtil.cloneRow(cell)));
        System.out.print("列族: " + Bytes.toString(CellUtil.cloneFamily(cell[i])));
        System.out.print("列: " + Bytes.toString(CellUtil.cloneQualifier(cell[i])));
        System.out.print("值: " + Bytes.toString(CellUtil.cloneValue(cell[i])));
        System.out.print("时间戳: " + cell[i].getTimeStamp());
    }
}
table.close( );
```

3) 列族过滤器 FamilyFilter

FamilyFilter 用于过滤符合条件的列族，示例代码如下所示：

```
HTable table = new HTable(conf, "student");
// 过滤以 pro 起头的列族 profile，结果显示该列族所有行数据
FamilyFilter filter = new FamilyFilter( CompareFilter.CompareOp.EQUAL,
                        new BinaryPrefixComparator(Bytes.toBytes("pro")));
Scan scan = new Scan();
scan.setFilter(filter);
ResultScanner rs = table.getScanner(scan);
```

4) 列修饰符过滤器 QualifierFilter

QualifierFilter 用于过滤符合条件的列，示例代码如下所示：

```
HTable table = new HTable(conf, "student");
// 过滤以 pro 起头的列，结果显示该列所有行数据
QualifierFilter filter = new FamilyFilter(CompareOp.EQUAL,
                        new BinaryPrefixComparator(Bytes.toBytes("name")));
Scan scan = new Scan();
scan.setFilter(filter);
ResultScanner rs = table.getScanner(scan);
```

5) 多个列名前缀过滤器 MultipleColumnPrefixFilter

MultipleColumnPrefixFilter 可以指定多个前缀来过滤列名，示例代码如下所示：

```
HTable table = new HTable(conf, "student");
byte[][] prefixes = new byte[][] {Bytes.toBytes("name"), Bytes.toBytes("weight")};
// 过滤以 name 或 weight 起头的列，结果显示该列所有行数据
MultipleColumnPrefixFilter filter = new MultipleColumnPrefixFilter(prefixes);
```

```
Scan scan = new Scan();
scan.setFilter(filter);
ResultScanner rs = table.getScanner(scan);
```

6) 列范围过滤器 ColumnRangeFilter

ColumnRangeFilter 用于获得一个范围的列，例如某些行可能包含上万个列，但是只希望查询返回名称在 cat 到 dog 之间的列。

注意：如果多个列族中出现重名的列，则该查询返回所有列。示例代码如下所示：

```
HTable table = new HTable(conf, "student");
byte[] startcolumn = Bytes.toBytes("cat");
byte[] endcolumn = Bytes.toBytes("zebra");
// 过滤以 cat 到 zebra 之间的列，包含起止列，结果显示列的所有行数据
ColumnRangeFilter filter = new MultipleColumnPrefixFilter(startcolumn, true, endcolumn ,true);
Scan scan = new Scan();
scan.setFilter(filter);
ResultScanner rs = table.getScanner(scan);
```

7) 行键过滤器 RowFilter

RowFilter 用于根据行键的条件过滤一些行，示例代码如下所示：

```
HTable table = new HTable(conf, "student");
byte[] startrow = Bytes.toBytes("19052001");
byte[] endrow = Bytes.toBytes("19053001");
// 返回 ID 在 19052001 和 19053001 之间的行
Scan scan = new Scan(startrow, endrow);
ResultScanner rs = table.getScanner(scan);


// 下面代码匹配行键中含数字 1905 的行
HTable table = new HTable(conf, "student");
RowFilter filter = new RowFilter(CompareOp.EQUAL, new SubstringComparator("1905"));
Scan scan = new Scan();
scan.setFilter(filter);
ResultScanner rs = table.getScanner(scan);
```

7.7.4 在 HBase 中使用 MapReduce

HBase 提供了一些类 API 利用 MapReduce 进行分布式计算，这些类对 MapReduce 细节操作进行了封装，方便用户进行快速开发。下面详细介绍 MapReduce 操作 HBase 数据库的关键类。

1. TableMapper

类 org.apache.hadoop.hbase.mapreduce.TableMapper<KEYOUT, VALUEOUT>为抽象类，

其父类为 org.apache.hadoop.mapreduce.Mapper<ImmutableBytesWritable, Result, KEYOUT, VALUEOUT>，即 Mapper 类，用于将输入数据映射到不同 Reducer。

2. TableReducer

org.apache.hadoop.hbase.mapreduce.TableReducer<KEYIN, VALUEIN, KEYOUT>为抽象类，其父类为 org.apache.hadoop.mapreduce.Reducer<KEYIN, VALUEIN, KEYOUT, Mutation>，即 Reducer，输入的 key 和 value 必须是上个 Map 的输出值，用于 TableOutputFormat 类输出时必须是 Put 或 Delete 实例。

3. TableInputFormat

类 org.apache.hadoop.hbase.mapreduce.TableInputFormat 继承自 org.apache.hadoop.hbase.mapreduce.TableInputFormatBase，实现了接口 org.apache.hadoop.conf.Configurarble，可以把 HBase 的列数据转换为 Map/Reduce 使用的格式。

4. TableOutputFormat

类 org.apache.hadoop.hbase.mapreduce.TableOutputFormat<KEY>继承自 org.apache.hadoop.mapreduce.OutputFormat<KEY, Mutation>，实现了接口 org.apache.hadoop.conf.Configurable，该类能够把 Map/Reduce 输出值写入 HBase 表。当输出值是 Put 或 Delete 实例时，key 会被忽略。

5. TableMapReduceUtil

类 org.apache.hadoop.hbase.mapreduce.TableMapReduceUtil 可以在 HBase 集群中建立 MapReduce 作业。静态成员方法 initTableMappperJob()用于在提交作业前对 Mapper 作业进行初始化，静态成员方法 initTableReducerJob()用于在提交作业前进行 Reducer 作业的初始化。

下面，通过 HBase MapReduce 编程实例来说明如何在 HBase 中使用 MapReduce。

【实例 7-3】 使用 HBase Java API 利用 MapReduce 进行分布式计算，对学生数据进行汇总，并求出平均身高，并将结果存入 HDFS 文件中。

下面的示例代码使用前文创建的 student 表及数据来计算学生的平均身高，统计结果写入 HDFS 文件中。建议读者读懂代码后更改关键部分，尝试完成其他的类似功能。代码如下：

```
public class StudentMapper extends TableMapper<Text, IntWritable> {
    public map(ImmutableBytesWritable row, Result res, Context ctx) throws InterruptedException,
IOException {

        for (Cell cell : res.rawCells()) {
            byte[] byteheight = CellUtil.cloneValue(cell);
            byte[] bytecolumn = CellUtil.cloneQualifier(cell);
            if ("height".equalsIgnoreCase(Byte.toString(bytecolumn))) {
                if ( byteheight != null) {
                    Text writablekey = new Text("Average height");
```

```
                              IntWritable writableheight = new IntWritable(Integer.parseInt(
                                      Bytes. toString (byteheight)) );
                  ctx.write(writablekey, writableheight);
              }
              break;
          }
      }
   }
}


public class StudentReducer extends Reducer<Text, IntWritable, Text, IntWritable> {
    public void reduce(Text key, Iterable<IntWritable> values, Context ctx) throws IOException,
InterruptedException {
        int sum = 0, count = 0;
        Iterator<IntWritable> iter = values.iterator();
        while (iter.hasNext()) {
            sum += iter.next().get();
            count++;
        }
        int avg = (int) (sum / count);
        key = new Text("Average height: ");
        ctx.write(key, new IntWritable(avg) );
    }
}


public class StudentTableMRTest {
    public static void main(String[] args) throws IOException, InterrupttedException, ClassNotFoundException
{
        Configuration conf = HBaseConfiguration.create();
        // 如果是分布式环境，则对应配置以下 ZooKeeper
        config.set("hbase.ZooKeeper.quorum", "master, slave1, slave2");
        String[] ioArgs = new String[ ] { "avg_height" };
        String[] otherArgs = new GenericOptionsParser(config, ioArgs). getRemainingArgs();
        // 一个参数：输出目录
        assert otherArgs.length == 1;
        final FileSystem fileSystem = FileSystem.get(conf);
        // 删除输出目录，否则随后自动创建时出错
        fileSystem.delete(new Path (otherArgs[0]), true);
```

```
        Job job = new Job(conf, "StudentTableMRTest");
        job.setJarByClass(StuTableMRTest. class);

        Scan scan = new Scan();
        scan.addColumn(Bytes.toBytes("profile"), Bytes.toBytes("height"));
        scan.setCaching(1024);
        scan.setCacheBlocks(false);

        TableMapReduceUtil.initTableMapperJob("student", scan,
                StudentMapper.class,     // mapper 类
                Text.class,              // mapper 输出 key
                IntWritable.class,       // mapper 输出 value
                job);
        job.setReducerClass(StudentReducer.class);
        job.setOutputKeyClass(Text.class);
        job.setOutputValueClass(IntWritable.class);
        job.setOutputFormatClass(TextOutputFormat.class);
        job.setNumReduceTasks(1);
        FileOutputFormat.setOutputPath(job, new Path(otherArgs[0]) );

        if (!job.waitForCompletion(true)) {
            throw new IOException("Error with job!");
        }
    }
}
```

说明：以上代码从 HBase 的表 student 中读取列 height 的值，Map 任务输出的 key 都是 Average height，value 是身高数值(单位 cm，int 类型)。Reduce 任务求出平均值后写入 HDFS 文件。

注意：使用 TableMapReduceUtil 设置 Mapper 输出 key 和 value 类型等参数，Job 类需要设置合适的 Reducer 输出参数。

下面代码将平均身高输出到 HBase 数据表中，Mapper 类和前面类似，这里只列出 Reducer 类和 main 函数的改动。代码如下：

```
public class StudentReducer2 extends TableReducer<Text, IntWritable,
                                                ImmutableBytesWritable> {
    public static int sum = 0;
    public static int count = 0;
    public void reduce(Text key, Iterable<IntWritable> values, Context ctx)
                            throws IOException, InterruptedException {
    Iterator<IntWritable> iter = values.iterator( );
```

```
        while (iter.hasNext()) {
            sum += iter.next().get();
            count++;
        }
        int avg = (int) (sum / count);
        key = new Text("Average height: ");
        // 创建 Put 实例用于写入 HBase
        Put put = new Put(Bytes.toBytes(key.toString()));
        // 列族 average，列名 height，单元值为 avg
        put.add(Bytes.toBytes("average"), Bytes.toBytes("height"), Bytes.toBytes(String.valueOf(avg)));
        ctx.write(null, put );
    }
}

public class StudentMRHBaseTest {
    public static void main(String[] args) throws IOException,
                    InterruptedException, ClassNotFoundException {
        Configuration conf = HBaseConfiguration.create();
        // 如果是分布式环境，对应配置如下 ZooKeeper
        config.set("hbase.ZooKeeper.quorum", "master, slave1, slave2");

        Job job = new Job(conf, "StudentMRHBaseTest");
        job.setJarByClass(StudentMRHBaseTest. class);

        Scan scan = new Scan();
        scan.addColumn(Bytes.toBytes("profile"), Bytes.toBytes("height"));
        scan.setCaching(1024);
        scan.setCacheBlocks(false);

        TableMapReduceUtil.initTableMapperJob("student", scan,
                        StudentMapper.class,        // mapper 类
                        Text.class,                 // mapper 输出 key
                        IntWritable.class,          // mapper 输出 value
                        job );
        // 注意下面的改动，设置 Reduce 输出
        TableMapReduceUtil.initTableReducerJob( "avgheight",       // 输出表名
                        StudentReducer2.class,
                        job);
```

```
    if (!job.waitForCompletion(true)) {
        throw new IOException("Error with job!");
    }
    }
}
```

7.8 HBase 的性能优化

7.8.1 数据库表的设计优化

默认情况下，在创建 HBase 表的时候会自动创建一个 Region 分区。当导入数据的时候，所有的 HBase 客户端都向这个 Region 写数据，直到这个 Region 足够大了才进行切分。一种可以加快批量写入速度的方法是预先创建一些空的 Regions，这样当数据写入 HBase 时，会按照 Region 的分区情况在集群内做数据的负载均衡。

HBase 中 Row Key 用来检索表中的记录，支持以下三种方式：

(1) 通过单个 Row Key 访问：即按照某个 Row key 键值进行 get 操作。

(2) 通过 Row Key 的范围进行扫描：即通过设置 startRowKey 和 endRowKey，在这个范围内进行扫描。

(3) 全表扫描：即直接扫描整张表中所有行记录。

在 HBase 中，Row Key 可以是任意字符串，最大长度 64 KB，实际应用中一般为 10～100 Bytes，存为 byte[]字节数组，一般设计成定长的。Row key 是按照字典序存储的，因此，设计 Row Key 时，要充分利用这个排序特点，尽可能将经常一起读取的数据存储到一块。例如，最近写入 HBase 表中的数据是最可能被访问的，可以考虑将时间戳作为 Row Key 的一部分，由于是字典序排序，因此可以使用 Long.MAX_VALUE － timestamp 作为 Row Key，这样能保证新写入的数据排在前面，在读取时可以被快速命中。

注意：不要在一张表里定义太多的列族 Column Family，目前 HBase 并不能很好地处理超过三个列族的表。因为某个列族在刷新的时候，它邻近的列族也会因关联效应被触发刷新，最终导致系统产生更多的 I/O。

7.8.2 数据库的读/写优化

HBase 支持并发读取。为了加快读取数据速度，可以创建多个 HTable 客户端同时进行读操作，提高吞吐量。

(1) Scanner 缓存。通过调用 HTable.setScannerCaching(int scannerCaching)可以设置 HBase scanner 一次从服务端抓取的数据条数，默认情况下一次一条。通过将此值设置成一个合理的值，可以减少扫描过程中 next()的时间开销，代价是 scanner 需要通过客户端的内存来维持这些被缓存的行记录。扫描时指定需要的 Column Family，以减少网络传输数据量，否则默认 scan 操作会返回整行所有 Column Family 的数据。扫描完数据后，要及时关闭

ResultScanner，否则 RegionServer 可能会出现问题(例如对应的 Server 资源无法释放)。

(2) 批量读取。调用 HTable.get(Get)方法可以根据一个指定的 Row key 获取一行记录，同样 HBase 提供了另一个方法：调用 HTable.get(List)方法可以根据一个指定的 Row key 列表，批量获取多行记录。这样做的好处是批量执行，只需要一次网络 I/O 开销，这对于对数据实时性要求高而且网络传输 RTT 高的应用场景可能带来明显的性能提升。

(3) 多线程并发读取。在客户端开启多个 HTable 读线程，每个读线程负责通过 HTable 对象进行 get 操作。

(4) 缓存查询结果。对于频繁查询 HBase 的应用场景，可以考虑在应用程序中做缓存。当有新的查询请求时，首先在缓存中查找，如果存在则直接返回，不再查询 HBase；否则对 HBase 发起读请求查询，然后在应用程序中将查询结果缓存起来。至于缓存的替换策略，可以考虑 LRU 等常用的策略。

(5) 块缓存。HBase 上 RegionServer 的内存分为两个部分，一部分作为 MemStore，主要用来写；另外一部分作为 BlockCache，主要用于读。写请求会先写入 MemStore，RegionServer 会给每个 Region 提供一个 MemStore。当 MemStore 满 64MB 以后，会启动清空进程，将其刷新到磁盘。

7.8.3 HBase 参数的设置优化

创建表的时候，可以通过 HColumnDescriptor.setInMemory(true)将表放到 RegionServer 的缓存中，保证在读取的时候被缓存命中；通过 HColumnDescriptor.setMaxVersions(int maxVersions)设置表中数据的最大版本，如果只需要保存最新版本的数据，那么可以设置 setMaxVersions(1)；通过 HColumnDescriptor.setTimeToLive(int timeToLive)设置表中数据的存储生命期，过期数据将自动被删除。例如，如果只需要存储最近两天的数据，那么可以设置 setTimeToLive(2 * 24 * 60 * 60)。

当 MemStore 的总大小超过限制(heapsize * hbase.regionserver.global.memstore.upperLimit * 0.9)时，会强行启动清空进程，从最大的 MemStore 开始清空直到低于限制。读请求先到 MemStore 中查数据，查不到就到 BlockCache 中查，再查不到就会到磁盘上读，并把读的结果放入 BlockCache 中。由于 BlockCache 采用的是 LRU 策略，因此 BlockCache 达到上限(heapsize * hfile.block.cache.size * 0.85)后，会启动淘汰机制，淘汰掉最老的一批数据。

一个 RegionServer 上有一个 BlockCache 和 N 个 MemStore，它们的大小之和不能大于等于 heapsize * 0.8，否则 HBase 不能启动。默认 BlockCache 为 0.2，而 MemStore 为 0.4。对于注重读响应时间的系统，可以将 BlockCache 设置大些，比如设置 BlockCache = 0.4，MemStore = 0.4，以加大缓存的命中率。

本 章 小 结

本章介绍了 NoSQL 数据库的四种类型，说明了 NoSQL 数据库 HBase 的起源、发展历程和特点，详细阐述了 HBase 的数据模型、体系结构、运行机制等基础理论知识，并在此基础上详细演示了 HBase 集群的部署过程，以及 HBase 接口 HBase Web UI、HBase Shell 命令和 HBase Java API 的使用方法，最后简要介绍了几种 HBase 的性能优化方法。

作为 NoSQL 列式数据库的代表，HBase 具有下列特点：数据稀疏，高维度(面向列)、分布式，键值有序存储，数据一致性，适用于下面几种场景：数据规模大、需要快速随机存取、结构化数据、数据模式可变、压缩数据、数据分区。HBase 通过行键来检索数据，支持单行事务，主要用来存储非结构化和半结构化的松散数据。

HBase 数据库以表的形式存储数据。物理上，数据表以文件的形式存储在 HDFS 中；逻辑上，数据以表的形式呈现给最终用户。为了高效存取数据，HBase 设计了一些元数据库表来提高数据读/写效率。HBase 采用 Master/Slave 架构，HBase 集群成员包括 Client、ZooKeeper 集群、HMaster 节点、HRegionServer 节点，在底层 HBase 将数据存储于 HDFS 中。

HBase 的运行依赖于 ZooKeeper 和 HDFS，其运行模式有单机模式(Standalone Mode)、伪分布模式(Pseudo-Distributed Mode)和全分布模式(Fully-Distributed Mode)三种。配置 HBase 时重点需要编辑三个配置文件，即 hbase-env.sh、hbase-site.xml 和 regionservers。

HBase 提供了三种接口以满足不同类型用户的需求。Web 界面主要用于查询 HBase 集群的工作状态；Shell 命令为开发和维护人员提供简洁的命令，以实现数据表的增删改查等操作，例如最常用的 PUT、GET、SCAN 等命令；Java API 主要方便开发人员通过 Java 程序调用 HBase 的基础功能。对于复杂的数据查询，应该设计合适的过滤器 Filter。读者应该了解 HBase 可以借助于 MapReduce 实现高性能并行计算。

对于真实生产环境中的 HBase 系统，通常对大规模数据的读/写性能有较高要求，这就需要用户根据实际情况对数据库表设计和读/写方式进行优化，同时也可以通过自定义 HBase 参数来实现 HBase 性能优化，例如 RegionServer 的缓存大小。

思考与练习题

1. 简述 HBase 与 HDFS 相比有哪些功能上的差别，它们的设计初衷有何不同？
2. 简述 HBase 数据模型。
3. HBase 的索引是静态还是动态的？是一级索引还是多级索引？
4. HBase 的元数据 ".META" 是什么？存储在哪里？
5 简述 HFile 的逻辑结构，说明每个组成部分的含义。
6. 简述 HBase 的体系架构。
7. 简述 HBase 中 HRegionServer 的分裂过程。
8. 试述 HBase 的应用场景，试举例说明。
9. 简述 HBase 提供哪些访问接口。
10. 试述 HBase 的 Row Key 创建应该遵循什么原则？列族怎么创建比较好？
11. 简述几种常用的 HBase 性能优化方法。

实验 5　部署全分布模式 HBase 集群和实战 HBase

一、实验目的

(1) 理解 HBase 数据模型。

(2) 理解 HBase 体系架构。

(3) 熟练掌握 HBase 集群的部署。

(4) 了解 HBase Web UI 的使用。

(5) 熟练掌握 HBase Shell 常用命令的使用。

(6) 了解 HBase Java API，能编写简单的 HBase 程序。

二、实验环境

本实验所需的软件环境包括 HDFS 集群、ZooKeeper 集群、HBase 安装包和 Eclipse。

三、实验内容

(1) 规划全分布模式 HBase 集群。

(2) 部署全分布模式 HBase 集群。

(3) 启动全分布模式 HBase 集群。

(4) 验证全分布模式 HBase 集群。

(5) 使用 HBase Web UI。

(6) 使用 HBase Shell 常用命令。

(7) 关闭全分布模式 HBase 集群。

四、实验报告

实验报告主要内容包括实验名称、实验类型、实验地点、学时、实验环境、实验原理、实验步骤、实验结果、总结与思考等。

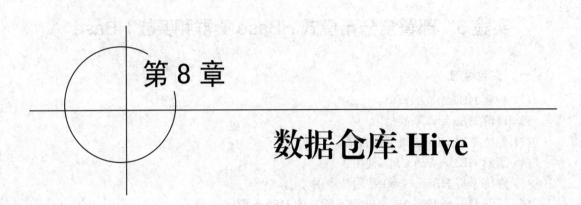

第 8 章

数据仓库 Hive

　　Hive 是建立在 Hadoop 上的一个开源的数据仓库工具，主要适用于离线分析。它提供了一系列工具，可以用来进行数据提取、转化、加载(Extract Trarnsform Load)，这是一种可以存储、查询和分析存储在 Hadoop 上大规模数据的机制。Hive 定义了简单的类 SQL 查询语言，称为 HiveQL(Hive Qucry Language)，它允许用户编写 SQL 语句实现对大规模数据的统计分析操作，也允许熟悉 MapReduce 的开发者开发自定义的 Mapper 和 Reducer 来处理内建 Mapper 和 Reducer 无法完成的复杂的分析工作。

　　本章首先介绍了 Hive 的基本工作流程和与传统关系型数据库相比具有的特征，然后介绍了 Hive 的体系架构、数据类型、文件格式、数据模型、函数等知识，接着详细演示了部署 Hive 的过程，以及 HWI、Hive Shell 常用命令、HiveQL 语句和 Hive Java API 接口的使用方法，最后介绍了几种常见的 Hive 优化策略。

　　本章知识结构图如图 8-1 所示(★表示重点，▶表示难点)。

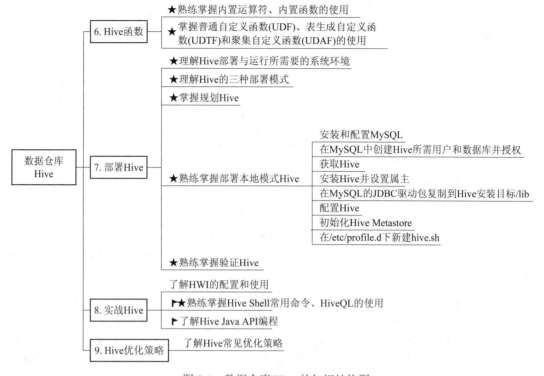

图 8-1　数据仓库 Hive 的知识结构图

8.1　初识 Hive

Hive 由 Facebook 公司开源，主要用于解决海量结构化日志数据的离线分析。Hive 是一个基于 Hadoop 的数据仓库工具，可以将结构化的数据文件映射为一张表，并提供了类 SQL 查询语言 HiveQL(Hive Query Language)。Hive 的本质是将 HiveQL 语句转化成 MapReduce 程序，并提交到 Hadoop 集群上运行，其基本工作流程如图 8-2 所示。Hive 可让不熟悉 MapReduce 的开发人员直接编写 SQL 语句来实现对大规模数据的统计分析操作，大大降低了学习门槛，同时也提升了开发效率。Hive 处理的数据存储在 HDFS 上，分析数据底层的实现是 MapReduce，程序运行在 YARN 上。

与传统关系型数据库相比，从内部实现原理和 HiveQL 语言的运行机制来看，Hive 具有如下特征：

(1) 查询语言与 SQL 接近。由于 SQL 被广泛应用在数据仓库中，因此研究人员专门针对 Hive 的特性设计了类 SQL 的查询语言 HiveQL，熟悉 SQL 开发的开发者可以很方便地使用 Hive 进行开发。HiveQL 中对查询语句的解释、优化、生成查询计划是由 Hive 引擎完成的。

(2) 并行执行。Hive 中大多数查询的执行是通过 Hadoop 提供的 MapReduce 来实现的，查询计划被转化为 MapReduce 任务，在 Hadoop 中执行(**注意**：有些查询没有 MR 任务，如 select * from table)。而传统数据库通常有自己的执行引擎。

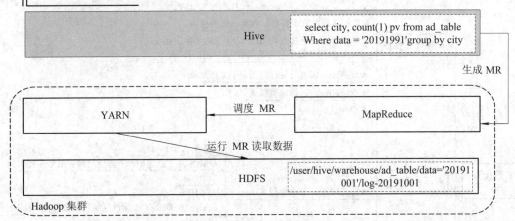

图 8-2　Hive 的基本工作流程

（3）使用 HDFS 存储。Hive 是建立在 Hadoop 之上的，所有 Hive 数据都存储在 HDFS 中。而数据库则可以将数据保存在块设备或者本地文件系统中。Hadoop 和 Hive 都采用 UTF-8 编码。

（4）支持多种数据格式。Hive 中没有定义专门的数据格式，数据格式可以由用户指定。用户定义数据格式需要指定三个属性，即列分隔符（通常为空格、"\t"、"\x001"）、行分隔符（"\n"）以及读取文件数据的方法（Hive 默认的文件格式包括 TextFile、SequenceFile、RCFile 等）。由于在加载数据的过程中，不需要从用户数据格式到 Hive 定义的数据格式的转换，因此，Hive 在加载的过程中不会对数据本身进行任何修改，只是将数据内容复制或者移动到相应的 HDFS 目录中。而在数据库中，不同的数据库有不同的存储引擎，定义了自己的数据格式。所有数据都会按照一定的组织存储，因此，数据库加载数据的过程会比较耗时。

（5）不支持数据更新。由于 Hive 是针对数据仓库应用设计的，因此，Hive 中不支持对数据的修改和添加，所有的数据都是在加载时确定好的。而数据库中的数据通常是需要反复进行修改的，因此可以使用 INSERT INTO ... VALUES 添加数据，使用 UPDATE ... SET 修改数据。

（6）不支持索引。之前已介绍过，Hive 在加载数据的过程中不会对数据进行任何处理，甚至不会对数据进行扫描，因此也没有对数据中的某些 Key 建立索引。Hive 要访问数据中满足条件的特定值时，需要暴力扫描整个数据，因此访问延迟较高。由于 MapReduce 的引入，Hive 可以并行访问数据，因此即使没有索引，对于大数据量的访问，Hive 仍然可以体现出优势。在数据库中，通常会针对一个或者几个列建立索引，因此对于少量特定条件的数据的访问，数据库可以有很高的效率和较低的延迟。

（7）执行延迟高。Hive 在查询数据的时候，由于没有索引，需要扫描整个表，因此延迟较高，另外一个导致 Hive 执行延迟高的因素是 MapReduce 框架。由于 MapReduce 本身具有较高的延迟，因此在利用 MapReduce 执行 Hive 查询时，也会有较高的延迟。相对来说，数据库的执行延迟较低。当然，这个低是有条件的，即数据规模较小。当数据规模大到超过数据库处理能力的时候，Hive 的并行计算优势就能够显现出来了。由于数据的访问延迟较高，决定了 Hive 不适合在线数据查询。

（8）可扩展性高。由于 Hive 是建立在 Hadoop 之上的，因此 Hive 的可扩展性和 Hadoop 的可扩展性是一致的（世界上最大的 Hadoop 集群在雅虎，目前规模在 25 000 个节点左右）。

而数据库由于 ACID 语义的严格限制，扩展行非常有限，目前最先进的并行数据库 Oracle 在理论上的扩展能力也只有 100 台左右。

(9) 数据规模大。由于 Hive 建立在集群上并可以利用 MapReduce 进行并行计算，因此可以支持很大规模的数据。对应地，数据库可以支持的数据规模较小。

8.2　Hive 的体系架构

Hive 通过给用户提供的一系列交互接口，接收到用户提交的 Hive 脚本后，使用自身的驱动器 Driver，结合元数据 Metastore，将这些脚本翻译成 MapReduce，并提交到 Hadoop 集群中执行，最后将执行结果输出到用户交互接口。Hive 的体系架构如图 8-3 所示。

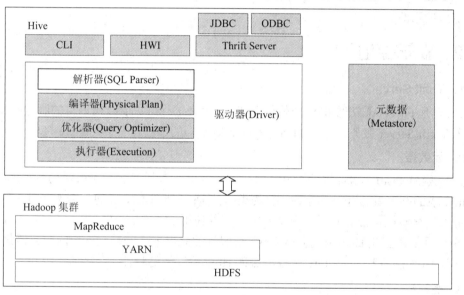

图 8-3　Hive 的体系架构

由图 8-3 可知，Hive 的体系架构中主要包括如下组件：CLI、JDBC/ODBC、Thrift Server、HWI、Metastore 和 Driver，这些组件可以分为客户端组件和服务端组件两类。另外，Hive 还需要 Hadoop 的支持，它使用 HDFS 进行存储，使用 MapReduce 进行计算。

8.2.1　客户端组件

作为数据仓库，Hive 充分利用 Hadoop 分布式存储和计算的能力，向用户了提供丰富的编程和命令接口，以支持数据查询、汇总和分析功能。

1. CLI

CLI(Commmand Line Interface)是 Hive 命令行接口，是最常用的一种用户接口。CLI 启动时会同时启动一个 Hive 副本。CLI 是和 Hive 交互的最简单也是最常用的方式，只需要在一个具备完整 Hive 环境下的 Shell 终端中键入 hive 即可启动服务。用户可以在 CLI 上输入 HiveQL 来执行创建表、更改属性以及查询等操作。不过 Hive CLI 不适应于高并发的生产环境，仅仅是 Hive 管理员的好工具。

2. JDBC/ODBC

JDBC 是 Java Database Connection 规范，它定义了一系列 Java 访问各类数据库的访问接口，因此 Hive-JDBC 其实本质上扮演了一个协议转换的角色，把 JDBC 标准协议转换为访问 Hive Server 服务的协议。Hive-JDBC 除了扮演网络协议转化的工作，并不承担其他工作，比如 SQL 的合法性校验和解析等。ODBC 是一组对数据库访问的标准 API，它的底层实现源码是采用 C/C++编写的。JDBC/ODBC 都是通过 Hive Client 与 Hive Server 保持通信的，借助 Thrift RPC 协议来实现交互。

3. HWI

HWI(Hive Web Interface)是 Hive 的 Web 访问接口，提供了一种可以通过浏览器来访问 Hive 服务的功能。

8.2.2 服务端组件

1. Thrift Server

Thrift 是 Facebook 开发的一个软件框架，它用来进行可扩展且跨语言的服务开发，Hive 集成了 Thrift Server 服务，能让 Java、Python 等不同的编程语言调用 Hive 接口。

2. 元数据

元数据(Metastore)组件用于存储 Hive 的元数据，包括表名、表所属的数据库(默认是default)、表的拥有者、列/分区字段、表的类型(是否是外部表)、表的数据所在目录等。Hive 元数据默认存储在自带的 Derby 数据库中，推荐使用 MySQL 存储 Metastore。元数据对于 Hive 十分重要，因此 Hive 支持把 Metastore 服务独立出来，安装到远程的服务器集群里，从而解耦 Hive 服务和 Metastore 服务，保证 Hive 运行的健壮性。

3. 驱动器

驱动器(Driver)组件的作用是将用户编写的 HiveQL 语句进行解析、编译、优化，生成执行计划，然后调用底层的 MapReduce 计算框架。Hive 驱动器由四部分组成：

(1) 解析器(SQL Parser)：将 SQL 字符串转换成抽象语法树 AST，这一步一般都用第三方工具库完成，例如 antlr；对 AST 进行语法分析，例如表是否存在、字段是否存在、SQL 语义是否有误。

(2) 编译器(Physical Plan)：将 AST 编译生成逻辑执行计划。

(3) 优化器(Query Optimizer)：对逻辑执行计划进行优化。

(4) 执行器(Execution)：把逻辑执行计划转换成可以运行的物理计划，对于 Hive 来说，就是 MapReduce/Spark。

这里需要说明一下 Hive Server 和 Hive Server 2 两者的联系和区别。Hive Server 和 Hive Server 2 都是基于 Thrift 的，但 Hive Sever 有时被称为 Thrift Server，而 Hive Server 2 却不会；两者都允许远程客户端使用多种编程语言在不启动 CLI 的情况下通过 Hive Server 和 Hive Server 2 对 Hive 中的数据进行操作。但是官方表示从 Hive 0.15 起就不再支持 Hive Server 了。为什么不再支持 Hive Server 了呢？这是因为 Hive Server 不能处理多于一个客户端的并发请求，究其原因是由于 Hive Server 使用 Thrift 接口而导致的限制，不能通过修改 HiveServer 代码的方式进行修正。因此在 Hive 0.11.0 版本中重写了 Hive Server 代码得到了 Hive Server 2，进而解决了该问题。Hive Server 2 支持多客户端的并发和认证，为开放 API 客户端如 JDBC、ODBC 提供了更好的支持。

　　另外，还需要说明一下 Hive 元数据 Metastore。Hive 元数据是数据仓库的核心数据，完成 HDFS 中表数据的读/写和管理功能，元数据作为一个服务进程运行。如上文所述，元数据默认存储在自带的 Derby 数据库中，但推荐使用关系型数据库如 MySQL 来存储，采用关系数据库存储元数据的根本原因在于快速响应数据存取的需求。Hive 元数据通常有嵌入式元数据、本地元数据和远程元数据三种存储位置形式，根据元数据存储位置的不同，Hive 部署模式也不同，具体参考 8.7.2 节。

8.3　Hive 的数据类型

Hive 的数据类型分为基本数据类型和集合数据类型两类。

8.3.1　基本数据类型

　　基本类型又称为原始类型，与大多数关系数据库中的数据类型相同。Hive 的基本数据类型及说明如表 8-1 所示。

表 8-1　Hive 的基本数据类型

数据类型		长　度	说　　明
数字类	TINYINT	1 字节	有符号的整型，-128～127
	SMALLINT	2 字节	有符号的整型，-32768～32767
	INT	4 字节	有符号的整型，-2,147,483,648～2,147,483,647
	BIGINT	8 字节	有符号的整型，-9,223,372,036,854,775,808～9,223,372,036,854,775,807
	FLOAT	4 字节	有符号的单精度浮点数
	DOUBLE	8 字节	有符号的双精度浮点数
	DOUBLE PRECISION	8 字节	同 DOUBLE，Hive 2.2.0 开始可用
	DECIMAL	—	可带小数的精确数字字符串
	NUMERIC	—	同 DECIMAL，Hive 3.0.0 开始可用
日期时间类	TIMESTAMP	—	时间戳，内容格式的 yyyy-mm-dd hh:mm:ss[.f...]
	DATE	—	日期，内容格式：YYYYMMDD
	INTERVAL	—	—

数据类型		长　度	说　明
字符串类	STRING	—	字符串
	VARCHAR	字符数范围 1～65535	长度不定的字符串
	CHAR	最大的字符数：255	长度固定的字符串
Misc 类	BOOLEAN	—	布尔类型 TRUE/FALSE
	BINARY	—	字节序列

Hive 的基本数据类型是可以进行隐式转换的，类似于 Java 类型转换。例如某表达式使用 INT 类型，TINYINT 会自动转换为 INT 类型。但是 Hive 不会进行反向转换，例如，某表达式使用 TINYINT 类型，INT 不会自动转换为 TINYINT 类型，它会返回错误，除非使用 CAST 函数。隐式类型转换规则如下所示：

(1) 任何整数类型都可以隐式地转换为一个范围更广的类型，如 TINYINT 可以转换成 INT，INT 可以转换成 BIGINT。

(2) 所有整数类型、FLOAT 和 STRING 类型都可以隐式地转换成 DOUBLE。

(3) TINYINT、SMALLINT、INT 都可以隐式地转换为 FLOAT。

(4) BOOLEAN 类型不可以转换为任何其他类型。

我们可以使用 CAST 函数对数据类型进行显式转换，例如 CAST('1' AS INT)把字符串'1'转换成整数 1。如果强制类型转换失败，例如执行 CAST('X' AS INT)，则表达式返回空值 NULL。

8.3.2　集合数据类型

除了基本数据类型，Hive 还提供了 ARRAY、MAP、STRUCT、UNIONTYPE4 种集合数据类型。所谓集合类型是指该字段可以包含多个值，有时也称复杂数据类型。Hive 集合数据类型说明如表 8-2 所示。

表 8-2　Hive 的集合数据类型

数据类型	长度	说　明
ARRAY	—	数组，存储相同类型的数据，索引从 0 开始，可以通过下标获取数据
MAP	—	字典，存储键值对数据。键或者值的数据类型必须相同，通过键获取数据，MAP<primitive_type, data_type>
STRUCT	—	结构体，存储多种不同类型的数据，一旦生命好结构体，各字段的位置不能改变，STRUCT<col_name : data_type [COMMENT col_comment], ...>
UNIONTYPE	—	联合体，UNIONTYPE<data_type, data_type, ...>

8.4　Hive 的文件格式

Hive 支持多种文件格式，常用的有以下几种：

1．TEXTFILE

说明：TEXTFILE 是默认文件格式，建表时用户需要指定分隔符。

存储方式：行存储。

优点：最简单的数据格式，便于和其他工具(Pig、Grep、sed、AWK)共享数据，便于查看和编辑；加载较快。

缺点：耗费存储空间，I/O 性能较低；Hive 不能对其进行数据切分合并，不能进行并行操作，查询效率低。

适用场景：适用于小型查询以及查看具体数据内容的测试操作。

2．SEQUENCEFILE

说明：SEQUENCEFILE 是二进制键值对序列化文件格式。

存储方式：行存储。

优点：可压缩，可分割，优化磁盘利用率和 I/O；可并行操作数据，查询效率高。

缺点：存储空间消耗最大；对于 Hadoop 生态系统之外的工具不适用，需要通过 text 文件转化加载。

适用场景：适用于数据量较小、大部分列的查询。

3．RCFILE

说明：RCFILE 是 Hive 推出的一种专门面向列的数据格式，它遵循"先按列划分，再垂直划分"的设计理念。

存储方式：行列式存储。

优点：可压缩，列存取高效；查询效率较高。

缺点：加载时性能消耗较大，需要通过 text 文件转化加载；读取全量数据性能低。

4．ORC

说明：ORC 是优化后的 RCFILE。

存储方式：行列式存储。

优缺点：优缺点与 RCFILE 类似，查询效率最高。

适用场景：适用于 Hive 中大型的存储和查询。

Hive 的文件格式除了以上 4 种之外，还有 PARQUET、AVRO 等格式。其中，ORC 的压缩率最高。

8.5　Hive 的数据模型

Hive 没有专门的数据存储格式，也没有为数据建立索引，用户可以非常自由地组织

Hive 中的表，只需在创建表时告诉 Hive 数据中的列分隔符和行分隔符，Hive 就可以解析数据。Hive 中所有的数据都存储在 HDFS 中，根据对数据的划分粒度，Hive 包含表(Table)、分区(Partition)和桶(Bucket)三种数据模型。如图 8-4 所示，表→分区→桶，对数据的划分粒度越来越小。

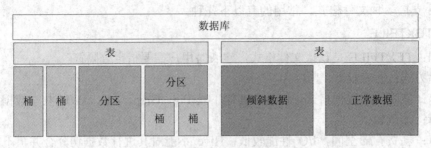

图 8-4　Hive 的数据模型

8.5.1　表(Table)

Hive 的表和关系数据库中的表相同，具有各种关系代数操作。Hive 中有内部表(Table)和外部表(External Table)两种表。

1) 内部表(Table)

Hive 默认创建的表都是内部表，因为对于这种表，Hive 会(或多或少地)控制着数据的生命周期。默认情况下，Hive 会将这些表的数据存储在由配置项 hive.metastore.warehouse.dir(例如/user/hive/warehouse)所定义的 HDFS 目录的子目录下，每一个 Table 在该数据仓库目录下都拥有一个对应的目录存储数据。当删除一个内部表时，Hive 会同时删除这个数据目录。内部表不适合和其他工具共享数据。

2) 外部表(External Table)

Hive 创建外部表时需要指定数据读取的目录。外部表仅记录数据所在的路径，不对数据的位置做任何改变；而内部表创建时就把数据存放到默认路径下。当删除表时，内部表会将数据和元数据全部删除；而外部表只删除元数据，数据文件不会删除。外部表和内部表在元数据的组织上是相同的，外部表加载数据和创建表同时完成，并不会将数据移动到数据仓库目录中。

8.5.2　分区(Partition)

分区表通常分为静态分区表和动态分区表两种，前者导入数据时需要静态指定分区，后者可以直接根据导入数据进行分区。

分区表实际上就是一个对应 HDFS 文件系统上的独立文件夹，该文件夹下是该分区所有的数据文件。Hive 中的分区就是分目录，把一个大的数据集根据业务需要分割成小的数据集。分区的好处是可以让数据按照区域进行分类，避免了查询时的全表扫描。

下面以学生信息表 student 为例说明分区的原理。假设现有一个学生信息表 student，包含学号、姓名、院系、年级等信息。若根据院系对表进行分区，那么所有属于同一个院系的学生将会存储在同一个分区中。事实上，一个分区即表示一个表目录下面的一个子目录。假设现有 CS、ART 和 Maths 三个院系，那么，表可以划分为三个对应分区，如图 8-5 所示。每个院系的学生信息都存储在一个独立子目录中。例如 CS 系的学生都存储在目录 /user/hive/warehouse/student/dept.= CS 中，关于 CS 系学生的查询将在这个子目录下进行，这样比把所有学生放在同一个目录下节省了大量查询时间。在现实应用中，一次查询相关的数据可能不到总数据量的 1%，这样的存储组织将会非常高效。表 Student 在 Hive 中的分区存储如图 8-5 所示。

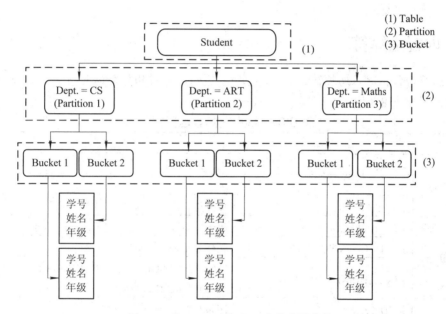

图 8-5　表 Student 在 Hive 中的分区存储

8.5.3　桶(Bucket)

分桶就是将同一个目录下的一个文件拆分成多个文件，每个文件包含一部分数据，方便获取值，提高检索效率。

分区针对的是数据的存储路径，分桶针对的是数据文件。分区提供一个隔离数据和优化查询的便利方式，但并非所有的数据集都可形成合理的分区；分桶是将数据集分解成更容易管理的若干部分的另一种技术。

用户可以将分区或者未分区的表数据按某列的 HASH 函数值分配到桶中。事实上，每个桶通常是一个分区或者表目录下的一个文件。例如，将分区划分为 n 个桶，则将在分区目录下产生 n 个文件。对于上面的学生表，如果把每个分区划分为两个桶，则在每个分区目录下会有两个文件，记录了同一个系的不同学生，如图 8-5 所示。

Hive 通过某列的 HASH 值取模来决定桶的分配。使用桶分配数据的原因有两个方面：第一，方便 JOIN 连接操作，连接时要求属于同一个连接键的数据在一个分区中。假设分区 Key 和连接 Key 不同，则可以使用连接的键将表数据分桶，然后在桶内进行连接。第二，分桶使采样过程更高效，从而降低 Hive 的查询时间。

8.6　Hive 函数

Hive 支持多种内置运算符和内置函数，方便开发人员调用。在 Hive 命令行中使用命令"show functions"可以查看所有函数列表。如果要查看某个函数的帮助信息，可以使用"describe function"加函数名来显示。另外，对于部分高级用户，还可以通过开发自定义函数来实现特定功能。

8.6.1　内置运算符

内置运算符包括算术运算符、关系运算符、逻辑运算符和复杂运算符。关于 Hive 内置运算符的说明如表 8-3 所示。

表 8-3　Hive 的内置运算符

类　型	运　算　符	说　　明
算术运算符	+、-、*、/	加、减、乘、除
	%	求余
	&、|、^、~	按位与、或、异或、非
关系运算符	=、!=(或<>)、<、<=、>、>=	等于、不等于、小于、小于等于、大于、大于等于
	IS NULL、IS NOT NULL	判断值是否为"NULL"
	LIKE、RLIKE、REGEXP	LIKE 进行 SQL 匹配，RLIKE 进行 Java 匹配，REGEXP 与 RLIKE 相同
逻辑运算符	AND、&&	逻辑与
	OR、|	逻辑或
	NOT、!	逻辑非
复杂运算符	A[n]	A 是一个数组，n 为 int 型。返回数组 A 的第 n 个元素，第一个元素的索引为 0
	M[key]	M 是 Map，关键值是 key，返回关键值对应的值
	S.x	S 为 struct，返回 x 字符串在结构 S 中的存储位置

8.6.2　内置函数

常用内置函数包括数学函数、字符串函数、条件函数、日期函数、聚集函数、XML 和 JSON 函数。关于 Hive 部分内置函数的说明如表 8-4、表 8-5 所示。

表 8-4　Hive 内置函数之字符串函数

函　数	说　　明
length(string A)	返回字符串的长度
reverse(string A)	返回倒序字符串
concat(string A, string B…)	连接多个字符串，合并为一个字符串，可以接受任意数量的输入字符串

函　　数	说　　明
concat_ws(string SEP, string A, string B…)	链接多个字符串，字符串之间以指定的分隔符分开
substr(string A, int start) substring(string A, int start)	从文本字符串中返回指定起始位置后的字符
substr(string A, int start, int len) substring(string A, int start, int len)	从文本字符串中返回指定位置指定长度的字符
upper(string A) ucase(string A)	将文本字符串转换成字母全部大写形式
lower(string A) lcase(string A)	将文本字符串转换成字母全部小写形式
trim(string A)	删除字符串两端的空格，字符之间的空格保留
ltrim(string A)	删除字符串左边的空格，其他的空格保留
rtrim(string A)	删除字符串右边的空格，其他的空格保留
regexp_replace(string A, string B, string C)	字符串 A 中的 B 字符被 C 字符替换
regexp_extract(string subject, string pattern, int index)	通过下标返回正则表达式指定的部分
parse_url(string urlString, string partToExtract [, string keyToExtract])	返回 URL 指定的部分
get_json_object(string json_string, string path)	select　　a.timestamp,　　get_json_object(a.appevents, '$.eventid'),　get_json_object(a.appenvets,　'$.eventname') from log a;
space(int n)	返回指定数量的空格
repeat(string str, int n)	重复 N 次字符串
ascii(string str)	返回字符串中首字符的数字值
lpad(string str, int len, string pad)	返回指定长度的字符串，给定字符串长度小于指定长度时，由指定字符从左侧填补
rpad(string str, int len, string pad)	返回指定长度的字符串，给定字符串长度小于指定长度时，由指定字符从右侧填补
split(string str, string pat)	将字符串转换为数组
find_in_set(string str, string strList)	返回字符串 str 第一次在 strlist 出现的位置。如果任一参数为 NULL，返回 NULL；如果第一个参数包含逗号，返回 0
sentences(string str, string lang, string locale)	将字符串中内容按语句分组,每个单词间以逗号分隔,最后返回数组
ngrams(array>, int N, int K, int pf)	SELECT　ngrams(sentences(lower(tweet)),　2,　100　[, 1000]) FROM twitter;
context_ngrams(array>, array, int K, int pf)	SELECT　　　　context_ngrams(sentences(lower(tweet)), array(null,null), 100, [, 1000]) FROM twitter;

表 8-5 Hive 内置函数之日期函数

函　数	说　明
from_unixtime(bigint unixtime[, string format])	UNIX_TIMESTAMP 参数表示返回一个值 YYYY-MM-DD HH：MM：SS 或 YYYYMMDDHHMMSS.uuuuuu 格式，这取决于是否是在一个字符串或数字语境中使用的功能。该值表示在当前的时区
unix_timestamp()	如果不带参数的调用，返回一个 Unix 时间戳(从"1970-01-0100:00:00"到现在的 UTC 秒数)，为无符号整数
unix_timestamp(string date)	指定日期参数调用 UNIX_TIMESTAMP()，它返回参数值"1970-01-0100:00:00"到指定日期的秒数。
unix_timestamp(string date, string pattern)	指定时间输入格式，返回到 1970 年秒数
to_date(string timestamp)	返回时间中的年月日
to_dates(string date)	给定一个日期 date，返回一个天数(0 年以来的天数)
year(string date)	返回指定时间的年份，范围为 1000～9999，或为"零"日期的 0
month(string date)	返回指定时间的月份，范围为 1～12 月，或为"零"月份的 0
day(string date) dayofmonth(date)	返回指定时间的日期
hour(string date)	返回指定时间的小时，范围为 0～23
minute(string date)	返回指定时间的分钟，范围为 0～59
second(string date)	返回指定时间的秒，范围为 0～59
weekofyear(string date)	返回指定日期所在一年中的星期号，范围为 0～53
datediff(string enddate, string startdate)	两个时间参数的日期之差
date_add(string startdate, int days)	给定时间，在此基础上加上指定的时间段
date_sub(string startdate, int days)	给定时间，在此基础上减去指定的时间段

读者可以使用命令"describe function <函数名>"查看该函数的英文帮助，效果如图 8-6 所示。

```
hive> describe function from_unixtime;
OK
from_unixtime(unix_time, format) - returns unix_time in the specified format
Time taken: 0.064 seconds, Fetched: 1 row(s)
hive> describe function date_sub;
OK
date_sub(start_date, num_days) - Returns the date that is num_days before start_
date.
Time taken: 0.033 seconds, Fetched: 1 row(s)
hive>
```

图 8-6　使用命令 describe function 查看函数帮助

8.6.3　自定义函数

虽然 HiveQL 内置了许多函数，但是在某些特殊场景下，可能还是需要自定义函数。

Hive 自定义函数包括普通自定义函数(UDF)、表生成自定义函数(UDTF)和聚集自定义函数(UDAF)三种。

1. 普通自定义函数(UDF)

普通 UDF 支持一个输入产生一个输出。普通自定义函数需要继承 org.apache.hadoop.hive.ql.exec.UDF，重写类 UDF 中的 evaluate()方法。

【实例 8-1】 创建和使用普通自定义函数。

程序如下：

```
package com.xijing.hive;

import org.apache.hadoop.hive.ql.exec.UDF;

public class Sub extends UDF {
    public Integer evaluate (Integer a, Integer b) {
        if (a == null || b == null) {
            return null;
        }
        return a - b;
    }
    public Double evaluate (Double a, Double b) {
        if (a == null || b == null) {
            return null;
        }
        return a - b;
    }
    public Integer evaluate (Integer s, Integer[] a) {
        int sub = s;
        for (int i = 1; I < a.length; i++ ) {
        if (a[i] != null)
            sub -= a[i];
        }
        return sub;
    }
}
```

将该文件编译并打包为 Sub.jar，上传到 Hadoop 主机的相应目录下，使用 add jar 命令将其注册到 Hive 中：

```
hive > add jar Sub.jar;
```

注意：每次启动 Hive 都需要执行 add 命令，因为 add 只对当前的命令行有效。

为了方便使用，不必每次都输入包的名称，使用 create temporary function 命令为函数 Sub 起别名：

```
hive > create temporary Sub as 'hivefunc.Sub';
```

同样，每次启动命令行，都需要调用该命令起别名。

接下来就可以和系统提供的函数一样在 HiveQL 命令中使用自定义函数，例如：

```
hive > SELECT Sub(5, 1) FROM log;
hive > SELECT Sub(10, 1, 3, 5) FROM log;
```

可以使用命令 drop temporary function 注销自定义函数，使其在当前命令行失效：

```
hive > drop temporary function Sub;
```

2. 表生成自定义函数(UDTF)

表生成自定义函数 UDTF 支持一个输入多个输出。实现表生成自定义函数需要继承类 org.apache.hadoop.hive.ql.udf.generic.GenericUDTF，需要依次实现以下三个方法：

(1) initialize()：行初始化，返回 UDTF 的输出结果的行信息(行数，类型等)。

(2) process()：对传入的参数进行处理，可以通过 forward()返回结果。

(3) close()：清理资源。

【实例 8-2】 自定义表生成函数来实现：输入文件中的一行包括多个键值对，读入数据时需要将它们分开，产生对应键值。例如 "English:90;Math:95;Science:98;" 可以拆分为三个键值对。

程序如下：

```java
package com.xijing.hive;

import org.apache.hadoop.hive.ql.udf.generic.GenericUDTF;
import org.apache.hadoop.hive.ql.exec.UDFArgumentException;
import org.apache.hadoop.hive.ql.exec.UDFArgumentLengthException;
import org.apache.hadoop.hive.ql.metadata.HiveException;
import org.apache.hadoop.hive.serde2.objectinspector.ObjectInspector;
import org.apache.hadoop.hive.serde2.objectinspector.ObjectInspectorFactory;
import org.apache.hadoop.hive.serde2.objectinspector.StructObjectInspector;
import org.apache.hadoop.hive.serde2.objectinspector.primitive.PrimitiveObjectInspectorFactory;

public class ScoreExplodeUDTF extends GenericUDTF{
    @Override
    public void close() throws HiveException {
        // 留空
    }
    @Override
    public StructObjectInspector initialize(ObjectInspector[] args)
            throws UDFArgumentException {
        if (args.length != 1) {
            // 只接收一个输入
```

```
            throw new UDFArgumentLengthException("只接收一个输入");
        }
        if (args[0].getCategory() != ObjectInspector.Category.PRIMITIVE) {
            throw new UDFArgumentException("只接收字符串输入");
        }
        ArrayList<String> fieldNames = new ArrayList<String>( );
        ArrayList<ObjectInspector> fieldOIs = new ArrayList<ObjectInspector>();
        fieldNames.add("course");
        fieldOIs.add(PrimitiveObjectInspectorFactory.javaStringObjectInspector);
        fieldNames.add("score");
        fieldOIs.add(PrimitiveObjectInspectorFactory.javaStringObjectInspector);
        return ObjectInspectorFactory.getStandardStructObjectInspector(fieldNames,fieldOIs);
    }
    @Override
    public void process(Object[] args) throws HiveException {
        String input = args[0].toString();
        // 冒号分隔键值对
        String[] test = input.split(";");
        for(int i=0; i<test.length; i++) {
            try {
                String[] result = test[i].split(":");
                forward(result);
            } catch (Exception e) {
                continue;
            }
        }
    }
}
```

同实例 8-1，将该文件编译并打包为 ScoreExplodeUDTF.jar，上传到 Hadoop 主机的相应目录下，使用 add jar 命令将其注册到 Hive 中；也可以使用 create temporary function 命令为函数 ScoreExplodeUDTF 起别名，可以使用命令 drop temporary function 注销自定义函数。接下来就可以和系统提供的函数一样在 HiveQL 命令中使用自定义函数，例如下面命令：

```
hive > SELECT ScoreExplodeUDTF (properties) AS (course, score) FROM dual;
```

3. 聚集自定义函数(UDAF)

当系统自带的聚合函数不能满足用户需求时，就需要自定义聚合函数。UDAF 支持多个输入一个输出。自定义聚集函数需要继承类 org.apache.hadoop.hive.ql.exec.UDAF，自定义的内部类要实现接口 org.apache.hadoop.hive.ql.exec.UDAFEvaluator。相对于普通自定义函数，聚集自定义函数较为复杂，需要依次实现以下五个方法：

(1) init()：初始化中间结果。

(2) iterate()：接收传入的参数，并进行内部转化，定义聚合规则，返回值为 boolean 类型。

(3) terminatePartial()：iterate 结束后调用，返回当前 iterate 迭代结果，类似于 Hadoop 的 Combiner。

(4) merge()：用于接收 terminatePartial()返回的数据，进行合并操作。

(5) terminate()：用于返回最后聚合结果。

【实例 8-3】 创建和使用聚集自定义函数。

程序如下：

```
package com.xijing.hive;

import org.apache.hadoop.hive.ql.exec.UDAF;
import org.apache.hadoop.hive.ql.exec.UDAFEvaluator;
import org.apache.hadoop.hive.serde2.io.DoubleWritable;

public class SumUDAF extends UDAF {
    // 内部类实现接口 UDAFEvaluator
    public static class Evaluator implements UDAFEvaluator {
        private boolean mEmpty;
        private double mSum;
        public Evaluator() {
            super();
            init();
        }
        public void init () {
            mSum = 0;
            mEmpty = true;
        }
        public boolean iterate(DoubleWritable o) {
            if (o != null) {
                mSum += o.get();
                mEmpty = false;
            }
            return true;
        }
        public DoubleWritable terminatePartial () {
            // 返回当前 iterate 结束后累计的值
            return mEmpty ? null : new DoubleWritable (mSum);
```

```
        }
        public boolean merge (DoubleWritable o) {
            if (o != null) {
                mSum += o.get();
                mEmpty = false;
            }
            return true;
        }
        public DoubleWritable terminate() {
            if (mEmpty) {
                return null;
            }
            else {
                return new DoubleWritable(mSum);
            }
        }
    }
}
```

同实例 8-1，将该文件编译并打包为 SumUDAF.jar，上传到 Hadoop 主机的相应目录下，使用 add jar 命令将其注册到 Hive 中；也可以使用 create temporary function 命令为函数 ScoreExplodeUDTF 起别名，可以使用命令 drop temporary function 注销自定义函数。接下来就可以和系统提供的函数一样在 HiveQL 命令中使用自定义函数。例如下面命令，实现了求表 person_map 中 MAP 字段 course 键值是"English"对应的 VALUE 之和：

hive > SELECT SumUDAF(course['English']) FROM person_map;

8.7　部署 Hive

8.7.1　运行环境

对于大部分 Java 开源产品而言，在部署与运行之前，总是需要搭建一个合适的环境，通常包括操作系统和 Java 环境两方面。同时，Hive 依赖于 Hadoop，因此 Hive 部署与运行所需要的系统环境包括以下几个方面。

1. 操作系统

Hive 支持不同平台，在当前绝大多数主流的操作系统上都能够运行，例如 UNIX/Linux、Windows 等。本书采用的操作系统为 Linux 发行版 CentOS 7。

2. Java 环境

Hive 使用 Java 语言编写，因此它的运行环境需要 Java 环境的支持。

3．Hadoop

Hive 需要 Hadoop 的支持，它使用 HDFS 进行存储，使用 MapReduce 进行计算。

8.7.2   部署模式

根据元数据 Metastore 存储位置的不同，Hive 部署模式共有以下三种。

1．内嵌模式

内嵌模式(Embedded Metastore)是 Hive Metastore 最简单的部署方式，使用 Hive 内嵌的 Derby 数据库来存储元数据。但是 Derby 只能接受一个 Hive 会话的访问，试图启动第二个 Hive 会话就会导致 Metastore 连接失败。Hive 官方并不推荐使用内嵌模式，此模式通常用 于开发者调试环境中，真正生产环境中很少使用。Hive 内嵌模式示例如图 8-7 所示。

2．本地模式

本地模式(Local Metastore)是 Metastore 的默认模式。在该模式下，单 Hive 会话(一个 Hive 服务 JVM)以组件方式调用 Metastore 和 Driver，允许同时存在多个 Hive 会话，即多个 用户可以同时连接到元数据库中。常见 JDBC 兼容的数据库如 MySQL 都可以使用，数据 库运行在一个独立的 Java 虚拟机上。Hive 本地模式示例如图 8-8 所示。

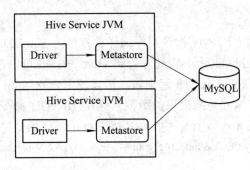

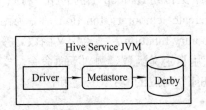

图 8-7   Hive 内嵌模式示例   图 8-8   Hive 本地模式示例

3．远程模式

远程模式(Remote Metastore)将 Metastore 分离出来，成为一个独立的 Hive 服务，而不 是和 Hive 服务运行在同一个虚拟机上。这种模式使得多个用户之间不需要共享 JDBC 登录 账户信息就可以存取元数据，避免了认证信息的泄漏，同时可以部署多个 Metastore 服务， 以提高数据仓库可用性。Hive 远程模式示例如图 8-9 所示。

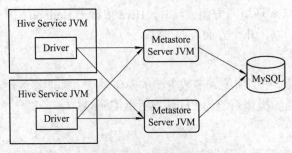

图 8-9   Hive 远程模式示例

8.7.3 规划 Hive

本书拟部署本地模式 Hive，使用 MySQL 存储元数据 Metastore，使用全分布模式 Hadoop 集群。本书使用三台安装有 Linux 操作系统的机器，主机名分别为 master、slave1、slave2，将 Hive 和 MySQL 部署在 master(192.168.18.130)节点上，全分布模式 Hadoop 集群部署在三个节点上。Hive 具体部署规划表如表 8-6 所示。

表 8-6 本地模式 Hive 部署规划表

主机名	IP 地址	运行服务	软硬件配置
master	192.168.18.130	NameNode SecondaryNameNode ResourceManager JobHistoryServer MySQL Hive	内存：4 GB CPU：1 个 2 核 硬盘：40 GB 操作系统：CentOS 7.6.1810 Java：Oracle JDK 8u191 Hadoop：Hadoop 2.9.2 MySQL：MySQL 5.7.27 Hive：Hive 2.3.4 Eclipse：Eclipse IDE 2018-09 for Java Developers
slave1	192.168.18.131	DataNode NodeManager	内存：1 GB CPU：1 个 1 核 硬盘：20 GB 操作系统：CentOS 7.6.1810 Java：Oracle JDK 8u191 Hadoop：Hadoop 2.9.2
slave2	192.168.18.132	DataNode NodeManager	内存：1 GB CPU：1 个 1 核 硬盘：20 GB 操作系统：CentOS 7.6.1810 Java：Oracle JDK 8u191 Hadoop：Hadoop 2.9.2

注意：本书采用的是 Hive 版本是 2.3.4，3 个节点的机器名分别为 master、slave1、slave2，IP 地址依次为 192.168.18.130、192.168.18.131、192.168.18.132，后续内容均在表 8-6 的规划基础上完成，请读者务必确认自己的 Hive 版本、机器名等信息。

8.7.4 部署本地模式 Hive

Hive 目前有 1.x、2.x、3.x 三个系列的版本，建议读者使用当前的稳定版本。本书采用稳定版本 Hive 2.3.4，因此本章的讲解都是针对这个版本进行的。尽管如此，由于 Hive 各个版本在部署和运行方式上变化不大，因此本章的大部分内容也适用于 Hive 其他版本。

1. 初始软硬件环境准备

(1) 准备 3 台机器，安装操作系统，本书使用 CentOS Linux 7。

(2) 对集群内每一台机器配置静态 IP、修改机器名、添加集群级别域名映射、关闭防火墙。

(3) 对集群内每一台机器安装和配置 Java，要求 Java 1.7 或更高版本，本书使用 Oracle JDK 8u191。

(4) 安装和配置 Linux 集群中主节点到从节点的 SSH 免密登录。

(5) 在 Linux 集群上部署全分布模式 Hadoop 集群，本书采用 Hadoop 2.9.2。

以上步骤已在本书第 2 章中详细介绍，具体操作过程请读者参见第 2 章内容，此处不再赘述，我们从 MySQL 开始讲述。

2. 安装和配置 MySQL

MySQL 在 Linux 下提供多种安装方式，例如二进制方式、源码编译方式、YUM 方式等，其中 YUM 方式比较简便，但需要网速的支持。本书采用 YUM 方式安装 MySQL 5.7。

1) 下载 MySQL 官方的 Yum Repository

CentOS 7 不支持 MySQL，其 Yum 源中默认没有 MySQL，为了解决这个问题，需要先下载 MySQL 的 Yum Repository。读者可以直接使用浏览器到 http://dev.mysql.com/get/mysql57-community-release-el7-11.noarch.rpm 下进行下载，或者使用命令 wget 完成，假设当前目录是 "/home/xuluhui/Downloads"，下载到该目录下，使用命令如下所示：

```
wget http://dev.mysql.com/get/mysql57-community-release-el7-11.noarch.rpm
```

2) 安装 MySQL 官方的 Yum Repository

安装 MySQL 官方的 Yum Repository，使用命令如下所示：

```
rpm -ivh mysql57-community-release-el7-11.noarch.rpm
```

安装完这个包后，会获得两个 MySQL 的 yum repo 源：/etc/yum.repos.d/mysql-community.repo 和/etc/yum.repos.d/mysql-community-source.repo。

3) 查看提供的 MySQL 版本

查看有哪些版本的 MySQL，可使用如下命令：

```
yum repolist all | grep mysql
```

命令运行效果如图 8-10 所示，从图 8-10 可以看出，MySQL 5.5、5.6、5.7、8.0 均有。

4) 安装 MySQL

本书采用默认的 MySQL 5.7 进行安装。mysql-community-server 安装成功后，其他相关的依赖库 mysql-community-client、mysql-community-common 和 mysql-community-libs 均会自动安装，使用命令如下所示：

```
yum install -y mysql-community-server
```

当看到 "Complete!" 提示后，MySQL 就安装完成了。接下来启动 MySQL 并进行登录数据库的测试。

```
[root@master Downloads]# yum repolist all | grep mysql
mysql-cluster-7.5-community/x86_64 MySQL Cluster 7.5 Community   disabled
mysql-cluster-7.5-community-source MySQL Cluster 7.5 Community - disabled
mysql-cluster-7.6-community/x86_64 MySQL Cluster 7.6 Community   disabled
mysql-cluster-7.6-community-source MySQL Cluster 7.6 Community - disabled
mysql-connectors-community/x86_64  MySQL Connectors Community    enabled:    118
mysql-connectors-community-source  MySQL Connectors Community -  disabled
mysql-tools-community/x86_64       MySQL Tools Community         enabled:    95
mysql-tools-community-source       MySQL Tools Community - Sourc disabled
mysql-tools-preview/x86_64         MySQL Tools Preview           disabled
mysql-tools-preview-source         MySQL Tools Preview - Source  disabled
mysql55-community/x86_64           MySQL 5.5 Community Server    disabled
mysql55-community-source           MySQL 5.5 Community Server -  disabled
mysql56-community/x86_64           MySQL 5.6 Community Server    disabled
mysql56-community-source           MySQL 5.6 Community Server -  disabled
mysql57-community/x86_64           MySQL 5.7 Community Server    enabled:    364
mysql57-community-source           MySQL 5.7 Community Server -  disabled
mysql80-community/x86_64           MySQL 8.0 Community Server    disabled
mysql80-community-source           MySQL 8.0 Community Server -  disabled
[root@master Downloads]#
```

图 8-10　使用 yum repolist 查看有哪些版本的 MySQL

5) 启动 MySQL

使用以下命令启动 MySQL。读者请注意，CentOS 6 使用 service mysqld start 启动 MySQL。

```
systemctl start mysqld
```

还可以使用命令 "systemctl status mysqld" 查看状态，命令运行效果如图 8-11 所示。从图 8-11 中可以看出，MySQL 已经启动了。

```
[root@master Downloads]# systemctl start mysqld
[root@master Downloads]# systemctl status mysqld
● mysqld.service - MySQL Server
   Loaded: loaded (/usr/lib/systemd/system/mysqld.service; enabled; vendor prese
t: disabled)
   Active: active (running) since Sun 2019-08-11 23:29:58 EDT; 3s ago
     Docs: man:mysqld(8)
           http://dev.mysql.com/doc/refman/en/using-systemd.html
  Process: 24865 ExecStart=/usr/sbin/mysqld --daemonize --pid-file=/var/run/mysq
ld/mysqld.pid $MYSQLD_OPTS (code=exited, status=0/SUCCESS)
  Process: 24839 ExecStartPre=/usr/bin/mysqld_pre_systemd (code=exited, status=0
/SUCCESS)
 Main PID: 24868 (mysqld)
    Tasks: 27
   CGroup: /system.slice/mysqld.service
           └─24868 /usr/sbin/mysqld --daemonize --pid-file=/var/run/mysqld/my...

Aug 11 23:29:57 master systemd[1]: Starting MySQL Server...
Aug 11 23:29:58 master systemd[1]: Started MySQL Server.
[root@master Downloads]#
```

图 8-11　启动 MySQL 和查看状态

6) 测试 MySQL

(1) 使用 root 和空密码登录测试。

使用 root 用户和空密码登录数据库服务器，使用的命令如下所示：

```
mysql -u root -p
```

效果如图 8-12 所示。

```
[root@master Downloads]# mysql -u root -p
Enter password:
ERROR 1045 (28000): Access denied for user 'root'@'localhost' (using password: N
O)
[root@master Downloads]#
```

图 8-12　第一次启动 MySQL 后使用 root 和空密码登录

从图 8-12 中可看出，系统报错，这是因为 MySQL 5.7 调整了策略。新安装数据库之后，默认 root 密码不是空的了，在启动时随机生成了一个密码。可以/var/log/mysqld.log 中找到临时密码，方法是使用命令"grep 'temporary password' /var/log/mysqld.log"，效果如图 8-13 所示。其中，"gwsGsJSiN8_o"就是临时密码。

```
[root@master Downloads]# grep 'temporary password' /var/log/mysqld.log
2019-08-12T04:44:44.131023Z 1 [Note] A temporary password is generated for root@
localhost: gwsGsJSiN8_o
[root@master Downloads]#
```

图 8-13　使用 grep 命令查看 root 的初始临时密码

(2) 使用 root 和初始化临时密码登录测试。

使用 root 和其临时密码再次登录数据库，此时可以成功登录，但是不能做任何事情，如图 8-14 所示。输入命令"show databases;"显示出错信息"ERROR 1820 (HY000): You must reset your password using ALTER USER statement before executing this statement."，这是因为 MySQL 5.7 默认必须修改密码之后才能操作数据库。

```
[root@master Downloads]# mysql -u root -p
Enter password:
Welcome to the MySQL monitor.  Commands end with ; or \g.
Your MySQL connection id is 5
Server version: 5.7.27

Copyright (c) 2000, 2019, Oracle and/or its affiliates. All rights reserved.

Oracle is a registered trademark of Oracle Corporation and/or its
affiliates. Other names may be trademarks of their respective
owners.

Type 'help;' or '\h' for help. Type '\c' to clear the current input statement.

mysql> show databases;
ERROR 1820 (HY000): You must reset your password using ALTER USER statement befo
re executing this statement.
mysql>
```

图 8-14　第一次启动 MySQL 后使用 root 和初始临时密码登录

(3) 修改 root 的初始化临时密码。

在 MySQL 下使用如下命令修改 root 密码(例如新密码为"xijing")：

ALTER USER 'root'@'localhost' IDENTIFIED BY 'xijing';

执行效果如图 8-15 所示。

```
mysql> ALTER USER 'root'@'localhost' IDENTIFIED BY 'xijing';
ERROR 1819 (HY000): Your password does not satisfy the current policy requiremen
ts
mysql>
```

图 8-15　修改 root 的初始化临时密码失败

从图 8-15 中可以看出，系统提示错误"ERROR 1819 (HY000): Your password does not satisfy the current policy requirements"，这是由于 MySQL 5.7 默认安装了密码安全检查插件(validate_password)。默认密码检查策略要求密码必须包含大小写字母、数字和特殊符号，

并且长度不能少于 8 位。读者若按此密码策略修改 root 密码成功后，可以使用如下命令通过 MySQL 环境变量查看默认密码策略的相关信息：

```
show variables like '%password%';
```

命令运行效果如图 8-16 所示。

```
mysql> show variables like '%password%';
+--------------------------------------+--------+
| Variable_name                        | Value  |
+--------------------------------------+--------+
| default_password_lifetime            | 0      |
| disconnect_on_expired_password       | ON     |
| log_builtin_as_identified_by_password | OFF   |
| mysql_native_password_proxy_users    | OFF    |
| old_passwords                        | 0      |
| report_password                      |        |
| sha256_password_proxy_users          | OFF    |
| validate_password_check_user_name    | OFF    |
| validate_password_dictionary_file    |        |
| validate_password_length             | 8      |
| validate_password_mixed_case_count   | 1      |
| validate_password_number_count       | 1      |
| validate_password_policy             | MEDIUM |
| validate_password_special_char_count | 1      |
+--------------------------------------+--------+
14 rows in set (0.00 sec)

mysql>
```

图 8-16 MySQL 5.7 默认密码策略

关于 MySQL 密码策略中部分常用相关参数的说明如表 8-7 所示。

表 8-7 MySQL 密码策略中相关参数的说明(部分)

参　数	说　明
validate_password_dictionary_file	指定密码验证的密码字典文件路径
validate_password_length	固定密码的总长度，默认为 8，至少为 4
validate_password_mixed_case_count	整个密码中至少要包含大/小写字母的个数，默认为 1
validate_password_number_count	整个密码中至少要包含阿拉伯数字的个数，默认为 1
validate_password_special_char_count	整个密码中至少要包含特殊字符的个数，默认为 1
validate_password_policy	指定密码的强度验证等级，默认为 MEDIUM。 validate_password policy 的取值有 3 种： (1) 0/LOW：只验证长度； (2) 1/MEDIUM：验证长度、数字、大小写、特殊字符； (3) 2/STRONG：验证长度、数字、大小写、特殊字符、字典文件

读者可以通过修改密码策略使密码"xijing"有效，步骤如下：

① 设置密码的验证强度等级"validate_password_policy"为"LOW"。**注意**：选择"STRONG"时需要提供密码字典文件。方法是：修改配置文件/etc/my.cnf，在最后添加"validate_password_policy"配置，并指定密码策略。为了使密码"xijing"有效，本书选择"LOW"，具体内容如下所示：

```
validate_password_policy=LOW
```

② 设置密码长度"validate_password_length"为"6"。**注意**：密码长度最少为 4。方法是：继续修改配置文件/etc/my.cnf，在最后添加"validate_password_length"配置，具体内容如下所示：

```
validate_password_length=6
```

③ 保存配置/etc/my.cnf 并退出，重新启动 MySQL 服务使配置生效，使用的命令如下所示：

```
systemctl restart mysqld
```

(4) 再次修改 root 的初始化临时密码。

使用 root 和初始化临时密码登录 MySQL，再次修改 root 密码，如新密码为"xijing"，执行效果如图 8-17 所示。从图 8-17 中可以看出，本次修改成功，密码"xijing"符合当前的密码策略。

```
mysql> ALTER USER 'root'@'localhost' IDENTIFIED BY 'xijing';
Query OK, 0 rows affected (0.00 sec)

mysql>
```

图 8-17   修改 MySQL 密码策略后修改 root 密码为"xijing"

使用命令"flush privileges;"刷新 MySQL 的系统权限相关表。

(5) 使用 root 和新密码登录测试。

使用 root 和新密码"xijing"登录 MySQL，效果如图 8-18 所示。从图 8-18 中可以看出，成功登录且可以使用命令"show databases;"。

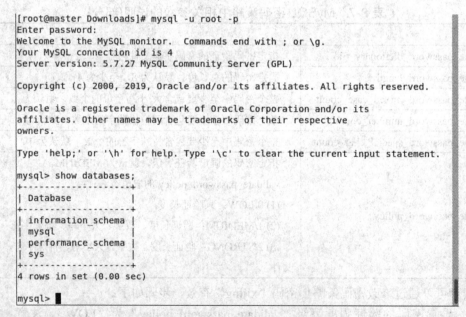

```
[root@master Downloads]# mysql -u root -p
Enter password:
Welcome to the MySQL monitor.  Commands end with ; or \g.
Your MySQL connection id is 4
Server version: 5.7.27 MySQL Community Server (GPL)

Copyright (c) 2000, 2019, Oracle and/or its affiliates. All rights reserved.

Oracle is a registered trademark of Oracle Corporation and/or its
affiliates. Other names may be trademarks of their respective
owners.

Type 'help;' or '\h' for help. Type '\c' to clear the current input statement.

mysql> show databases;
+--------------------+
| Database           |
+--------------------+
| information_schema |
| mysql              |
| performance_schema |
| sys                |
+--------------------+
4 rows in set (0.00 sec)

mysql>
```

图 8-18   使用 root 和新密码登录测试成功

3. 在 MySQL 中创建 Hive 所需用户和数据库并授权

本步骤将带领读者在 MySQL 中创建用户 hive 和数据库 hive，并授予数据库 hive 的所有权限给用户 hive。

(1) 在 MySQL 中创建用户 hive，密码为 xijing，使用的命令如下所示：

```
create user 'hive' identified by 'xijing';
```

(2) 创建数据库 hive，使用的命令如下所示：

```
create database hive;
```

(3) 将数据库 hive 的所有权限授权于用户 hive，使用的命令如下所示：

```
grant all privileges on hive.* to 'hive'@'localhost' identified by 'xijing';
```

(4) 刷新权限，使其立即生效，使用的命令如下所示：

```
flush privileges;
```

(5) 使用 hive 用户登录，并查看是否能看到数据库 hive，使用的命令及运行效果如图 8-19 所示。从图 8-19 中可以看出，hive 用户可以成功看到数据库 hive。

```
[xuluhui@master ~]$ mysql -u hive -p
Enter password:
Welcome to the MySQL monitor.  Commands end with ; or \g.
Your MySQL connection id is 3
Server version: 5.7.27 MySQL Community Server (GPL)

Copyright (c) 2000, 2019, Oracle and/or its affiliates. All rights reserved.

Oracle is a registered trademark of Oracle Corporation and/or its
affiliates. Other names may be trademarks of their respective
owners.

Type 'help;' or '\h' for help. Type '\c' to clear the current input statement.

mysql> show databases;
+--------------------+
| Database           |
+--------------------+
| information_schema |
| hive               |
+--------------------+
2 rows in set (0.00 sec)

mysql>
```

图 8-19　使用 hive 用户登录

4. 获取 Hive

Hive 官方下载地址为 https://hive.apache.org/downloads.html，建议读者下载 stable 目录下的当前稳定版本。本书采用的 Hive 稳定版本是 2018 年 11 月 7 日发布的 Hive 2.3.4，其安装包文件 apache-hive-2.3.4-bin.tar.gz 可存放在 master 机器的/home/xuluhui/Downloads 中。

5. 安装 Hive 并设置属主

(1) 在 master 机器上，切换到 root，解压 apache-hive-2.3.4-bin.tar.gz 到安装目录/usr/local下，依次使用的命令如下所示：

```
su root
cd /usr/local
tar -zxvf /home/xuluhui/Downloads/apache-hive-2.3.4-bin.tar.gz
```

(2) 由于 Hive 的安装目录名字过长，可以使用 mv 命令将安装目录重命名为 hive-2.3.4，命令如下所示：

```
mv apache-hive-2.3.4-bin hive-2.3.4
```

此步骤可以省略，但下文配置时 Hive 的安装目录就是"apache-hive-2.3.4-bin"。

(3) 为了在普通用户下使用 Hive，将 Hive 安装目录的属主设置为 Linux 普通用户例如

xuluhui，使用以下命令完成：

```
chown -R xuluhui /usr/local/hive-2.3.4
```

6. 将 MySQL 的 JDBC 驱动包复制到 Hive 安装目录/lib 下

（1）获取 MySQL 的 JDBC 驱动包，并保存至/home/xlh/Downloads 下，下载地址为 https://dev.mysql.com/downloads/connector/j/。本书使用的版本是 2019 年 7 月 29 日发布的 MySQL Connector/J 5.1.48，文件名是 mysql-connector-java-5.1.48.tar.gz

（2）将 mysql-connector-java-5.1.48.tar.gz 解压至/home/xlh/Downloads 下，使用的命令如下所示：

```
cd /home/xlh/Downloads
tar -zxvf /home/xuluhui/Downloads/mysql-connector-java-5.1.48.tar.gz
```

（3）将解压文件下的 MySQL JDBC 驱动包 mysql-connector-java-5.1.48-bin.jar 移动至 Hive 安装目录/usr/local/hive-2.3.4/lib 下，并删除目录 mysql-connector-java-5.1.41，依次使用的命令如下所示：

```
mv mysql-connector-java-5.1.48/mysql-connector-java-5.1.48-bin.jar /usr/local/hive-2.3.4/lib
rm -rf mysql-connector-java-5.1.48
```

7. 配置 Hive

Hive 所有配置文件位于$HIVE_HOME/conf 下，具体的配置文件如图 8-20 所示。

```
[xuluhui@master ~]$ ls /usr/local/hive-2.3.4/conf
beeline-log4j2.properties.template      ivysettings.xml
hive-default.xml.template               llap-cli-log4j2.properties.template
hive-env.sh.template                    llap-daemon-log4j2.properties.template
hive-exec-log4j2.properties.template    parquet-logging.properties
hive-log4j2.properties.template
[xuluhui@master ~]$
```

图 8-20　Hive 配置文件位置

用户在部署 Hive 时，经常编辑的配置文件有 hive-site.xml 和 hive-env.sh 两个，它们可以在原始模板配置文件 hive-default.xml.template、hive-env.sh.template 的基础上创建并进行修改。另外，还需要将 hive-default.xml.template 复制为 hive-default.xml，Hive 会先加载 hive-default.xml 文件，再加载 hive-site.xml 文件。如果两个文件里有相同的配置，那么以 hive-site.xml 为准。Hive 常用配置文件的说明如表 8-8 所示。

表 8-8　Hive 配置文件(部分)

文件名称	描　述
hive-env.sh	Bash 脚本，设置 Linux/UNIX 环境下运行 Hive 要用的环境变量，主要包括 Hadoop 的安装路径 HADOOP_HOME、Hive 配置文件的存放路径 HIVE_CONF_DIR、Hive 运行的资源库路径 HIVE_AUX_JARS_PATH 等
hive-default.xml	XML 文件，Hive 的核心配置文件，包括 Hive 数据的存放位置、Metastore 的连接 URL、JDO 连接驱动类、JDO 连接用户名、JDO 连接密码等配置项
hive-site.xml	XML 文件，其配置项会覆盖默认配置 hive-default.xml

关于 Hive 配置参数的详细信息读者请参考官方文档 https://cwiki.apache.org/confluence/display/Hive/GettingStarted#GettingStarted-ConfigurationManagementOverview。其中，配置文

件 hive-site.xml 中涉及的主要配置参数如表 8-9 所示。

表 8-9　配置文件 hive-site.xml 涉及的主要参数

配置参数	功　　能
hive.exec.scratchdir	HDFS 路径，用于存储不同 map/reduce 阶段的执行计划和这些阶段的中间输出结果，默认值为/tmp/hive。对于每个连接用户，都会创建目录"${hive.exec.scratchdir}/<username>"，该目录的权限为 733
hive.metastore.warehouse.dir	Hive 默认数据文件存储路径，通常为 HDFS 可写路径，默认值为/user/hive/warehouse
hive.metastore.uris	远程模式下 Metastore 的 URI 列表
javax.jdo.option.ConnectionURL	Metastore 的连接 URL
javax.jdo.option.ConnectionDriverName	JDO 连接驱动类
javax.jdo.option.ConnectionUserName	JDO 连接用户名
javax.jdo.option.ConnectionPassword	JDO 连接密码
hive.hwi.war.file	HWI 的 war 文件所在的路径

假设当前目录为"/usr/local/hive-1.4.10/conf"，切换到普通用户 xuluhui 下，在主节点 master 上配置 Hive 的具体过程如下所示：

1）配置文件 hive-env.sh

环境配置文件 hive-env.sh 用于指定 Hive 运行时的各种参数，主要包括 Hadoop 安装路径 HADOOP_HOME、Hive 配置文件的存放路径 HIVE_CONF_DIR、Hive 运行资源库的路径 HIVE_AUX_JARS_PATH 等。

（1）使用命令"cp hive-env.sh.template hive-env.sh"复制模板配置文件 hive-env.sh.template 并命名为"hive-env.sh"。

（2）使用命令"vim hive-env.sh"编辑配置文件 hive-env.sh，步骤如下：

① 配置 HADOOP_HOME。将第 48 行 HADOOP_HOME 的注释去掉，并指定为个人机器上的 Hadoop 安装路径。例如，本书修改后的内容如下所示：

HADOOP_HOME=/usr/local/hadoop-2.9.2

② 配置 HIVE_CONF_DIR。将第 51 行 HIVE_CONF_DIR 的注释去掉，并指定为个人机器上的 Hive 配置文件存放路径。例如，本书修改后的内容如下所示。

export HIVE_CONF_DIR=/usr/local/hive-2.3.4/conf

② 配置 HIVE_AUX_JARS_PATH。将第 51 行 HIVE_AUX_JARS_PATH 的注释去掉，并指定为个人机器上的 Hive 运行资源库路径。例如，本书修改后的内容如下所示。

export HIVE_AUX_JARS_PATH=/usr/local/hive-2.3.4/lib

2）配置文件 hive-default.xml

使用命令"cp hive-default.xml.template hive-default.xml"复制模板配置文件为 hive-default.xml，这是 Hive 默认加载的文件。

3）配置文件 hive-site.xml

新建 hive-site.xml，写入 MySQL 的配置信息。读者请注意，此处不必复制配置文件模

板 "hive-default.xml.template" 为 "hive-site.xml"，模板中参数过多，不宜读。hive-site.xml 中添加的内容如下所示：

```xml
<?xml version="1.0" encoding="UTF-8" standalone="no"?>
<?xml-stylesheet type="text/xsl" href="configuration.xsl"?>
<configuration>
    <property>
        <name>javax.jdo.option.ConnectionURL</name>
        <value>jdbc:mysql://localhost:3306/hive?createDatabaseIfNotExist=true&amp;useSSL=false</value>
    </property>
    <property>
        <name>javax.jdo.option.ConnectionDriverName</name>
        <value>com.mysql.jdbc.Driver</value>
    </property>
    <property>
        <name>javax.jdo.option.ConnectionUserName</name>
        <value>hive</value>
    </property>
    <property>
        <name>javax.jdo.option.ConnectionPassword</name>
        <value>xijing</value>
    </property>
</configuration>
```

8. 初始化 Hive Metastore

此时，启动 Hive CLI，若输入 Hive Shell 命令例如 "show databases;"，会出现错误，如图 8-21 所示，说明不能初始化 Hive Metastore。

```
[xuluhui@master ~]$ hive
SLF4J: Class path contains multiple SLF4J bindings.
SLF4J: Found binding in [jar:file:/usr/local/hive-2.3.4/lib/log4j-slf4j-impl-2.6
.2.jar!/org/slf4j/impl/StaticLoggerBinder.class]
SLF4J: Found binding in [jar:file:/usr/local/hadoop-2.9.2/share/hadoop/common/li
b/slf4j-log4j12-1.7.25.jar!/org/slf4j/impl/StaticLoggerBinder.class]
SLF4J: See http://www.slf4j.org/codes.html#multiple_bindings for an explanation.
SLF4J: Actual binding is of type [org.apache.logging.slf4j.Log4jLoggerFactory]

Logging initialized using configuration in jar:file:/usr/local/hive-2.3.4/lib/hi
ve-common-2.3.4.jar!/hive-log4j2.properties Async: true
Hive-on-MR is deprecated in Hive 2 and may not be available in the future versio
ns. Consider using a different execution engine (i.e. spark, tez) or using Hive
1.X releases.
hive> show databases;
FAILED: SemanticException org.apache.hadoop.hive.ql.metadata.HiveException: java
.lang.RuntimeException: Unable to instantiate org.apache.hadoop.hive.ql.metadata
.SessionHiveMetaStoreClient
hive>
```

图 8-21　未初始化启动 Hive CLI 出错

解决方法是使用命令"schemaTool -initSchema -dbType mysql"初始化元数据，将元数据写入 MySQL 中，执行效果如图 8-22 所示。若出现信息"schemaTool completed"，即表示初始化成功。

```
[xuluhui@master ~]$ cd /usr/local/hive-2.3.4/bin
[xuluhui@master bin]$ schematool -initSchema -dbType mysql
SLF4J: Class path contains multiple SLF4J bindings.
SLF4J: Found binding in [jar:file:/usr/local/hive-2.3.4/lib/log4j-slf4j-impl-2.6
.2.jar!/org/slf4j/impl/StaticLoggerBinder.class]
SLF4J: Found binding in [jar:file:/usr/local/hadoop-2.9.2/share/hadoop/common/li
b/slf4j-log4j12-1.7.25.jar!/org/slf4j/impl/StaticLoggerBinder.class]
SLF4J: See http://www.slf4j.org/codes.html#multiple_bindings for an explanation.
SLF4J: Actual binding is of type [org.apache.logging.slf4j.Log4jLoggerFactory]
Metastore connection URL:          jdbc:mysql://localhost:3306/hive?createDatabase
IfNotExist=true&useSSL=false
Metastore Connection Driver :      com.mysql.jdbc.Driver
Metastore connection User:         hive
Starting metastore schema initialization to 2.3.0
Initialization script hive-schema-2.3.0.mysql.sql
Initialization script completed
schemaTool completed
[xuluhui@master bin]$
```

图 8-22　使用命令 schemaTool 初始化元数据

至此，本地模式 Hive 已安装和配置完毕。

9. 在系统配置文件目录/etc/profile.d 下新建 hive.sh

另外，为了方便使用 Hive 各种命令，可以在 Hive 所安装的机器上使用"vim /etc/profile.d/hive.sh"命令在/etc/profile.d 文件夹下新建文件 hive.sh，并添加如下内容：

```
export HIVE_HOME=/usr/local/hive-2.3.4
export PATH=$HIVE_HOME/bin:$PATH
```

重启机器，使之生效。

此步骤可省略。之所以将$HIVE_HOME/bin 目录加入到系统环境变量 PATH 中，是因为当输入启动和管理 Hive 命令时，无须再切换到$HIVE_HOME/bin 目录，否则会出现错误信息"bash: ****: command not found..."。

8.7.5　验证 Hive

1. 启动 Hadoop 集群

如第 2 章介绍，启动全分布模式 Hadoop 集群的守护进程，只需在主节点 master 上依次执行以下 3 条命令即可：

```
start-dfs.sh
start-yarn.sh
mr-jobhistory-daemon.sh start historyserver
```

读者可以利用 jps 命令核实对应的进程是否启动成功，确保 Hadoop 集群成功启动。

2. 启动 Hive CLI

启动 Hive CLI 测试 Hive 是否部署成功，方法是使用 Hive Shell 的统一入口命令"hive"进入，并使用"show databases"等命令测试。依次使用的命令及执行结果如图 8-23 所示。

```
[xuluhui@master ~]$ hive
SLF4J: Class path contains multiple SLF4J bindings.
SLF4J: Found binding in [jar:file:/usr/local/hive-2.3.4/lib/log4j-slf4j-impl-2.6
.2.jar!/org/slf4j/impl/StaticLoggerBinder.class]
SLF4J: Found binding in [jar:file:/usr/local/hadoop-2.9.2/share/hadoop/common/li
b/slf4j-log4j12-1.7.25.jar!/org/slf4j/impl/StaticLoggerBinder.class]
SLF4J: See http://www.slf4j.org/codes.html#multiple_bindings for an explanation.
SLF4J: Actual binding is of type [org.apache.logging.slf4j.Log4jLoggerFactory]

Logging initialized using configuration in jar:file:/usr/local/hive-2.3.4/lib/hi
ve-common-2.3.4.jar!/hive-log4j2.properties Async: true
Hive-on-MR is deprecated in Hive 2 and may not be available in the future versio
ns. Consider using a different execution engine (i.e. spark, tez) or using Hive
1.X releases.
hive> show databases;
OK
default
Time taken: 4.032 seconds, Fetched: 1 row(s)
hive> show tables;
OK
Time taken: 0.064 seconds
hive> show functions;
OK
!
!=
$sum0
%
```

图 8-23   Hive Shell 统一入口命令 hive

读者可以观察到，当 Hive CLI 启动时，在 master 节点上会多出一个进程"RunJar"；若启动两个 Hive CLI，会多出两个进程"RunJar"，效果如图 8-24 所示。

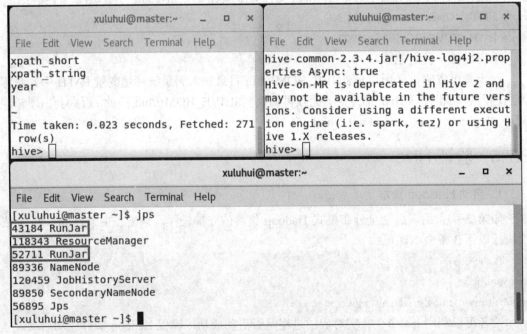

图 8-24   master 节点多出两个进程"RunJar"

另外，读者也可以查看 HDFS 文件，可以看到在目录/tmp 下自动生成了目录 hive，且该目录权限为 733，如图 8-25 所示。此时，还没有自动生成 HDFS 目录/user/hive/warehouse。

```
[xuluhui@master ~]$ hadoop fs -ls /tmp
Found 1 items
drwxrwx---   - xuluhui supergroup          0 2019-10-08 04:36 /tmp/hadoop-yarn
[xuluhui@master ~]$ hadoop fs -ls /tmp
Found 2 items
drwxrwx---   - xuluhui supergroup          0 2019-10-08 04:36 /tmp/hadoop-yarn
drwx-wx-wx   - xuluhui supergroup          0 2019-10-08 06:00 /tmp/hive
[xuluhui@master ~]$
```

图 8-25　启动 Hive CLI 后 HDFS 上的文件效果

8.8　实战 Hive

Hive 用户接口主要包括 CLI、Client 和 HWI 三类。其中，CLI(Commmand Line Interface) 是 Hive 的命令行接口；Client 是 Hive 的客户端，用户连接至 HiveServer，在启动 Client 模 式的时候，需要指出 HiveServer 所在的节点，并且在该节点启动 HiveServer；HWI 用于通 过浏览器访问 Hive，使用之前要启动 hwi 服务。

8.8.1　Hive Web Interface(HWI)

Hive Web Interface(HWI)是 Hive 自带的一个 Web-GUI，功能不多，可用于效果展示。 由于 Hive 的 bin 目录中没有包含 HWI 页面，因此需要首先下载源码，从中提取 jsp 文件并 打包成 war 文件到 Hive 安装目录下的 lib 目录中；然后编辑配置文件 hive-site.xml，添加属 性参数 "hive.hwi.war.file" 的配置；这时在浏览器中输入<IP>:9999/hwi 会出现错误 "JSP support not configured" 以及后续的 "Unable to find a javac compiler"。究其原因，是因为需 要以下四个 jar 包：commons-el.jar、jasper-compiler-X.X.XX.jar、jasper-runtime-X.X.XX.jar、 jdk 下的 tools.jar，将这些 jar 包拷贝到 Hive 的 lib 目录下，再使用命令 "hive --service hwi" 启动 HWI，在浏览器中输入<IP>:9999/hwi 即可看到 Hive Web 页面。

8.8.2　Hive Shell

Hive Shell 命令是通过$HIVE_HOME/bin/hive 文件进行控制的，通过该文件可以进行 Hive 当前会话的环境管理、Hive 表管理等操作。Hive 命令需要使用 ";" 进行结束标示。 在 Linux 终端下通过命令 "hive -H" 或 "hive --service cli --help" 可以查看帮助信息，如下 所示：

```
usage: hive
 -d,--define <key=value>          Variable substitution to apply to Hive
                                  commands. e.g. -d A=B or --define A=B
    --database <databasename>     Specify the database to use
 -e <quoted-query-string>         SQL from command line
 -f <filename>                    SQL from files
 -H,--help                        Print help information
    --hiveconf <property=value>   Use value for given property
```

--hivevar <key=value>	Variable substitution to apply to Hive commands.e.g. --hivevar A=B
-i <filename>	Initialization SQL file
-S,--silent	Silent mode in interactive shell
-v,--verbose	Verbose mode (echo executed SQL to the console)

"hive" 命令支持的主要参数选项说明如表 8-10 所示。

表 8-10　"hive"命令支持的主要参数选项

参　数	说　明
-d,--define <key=value>	给当前 Hive 会话定义新的变量
--database <databasename>	指定当前 Hive 会话使用的数据库名称
-e <quoted-query-string>	执行查询语句
-f <filename>	从文件执行 Hive 查询
-H,--help	显示帮助信息
--hiveconf <property=value>	设置当前 Hive 会话的配置属性
--hivevar <key=value>	和-d 参数相同
-i <filename>	从文件中初始化 Hive 会话
-S,--silent	设置安静模式，不提示日志信息
-v,--verbose	打印当前执行的 HiveQL 指令

1. Hive Shell 的基本命令

Hive Shell 常用的基本命令主要包含退出客户端、添加文件、修改/查看环境变量、执行 linux 命令、执行 dfs 命令等。当不使用-e 或-f 参数时，默认进入交互模式，所有的命令都以分号结束。交互模式下，Hive 支持以下命令：

(1) quit/exit：离开 Hive 命令行。

(2) set key=value：设置配置参数信息，单独使用 set 命令可以显示所有配置参数列表。

(3) set -v：显示所有配置参数值。

(4) reset：重置所有配置参数值为默认值。

(5) add FILE[S] <file> *，add JAR[S] <file> *，add ARCHIVE[S] <file> *：添加文件到 Hive 缓存中。

(6) list FILE[S] <file> *，list JAR[S] <file> *，list ARCHIVE[S] <file> *：检查是否 add 命令添加过指定文件。

(7) delete FILE[S] <file> *，delete JAR[S] <file> *，delete ARCHIVE[S] <file> *：删除 add 命令添加的文件。

(8) dfs <dfs command>：执行 HDFS 命令。

(9) <query>：执行查询命令，并输出结果。

(10) source FILE <file>：执行给定文件中的 Hive Shell 命令。

2. HiveQL

除了 Hive Shell 的基本命令外，其他的命令主要是 DDL、DML、select 等 HiveQL 语句。

HiveQL 简称 HQL，是一种类 SQL 的查询语言，绝大多数语法和 SQL 类似。此处不再一一赘述，读者可参考关系数据库相关书籍。

1）HiveQL DDL

HiveQL DDL 主要有数据库、表等模式的创建(CREATE)、修改(ALTER)、删除(DROP)、显示(SHOW)、描述(DESCRIBE)等命令，详细信息可参考官方文档(网站是最新版本 Hive 的参考文档)https://cwiki.apache.org/confluence/display/Hive/LanguageManual+DDL。HiveQL DDL 具体包括的语句如图 8-26 所示。

Overview

HiveQL DDL statements are documented here, including:

- CREATE DATABASE/SCHEMA, TABLE, VIEW, FUNCTION, INDEX
- DROP DATABASE/SCHEMA, TABLE, VIEW, INDEX
- TRUNCATE TABLE
- ALTER DATABASE/SCHEMA, TABLE, VIEW
- MSCK REPAIR TABLE (or ALTER TABLE RECOVER PARTITIONS)
- SHOW DATABASES/SCHEMAS, TABLES, TBLPROPERTIES, VIEWS, PARTITIONS, FUNCTIONS, INDEX[ES], COLUMNS, CREATE TABLE
- DESCRIBE DATABASE/SCHEMA, table_name, view_name, materialized_view_name

PARTITION statements are usually options of TABLE statements, except for SHOW PARTITIONS.

图 8-26　HiveQL DDL 概览

创建数据库的语法如图 8-27 所示。

Create Database

```
CREATE (DATABASE|SCHEMA) [IF NOT EXISTS] database_name
  [COMMENT database_comment]
  [LOCATION hdfs_path]
  [WITH DBPROPERTIES (property_name=property_value, ...)];
```

The uses of SCHEMA and DATABASE are interchangeable – they mean the same thing. CREATE DATABASE was added in Hive 0.6 (HIVE-675). The WITH DBPROPERTIES clause was added in Hive 0.7 (HIVE-1836).

图 8-27　HiveQL CREATE DATABASE 语法

创建表的语法如图 8-28 所示。

Create Table

```
CREATE [TEMPORARY] [EXTERNAL] TABLE [IF NOT EXISTS] [db_name.]table_name    -- (Note: TEMPORARY available in Hive 0.14.0 and later)
  [(col_name data_type [column_constraint_specification] [COMMENT col_comment], ... [constraint_specification])]
  [COMMENT table_comment]
  [PARTITIONED BY (col_name data_type [COMMENT col_comment], ...)]
  [CLUSTERED BY (col_name, col_name, ...) [SORTED BY (col_name [ASC|DESC], ...)] INTO num_buckets BUCKETS]
  [SKEWED BY (col_name, col_name, ...)                  -- (Note: Available in Hive 0.10.0 and later)]
     ON ((col_value, col_value, ...), (col_value, col_value, ...), ...)
     [STORED AS DIRECTORIES]
  [
   [ROW FORMAT row_format]
   [STORED AS file_format]
     | STORED BY 'storage.handler.class.name' [WITH SERDEPROPERTIES (...)]  -- (Note: Available in Hive 0.6.0 and later)
  ]
  [LOCATION hdfs_path]
  [TBLPROPERTIES (property_name=property_value, ...)]   -- (Note: Available in Hive 0.6.0 and later)
  [AS select_statement];   -- (Note: Available in Hive 0.5.0 and later; not supported for external tables)

CREATE [TEMPORARY] [EXTERNAL] TABLE [IF NOT EXISTS] [db_name.]table_name
  LIKE existing_table_or_view_name
  [LOCATION hdfs_path];
```

图 8-28　HiveQL CREATE TABLE 语法

关于创建表语法的几点说明如下：

(1) CREATE TABLE：创建一个指定名字的表。如果相同名字的表已经存在，则抛出异常；用户可以用 IF NOT EXISTS 选项来忽略这个异常。

(2) EXTERNAL：让用户创建一个外部表，在建表的同时指定一个指向实际数据的路径(LOCATION)。

(3) COMMENT：为表和列添加注释。

(4) PARTITIONED BY：创建分区表。

(5) CLUSTERED BY：创建分桶表。

(6) ROW FORMAT：指定数据切分格式，命令如下：

DELIMITED [FIELDS TERMINATED BY char [ESCAPED BY char]] [COLLECTION ITEMS TERMINATED BY char] [MAP KEYS TERMINATED BY char] [LINES TERMINATED BY char] [NULL DEFINED AS char]

| SERDE serde_name [WITH SERDEPROPERTIES (property_name=property_value, property_name= property_value, ...)]

用户在建表的时候可以自定义 SerDe 或者使用自带的 SerDe。如果没有指定 ROW FORMAT 或者 ROW FORMAT DELIMITED，将会使用自带的 SerDe。在建表的时候，用户还需要为表指定列。用户在指定表列的同时也会指定自定义的 SerDe，Hive 通过 SerDe 确定表的具体列的数据。

(7) STORED AS：指定存储文件类型。常用的存储文件类型有 SEQUENCEFILE(二进制序列文件)、TEXTFILE(文本)、RCFILE(列式存储格式文件)。

(8) LOCATION：指定表在 HDFS 上的存储位置。

2) HiveQL DML

HiveQL DML 主要有数据导入(LOAD)、数据插入(INSERT)、数据更新(UPDATE)、数据删除(DELETE)等命令，详细信息可参考官方文档(网站是最新版本 Hive 的参考文档)https://cwiki.apache.org/confluence/display/Hive/LanguageManual+DML。HiveQL DDL 具体包括的语句如图 8-29 所示。

There are multiple ways to modify data in Hive:

- LOAD
- INSERT
    - into Hive tables from queries
    - into directories from queries
    - into Hive tables from SQL
- UPDATE
- DELETE
- MERGE

EXPORT and IMPORT commands are also available (as of Hive 0.8).

图 8-29　HiveQL DML 概览

数据导入(LOAD)语句的语法如下所示：

LOAD DATA [LOCAL] INPATH 'filepath' [OVERWRITE] INTO TABLE tablename [PARTITION (partcol1=val1, partcol2=val2 ...)]

LOAD DATA [LOCAL] INPATH 'filepath' [OVERWRITE] INTO TABLE tablename [PARTITION (partcol1=val1, partcol2=val2 ...)] [INPUTFORMAT 'inputformat' SERDE 'serde'] (3.0 or later)

3) HiveQL SECLET

HiveQL SECLET 用于数据查询，详细信息可参考官方文档(网站是最新版本 Hive 的参

考 文 档　https://cwiki.apache.org/confluence/display/Hive/LanguageManual+Select)。 HiveQL
SECLET 具体语法如图 8-30 所示。

Select Syntax

```
[WITH CommonTableExpression (, CommonTableExpression)*]    (Note: Only available starting with Hive 0.13.0)
SELECT [ALL | DISTINCT] select_expr, select_expr, ...
  FROM table_reference
  [WHERE where_condition]
  [GROUP BY col_list]
  [ORDER BY col_list]
  [CLUSTER BY col_list
    | [DISTRIBUTE BY col_list] [SORT BY col_list]
  ]
  [LIMIT [offset,] rows]
```

图 8-30　HiveQL SELECT 语法

下面，我们通过一个综合案例来说明 HiveQL 的使用方法。

【案例 8-4】　使用 Hive Shell 完成以下操作：

(1) 进入 Hive 命令行接口。

(2) 在 Hive 默认数据库 default 下新建 student 表，并将表 8-11 中的数据载入 Hive 里的
student 表中。

(3) 编写 HiveQL SELECT 语句，完成以下查询：查询 student 表中所有记录，查询 student
表中所有女生记录，统计 student 中男女生人数。

表 8-11　Hive 表 student 的数据

学号	姓名	性别	年龄	院系
190809011001	xuluhui	female	18	bigdata
190809011002	zhouxiangzhen	female	19	bigdata
190809011003	liyuejun	female	18	bigdata
190809011004	zhangsan	male	19	bigdata
190809101001	lisi	male	20	AI
190809101002	wangwu	female	18	AI

分析如下：

(1) 使用命令"hive"进入 Hive 命令行，如图 8-31 所示。

```
[xuluhui@master ~]$ hive
SLF4J: Class path contains multiple SLF4J bindings.
SLF4J: Found binding in [jar:file:/usr/local/hive-2.3.4/lib/log4j-slf4j-impl-2.6
.2.jar!/org/slf4j/impl/StaticLoggerBinder.class]
SLF4J: Found binding in [jar:file:/usr/local/hadoop-2.9.2/share/hadoop/common/li
b/slf4j-log4j12-1.7.25.jar!/org/slf4j/impl/StaticLoggerBinder.class]
SLF4J: See http://www.slf4j.org/codes.html#multiple_bindings for an explanation.
SLF4J: Actual binding is of type [org.apache.logging.slf4j.Log4jLoggerFactory]

Logging initialized using configuration in jar:file:/usr/local/hive-2.3.4/lib/hi
ve-common-2.3.4.jar!/hive-log4j2.properties Async: true
Hive-on-MR is deprecated in Hive 2 and may not be available in the future versio
ns. Consider using a different execution engine (i.e. spark, tez) or using Hive
1.X releases.
hive>
```

图 8-31　进入 Hive 命令行

（2）使用 "create table" 命令在 Hive 默认数据库中创建表 student，使用的 HiveQL 命令
及结果如图 8-32 所示。

```
hive> create table student(
    > id string,
    > name string,
    > sex string,
    > age tinyint,
    > dept string)
    > row format delimited fields terminated by '\t';
OK
Time taken: 0.127 seconds
hive> show tables;
OK
student
Time taken: 0.05 seconds, Fetched: 1 row(s)
hive> describe student;
OK
id                      string
name                    string
sex                     string
age                     tinyint
dept                    string
Time taken: 0.08 seconds, Fetched: 5 row(s)
hive>
```

图 8-32　创建 Hive 表 student

然后准备数据，输入数据时中间用 tab 键相隔。例如，在/usr/local/hive-2.3.4/testData
目录下新建文件 hiveStudentData.txt，以存放表中的学生数据。使用的命令如下所示：

mkdir /usr/local/hive-2.3.4/testData

vim /usr/local/hive-2.3.4/testData/hiveStudentData.txt

在 hiveStudentData.txt 中手工输入以下学生数据：

190809011001	xuluhui	female	18	bigdata
190809011002	zhouxiangzhen	female	19	bigdata
190809011003	liyuejun	female	18	bigdata
190809011004	zhangsan	male	19	bigdata
190809101001	lisi	male	20	AI
190809101002	wangwu	female	18	AI

请注意，各数据间用 "\t" 相隔，这是因为创建表 student 时使用了语句 "row format
delimited fields terminated by '\t';"。

最后，使用 "load" 命令将文件/usr/local/hive-2.3.4/testData/hiveStudentData.txt 中的数
据导入到 Hive 表 student 中。使用的 HiveQL 命令及结果如图 8-33 所示。

```
hive> load data local inpath '/usr/local/hive-2.3.4/testData/hiveStudentData.txt
' into table student;
Loading data to table default.student
OK
Time taken: 0.414 seconds
hive>
```

图 8-33　使用 "load" 命令导入数据到 Hive 表 student

（3）首先，查询 member 表中的所有记录。使用的 HiveQL 命令及结果如图 8-34 所示。

```
hive> select * from student;
OK
190809011001    xuluhui female    18       bigdata
190809011002    zhouxiangzhen     female   19       bigdata
190809011003    liyuejun          female   18       bigdata
190809011004    zhangsan          male     19       bigdata
190809101001    lisi    male      20       AI
190809101002    wangwu  female    18       AI
Time taken: 0.291 seconds, Fetched: 6 row(s)
hive>
```

图 8-34　查询 student 表中的所有记录

其次，查询 student 表中所有女生记录，使用的 HiveQL 命令及结果如图 8-35 所示。

```
hive> select * from student where sex='female';
OK
190809011001    xuluhui female    18       bigdata
190809011002    zhouxiangzhen     female   19       bigdata
190809011003    liyuejun          female   18       bigdata
190809101002    wangwu  female    18       AI
Time taken: 0.488 seconds, Fetched: 4 row(s)
hive>
```

图 8-35　查询 student 表中所有女生记录

最后，统计 student 中男女生人数，使用的 HiveQL 命令及结果如图 8-36 所示。可以看到 HiveQL 已转换为 MapReduce 操作。

```
hive> select sex,count(*)
    > from student
    > group by sex;
WARNING: Hive-on-MR is deprecated in Hive 2 and may not be available in the futu
re versions. Consider using a different execution engine (i.e. spark, tez) or us
ing Hive 1.X releases.
Query ID = xuluhui_20191008065249_7746df49-d245-4ea0-b4ec-453178b6a28b
Total jobs = 1
Launching Job 1 out of 1
Number of reduce tasks not specified. Estimated from input data size: 1
In order to change the average load for a reducer (in bytes):
  set hive.exec.reducers.bytes.per.reducer=<number>
In order to limit the maximum number of reducers:
  set hive.exec.reducers.max=<number>
In order to set a constant number of reducers:
  set mapreduce.job.reduces=<number>
Starting Job = job_1570523741425_0001, Tracking URL = http://master:8088/proxy/a
pplication_1570523741425_0001/
Kill Command = /usr/local/hadoop-2.9.2/bin/hadoop job  -kill job_1570523741425_0
001
Hadoop job information for Stage-1: number of mappers: 1; number of reducers: 1
2019-10-08 06:53:47,408 Stage-1 map = 0%,   reduce = 0%
2019-10-08 06:54:13,429 Stage-1 map = 100%,   reduce = 0%, Cumulative CPU 2.73 se
c
2019-10-08 06:54:27,847 Stage-1 map = 100%,   reduce = 100%, Cumulative CPU 5.23
sec
MapReduce Total cumulative CPU time: 5 seconds 230 msec
Ended Job = job_1570523741425_0001
MapReduce Jobs Launched:
Stage-Stage-1: Map: 1  Reduce: 1   Cumulative CPU: 5.23 sec   HDFS Read: 8751 HD
FS Write: 127 SUCCESS
Total MapReduce CPU Time Spent: 5 seconds 230 msec
OK
female  4
male    2
Time taken: 99.811 seconds, Fetched: 2 row(s)
hive>
```

图 8-36　统计 student 中男女生人数

实际上，创建表和导入数据到 Hive 表 student 后，即会递归生成 HDFS 目录 /user/hive/warehouse/student，如图 8-37 所示。这是因为 hive-default.xml 配置文件中参数

hive.metastore.warehouse.dir 默认值为"/user/hive/warehouse"，我们在 hive-site.xml 文件中并未修改。

```
[xuluhui@master ~]$ hadoop fs -ls /user/hive/warehouse
Found 1 items
drwxr-xr-x  - xuluhui supergroup          0 2019-10-08 06:48 /user/hive/warehou
se/student
[xuluhui@master ~]$ hadoop fs -ls /user/hive/warehouse/student
Found 1 items
-rwxr-xr-x  3 xuluhui supergroup        224 2019-10-08 06:48 /user/hive/warehou
se/student/hiveStudentData.txt
[xuluhui@master ~]$
```

图 8-37　创建表和导入数据后 HDFS 文件变化

此时，我们可使用 hive 用户进入 MySQL。hive 数据库下拥有 57 个表，这些表用于存放 Hive 的元数据，如图 8-38 所示。

```
mysql> use hive;
Reading table information for completion of table and column names
You can turn off this feature to get a quicker startup with -A

Database changed
mysql> show tables;
+---------------------------+
| Tables_in_hive            |
+---------------------------+
| AUX_TABLE                 |
| BUCKETING_COLS            |
| CDS                       |
| COLUMNS_V2                |
| COMPACTION_QUEUE          |
| COMPLETED_COMPACTIONS     |
| COMPLETED_TXN_COMPONENTS  |
| DATABASE_PARAMS           |
| DBS                       |
| DB_PRIVS                  |
| DELEGATION_TOKENS         |
| FUNCS                     |
| FUNC_RU                   |
| GLOBAL_PRIVS              |
| HIVE_LOCKS                |
| IDXS                      |
| INDEX_PARAMS              |
| KEY_CONSTRAINTS           |
| MASTER_KEYS               |
| NEXT_COMPACTION_QUEUE_ID  |
| NEXT_LOCK_ID              |
| NEXT_TXN_ID               |
| NOTIFICATION_LOG          |
| NOTIFICATION_SEQUENCE     |
| NUCLEUS_TABLES            |
| PARTITIONS                |
| PARTITION_EVENTS          |
| PARTITION_KEYS            |
| PARTITION_KEY_VALS        |
```

图 8-38　MySQL 中存放 Hive Metastore 的表

(4) 使用命令"quit;"退出 Hive CLI。

8.8.3　Hive API

Hive 支持 Java、Python 等语言编写的 JDBC/ODBC 应用程序访问 Hive，Hive API 详细参考官方文档见链接 http://hive.apache.org/javadocs/，其中有各种版本的 Hive Java API，如

Hive 2.3.6 API 如图 8-39 所示。

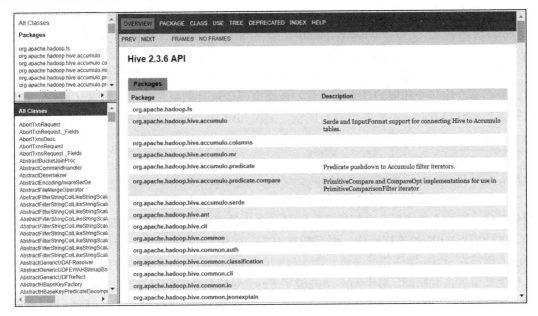

图 8-39　Hive 2.3.6 API 官方参考指南首页

Java 想要访问 Hive，需要通过 beeline 的方式连接 Hive。Hive Server 2 提供了一个新的命令行工具 beeline。Hive Server 2 对之前的 Hive Server 做了升级，功能更加强大。它增加了权限控制。要使用 beeline 需要先启动 Hive Server 2，再使用 beeline 连接。具体编程实例本书不再介绍，读者可以参考本书配套实验教程。

8.9　Hive 的优化策略

合理使用 HiveQL 能够大幅度减轻编写 MapReduce 程序的繁琐程度。但是，读者应注意到，HiveQL 最终仍然会转化为 MapReduce 任务进行数据查询，所以依然存在 Shuffle 任务的分配问题。合理设置 Hive 的相关选项与参数能够提高其执行效率，下面主要从八个方面介绍 Hive 的常见优化策略。

(1) Map 任务的数目不需要单独设置，建议通过设置 Block 的最小和最大值来改变 Map 任务的个数。Reducer 的个数通常由当前的应用环境决定，需要进行多次测试，以选择最佳数量。

(2) 为了减轻网络传输压力，可以使用压缩技术对 MapReduce 中需要传输的数据进行压缩。通常压缩能够提高磁盘的输入/输出效率，但是也额外增加了 CPU 的计算开销，所以用户需要权衡压缩节省的传输时间是否可以抵消或者远超过其带来的额外计算时间。常用的压缩技术包括 lzo、snappy 和 zlib2 等。

(3) 建议开启分布式缓存以保留计算任务的中间结果集，主要是指设置 auto.convert.join = true，以提高表的连接效率。

(4) 根据具体业务需求，提取和预处理部分表数据，以提高查询计算效率。例如，可能存在多个任务的操作都涉及某个表的少数几个字段和对这些字段的提取和操作，这时，可以对这几个字段的数据单独提取出来并做相应的预处理，以避免大量的重复操作。

(5) 设置并行参数 hive.exec.parallel 为 true，并设置线程数量 hive.exec.parallel.thread.number 为 CPU 的实际线程数量，以提高 Hive 任务的并行性。

(6) 建议关闭预测执行。当数据分片存在倾斜时，Hive 会把执行时间长的任务当作失败，继而再产生一个相同的任务去执行，反而会降低执行效率。通常在测试环境中，程序执行方式已经设置好，不需要预测或调整。编辑 hive-site.xml，可添加以下语句：

```
set mapreduce.map.speculative=false
set mapreduce.reduce.speculative=false
set hive.mapred.reduce.tasks.speculative.execution=false
```

(7) 设置 Java 虚拟机 JVM 重用，即允许一个 JVM 运行多个任务，来节省虚拟机的初始化时间。但是不要将每个虚拟机运行的任务个数设置太多，否则会降低任务的响应时间。

(8) 优化 JOIN 的连接操作。编写带有 JOIN 的 HiveQL 语句时，应该将字段少的表或者子查询放在 JOIN 操作符的左边。因为在规约 Reduce 阶段，左边的数据会被放入内存，这样能够节省内存空间。对于同一个关键字 Key，对应值小的应该放到 JOIN 前面，大的放到 JOIN 后面。

本 章 小 结

本章首先介绍了 Hive 的基本工作流程和与传统关系型数据库相比具有的特征，然后介绍了 Hive 的体系架构、数据类型、文件格式、数据模型、函数等知识，接着详细演示了部署 Hive 的过程，以及 HWI、Hive Shell 常用命令和 Java API 接口的使用方法，最后介绍了几种常见的 Hive 优化策略。读者应该重点理解和掌握 Hive 的体系架构和元数据存储格式，理解为什么 Hive 适合管理大量的非结构化数据，以及 Hive 底层数据如何在 HDFS 中存储。学完本章，读者应该能够使用 HiveQL 进行数据定义、数据操作和查询，了解 HiveQL 的解释和执行过程，要重点学会使用 HiveQL 进行数据导入和查询。对于从事 Hive 大数据管理的读者，需要熟悉 Hive 的内置函数，并会通过 API 扩展二次开发来实现自定义函数，满足较复杂的日常工作需求。

Hive 是一个开源的、分布式的、适合处理大规模离线数据的数据仓库系统，其基础数据仍然存储在 HDFS 文件系统上。HiveQL 执行时会将查询命令翻译和解释为 MapReduce 并行指令，以充分利用 HDFS 的分布式存储能力和 MapReduce 的并行计算能力。

Hive 体系架构中主要包括如下组件：CLI、JDBC/ODBC、Thrift Server、HWI、Metastore 和 Driver，这些组件可以分为客户端组件和服务端组件两类。

Hive 支持基本数据类型，如数值、字符串、日期等，同时支持 ARRAY、MAP、STRUCT、UNIONTYPE 四种集合数据类型。Hive 支持多种文件格式，如 TEXTFILE、SEQUENCEFILE、RCFILE、ORC 等。Hive 没有专门的数据存储格式，也没有为数据建立索引，用户可以非常自由地组织 Hive 中的表。Hive 中所有的数据都存储在 HDFS 中。根据数据划分粒度的大小，Hive 包含表(Table)、分区(Partition)和桶(Bucket)三种数据模型。除了 Hive 提供的内置运算符和内置函数外，开发人员还可以根据需求通过自定义函数来实现频繁调用的特定功能。

根据元数据的存储和管理方式，Hive 的部署模式分为内嵌模式、本地模式和远程模式三种，用户可以根据实际需求选择部署模式，重点需要编辑的配置文件包括 hive-site.xml 和 hive-env.sh。Hive 为用户提供了多种访问接口，比如 HWI、Hive Shell 命令、Hive Java API 等。

用户合理设置 Hive 运行参数，可以提高 HiveQL 的执行效率。

思考与练习题

1. 简述 Hive 和传统关系数据库的区别和联系。
2. 简述 Hive 的基本特征。
3. 试述在大型系统中最常见的 Hive 应用场景是什么？
4. 试述 Hive 的体系架构以及各组件的功能。
5. 简述 Hive 查询语句的执行过程。
6. 简述 Hive 的元数据有哪几种存储方式，分别适用于什么应用场景。
7. 解释 Hive 的分区、分桶的含义。
8. 试述配置本地模式 Hive 时主要涉及到的配置文件及配置参数。
9. 简述几种常见的 Hive 优化策略。

实验 6　部署本地模式 Hive 和实战 Hive

一、实验目的

(1) 理解 Hive 的工作原理。

(2) 理解 Hive 的体系架构。

(3) 熟悉 Hive 的运行模式，熟练掌握本地模式 Hive 的部署。

(4) 了解 Hive Web UI 的配置和使用。

(5) 熟练掌握 Hive Shell 常用命令的使用。

(6) 了解 Hive Java API，能编写简单的 Hive 程序。

二、实验环境

本实验所需的软件环境包括全分布模式 Hadoop 集群、MySQL 安装包、MySQL JDBC 驱动包、Hive 安装包、Eclipse。

三、实验内容

(1) 规划 Hive。

(2) 部署本地模式 Hive。

(3) 启动 Hive。

（4）验证 Hive。

（5）配置和使用 Hive Web UI。

（6）使用 Hive Shell 常用命令。

（7）关闭 Hive。

四、实验报告

实验报告主要内容包括实验名称、实验类型、实验地点、学时、实验环境、实验原理、实验步骤、实验结果、总结与思考等。

中篇　Hadoop 提高篇

第 9 章

大数据迁移和采集工具

大数据时代，多信息源并发形成了大量的异构数据。为了在大数据处理平台上对这些数据进行分析处理，挖掘出数据价值，必须先进行数据的采集、转换加工、迁移等。Apache Sqoop 是一个基于 Hadoop 的数据迁移工具，主要用于在 Hadoop 和结构化存储器之间传递数据；Apache Flume 是一个海量日志的采集、聚合和传输系统；Apache Kafka 是一个分布式流平台，允许发布和订阅记录流，用于在不同系统之间传递数据；Kettle 是一个优秀的开源 ETL 工具，可以高效稳定地实现数据抽取、数据转换和加工、数据装载。

本章从初步认识、体系架构、安装部署、实战应用四个方面依次介绍了数据迁移工具 Sqoop、日志采集工具 Flume、分布式流平台 Kafka 和 ETL 工具 Kettle，同时也简要介绍了当前比较常见的其他数据迁移工具(如 DataX 等)、日志采集工具(如 Logstash、Fluentd 等)、ETL 工具(如 Talend、Apatar 等)。

本章知识结构图如图 9-1 所示(★表示重点，▶表示难点)。

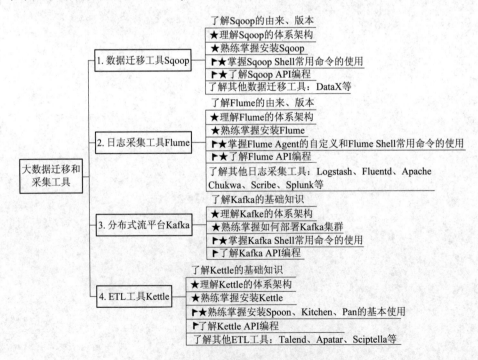

图 9-1 大数据迁移和采集工具的知识结构图

9.1 数据迁移工具 Sqoop

Apache Sqoop 是一个基于 Hadoop 的开源数据迁移工具,是 Apache 的顶级项目,主要用于在 Hadoop 和结构化存储器之间传递数据。Sqoop(SQL-to-Hadoop)的商标如图 9-2 所示。

9.1.1 初识 Sqoop

图 9-2 Sqoop 的商标

1. Sqoop 产生背景

Hadoop 平台的最大优势在于它支持使用不同形式的数据。HDFS 能够可靠地存储日志和来自不同渠道的其他数据;MapReduce 程序能够解析多种"特定的"数据格式,抽取相关信息并将多个数据集组合成有用的结果。

为了能够和 HDFS 之外的数据存储库进行交互,必须通过开发 MapReduce 应用程序使用外部 API 来访问数据。例如,实际生产中经常会遇到这样的问题:将关系数据库中某张表的数据导入到 Hadoop(HDFS/Hive/HBase)上,便于廉价的分析与处理;或将 Hadoop 上的数据导出到关系数据库中,以利用强大的 SQL 进一步分析和展示。那么如何解决这种问题呢?一般情况下是开发 MapReduce 来实现,数据导入时 MapReduce 输入为 DBInputFormat,输出为 TextOutputFormat;数据导出时 MapReduce 输入为 TextInputFormat,输出为 DBOutputFormat。但使用 MapReduce 处理以上场景时还存在问题,那就是每次都需要编写 MapReduce 程序,非常麻烦。在没有出现 Sqoop 之前,实际生产中有许多类似的需求,都需要通过编写 MapReduce 程序然后形成一个工具去解决,后来慢慢就将该工具代码整理出一个框架并逐步完善,最终就有了 Sqoop 的诞生。

2. Sqoop 概述

Apache Sqoop 是一个开源工具,主要用于在 Hadoop 和关系数据库、数据仓库、NoSQL 之间传递数据。通过 Sqoop,可以方便地将数据从关系数据库(Oracle、MySQL、PostgreSQL 等)导入到 Hadoop(HDFS/Hive/HBase),用于进一步的处理。一旦生成最终的分析结果,便可以再将这些结果导出到结构化数据存储如关系数据库中,供其他客户端使用。使用 Sqoop 导入/导出数据的处理流程如图 9-3 所示。

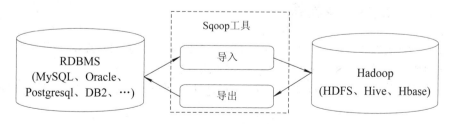

图 9-3 Sqoop 工作流程

Sqoop 是连接传统关系型数据库和 Hadoop 的桥梁,它不需要开发人员编写 MapReduce 程序,只需要编写简单的配置脚本即可,大大提升了开发效率。

Sqoop 的核心设计思想是利用 MapReduce 加快数据传输速度。也就是说，Sqoop 的导入和导出功能是通过 MapReduce 作业实现的，所以它是一种进行数据传输的批处理方式，难以实现实时数据的导入和导出。

3. Sqoop 的版本

Sqoop 项目开始于 2009 年，最早是作为 Hadoop 的一个第三方模块存在的。为了让使用者能够快速部署，也为了让开发人员能够更快速地迭代开发，2012 年，Sqoop 独立出来，成为 Apache 的顶级项目。Sqoop 的版本发布历程如图 9-4 所示。

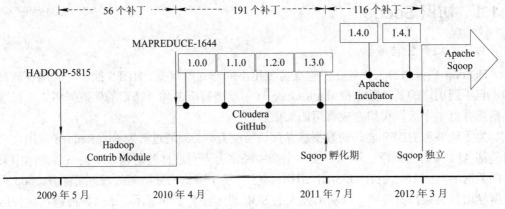

图 9-4　Sqoop 版本发布历程

目前，Sqoop 的版本主要分为 Sqoop 1 和 Sqoop 2，1.4.X 版本称为 Sqoop 1，1.99.X 版本称为 Sqoop 2。Sqoop 1 和 Sqoop 2 在架构和使用上有很大区别，Sqoop 2 对 Sqoop 1 进行了重写，以解决 Sqoop 1 架构上的局限性。Sqoop 1 是命令行工具，不提供 Java API，因此很难嵌入到其他程序中。另外，Sqoop 1 的所有连接器都必须掌握所有输出格式，因此，编写新的连接器就需要做大量的工作。Sqoop 2 具有运行作业的服务器组件和一整套客户端，包括命令行接口(CLI)、网站用户界面、REST API 和 Java API。此外，Sqoop 2 还能使用其他执行引擎，例如 Spark。读者应注意的是，Sqoop 2 的 CLI 和 Sqoop 1 的 CLI 并不兼容。

最新的 Sqoop 1 为 2017 年 12 月发布的稳定版 Sqoop 1.4.7，最新的 Sqoop 2 为 2016 年 7 月发布的 Sqoop 1.99.7。

Sqoop 1 是目前比较稳定的发布版本，本章围绕 Sqoop 1 展开描述。Sqoop 2 正处于开发期间，可能并不具备 Sqoop 1 的所有功能。

9.1.2　Sqoop 的体系架构

Sqoop 1 的架构非常简单，它整合了 Hive、HBase，通过 MapTask 来传输数据，Map 负责数据的加载、转换。Sqoop 1 的体系架构如图 9-5 所示。

从工作模式角度来看 Sqoop 1 架构，Sqoop 是基于客户端模式的，用户使用客户端模式，只需在一台机器上即可完成。

从 MapReduce 角度来看 Sqoop 1 架构，Sqoop 只提交一个 MapReduce 作业，数据的传输和转换都是使用 Mapper 来完成的；而且该 MapReduce 作业仅有 Mapper，并不需要 Reducer。

从安全角度来看 Sqoop 1 架构，需要在执行时将用户名或密码显式指定，也可以固定写在配置文件中。总体来说，其安全性不高。

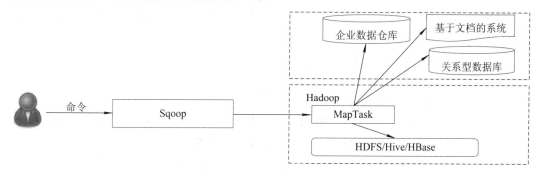

图 9-5　Sqoop 1 体系架构

9.1.3　安装 Sqoop

1. 运行环境

部署与运行 Sqoop 所需要的系统环境包括操作系统、Java 环境和 Hadoop 环境三部分。

1) 操作系统

Sqoop 支持不同平台，在当前绝大多数主流的操作系统上都能够运行，例如 GNU/Linux、Windows、Mac OS X 等。但是在 Mac OS X 上存在兼容性错误，若采用 Windows，需要使用 cygwin 完成 Sqoop 的安装和使用，因此 Sqoop 主要在 Linux 上完成操作和测试，官方推荐使用 Linux。本书采用的操作系统为 Linux 发行版 CentOS 7。

2) Java 环境

Sqoop 采用 Java 语言编写，因此它的运行环境需要 Java 环境的支持。本书采用的 Java 为 Oracle JDK 1.8。

3) Hadoop 环境

Sqoop 是基于 Hadoop 的数据迁移工具，因此还需要部署好 Hadoop 集群。目前 Sqoop 支持 4 个版本的 Hadoop，分别是 0.20、0.23、1.0 和 2.0。本书采用的 Hadoop 为 Hadoop 2.9.2。

关于 CentOS、Oracle JDK 和全分布模式 Hadoop 集群的安装和配置，读者可参见本书第 2 章，此处不再赘述。

2. 安装和配置 Java

有关 Java 的安装和配置，读者可参见本书第 2 章。

3. 部署 Hadoop 集群

有关 Hadoop 集群的部署，读者可参见本书第 2 章。

4. 获取 Sqoop

Sqoop 官方下载地址为 http://www.apache.org/dyn/closer.lua/sqoop/，建议读者下载 Sqoop 1，本书选用的 Sqoop 版本是 2017 年 12 月发布的稳定版 Sqoop 1.4.7，其安装包文件 sqoop-1.4.7.bin__hadoop-2.6.0.tar.gz 可存放在 master 机器的/home/xuluhui/Downloads 中。

5. 安装 Sqoop

Sqoop 仅在一台机器上安装即可，本书在 master 机器上安装，以下所有步骤均在 master

一台机器上完成。

切换到 root，解压 sqoop-1.4.7.bin__hadoop-2.6.0.tar.gz 到安装目录/usr/local 下，使用命令如下所示：

```
su root
cd /usr/local
tar -zxvf /home/xuluhui/Downloads/sqoop-1.4.7.bin__hadoop-2.6.0.tar.gz
```

默认解压后的 Sqoop 目录为"sqoop-1.4.7.bin__hadoop-2.6.0"。名字过长，编者为了方便，将此目录重命名为"sqoop-1.4.7"，使用命令如下所示：

```
mv sqoop-1.4.7.bin__hadoop-2.6.0 sqoop-1.4.7
```

注意：读者可以不用重命名 Sqoop 安装目录，采用默认目录名。但请注意，后续步骤中关于 Sqoop 安装目录的设置要与此步骤保持一致。

6. 配置 Sqoop

安装 Sqoop 后，在$SQOOP_HOME/conf 中有一个示例配置文件 sqoop-env-template.sh。Sqoop 启动时，默认读取$SQOOP_HOME/conf/sqoop-env.sh 文件。该文件需要配置 Sqoop 的运行参数，即 Hadoop 相关的环境变量。

1) 复制模板配置文件 sqoop-env-template.sh 为 sqoop-env.sh

使用命令"cp"将 Sqoop 示例配置文件 sqoop-env-template.sh 复制并重命名为 sqoop-env.sh。假设当前目录为"/usr/local/sqoop-1.4.7"，使用如下命令完成：

```
cp conf/sqoop-env-template.sh conf/sqoop-env.sh
```

2) 修改配置文件 sqoop-env.sh

读者可以发现，模板中已有 HADOOP_COMMON_HOME、HADOOP_MAPRED_HOME、HBASE_HOME、HIVE_HOME、ZOOCFGDIR 这些相关配置项的注释行，此处，本书仅设置 HADOOP_COMMON_HOME 和 HADOOP_MAPRED_HOME。使用命令"vim conf/sqoop-env.sh"修改 Sqoop 配置文件，修改后的配置文件 sqoop-env.sh 内容如下所示：

```
# Set Hadoop-specific environment variables here.

#Set path to where bin/hadoop is available
export HADOOP_COMMON_HOME=/usr/local/hadoop-2.9.2

#Set path to where hadoop-*-core.jar is available
export HADOOP_MAPRED_HOME=/usr/local/hadoop-2.9.2
```

7. 添加 JDBC 驱动

由于本书采用的关系型数据库为 MySQL，因此需要添加 MySQL JDBC 驱动的 jar 包。若读者使用的数据库是 Microsoft SQL Server 或是 Oracle，就需要添加它们的 JDBC 驱动包。

首先，下载 MySQL Connector/J，其官方下载地址是 https://dev.mysql.com/downloads/connector/j/，本书下载的是 2019 年 7 月 29 日发布的 MySQL Connector/J 5.1.48，文件名为 mysql-connector-java-5.1.48.tar.gz，采用的 MySQL JDBC 驱动 jar 包是 mysql-connector-java-5.1.48.jar。

其次，解压 mysql-connector-java-5.1.48.tar.gz 到/home/xuluhui/Downloads 下，使用的命

令如下所示：

```
tar -zxvf mysql-connector-java-5.1.48.tar.gz
```

然后，将目录/home/xuluhui/Downloads/mysql-connector-java-5.1.48 下的 MySQL JDBC 驱动 jar 包文件 mysql-connector-java-5.1.48.jar 拷贝至目录/usr/local/sqoop-1.4.7/lib 下，使用的命令如下所示：

```
cp /home/xuluhui/Downloads/mysql-connector-java-5.1.48/mysql-connector-java-5.1.48.jar /usr/local/sqoop- 1.4.7/lib/
```

8. 设置$SQOOP_HOME 的目录属主

为了在普通用户下使用 Sqoop，将$SQOOP_HOME 目录属主设置为 Linux 普通用户 xuluhui，使用以下命令完成：

```
chown -R xuluhui /usr/local/sqoop-1.4.7
```

9. 在系统配置文件目录/etc/profile.d 下新建 sqoop.sh

使用"vim /etc/profile.d/sqoop.sh"命令在/etc/profile.d 文件夹下新建文件 sqoop.sh，添加如下内容：

```
export SQOOP_HOME=/usr/local/sqoop-1.4.7
export PATH=$SQOOP_HOME/bin:$PATH
```

其次，重启机器，使之生效。

此步骤可省略。之所以将$SQOOP_HOME/bin 加入到系统环境变量 PATH 中，是因为当输入 Sqoop 命令时，无须再切换到$SQOOP_HOME/bin，这样使用起来会更加方便，否则会出现错误信息"bash: ****: command not found..."。

10. 验证 Sqoop

切换到普通用户 xuluhui 下，可以通过命令"sqoop help"来验证 Sqoop 配置是否正确，运行效果如图 9-6 所示。从图 9-6 中可以看出，Sqoop 已部署成功。

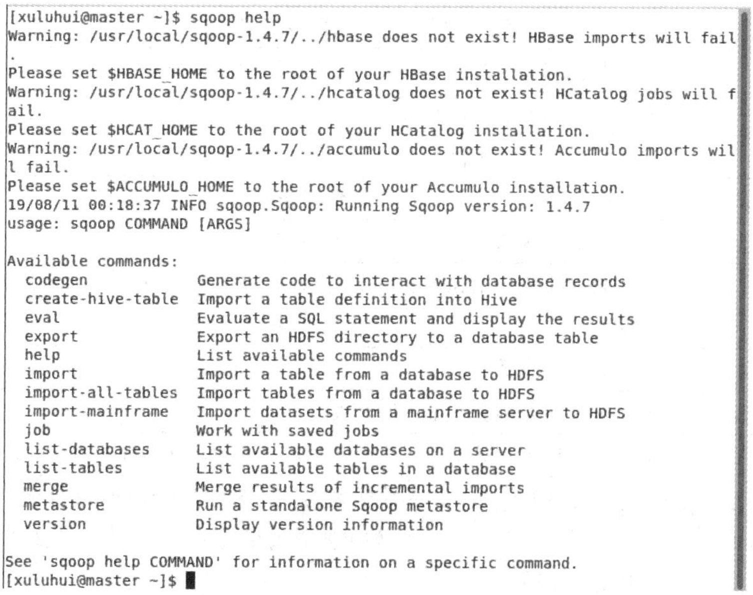

图 9-6　通过命令"sqoop help"验证 Sqoop

9.1.4　实战 Sqoop

1. Sqoop Shell

Sqoop 命令的语法格式如下所示：

```
sqoop COMMAND [ARGS]
```

使用命令"sqoop help"可查看完整帮助信息，如图 9-7 所示。

```
usage: sqoop COMMAND [ARGS]

Available commands:
  codegen            Generate code to interact with database records
  create-hive-table  Import a table definition into Hive
  eval               Evaluate a SQL statement and display the results
  export             Export an HDFS directory to a database table
  help               List available commands
  import             Import a table from a database to HDFS
  import-all-tables  Import tables from a database to HDFS
  import-mainframe   Import datasets from a mainframe server to HDFS
  job                Work with saved jobs
  list-databases     List available databases on a server
  list-tables        List available tables in a database
  merge              Merge results of incremental imports
  metastore          Run a standalone Sqoop metastore
  version            Display version information

See 'sqoop help COMMAND' for information on a specific command.
```

图 9-7　命令 sqoop 的帮助信息

Sqoop 1.4.7 中提供的参数 COMMAND 具体描述如表 9-1 所示。

表 9-1　Sqoop 1.4.7 中提供的参数 COMMAND

命　令	功　能　描　述
codegen	将关系数据库的表映射为 Java 文件、Java Class 文件以及 jar 包
create-hive-table	生成与关系数据库表的表结构对应的 Hive 表
eval	预先了解 SQL 语句是否正确，并查看 SQL 的执行结果
export	将数据从 HDFS 导出到关系数据库中的某个表
help	显示 Sqoop 的帮助信息
import	将数据从关系数据库的某个表导入到 HDFS
import-all-tables	导入某个数据库下所有表到 HDFS
import-mainframe	将数据集从某个主机导入到 HDFS
job	用来生成一个 Sqoop Job。生成后，该任务并不执行，除非使用命令执行该任务
list-databases	列出所有数据库名
list-tables	列出某个数据库下的所有表
merge	将 HDFS 中不同目录下的数据整合一起，并存放在指定目录中
metastore	记录 Sqoop Job 的元数据信息。如果不启动 metastore 实例，则默认的元数据存储目录为~/.sqoop。如果要更改存储目录，可在配置文件 sqoop-site.xml 中进行更改
version	显示 Sqoop 的版本信息

通过将特定工具的名称作为参数，help 还能提供对该工具的使用说明。例如，输入命令"sqoop help list-databases"，可查看 list-databases 命令的使用帮助，如图 9-8 所示。由于命令过长，此处仅展示部分内容。

```
[xuluhui@master ~]$ sqoop help list-databases
Warning: /usr/local/sqoop-1.4.7/../hbase does not exist! HBase imports will fail
.
Please set $HBASE_HOME to the root of your HBase installation.
Warning: /usr/local/sqoop-1.4.7/../hcatalog does not exist! HCatalog jobs will f
ail.
Please set $HCAT_HOME to the root of your HCatalog installation.
Warning: /usr/local/sqoop-1.4.7/../accumulo does not exist! Accumulo imports wil
l fail.
Please set $ACCUMULO_HOME to the root of your Accumulo installation.
19/08/12 03:59:47 INFO sqoop.Sqoop: Running Sqoop version: 1.4.7
usage: sqoop list-databases [GENERIC-ARGS] [TOOL-ARGS]

Common arguments:
   --connect <jdbc-uri>                              Specify JDBC
                                                     connect
                                                     string
   --connection-manager <class-name>                 Specify
                                                     connection
                                                     manager
                                                     class name
   --connection-param-file <properties-file>         Specify
                                                     connection
                                                     parameters
                                                     file
   --driver <class-name>                             Manually
                                                     specify JDBC
                                                     driver class
                                                     to use
```

图 9-8 sqoop list-databases 命令的使用帮助(部分)

1) Sqoop 常用命令介绍

【实例 9-1】 查看 Sqoop 版本。

使用以下命令完成查看 Sqoop 版本的功能：

```
sqoop version
```

该命令的运行效果如图 9-9 所示。

```
[xuluhui@master ~]$ sqoop version
Warning: /usr/local/sqoop-1.4.7/../hbase does not exist! HBase imports will fail
.
Please set $HBASE_HOME to the root of your HBase installation.
Warning: /usr/local/sqoop-1.4.7/../hcatalog does not exist! HCatalog jobs will f
ail.
Please set $HCAT_HOME to the root of your HCatalog installation.
Warning: /usr/local/sqoop-1.4.7/../accumulo does not exist! Accumulo imports wil
l fail.
Please set $ACCUMULO_HOME to the root of your Accumulo installation.
19/08/12 04:44:12 INFO sqoop.Sqoop: Running Sqoop version: 1.4.7
Sqoop 1.4.7
git commit id 2328971411f57f0cb683dfb79d19d4d19d185dd8
Compiled by maugli on Thu Dec 21 15:59:58 STD 2017
[xuluhui@master ~]$
```

图 9-9 sqoop version 命令的运行效果

【实例 9-2】 使用 Sqoop 获取指定 URL 的数据库。

此实例要求 MySQL 数据库服务是启动状态。访问数据库时，有几个参数必不可少，包括数据库 URL、用户名和密码使用 Sqoop 操作数据库也是一样的，必须要指定这几个参数。所使用的命令如下所示：

```
sqoop list-databases --connect jdbc:mysql://localhost:3306 --username root --password xijing
```

命令运行效果如图 9-10 所示。从图 9-10 中可以看出，MySQL 上的 4 个数据库全部被显示出来。

```
[xuluhui@master ~]$ sqoop list-databases --connect jdbc:mysql://localhost:3306/
--username root --password xijing
Warning: /usr/local/sqoop-1.4.7/../hbase does not exist! HBase imports will fail
.
Please set $HBASE_HOME to the root of your HBase installation.
Warning: /usr/local/sqoop-1.4.7/../hcatalog does not exist! HCatalog jobs will f
ail.
Please set $HCAT_HOME to the root of your HCatalog installation.
Warning: /usr/local/sqoop-1.4.7/../accumulo does not exist! Accumulo imports wil
l fail.
Please set $ACCUMULO_HOME to the root of your Accumulo installation.
19/08/12 05:38:31 INFO sqoop.Sqoop: Running Sqoop version: 1.4.7
19/08/12 05:38:31 WARN tool.BaseSqoopTool: Setting your password on the command-
line is insecure. Consider using -P instead.
19/08/12 05:38:31 INFO manager.MySQLManager: Preparing to use a MySQL streaming
resultset.
Mon Aug 12 05:38:32 EDT 2019 WARN: Establishing SSL connection without server's
identity verification is not recommended. According to MySQL 5.5.45+, 5.6.26+ an
d 5.7.6+ requirements SSL connection must be established by default if explicit
option isn't set. For compliance with existing applications not using SSL the ve
rifyServerCertificate property is set to 'false'. You need either to explicitly
disable SSL by setting useSSL=false, or set useSSL=true and provide truststore f
or server certificate verification.
information_schema
mysql
performance_schema
sys
[xuluhui@master ~]$
```

图 9-10   sqoop list-databases 命令的运行效果

若此时通过 Sqoop 远程访问 MySQL，可输入以下命令：

sqoop list-databases --connect jdbc:mysql://192.168.18.130:3306/ --username root --password xijing

命令运行效果如图 9-11 所示，从图 9-11 中可以看出，运行出现错误。

```
[xuluhui@master ~]$ sqoop list-databases --connect jdbc:mysql://192.168.18.130:3
306/ --username root --password xijing
Warning: /usr/local/sqoop-1.4.7/../hbase does not exist! HBase imports will fail
.
Please set $HBASE_HOME to the root of your HBase installation.
Warning: /usr/local/sqoop-1.4.7/../hcatalog does not exist! HCatalog jobs will f
ail.
Please set $HCAT_HOME to the root of your HCatalog installation.
Warning: /usr/local/sqoop-1.4.7/../accumulo does not exist! Accumulo imports wil
l fail.
Please set $ACCUMULO_HOME to the root of your Accumulo installation.
19/08/12 05:40:25 INFO sqoop.Sqoop: Running Sqoop version: 1.4.7
19/08/12 05:40:25 WARN tool.BaseSqoopTool: Setting your password on the command-
line is insecure. Consider using -P instead.
19/08/12 05:40:25 INFO manager.MySQLManager: Preparing to use a MySQL streaming
resultset.
19/08/12 05:40:25 ERROR manager.CatalogQueryManager: Failed to list databases
java.sql.SQLException: null, message from server: "Host 'master' is not allowed
 to connect to this MySQL server"
        at com.mysql.jdbc.SQLError.createSQLException(SQLError.java:965)
        at com.mysql.jdbc.SQLError.createSQLException(SQLError.java:898)
        at com.mysql.jdbc.SQLError.createSQLException(SQLError.java:887)
        at com.mysql.jdbc.MysqlIO.doHandshake(MysqlIO.java:1031)
        at com.mysql.jdbc.ConnectionImpl.coreConnect(ConnectionImpl.java:2189)
```

图 9-11   sqoop list-databases 命令远程访问 MySQL 失败

要解决这个问题，就是要让机器 192.168.18.130(master)的数据库允许被远程访问，以 root 身份登录 MySQL，依次使用如下命令完成：

use mysql;

update user set host='%' where user='root';

退出 MySQL，使用"systemctl restart mysqld"重启 MySQL，再次通过 Sqoop 远程访问机器 192.168.18.130(master)上的 MySQL，此次成功，效果如图 9-12 所示。从图 9-12 中可以看出，MySQL 上的 4 个数据库全部被显示出来。

```
[xuluhui@master ~]$ sqoop list-databases --connect jdbc:mysql://192.168.18.130:3
306/ --username root --password xijing
Warning: /usr/local/sqoop-1.4.7/../hbase does not exist! HBase imports will fail
.
Please set $HBASE_HOME to the root of your HBase installation.
Warning: /usr/local/sqoop-1.4.7/../hcatalog does not exist! HCatalog jobs will f
ail.
Please set $HCAT_HOME to the root of your HCatalog installation.
Warning: /usr/local/sqoop-1.4.7/../accumulo does not exist! Accumulo imports wil
l fail.
Please set $ACCUMULO_HOME to the root of your Accumulo installation.
19/08/12 05:49:31 INFO sqoop.Sqoop: Running Sqoop version: 1.4.7
19/08/12 05:49:31 WARN tool.BaseSqoopTool: Setting your password on the command-
line is insecure. Consider using -P instead.
19/08/12 05:49:31 INFO manager.MySQLManager: Preparing to use a MySQL streaming
resultset.
Mon Aug 12 05:49:32 EDT 2019 WARN: Establishing SSL connection without server's
identity verification is not recommended. According to MySQL 5.5.45+, 5.6.26+ an
d 5.7.6+ requirements SSL connection must be established by default if explicit
option isn't set. For compliance with existing applications not using SSL the ve
rifyServerCertificate property is set to 'false'. You need either to explicitly
disable SSL by setting useSSL=false, or set useSSL=true and provide truststore f
or server certificate verification.
information_schema
mysql
performance_schema
sys
[xuluhui@master ~]$
```

图 9-12　配置后 sqoop list-databases 命令远程访问 MySQL 成功

【实例 9-3】　使用 Sqoop 获取指定 URL 数据库中的所有表。

此实例要求 MySQL 数据库服务是启动状态。使用 Sqoop 获取机器 192.168.18.130(master)上的 MySQL 数据库中的所有表，使用的命令如下所示：

```
sqoop list-tables --connect jdbc:mysql://192.168.18.130:3306/mysql --username root --password xijing
```

命令运行效果如图 9-13 所示。从图 9-13 中可以看出，MySQL 上的数据库"mysql"中的所有表全部被显示出来。由于表数目众多，截图仅截取了部分数据库表。

```
[xuluhui@master ~]$ sqoop list-tables --connect jdbc:mysql://192.168.18.130:3306
/mysql --username root --password xijing
Warning: /usr/local/sqoop-1.4.7/../hbase does not exist! HBase imports will fail
.
Please set $HBASE_HOME to the root of your HBase installation.
Warning: /usr/local/sqoop-1.4.7/../hcatalog does not exist! HCatalog jobs will f
ail.
Please set $HCAT_HOME to the root of your HCatalog installation.
Warning: /usr/local/sqoop-1.4.7/../accumulo does not exist! Accumulo imports wil
l fail.
Please set $ACCUMULO_HOME to the root of your Accumulo installation.
19/08/12 06:06:50 INFO sqoop.Sqoop: Running Sqoop version: 1.4.7
19/08/12 06:06:50 WARN tool.BaseSqoopTool: Setting your password on the command-
line is insecure. Consider using -P instead.
19/08/12 06:06:50 INFO manager.MySQLManager: Preparing to use a MySQL streaming
resultset.
Mon Aug 12 06:06:50 EDT 2019 WARN: Establishing SSL connection without server's
identity verification is not recommended. According to MySQL 5.5.45+, 5.6.26+ an
d 5.7.6+ requirements SSL connection must be established by default if explicit
option isn't set. For compliance with existing applications not using SSL the ve
rifyServerCertificate property is set to 'false'. You need either to explicitly
disable SSL by setting useSSL=false, or set useSSL=true and provide truststore f
or server certificate verification.
columns_priv
db
engine_cost
event
func
general_log
gtid_executed
help_category
help_keyword
help_relation
```

图 9-13　sqoop list-tables 命令的运行效果

【实例 9-4】 使用 eval 执行一个 SQL 语句，将 MySQL 中表 mysql.user 的 Host、User 两个字段数据显示出来。

此实例要求 MySQL 数据库服务是启动状态。使用的命令如下所示：

```
sqoop eval \
--connect jdbc:mysql://192.168.18.130:3306/mysql \
--username root \
--password xijing \
--query 'select Host,User from user'
```

命令运行效果如图 9-14 所示。从图 9-14 中可以看出，MySQL 上表 mysql.user 的 Host、User 两个字段数据被显示出来。

```
[xuluhui@master ~]$ sqoop eval \
> --connect jdbc:mysql://192.168.18.130:3306/mysql \
> --username root \
> --password xijing \
> --query 'select Host,User from user'
Warning: /usr/local/sqoop-1.4.7/../hbase does not exist! HBase imports will fail
.
Please set $HBASE_HOME to the root of your HBase installation.
Warning: /usr/local/sqoop-1.4.7/../hcatalog does not exist! HCatalog jobs will f
ail.
Please set $HCAT_HOME to the root of your HCatalog installation.
Warning: /usr/local/sqoop-1.4.7/../accumulo does not exist! Accumulo imports wil
l fail.
Please set $ACCUMULO_HOME to the root of your Accumulo installation.
19/08/13 03:58:04 INFO sqoop.Sqoop: Running Sqoop version: 1.4.7
19/08/13 03:58:04 WARN tool.BaseSqoopTool: Setting your password on the command-
line is insecure. Consider using -P instead.
19/08/13 03:58:04 INFO manager.MySQLManager: Preparing to use a MySQL streaming
resultset.
Tue Aug 13 03:58:05 EDT 2019 WARN: Establishing SSL connection without server's
identity verification is not recommended. According to MySQL 5.5.45+, 5.6.26+ an
d 5.7.6+ requirements SSL connection must be established by default if explicit
option isn't set. For compliance with existing applications not using SSL the ve
rifyServerCertificate property is set to 'false'. You need either to explicitly
disable SSL by setting useSSL=false, or set useSSL=true and provide truststore f
or server certificate verification.
-------------------------------------
| Host           | User              |
-------------------------------------
| %              | root              |
| localhost      | mysql.session     |
| localhost      | mysql.sys         |
-------------------------------------
[xuluhui@master ~]$ 
```

图 9-14 sqoop eval 命令的运行效果

2) 使用 Sqoop 导入 MySQL 数据到 HDFS

本小节要求 MySQL 和 Hadoop 集群都处于启动状态。

通过命令"sqoop import"，可以方便地将数据从关系数据库(Oracle、MySQL、PostgreSQL 等)导入到 Hadoop(HDFS/Hive/HBase)。该命令的参数众多，此处使用"sqoop import"帮助仅列出部分参数，如下所示：

```
[xuluhui@master ~]$ sqoop help import
usage: sqoop import [GENERIC-ARGS] [TOOL-ARGS]

//通用参数
Common arguments:
```

--connect <jdbc-uri>	Specify JDBC connect string
--password <password>	Set authentication password
--username <username>	Set authentication username

//导入控制参数

Import control arguments:

--as-parquetfile	Imports data to Parquet files
--as-sequencefile	Imports data to SequenceFiles
--columns <col,col,col...>	Columns to import from table
--compression-codec <codec>	Compression codec to use for import
--delete-target-dir	Imports data in delete mode
--direct	Use direct import fast path
-e,--query <statement>	Import results of SQL 'statement'
-m,--num-mappers <n>	Use 'n' map tasks to import in parallel
--mapreduce-job-name <name>	Set name for generated mapreduce job
--table <table-name>	Table to read
--target-dir <dir>	HDFS plain table destination
--where <where clause>	WHERE clause to use during import
-z,--compress	Enable compression

//输出格式参数控制

Output line formatting arguments:

--fields-terminated-by <char>	Sets the field separator character
--lines-terminated-by <char>	Sets the end-of-line character

//输入格式参数控制

Input parsing arguments:

--input-enclosed-by <char>	Sets a required field encloser
--input-escaped-by <char>	Sets the input escape character
--input-fields-terminated-by <char>	Sets the input field separator
--input-lines-terminated-by <char>	Sets the input end-of-line char

//导入到 Hive 表相关参数

Hive arguments:

--create-hive-table	Fail if the target hive table exists
--hive-database <database-name>	Sets the database name to use when importing to hive
--hive-import	Import tables into Hive (Uses Hive's default delimiters if none are set.)
--hive-overwrite	Overwrite existing data in the Hive table
--hive-partition-key <partition-key>	Sets the partition key to use when importing to hive
--hive-partition-value <partition-value>	Sets the partition value to use when importing to hive

| --hive-table <table-name> | Sets the table name to use when importing to hive |

//导入到 HBase 表相关参数

HBase arguments:

--column-family <family>	Sets the target column family for the import
--hbase-bulkload	Enables HBase bulk loading
--hbase-create-table	If specified, create missing HBase tables
--hbase-row-key <col>	Specifies which input column to use as the row key
--hbase-table <table>	Import to <table> in HBase

命令"sqoop import"使用时的注意事项如下：

(1) 使用--connect 指定要导入数据的数据库。

(2) 使用--username 和--password 指定数据库的用户名和密码。

(3) 使用--table 指定需要导入的数据表。

(4) 使用--num-mappers 指定导入数据的并行度即 Map Task 的个数，Sqoop 默认的并行度是 4。有多少个并行度，在 HDFS 上最终输出的文件个数就是几个。

(5) 使用 Sqoop 从关系数据库 MySQL 中导入数据到 HDFS 时，默认导入路径是/user/用户名/表名。

(6) Sqoop 从关系型数据库 MySQL 导入数据到 HDFS 时，默认的字段分隔符是"，"，行分隔符是"\n"。

接下来，我们用实例来介绍命令"sqoop import"的各种用法。在介绍各个实例前，首先进行 MySQL 数据准备，在 MySQL 下建立数据库 sqoop，并建立学生表 student 和插入数据。在 MySQL 下使用的 SQL 语句依次如下所示：

```
//创建数据库 sqoop
CREATE DATABASE sqoop;

//创建学生表 student
CREATE TABLE sqoop.student(
id int(4) primary key auto_increment,
name varchar(50),
sex varchar(10)
);

//向学生表 student 中插入数据
INSERT INTO sqoop.student(name,sex) VALUES('Thomas','Male');
INSERT INTO sqoop.student(name,sex) VALUES('Tom','Male');
INSERT INTO sqoop.student(name,sex) VALUES('Mary','Female');
INSERT INTO sqoop.student(name,sex) VALUES('James','Male');
INSERT INTO sqoop.student(name,sex) VALUES('Alice','Female');
```

执行完以上 SQL 语句后，sqoop 数据库中 student 表的结构和记录如图 9-15 所示。

```
mysql> desc sqoop.student;
+-------+-------------+------+-----+---------+----------------+
| Field | Type        | Null | Key | Default | Extra          |
+-------+-------------+------+-----+---------+----------------+
| id    | int(4)      | NO   | PRI | NULL    | auto_increment |
| name  | varchar(50) | YES  |     | NULL    |                |
| sex   | varchar(10) | YES  |     | NULL    |                |
+-------+-------------+------+-----+---------+----------------+
3 rows in set (0.00 sec)

mysql> select * from sqoop.student;
+----+--------+--------+
| id | name   | sex    |
+----+--------+--------+
|  1 | Thomas | Male   |
|  2 | Tom    | Male   |
|  3 | Mary   | Female |
|  4 | James  | Male   |
|  5 | Alice  | Female |
+----+--------+--------+
5 rows in set (0.00 sec)

mysql>
```

图 9-15　MySQL 中 sqoop.student 表结构和记录

(1) 导入表的所有字段。

【实例 9-5】　使用 Sqoop 将 MySQL 中表中 sqoop.student 的所有数据导入到 HDFS，并采用默认路径。

使用的命令如下所示(其中导入的并行度为 1，即在 HDFS 上最终输出的文件个数为 1)：

```
sqoop import \
--connect jdbc:mysql://192.168.18.130:3306/sqoop \
--username root \
--password xijing \
--table student \
--num-mappers 1
```

上述命令的运行过程及效果如图 9-16 和图 9-17 所示。

```
[xuluhui@master ~]$ sqoop import \
> --connect jdbc:mysql://192.168.18.130:3306/sqoop \
> --username root \
> --password xijing \
> --table student \
> --num-mappers 1
Warning: /usr/local/sqoop-1.4.7/../hbase does not exist! HBase imports will fail.
Please set $HBASE_HOME to the root of your HBase installation.
Warning: /usr/local/sqoop-1.4.7/../hcatalog does not exist! HCatalog jobs will fail.
Please set $HCAT_HOME to the root of your HCatalog installation.
Warning: /usr/local/sqoop-1.4.7/../accumulo does not exist! Accumulo imports will fail.
Please set $ACCUMULO_HOME to the root of your Accumulo installation.
19/08/12 10:16:56 INFO sqoop.Sqoop: Running Sqoop version: 1.4.7
19/08/12 10:16:56 WARN tool.BaseSqoopTool: Setting your password on the command-line is insecure. Consider using -P instead.
19/08/12 10:16:56 INFO manager.MySQLManager: Preparing to use a MySQL streaming resultset.
19/08/12 10:16:56 INFO tool.CodeGenTool: Beginning code generation
Mon Aug 12 10:16:56 EDT 2019 WARN: Establishing SSL connection without server's
```

图 9-16　使用命令"sqoop import"导入表所有字段的运行过程(1)

```
19/08/12 10:17:04 INFO mapreduce.JobSubmitter: number of splits:1
19/08/12 10:17:04 INFO Configuration.deprecation: yarn.resourcemanager.system-me
trics-publisher.enabled is deprecated. Instead, use yarn.system-metrics-publishe
r.enabled
19/08/12 10:17:04 INFO mapreduce.JobSubmitter: Submitting tokens for job: job_15
65619226271_0001
19/08/12 10:17:05 INFO impl.YarnClientImpl: Submitted application application_15
65619226271_0001
19/08/12 10:17:05 INFO mapreduce.Job: The url to track the job: http://master:80
88/proxy/application_1565619226271_0001/
19/08/12 10:17:05 INFO mapreduce.Job: Running job: job_1565619226271_0001
19/08/12 10:17:17 INFO mapreduce.Job: Job job_1565619226271_0001 running in uber
 mode : false
19/08/12 10:17:17 INFO mapreduce.Job:  map 0% reduce 0%
19/08/12 10:17:30 INFO mapreduce.Job:  map 100% reduce 0%
19/08/12 10:17:30 INFO mapreduce.Job: Job job_1565619226271_0001 completed succe
ssfully
19/08/12 10:17:30 INFO mapreduce.Job: Counters: 30
        File System Counters
                FILE: Number of bytes read=0
                FILE: Number of bytes written=206799
                FILE: Number of read operations=0
                FILE: Number of large read operations=0
                FILE: Number of write operations=0
                HDFS: Number of bytes read=87
                HDFS: Number of bytes written=67
                HDFS: Number of read operations=4
                HDFS: Number of large read operations=0
                HDFS: Number of write operations=2
        Job Counters
                Launched map tasks=1
                Other local map tasks=1
                Total time spent by all maps in occupied slots (ms)=9916
```

图 9-17 使用命令"sqoop import"导入表所有字段的运行过程(2)

从图 9-16 和图 9-17 中可以看出，Sqoop 将命令转换成了一个 MapReduce Job，数据的传输和转换都是通过 Mapper 来完成的，并不需要 Reducer。

上述命令执行完毕后，可以使用"hadoop fs"或"hdfs dfs"命令在 HDFS 上查看导入的结果，如图 9-18 所示。从图 9-18 中可以看出，默认导入路径是/user/用户名/表名，本例中即"/user/xuluhui/student"。

```
[xuluhui@master ~]$ hadoop fs -ls /user/xuluhui/student
Found 2 items
-rw-r--r--   3 xuluhui supergroup          0 2019-08-12 10:17 /user/xuluhui/stud
ent/_SUCCESS
-rw-r--r--   3 xuluhui supergroup         67 2019-08-12 10:17 /user/xuluhui/stud
ent/part-m-00000
[xuluhui@master ~]$ hadoop fs -cat /user/xuluhui/student/part-m-00000
1,Thomas,Male
2,Tom,Male
3,Mary,Female
4,James,Male
5,Alice,Female
[xuluhui@master ~]$
```

图 9-18 使用命令"hadoop fs"在 HDFS 上查看导入表所有字段的导入结果

也可以使用 HDFS Web UI 界面查看导入结果，方法是浏览器中输入"192.168.18.130:50070"进入窗口【Browsing HDFS】，单击菜单『Utilities』→『Browse the file system』，可以看到在目录/user/xuluhui 下自动生成了 student 目录及相关文件，其中文件"part-m-00000"就是导入数据所存放的位置，效果如图 9-19 和图 9-20 所示。

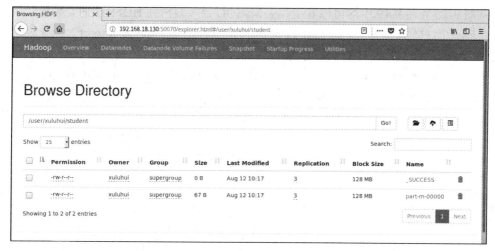

图 9-19 使用 HDFS Web UI 查看导入表所有字段的导入结果

图 9-20 导入结果在文件 part-m-00000 在 HDFS 上的存储信息

　　另外，从 MapReduce Web UI 上也可以看到该 MapReduce Job 的执行历史信息，如图 9-21 所示。从图 9-21 中也可以看出，该 MapReduce Job 只有 Map 任务，而没有 Reduce 任务，MapReduce Job 名称为"student.jar"。同时，也可以通过 YARN Web UI 查看该 MapReduce 应用程序的执行情况。

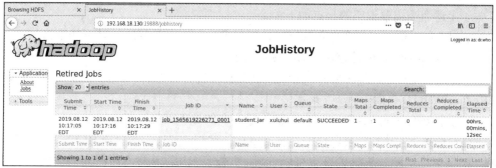

图 9-21 使用 MapReduce Web 查看 sqoop import 命令导入表所有字段转换成的 MapReduce Job 执行历史

从图 9-18 和图 9-19 中均可以看出，从 MySQL 导入数据到 HDFS 上时，数据默认存储路径是/user/用户名/表名。需要注意的是，当再次执行上述"sqoop import"命令时，会抛出文件已存在的错误，具体错误信息为：

```
ERROR    tool.ImportTool:  Import  failed:  org.apache.hadoop.mapred.FileAlreadyExistsException:  Output
directory hdfs://192.168.18.130:9000/user/xuluhui/student already exists
```

这是因为当 MapReduce 作业输出时，如果输出结果已经存在，那么就会报错，解决方法是手工将该路径删除。但是每次都手工删除非常麻烦，因此 Sqoop 中提供了参数"--delete-target-dir"，用于自动删除已存在的输出路径。上述"sqoop import"可以修改为下面内容：

```
sqoop import \
--connect jdbc:mysql://192.168.18.130:3306/sqoop \
--username root \
--password xijing \
--table student \
--num-mappers 1 \
--delete-target-dir
```

(2) 导入表的指定字段。

【实例 9-6】 使用 Sqoop 将 MySQL 中表中 sqoop.student 的字段 name 和 sex 导入到 HDFS，并保存在 student_column 文件中。

使用的命令如下所示：

```
sqoop import \
--connect jdbc:mysql://192.168.18.130:3306/sqoop \
--username root \
--password xijing \
--target-dir student_column \
--delete-target-dir \
--mapreduce-job-name FromMySQLToHDFS_column \
--columns name,sex \
--table student \
--num-mappers 1
```

关于上述命令需要说明的几点如下：

① 使用--columns 指定要导入的字段，字段名中间用逗号相隔，且不加空格。

② 使用--target-dir 指定导入到 HDFS 上的目标目录。

③ 使用--mapreduce-job-name 指定该作业的名称，可以通过 YARN Web UI 或 MapReduce Web UI 界面查看。

④ 使用--delete-target-dir 可以自动删除已存在的导入路径。

上述命令执行完毕后，可以使用"hadoop fs"或"hdfs dfs"命令在 HDFS 上查看导入的结果，如图 9-22 所示。从图 9-22 中可以看到，并没有采用默认导入路径(/user/用户名/表名)，而是本例中参数"--target-dir student_column"的指定路径即"/user/xuluhui/student_column"。

```
[xuluhui@master ~]$ hadoop fs -ls /user/xuluhui
Found 2 items
drwxr-xr-x   - xuluhui supergroup          0 2019-08-12 10:17 /user/xuluhui/stud
ent
drwxr-xr-x   - xuluhui supergroup          0 2019-08-12 23:20 /user/xuluhui/stud
ent_column
[xuluhui@master ~]$ hadoop fs -ls /user/xuluhui/student_column
Found 2 items
-rw-r--r--   3 xuluhui supergroup          0 2019-08-12 23:20 /user/xuluhui/stud
ent_column/_SUCCESS
-rw-r--r--   3 xuluhui supergroup         57 2019-08-12 23:20 /user/xuluhui/stud
ent_column/part-m-00000
[xuluhui@master ~]$ hadoop fs -cat /user/xuluhui/student_column/part-m-00000
Thomas,Male
Tom,Male
Mary,Female
James,Male
Alice,Female
[xuluhui@master ~]$
```

图 9-22　使用命令 "hadoop fs" 在 HDFS 上查看导入表指定字段的导入结果

　　另外，从 MapReduce Web UI 上查看该 MapReduce Job 的执行历史信息，如图 9-23 所示。从图 9-23 中也可以看出，该 MapReduce Job 的名称为 "FromMySQLToHDFS_column"。

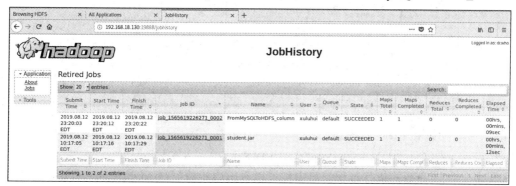

图 9-23　使用 MapReduce Web 查看 sqoop import 命令导入表指定字段转换成的 MapReduce Job 执行历史

　　(3) 导入指定条件的数据。

　　【实例 9-7】使用 Sqoop 将 MySQL 中表 sqoop.student 的男性数据信息导入到 HDFS，并保存在 student_where 文件中。

　　使用的命令如下所示，其中未指定 --num-mappers：

```
sqoop import \
--connect jdbc:mysql://192.168.18.130:3306/sqoop \
--username root \
--password xijing \
--target-dir student_where \
--delete-target-dir \
--mapreduce-job-name FromMySQLToHDFS_where \
--table student \
--where 'sex="Male"'
```

　　关于上述命令需要说明的几点如下：

　　① 使用 --where 指定筛选条件，具体条件需要使用单引号引起来。

② 未使用--num-mappers 并指定为 1，所以采用 Sqoop 默认并行度 4，将会在 HDFS 上输出 4 个文件。

上述命令执行完毕后，可以使用"hadoop fs"或"hdfs dfs"命令在 HDFS 上查看导入的结果，如图 9-24 所示。从图 9-24 中可以看到，并没有使用--num-mappers 并指定为 1，所以在 HDFS 上输出了 part-m-00000～part-m-00003 四个文件。另外，由于使用"--where 'sex="Male"'"指定了筛选条件，因此导入的数据中只能看到 3 条男性(Male)数据，本例导入到 HDFS 上的指定路径为"/user/xuluhui/student_where"。

```
[xuluhui@master ~]$ hadoop fs -ls /user/xuluhui
Found 3 items
drwxr-xr-x   - xuluhui supergroup          0 2019-08-12 10:17 /user/xuluhui/stud
ent
drwxr-xr-x   - xuluhui supergroup          0 2019-08-12 23:20 /user/xuluhui/stud
ent_column
drwxr-xr-x   - xuluhui supergroup          0 2019-08-13 00:38 /user/xuluhui/stud
ent_where
[xuluhui@master ~]$ hadoop fs -ls /user/xuluhui/student_where
Found 5 items
-rw-r--r--   3 xuluhui supergroup          0 2019-08-13 00:38 /user/xuluhui/stud
ent_where/_SUCCESS
-rw-r--r--   3 xuluhui supergroup         14 2019-08-13 00:38 /user/xuluhui/stud
ent_where/part-m-00000
-rw-r--r--   3 xuluhui supergroup         11 2019-08-13 00:38 /user/xuluhui/stud
ent_where/part-m-00001
-rw-r--r--   3 xuluhui supergroup          0 2019-08-13 00:38 /user/xuluhui/stud
ent_where/part-m-00002
-rw-r--r--   3 xuluhui supergroup         13 2019-08-13 00:38 /user/xuluhui/stud
ent_where/part-m-00003
[xuluhui@master ~]$ hadoop fs -cat /user/xuluhui/student_where/part-m-00000
1,Thomas,Male
[xuluhui@master ~]$ hadoop fs -cat /user/xuluhui/student_where/part-m-00001
2,Tom,Male
[xuluhui@master ~]$ hadoop fs -cat /user/xuluhui/student_where/part-m-00002
[xuluhui@master ~]$ hadoop fs -cat /user/xuluhui/student_where/part-m-00003
4,James,Male
[xuluhui@master ~]$
```

图 9-24　使用命令"hadoop fs"在 HDFS 上查看导入表指定字段的导入结果

另外，从该命令的执行过程信息中也可以看出原始数据被 MapReduce Job 切分成了 4 份，如图 9-25 所示。

```
19/08/13 00:38:02 INFO db.DataDrivenDBInputFormat: BoundingValsQuery: SELECT MIN
(`id`), MAX(`id`) FROM `student` WHERE ( sex="Male" )
19/08/13 00:38:02 INFO db.IntegerSplitter: Split size: 0; Num splits: 4 from: 1
to: 4
19/08/13 00:38:02 INFO mapreduce.JobSubmitter: number of splits:4
19/08/13 00:38:02 INFO Configuration.deprecation: yarn.resourcemanager.system-me
trics-publisher.enabled is deprecated. Instead, use yarn.system-metrics-publishe
r.enabled
19/08/13 00:38:03 INFO mapreduce.JobSubmitter: Submitting tokens for job: job_15
65619226271_0004
19/08/13 00:38:03 INFO impl.YarnClientImpl: Submitted application application_15
65619226271_0004
19/08/13 00:38:03 INFO mapreduce.Job: The url to track the job: http://master:80
88/proxy/application_1565619226271_0004/
19/08/13 00:38:03 INFO mapreduce.Job: Running job: job_1565619226271_0004
19/08/13 00:38:15 INFO mapreduce.Job: Job job_1565619226271_0004 running in uber
 mode : false
19/08/13 00:38:15 INFO mapreduce.Job:  map 0% reduce 0%
19/08/13 00:38:32 INFO mapreduce.Job:  map 25% reduce 0%
19/08/13 00:38:33 INFO mapreduce.Job:  map 100% reduce 0%
19/08/13 00:38:35 INFO mapreduce.Job: Job job_1565619226271_0004 completed succe
ssfully
19/08/13 00:38:35 INFO mapreduce.Job: Counters: 30
        File System Counters
                FILE: Number of bytes read=0
                FILE: Number of bytes written=827944
```

图 9-25　使用命令"sqoop import"导入指定条件数据的运行过程

另外，从 MapReduce Web UI 上查看 MapReduce Job "FromMySQLToHDFS_where" 的执行历史信息，如图 9-26 所示。从图 9-26 中可以看出，该 MapReduce Job 分配了 4 个 Map 任务。

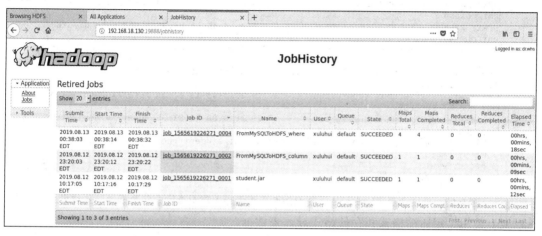

图 9-26 使用 MapReduce Web 查看 sqoop import 命令导入指定条件数据转换成 MapReduce Job 执行历史

(4) 导入指定查询语句的数据。

【实例 9-8】 使用 Sqoop 将 MySQL 中表 sqoop.student 的 "SELECT * FROM sqoop.student WHERE sex="Female"" 数据导入到 HDFS，并保存在 student_query 文件中。

使用的命令如下所示：

```
sqoop import \
--connect jdbc:mysql://192.168.18.130:3306/sqoop \
--username root \
--password xijing \
--target-dir student_query \
--delete-target-dir \
--mapreduce-job-name FromMySQLToHDFS_query \
--query 'SELECT * FROM sqoop.student WHERE sex="Female" AND $CONDITIONS' \
--num-mappers 1
```

关于上述命令需要说明的几点如下：

① 使用--query 指定查询语句，就能将 query 中的查询结果导入到 HDFS 中，具体 SQL 语句需要使用单引号引起来。

② 若--query 指定的 SQL 语句只能够存在条件子句，需要添加$CONDITIONS，这是固定写法。

③ 参数--query 和--table 不能同时使用，也不能同时使用--columns 指定输出列。

上述命令执行完毕后，可以使用 "hadoop fs" 或 "hdfs dfs" 命令在 HDFS 上查看导入的结果，如图 9-27 所示。从图 9-27 中可以看到，导入到 HDFS 上的指定路径为 "/user/xuluhui/student_query"，数据为 query 的查询结果即 sqoop.student 表中的女性(Female) 数据。

```
[xuluhui@master ~]$ hadoop fs -ls /user/xuluhui
Found 4 items
drwxr-xr-x   - xuluhui supergroup          0 2019-08-12 10:17 /user/xuluhui/stud
ent
drwxr-xr-x   - xuluhui supergroup          0 2019-08-12 23:20 /user/xuluhui/stud
ent_column
drwxr-xr-x   - xuluhui supergroup          0 2019-08-13 01:35 /user/xuluhui/stud
ent_query
drwxr-xr-x   - xuluhui supergroup          0 2019-08-13 00:38 /user/xuluhui/stud
ent_where
[xuluhui@master ~]$ hadoop fs -ls /user/xuluhui/student_query
Found 2 items
-rw-r--r--   3 xuluhui supergroup          0 2019-08-13 01:35 /user/xuluhui/stud
ent_query/_SUCCESS
-rw-r--r--   3 xuluhui supergroup         29 2019-08-13 01:35 /user/xuluhui/stud
ent_query/part-m-00000
[xuluhui@master ~]$ hadoop fs -cat /user/xuluhui/student_query/part-m-00000
3,Mary,Female
5,Alice,Female
[xuluhui@master ~]$
```

图 9-27   使用命令"hadoop fs"在 HDFS 上查看导入指定查询语句数据的导入结果

(5) 使用指定压缩格式和存储格式导入表数据。

【实例 9-9】 使用 Sqoop 将 MySQL 中表 sqoop.student 的"SELECT * FROM sqoop.student WHERE sex="Female""数据导入到 HDFS，保存在 student_compress 文件中，并要求存储格式为"SequenceFile"，压缩使用 codec 编码。

使用的命令如下所示：

```
sqoop import \
--connect jdbc:mysql://192.168.18.130:3306/sqoop \
--username root \
--password xijing \
--target-dir student_compress \
--delete-target-dir \
--mapreduce-job-name FromMySQLToHDFS_compress \
--as-sequencefile \
--compression-codec org.apache.hadoop.io.compress.SnappyCodec \
--query 'SELECT * FROM sqoop.student WHERE sex="Female" AND $CONDITIONS' \
--num-mappers 1
```

关于上述命令需要说明的几点如下所示：

① 使用--as-sequencefile 指定导出文件为 SequenceFile 格式，当然也支持 Avro、Parquet、Text 等其他格式，默认为--as-textfile。

② 使用--compression-codec 指定压缩使用的 codec 编码，在 Sqoop 中默认是使用压缩的，所以此处只需要指定 codec 即可。

上述命令执行完毕后，可以使用"hadoop fs"或"hdfs dfs"命令在 HDFS 上查看导入的结果，如图 9-28 所示。从图 9-28 中可以看到，导入到 HDFS 上的指定路径为"/user/xuluhui/student_compress"，使用-cat 查看数据内容时为乱码。

```
[xuluhui@master ~]$ hadoop fs -ls /user/xuluhui
Found 5 items
drwxr-xr-x   - xuluhui supergroup          0 2019-08-12 10:17 /user/xuluhui/stud
ent
drwxr-xr-x   - xuluhui supergroup          0 2019-08-12 23:20 /user/xuluhui/stud
ent_column
drwxr-xr-x   - xuluhui supergroup          0 2019-08-13 01:52 /user/xuluhui/stud
ent_compress
drwxr-xr-x   - xuluhui supergroup          0 2019-08-13 01:35 /user/xuluhui/stud
ent_query
drwxr-xr-x   - xuluhui supergroup          0 2019-08-13 00:38 /user/xuluhui/stud
ent_where
[xuluhui@master ~]$ hadoop fs -ls /user/xuluhui/student_compress
Found 2 items
-rw-r--r--   3 xuluhui supergroup          0 2019-08-13 01:52 /user/xuluhui/stud
ent_compress/_SUCCESS
-rw-r--r--   3 xuluhui supergroup        237 2019-08-13 01:52 /user/xuluhui/stud
ent_compress/part-m-00000
[xuluhui@master ~]$ hadoop fs -cat /user/xuluhui/student_compress/part-m-00000
SEQ org.apache.hadoop.io.LongWritable
                                    QueryResult org.apache.hadoop.io.compres
, 0 0000b0b% 0000
                        '('H Mary female  Alice female[xuluhui@master ~]$
```

图 9-28　使用命令"hadoop fs"在 HDFS 上查看指定压缩和存储格式的导入结果

(6) 使用指定分隔符导入表数据。

MySQL 默认字段分隔符为逗号","，行分隔符为换行"\n"，如图 9-29 所示。图 9-29 来自"sqoop help import"帮助信息的部分截图。

```
Output line formatting arguments:
   --enclosed-by <char>             Sets a required field enclosing
                                    character
   --escaped-by <char>              Sets the escape character
   --fields-terminated-by <char>    Sets the field separator character
   --lines-terminated-by <char>     Sets the end-of-line character
   --mysql-delimiters               Uses MySQL's default delimiter set:
                                    fields: ,  lines: \n  escaped-by: \
                                    optionally-enclosed-by: '
   --optionally-enclosed-by <char>  Sets a field enclosing character
```

图 9-29　命令 sqoop import 帮助中输出的格式参数

【实例 9-10】 使用 Sqoop 将 MySQL 中表 sqoop.student 所有数据导入到 HDFS，保存在 student_delimiter 文件中，要求输出结果的字段分隔符为"\t"。

从以上实例的输出结果可以看出，默认字段分隔符为","。本例使用的命令如下所示：

```
sqoop import \
--connect jdbc:mysql://192.168.18.130:3306/sqoop \
--username root \
--password xijing \
--target-dir student_delimiter \
--delete-target-dir \
--mapreduce-job-name FromMySQLToHDFS_delimiter \
--fields-terminated-by '\t' \
--table student \
--num-mappers 1
```

关于上述命令需要说明的几点如下：

① 使用--fields-terminated-by 指定字段之间的分隔符。

② 使用--lines-terminated-by 指定行之间的分隔符。

上述命令执行完毕后，可以使用"hadoop fs"或"hdfs dfs"命令在 HDFS 上查看导入的结果，如图 9-30 所示。从图 9-30 中可以看到，导入到 HDFS 上的指定路径为"/user/xuluhui/student_delimiter"，输出结果字段之间的分隔符为"\t"。

```
[xuluhui@master ~]$ hadoop fs -ls /user/xuluhui
Found 6 items
drwxr-xr-x   - xuluhui supergroup          0 2019-08-12 10:17 /user/xuluhui/stud
ent
drwxr-xr-x   - xuluhui supergroup          0 2019-08-12 23:20 /user/xuluhui/stud
ent_column
drwxr-xr-x   - xuluhui supergroup          0 2019-08-13 01:52 /user/xuluhui/stud
ent_compress
drwxr-xr-x   - xuluhui supergroup          0 2019-08-13 03:21 /user/xuluhui/stud
ent_delimiter
drwxr-xr-x   - xuluhui supergroup          0 2019-08-13 01:35 /user/xuluhui/stud
ent_query
drwxr-xr-x   - xuluhui supergroup          0 2019-08-13 00:38 /user/xuluhui/stud
ent_where
[xuluhui@master ~]$ hadoop fs -ls /user/xuluhui/student_delimiter
Found 2 items
-rw-r--r--   3 xuluhui supergroup          0 2019-08-13 03:21 /user/xuluhui/stud
ent_delimiter/_SUCCESS
-rw-r--r--   3 xuluhui supergroup         67 2019-08-13 03:21 /user/xuluhui/stud
ent_delimiter/part-m-00000
[xuluhui@master ~]$ hadoop fs -cat /user/xuluhui/student_delimiter/part-m-00000
1       Thomas  Male
2       Tom     Male
3       Mary    Female
4       James   Male
5       Alice   Female
[xuluhui@master ~]$ █
```

图 9-30　使用命令"hadoop fs"在 HDFS 上查看指定分隔符的导入结果

3) 使用 Sqoop 导出 HDFS 数据到 MySQL

本小节要求 MySQL 和 Hadoop 集群都处于启动状态。

通过命令"sqoop export"，可以方便地将数据从 Hadoop(HDFS/Hive/HBase)导出到关系数据库(Oracle、MySQL、PostgreSQL 等)。该命令的参数众多，此处使用"sqoop export"帮助仅列出部分参数，如下所示：

```
[xuluhui@master ~]$ sqoop help export
usage: sqoop export [GENERIC-ARGS] [TOOL-ARGS]


//通用参数
Common arguments:
  --connect <jdbc-uri>                Specify JDBC connect string
  --password <password>               Set authentication password
  --username <username>               Set authentication username


//导出控制参数
Export control arguments:
  --batch                             Indicates underlying statements to be executed in batch mode
```

--columns <col,col,col...>	Columns to export to table
--direct	Use direct export fast path
--export-dir <dir>	HDFS source path for the export
-m,--num-mappers <n>	Use 'n' map tasks to export in parallel
--mapreduce-job-name <name>	Set name for generated mapreduce job
--table <table-name>	Table to populate

//输入文件参数设置

--input-fields-terminated-by <char>	Sets the input field separator
--input-lines-terminated-by <char>	Sets the input end-of-line char

//输出文件参数设置

--fields-terminated-by <char>	Sets the field separator character
--lines-terminated-by <char>	Sets the end-of-line character

命令"sqoop export"使用时的注意事项(与"sqoop import"重复的不再赘述)如下：

① 使用--export-dir 指定待导出的 HDFS 数据的路径。

② 使用--fields-terminated-by 指定数据列的分隔符。

③ 使用--lines-terminated-by 指定数据行的分隔符。

接下来，我们用实例来介绍命令"sqoop export"的各种用法。在介绍各个实例导出数据前，需要首先在 MySQL 下创建待导出的表。若导出的表在数据库中不存在则报错；若重复导出数据多次，则表中的数据会重复。在 MySQL 下使用的 SQL 语句创建一个跟上文 sqoop.student 表结构相同的表，具体使用的 SQL 语句如下所示：

```
CREATE TABLE sqoop.student_export AS SELECT * FROM sqoop.student WHERE 1=2;
```

执行完上述 SQL 语句后，sqoop 数据库中 student_export 表的结构和记录如图 9-31 所示。

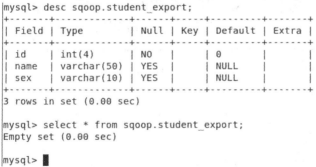

图 9-31　MySQL 中 sqoop.student_export 表的结构和记录

(1) 导出表的所有字段。

【实例 9-11】　使用 Sqoop 将 HDFS 上/user/xuluhui/student 数据导出到 MySQL 中表 sqoop.student_export 中。

使用的命令如下所示，其中导出的并行度为 1：

```
sqoop export \
--connect jdbc:mysql://192.168.18.130:3306/sqoop \
```

```
--username root \
--password xijing \
--table student_export \
--export-dir /user/xuluhui/student \
--num-mappers 1
```

上述命令的运行过程及效果如图 9-32 和图 9-33 所示。从图 9-32 和图 9-33 中可以看出，Sqoop 将命令转换成了一个 MapReduce Job，数据的传输和转换都是通过 Mapper 来完成的，并不需要 Reducer。

```
[xuluhui@master ~]$ sqoop export \
> --connect jdbc:mysql://192.168.18.130:3306/sqoop \
> --username root \
> --password xijing \
> --table student_export \
> --export-dir /user/xuluhui/student \
> --num-mappers 1
Warning: /usr/local/sqoop-1.4.7/../hbase does not exist! HBase imports will fail
.
Please set $HBASE_HOME to the root of your HBase installation.
Warning: /usr/local/sqoop-1.4.7/../hcatalog does not exist! HCatalog jobs will f
ail.
Please set $HCAT_HOME to the root of your HCatalog installation.
Warning: /usr/local/sqoop-1.4.7/../accumulo does not exist! Accumulo imports wil
l fail.
Please set $ACCUMULO_HOME to the root of your Accumulo installation.
19/08/13 05:03:14 INFO sqoop.Sqoop: Running Sqoop version: 1.4.7
19/08/13 05:03:14 WARN tool.BaseSqoopTool: Setting your password on the command-
line is insecure. Consider using -P instead.
19/08/13 05:03:14 INFO manager.MySQLManager: Preparing to use a MySQL streaming
resultset.
19/08/13 05:03:14 INFO tool.CodeGenTool: Beginning code generation
```

图 9-32　使用命令"sqoop export"导出表所有字段的运行过程(1)

```
19/08/13 05:03:19 INFO client.RMProxy: Connecting to ResourceManager at master/1
92.168.18.130:8032
19/08/13 05:03:22 INFO input.FileInputFormat: Total input files to process : 1
19/08/13 05:03:22 INFO input.FileInputFormat: Total input files to process : 1
19/08/13 05:03:22 INFO mapreduce.JobSubmitter: number of splits:1
19/08/13 05:03:22 INFO Configuration.deprecation: mapred.map.tasks.speculative.e
xecution is deprecated. Instead, use mapreduce.map.speculative
19/08/13 05:03:22 INFO Configuration.deprecation: yarn.resourcemanager.system-me
trics-publisher.enabled is deprecated. Instead, use yarn.system-metrics-publishe
r.enabled
19/08/13 05:03:22 INFO mapreduce.JobSubmitter: Submitting tokens for job: job_15
65619226271_0008
19/08/13 05:03:23 INFO impl.YarnClientImpl: Submitted application application_15
65619226271_0008
19/08/13 05:03:23 INFO mapreduce.Job: The url to track the job: http://master:80
88/proxy/application_1565619226271_0008/
19/08/13 05:03:23 INFO mapreduce.Job: Running job: job_1565619226271_0008
19/08/13 05:03:34 INFO mapreduce.Job: Job job_1565619226271_0008 running in uber
 mode : false
19/08/13 05:03:34 INFO mapreduce.Job:  map 0% reduce 0%
19/08/13 05:03:45 INFO mapreduce.Job:  map 100% reduce 0%
19/08/13 05:03:45 INFO mapreduce.Job: Job job_1565619226271_0008 completed succe
ssfully
19/08/13 05:03:45 INFO mapreduce.Job: Counters: 30
        File System Counters
                FILE: Number of bytes read=0
                FILE: Number of bytes written=206472
                FILE: Number of read operations=0
                FILE: Number of large read operations=0
                FILE: Number of write operations=0
                HDFS: Number of bytes read=211
                HDFS: Number of bytes written=0
                HDFS: Number of read operations=4
                HDFS: Number of large read operations=0
```

图 9-33　使用命令"sqoop export"导出表所有字段的运行过程(2)

上述命令执行完毕后，进入 MySQL 使用 SELECT 语句查看导出的结果，如图 9-34 所示。从图 9-34 中可以看出，数据已从 HDFS 文件 "/user/xuluhui/student" 导出到 MySQL 表 sqoop.student_export 中。

```
mysql> select * from sqoop.student_export;
+----+--------+--------+
| id | name   | sex    |
+----+--------+--------+
|  1 | Thomas | Male   |
|  2 | Tom    | Male   |
|  3 | Mary   | Female |
|  4 | James  | Male   |
|  5 | Alice  | Female |
+----+--------+--------+
5 rows in set (0.01 sec)

mysql>
```

图 9-34　使用 SELECT 语句在 MySQL 上查看导出表所有字段的导出结果

另外，从 MapReduce Web UI 上可以看到该 MapReduce Job 的执行历史信息，如图 9-35 所示。从图 9-35 中可以看出，该 MapReduce Job 只有 Map 任务，而没有 Reduce 任务，MapReduce Job 的名称为 "student_export.jar"。

图 9-35　使用 MapReduce Web 查看 sqoop export 命令导出表所有字段转换成的 MapReduce Job 执行历史

同时，从 YARN Web UI 上也可以看到该 MapReduce 应用程序的执行历史信息，如图 9-36 所示。从图 9-36 中也可以看出，该 MapReduce 应用程序的名称为 "student_export.jar"。

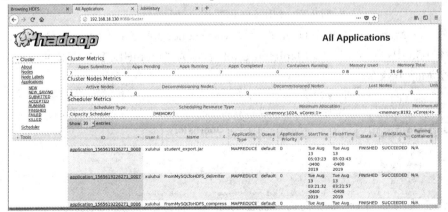

图 9-36　使用 YARN Web 查看 sqoop export 命令导出表所有字段转换成的 MapReduce Job 执行历史

需要注意的是，当再次执行上述“sqoop export”命令时，不会出现错误，数据会再次插入到 MySQL 中，所以在实际工作中要先根据条件将表中的数据删除后再导出。

(2) 导出表的指定字段。

【实例 9-12】 使用 Sqoop 将 HDFS 上/user/xuluhui/student_column 指定字段数据导出到 MySQL 中表 sqoop.student_export 中。

为了测试出效果，建议首先删除目标表 sqoop.student_export 的所有数据，在 MySQL 上使用如下 SQL 语句完成。

```
DELETE FROM sqoop.student_export;
```

使用的命令如下所示(其中并未指定--num-mappers，采用默认的 4)：

```
sqoop export \
--connect jdbc:mysql://192.168.18.130:3306/sqoop \
--username root \
--password xijing \
--table student_export \
--columns name,sex \
--export-dir /user/xuluhui/student_column \
--mapreduce-job-name FromHDFSToMySQL_column
```

上述命令执行完毕后，进入 MySQL 使用 SELECT 语句查看导出的结果，如图 9-37 所示。从图 9-37 中可以看出，数据已从 HDFS 文件“/user/xuluhui/student_column”导出到 MySQL 表 sqoop.student_export 中，且只导出 name 和 sex 两个字段。由于 id 不能为空，因此用默认值 0 填充了。

```
mysql> select * from sqoop.student_export;
+----+--------+--------+
| id | name   | sex    |
+----+--------+--------+
|  0 | Alice  | Female |
|  0 | James  | Male   |
|  0 | Thomas | Male   |
|  0 | Tom    | Male   |
|  0 | Mary   | Female |
+----+--------+--------+
5 rows in set (0.01 sec)

mysql> 
```

图 9-37 使用 SELECT 语句查看导出结果

另外，从 MapReduce Web UI 上查看该 MapReduce Job 的执行历史信息，如图 9-38 所示。从图 9-38 中可以看出，该 MapReduce Job 名称为“FromHDFSToMySQL_column”，且使用 4 个 Map Task 完成。

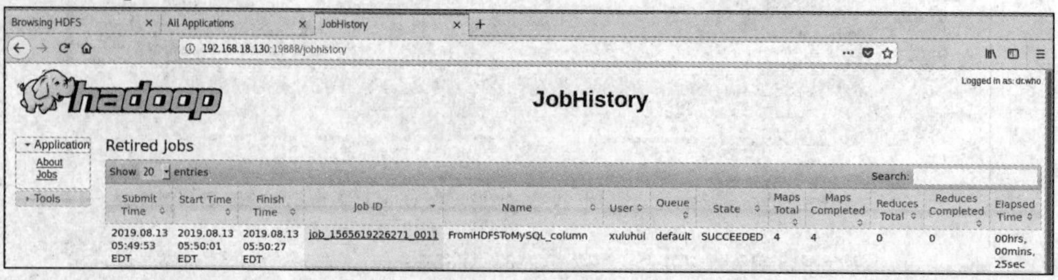

图 9-38 使用 MapReduce Web 查看 sqoop export 命令导出表指定字段转换成的 MapReduce Job 执行历史

（3）导出表时指定分隔符。

【实例9-13】使用 Sqoop 将 HDFS 上/user/xuluhui/student_delimiter 数据导出到MySQL 中表 sqoop.student_export 中，并指定数据列的分隔符为"\t"。

首先删除目标表 sqoop.student_export 中的所有数据，然后使用如下命令：

```
sqoop export \
--connect jdbc:mysql://192.168.18.130:3306/sqoop \
--username root \
--password xijing \
--table student_export \
--export-dir /user/xuluhui/student_delimiter \
--fields-terminated-by '\t' \
--num-mappers 1
```

上述命令执行完毕后，进入 MySQL 使用 SELECT 语句查看导出的结果，如图 9-39 所示。从图 9-39 中可以看出，数据已从 HDFS 文件"/user/xuluhui/student_delimiter"导出到 MySQL 表 sqoop.student_export 中。

```
mysql> select * from sqoop.student_export;
+----+--------+--------+
| id | name   | sex    |
+----+--------+--------+
|  1 | Thomas | Male   |
|  2 | Tom    | Male   |
|  3 | Mary   | Female |
|  4 | James  | Male   |
|  5 | Alice  | Female |
+----+--------+--------+
5 rows in set (0.01 sec)

mysql>
```

图 9-39　使用 SELECT 语句在 MySQL 上查看导出表时指定分隔符的导出结果

（4）批量导出。

【实例9-14】使用 Sqoop 将 HDFS 上/user/xuluhui/student 数据批量导出到 MySQL 中表 sqoop.student_export 中。

首先删除目标表 sqoop.student_export 的所有数据，然后使用如下命令：

```
sqoop export \
-Dsqoop.export.records.pre.statement=10 \
--connect jdbc:mysql://192.168.18.130:3306/sqoop \
--username root \
--password xijing \
--table student_export \
--export-dir /user/xuluhui/student \
--num-mappers 1
```

关于上述命令需要说明的几点如下：

① 默认情况下读取一行 HDFS 文件的数据，就插入一条记录到关系数据库中，造成性能低下。

② 可以使用参数-Dsqoop.export.records.pre.statement 指定批量导出，依次导出指定行

数的数据到关系数据库中。

从 MapReduce Web UI 上对比该 MapReduce Job"job_1565619226271_0015"和实例 9-11
"job_1565619226271_0008"的执行历史信息，如图 9-40 所示。从图 9-40 中可以看出，
job_1565619226271_0015 的完成时间是 8 秒，job_1565619226271_0008 的完成时间是 9 秒；
HDFS 文件相同，都使用一个 Map Task。也就是说，加入批量导出参数-Dsqoop.export.
records.pre.statement 后速度快一些。当然，本实例中的 HDFS 数据量很少，若待导出的 HDFS
数据量很大时，批量导出的优势会大大地呈现出来。

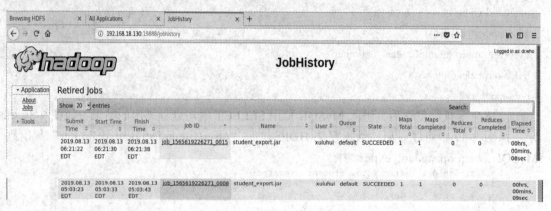

图 9-40   实例 9-14 "job_1565619226271_0015" 和实例 9-11 "job_1565619226271_0008" 执行信息的对比

关于使用 Sqoop 将数据从 MySQL 到 Hive/HBase 的导入/导出操作、从 Oracle 等其他
关系数据库到 HDFS/Hive/HBase 的导入/导出操作此处将不再赘述，读者可以使用"sqoop
help import"和"sqoop help export"查阅帮助，自行实践。

4) 使用 sqoop --options-file

前文关于 Sqoop 的导入和导出功能都是以 Sqoop 命令行方式进行的。这种方式使用起
来比较麻烦，重用性差。因此 Sqoop 中提供了参数--options-file，允许先将 Sqoop 命令封装
到一个文件中，然后使用参数--options-file 执行封装后的脚本，这样更加方便后期维护。

【实例 9-15】将实例 9-5 中的 Sqoop 命令保存在/usr/local/sqoop-1.4.7/scriptsTest/import_
student.opt 文件中，并使用 sqoop --options-file 执行该脚本文件。

首先，创建目录/usr/local/sqoop-1.4.7/scriptsTest，然后新建文件/usr/local/sqoop-1.4.7/
scriptsTest/import_student.opt，并在该文件中输入以下内容：

```
import
--connect
jdbc:mysql://192.168.18.130:3306/sqoop
--username
root
--password
xijing
--table
student
--target-dir
```

```
student_options_file
--num-mappers
1
```

最后，使用如下命令执行脚本文件 import_student.opt：

```
sqoop --options-file /usr/local/sqoop-1.4.7/scriptsTest/import_student.opt
```

上述命令执行完毕后，可以使用"hadoop fs"或"hdfs dfs"命令在 HDFS 上查看导入的结果，如图 9-41 所示。

```
[xuluhui@master ~]$ hadoop fs -ls /user/xuluhui/student_options_file
Found 2 items
-rw-r--r--   3 xuluhui supergroup          0 2019-08-13 09:01 /user/xuluhui/stud
ent_options_file/_SUCCESS
-rw-r--r--   3 xuluhui supergroup         67 2019-08-13 09:01 /user/xuluhui/stud
ent_options_file/part-m-00000
[xuluhui@master ~]$ hadoop fs -cat /user/xuluhui/student_options_file/part-m-000
00
1,Thomas,Male
2,Tom,Male
3,Mary,Female
4,James,Male
5,Alice,Female
[xuluhui@master ~]$ 
```

图 9-41　使用 sqoop --options-file 脚本方式进行数据导入的结果

5）使用 sqoop job

也可以将常用的 Sqoop 命令定义成 Sqoop Job，方便他人调用。命令"sqoop job"的帮助信息如下所示：

```
[xuluhui@master ~]$ sqoop help job
usage: sqoop job [GENERIC-ARGS] [JOB-ARGS] [-- [<tool-name>] [TOOL-ARGS]]


Job management arguments:
  --create <job-id>            Create a new saved job
  --delete <job-id>            Delete a saved job
  --exec <job-id>              Run a saved job
  --help                       Print usage instructions
  --list                       List saved jobs
  --meta-connect <jdbc-uri>    Specify JDBC connect string for the metastore
  --show <job-id>              Show the parameters for a saved job
  --verbose                    Print more information while working
```

【实例 9-16】将实例 9-5 的 Sqoop 命令定义成 Sqoop Job，并尝试执行、查看等功能。

（1）创建 Sqoop Job，使用的命令如下所示：

```
sqoop job --create sqoop_job  -- \
import --connect jdbc:mysql://192.168.18.130:3306/sqoop \
--username root \
--password xijing \
```

```
--table student \
--target-dir student_sqoop_job \
--num-mappers 1
```

读者需要注意的是，上述命令中"import"和其前的"--"中间必须有一个空格，否则会出错。

另外，上述命令执行过程中可能会出现异常"Exception in thread "main" java.lang.NoClassDefFoundError: org/json/JSONObject"，这是因为 Sqoop 缺少 java-json.jar 包，解决方法是下载 java-json.jar，并把 java-json.jar 添加到$SQOOP_HOME/lib 下。

(2) 列出 Sqoop Job，使用的命令如下所示：

```
sqoop job --list
```

上述两条命令的执行过程及结果如图 9-42 所示。

```
[xuluhui@master ~]$ sqoop job --create sqoop_job  -- \
> import --connect jdbc:mysql://192.168.18.130:3306/sqoop \
> --username root \
> --password xijing \
> --table student \
> --target-dir student_sqoop_job \
> --num-mappers 1
Warning: /usr/local/sqoop-1.4.7/../hbase does not exist! HBase imports will fail
.
Please set $HBASE_HOME to the root of your HBase installation.
Warning: /usr/local/sqoop-1.4.7/../hcatalog does not exist! HCatalog jobs will f
ail.
Please set $HCAT_HOME to the root of your HCatalog installation.
Warning: /usr/local/sqoop-1.4.7/../accumulo does not exist! Accumulo imports wil
l fail.
Please set $ACCUMULO_HOME to the root of your Accumulo installation.
19/08/13 09:57:25 INFO sqoop.Sqoop: Running Sqoop version: 1.4.7
19/08/13 09:57:26 WARN tool.BaseSqoopTool: Setting your password on the command-
line is insecure. Consider using -P instead.
[xuluhui@master ~]$ sqoop job --list
Warning: /usr/local/sqoop-1.4.7/../hbase does not exist! HBase imports will fail
.
Please set $HBASE_HOME to the root of your HBase installation.
Warning: /usr/local/sqoop-1.4.7/../hcatalog does not exist! HCatalog jobs will f
ail.
Please set $HCAT_HOME to the root of your HCatalog installation.
Warning: /usr/local/sqoop-1.4.7/../accumulo does not exist! Accumulo imports wil
l fail.
Please set $ACCUMULO_HOME to the root of your Accumulo installation.
19/08/13 10:02:32 INFO sqoop.Sqoop: Running Sqoop version: 1.4.7
Available jobs:
  sqoop_job
[xuluhui@master ~]$
```

图 9-42 使用命令 sqoop job 定义和查看 Sqoop Job

(3) 执行 Sqoop Job，使用的命令如下所示：

```
sqoop job --exec sqoop_job
```

命令的执行效果如图 9-43 所示。从图 9-43 中可以看到，执行 Sqoop Job 过程中需要输入 MySQL 密码，主要原因是在执行 Job 时使用--password 参数有警告，并且需要输入密码才能执行 Job。当采用--password-file 参数时，执行 Job 时就无须输入数据库密码。

```
[xuluhui@master ~]$ sqoop job --exec sqoop_job
Warning: /usr/local/sqoop-1.4.7/../hbase does not exist! HBase imports will fail
.
Please set $HBASE_HOME to the root of your HBase installation.
Warning: /usr/local/sqoop-1.4.7/../hcatalog does not exist! HCatalog jobs will f
ail.
Please set $HCAT_HOME to the root of your HCatalog installation.
Warning: /usr/local/sqoop-1.4.7/../accumulo does not exist! Accumulo imports wil
l fail.
Please set $ACCUMULO_HOME to the root of your Accumulo installation.
19/08/13 10:09:15 INFO sqoop.Sqoop: Running Sqoop version: 1.4.7
Enter password:
19/08/13 10:10:28 INFO manager.MySQLManager: Preparing to use a MySQL streaming
resultset.
19/08/13 10:10:28 INFO tool.CodeGenTool: Beginning code generation
Tue Aug 13 10:10:28 EDT 2019 WARN: Establishing SSL connection without server's
identity verification is not recommended. According to MySQL 5.5.45+, 5.6.26+ an
d 5.7.6+ requirements SSL connection must be established by default if explicit
option isn't set. For compliance with existing applications not using SSL the ve
rifyServerCertificate property is set to 'false'. You need either to explicitly
disable SSL by setting useSSL=false, or set useSSL=true and provide truststore f
or server certificate verification.
19/08/13 10:10:29 INFO manager.SqlManager: Executing SQL statement: SELECT t.* F
ROM `student` AS t LIMIT 1
19/08/13 10:10:29 INFO manager.SqlManager: Executing SQL statement: SELECT t.* F
ROM `student` AS t LIMIT 1
19/08/13 10:10:29 INFO orm.CompilationManager: HADOOP_MAPRED_HOME is /usr/local/
hadoop-2.9.2
Note: /tmp/sqoop-xuluhui/compile/e93ec6fe42492ab0a87a60604e8ccb8a/student.java u
ses or overrides a deprecated API.
Note: Recompile with -Xlint:deprecation for details.
19/08/13 10:10:30 INFO orm.CompilationManager: Writing jar file: /tmp/sqoop-xulu
hui/compile/e93ec6fe42492ab0a87a60604e8ccb8a/student.jar
```

图 9-43　使用命令 sqoop job 执行 Sqoop Job

（4）上述所有命令执行完毕后，可以使用"hadoop fs"或"hdfs dfs"命令在 HDFS 上查看导入的结果，如图 9-44 所示。

```
[xuluhui@master ~]$ hadoop fs -ls /user/xuluhui/student_sqoop_job
Found 2 items
-rw-r--r--   3 xuluhui supergroup          0 2019-08-13 10:10 /user/xuluhui/stud
ent_sqoop_job/_SUCCESS
-rw-r--r--   3 xuluhui supergroup         67 2019-08-13 10:10 /user/xuluhui/stud
ent_sqoop_job/part-m-00000
[xuluhui@master ~]$ hadoop fs -cat /user/xuluhui/student_sqoop_job/part-m-00000
1,Thomas,Male
2,Tom,Male
3,Mary,Female
4,James,Male
5,Alice,Female
[xuluhui@master ~]$
```

图 9-44　在 HDFS 上查看导入结果

2. Sqoop API

关于 Sqoop API 的介绍，读者可参考 Sqoop 开发者指南 http://sqoop.apache.org/docs/1.4.7/SqoopDevGuide.html。

9.1.5　其他数据迁移工具

DataX 是阿里巴巴集团内被广泛使用的开源离线数据同步工具/平台，可实现包括 MySQL、Oracle、SQL Server、Postgre、HDFS、Hive、ADS、HBase、TableStore(OTS)、

MaxCompute(ODPS)、DRDS 等各种异构数据源之间高效的数据同步功能。

DataX 本身作为数据同步框架，用于将不同数据源的同步抽象为从数据源读取数据的 Reader 插件，以及向目标端写入数据的 Writer 插件。理论上 DataX 框架可以支持任意数据源类型的数据同步工作。同时 DataX 插件体系作为一套生态系统，每接入一套新数据源，该新加入的数据源即可和现有的数据源互通。DataX 的商标如图 9-45 所示。关于 DataX 的更多介绍，读者可参考 https://github.com/alibaba/DataX。

图 9-45　DataX 的商标

9.2　日志采集工具 Flume

Apache Flume 是 Cloudera 公司提供的一个开源的、分布式的、高可靠的、高可用的海量日志采集、聚合和传输系统，是 Apache 的顶级项目。Flume 的商标如图 9-46 所示。

图 9-46　Flume 的商标

9.2.1　初识 Flume

1. Flume 的产生背景

关系型数据库可以使用 Sqoop 完成数据向 HDFS 的导入，从而通过 Hadoop 实现对海量数据的分析和处理。众所周知，日志是大数据分析领域的主要数据来源之一，如何将线上大量的业务系统日志高效、可靠地迁移到 HDFS 呢？

解决方法是使用 shell 编写脚本，并采用 crontab 进行调度。但是，如果日志量太大，涉及存储格式、压缩格式、序列化等问题时，如何解决呢？从不同的源端收集日志是不是要写多个脚本呢？若要存放到不同的地方，该如何处理？Flume 提供了一个很好的解决方案。

2. Flume 概述

Flume 是 Cloudera 开发的实时日志收集系统，受到了业界的认可和广泛使用，于 2009 年 7 月开源，后变成 Apache 的顶级项目之一。Flume 采用 Java 语言编写，致力于解决大量日志流数据的迁移问题，可以高效地收集、聚合和移动海量日志，是一个纯粹为流式数据迁移而产生的分布式服务。Flume 支持在日志系统中定制各类数据发送方，用于收集数据，同时 Flume 提供对数据进行简单处理并写到各类数据接收方的能力。Flume 具有基于数据流的简单灵活的架构、高可靠性机制、故障转移和恢复机制，使用简单的可扩展数据模型，允许在线分析应用程序。

Flume 具有以下特征：

(1) 高可靠性。Flume 提供了端到端的数据可靠性机制。

(2) 易于扩展。Agent 为分布式架构，可水平扩展。

(3) 易于恢复。Channel 中保存了与数据源有关的事件，用于操作失败时的恢复。

(4) 功能丰富。Flume 内置了多种组件，包括不同的数据源和不同的存储方式。

3. Flume 版本

Flume 目前有 0.9.x 和 1.x 两种版本。第一代指 0.9.x 版本，隶属于 Cloudera，称为 Flume OG(Original Generation)。随着 Flume 功能的不断扩展，其代码工程臃肿、核心组件设计不合理、核心配置不标准等缺点一一暴露出来。尤其是在 Flume OG 最后一个发行版本 0.94.0 中，日志传输不稳定的现象尤为严重。为了解决这些问题，2011 年 10 月 Cloudera 重构了 Flume 的核心组件、核心配置和代码架构，形成 1.x 版本。重构后的版本统称为 Flume NG(Next Generation)，即第二代 Flume，并将 Flume 贡献给了 Apache，Cloudera Flume 改名为 Apache Flume。Flume 变成一种更纯粹的流数据传输工具。

本章内容是围绕 Flume NG 展开讨论的。

9.2.2　Flume 的体系架构

Apache Flume 由一组以分布式拓扑结构相互连接的代理构成，Flume 代理是由持续运行的 Source(数据来源)、Sink(数据目标)以及 Channel(用于连接 Source 和 Sink)三个 Java 进程构成。Flume 的 Source 产生事件，并将其传送给 Channel；Channel 存储这些事件直至转发给 Sink。可以把 Source-Channel-Sink 的组合看作是 Flume 的基本构件。Apache Flume 的体系架构如图 9-47 所示。

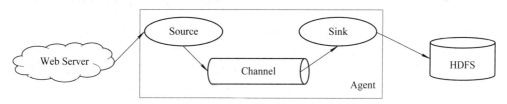

图 9-47　Apache Flume 的体系架构

关于 Flume 体系架构中涉及的重要内容说明如下。

1. Event

Event 是 Flume 事件处理的最小单元，Flume 在读取数据源时，会将一行数据包装成一个 Event。它主要有 Header 和 Body 两个部分。Header 主要以<Key,Value>形式来记录该数据的一些冗余信息，可用来标记数据唯一信息。利用 Header 的信息可以对数据做出一些额外的操作，如对数据进行一个简单过滤。Body 则是存入真正数据的地方。

2. Agent

Agent 代表一个独立的 Flume 进程，包含组件 Source、Channel 和 Sink。Agent 使用 JVM

运行 Flume，每台机器运行一个 Agent，但是可以在一个 Agent 中包含多个 Source、Channel 和 Sink。Flume 之所以强大，是源于它自身的一个设计——Agent。Agent 本身是一个 Java 进程，运行在日志收集节点。

3. Source

Source 组件是专门用来收集数据的，可以处理各种类型、各种格式的日志数据，包括 Avro、Thrift、Exec、JMS、Spooling Directory、Netcat、Sequence Generator、Syslog、HTTP 等，并将接收的数据以 Flume 的 Event 格式传递给一个或者多个 Channel。

4. Channel

Channel 组件是一种短暂的存储容器，它将从 Source 处接收到的 Event 格式的数据缓存起来，可对数据进行处理，直到它们被 Sink 消费掉，它在 Source 和 Sink 间起着桥梁的作用。Channal 是一个完整的事务，这一点保证了数据在收发时的一致性，并且它可以和任意数量的 Source 和 Sink 连接，存放数据支持的类型包括 JDBC、File、Memory 等。

5. Sink

Sink 组件用于处理 Channel 中数据发送到目的地，包括 HDFS、Logger、Avro、Thrift、IRC、File Roll、HBase、Solr 等。

总之，Flume 处理数据的最小单元是 Event，一个 Agent 代表一个 Flume 进程，一个 Agent=Source+Channel+Sink。Flume 可以进行各种组合选型。

值得注意的是，Flume 提供了大量内置的 Source、Channel 和 Sink 类型，它们的简单介绍如表 9-2 所示。关于这些组件配置和使用的更多信息，请参考 Flume 用户指南，网址为 http://flume.apache.org/releases/content/1.9.0/FlumeUserGuide.html。

表 9-2　Flume 内置 Source、Channel 和 Sink 的类型

类型	组件	描述
Source	Avro	监听由 Avro Sink 或 Flume SDK 通过 Avro RPC 发送的事件所抵达的端口
	Exec	运行一个 UNIX 命令，并把从标准输出上读取的行转换为事件。请注意，此类 Source 不能保证事件被传递到 Channel，更好的选择可以参考 Spooling Directory Source 或 Flume SDK
	HTTP	监听一个端口，并使用可插拔句柄把 HTTP 请求转换为事件
	JMS	读取来自 JMS Queue 或 Topic 的消息，并将其转换为事件
	Kafka	Apache Kafka 的消费者，读取来自 Kafka Topic 的消息
	Legacy	允许 Flume 1.x Agent 接收来自 Flume 0.9.4 的 Agent 的事件
	Netcat	监听一个端口，并把每行文本转换为一个事件
	Sequence Generator	依据增量计数器来不断生成事件
	Scribe	另一种摄取系统。要采用现有的 Scribe 摄取系统，Flume 应该使用基于 Thrift 的 Scribe Source 和兼容的传输协议

类型	组件	描述
Source	Spooling	Directory
	Syslog	从日志中读取行，并将其转换为事件
	Taildir	该 Source 不能用于 Windows
	Thrift	监听由 Thrift Sink 或 Flume SDK 通过 Thrift RPC 发送的事件所抵达的端口
	Twitter 1% firehose	连接的 Streaming API(firehose 的 1%)，并将 tweet 转换为事件
	Custom	用户自定义 Source
Sink	Avro	通过 Avro RPC 发送事件到一个 Avro Source
	ElasticSearchSink	使用 Logstash 格式将事件写到 Elasticsearch 集群
	File Roll	将事件写到本地文件系统
	HBase	使用某种序列化工具将事件写到 HBase
	HDFS	以文本、序列文件将事件写到 HDFS
	Hive	以分割文本或 JSON 格式将事件写到 Hive
	HTTP	从 Channel 获取事件，并使用 HTTP POST 请求将事件发送到远程服务
	IRC	将事件发送给 IRC 通道
	Kafka	导出数据到一个 Kafka Topic
	Kite Dataset	将事件写到 Kite Dataset
	Logger	使用 SLF4J 记录 INFO 级别的时间
	MorphlineSolrSink	从 Flume 事件提取数据并转换，在 Apache Solr 服务端实时加载
	Null	丢弃所有事件
	Thrift	通过 Thrift RPC 发送事件到 Thrift Source
	Custom	用户自定义 Sink
Channel	Memory	将事件存储在一个内存队列中
	JDBC	将事件存储在数据库中(嵌入式 Derby)
	Kafka	将事件存储在 Kafka 集群中
	File	将事件存储在一个本地文件系统上的事务日志中
	Spillable Memory	将事件存储在内存缓存中或者磁盘上，内存缓存作为主要存储，磁盘则是接收溢出时的事件
	Pseudo Transaction	只用于单元测试，不用于生产环境

Flume 允许表中不同类型的 Source、Channel 和 Sink 自由组合，组合方式基于用户设

置的配置文件，非常灵活。例如，Channel 可以把事件暂存在内存里，也可以持久化到本地硬盘上；Sink 可以把日志写入 HDFS、HBase、ElasticSearch 甚至是另外一个 Source 等。Flume 支持用户建立多级流，也就是说多个 Agent 可以协同工作，如图 9-48 所示。

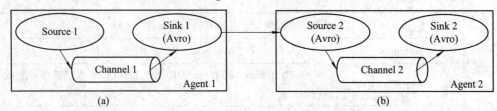

图 9-48   多个 Agent 协同工作

9.2.3 安装 Flume

1. 运行环境

运行 Flume 所需要的系统环境包括操作系统和 Java 环境两部分。

1) 操作系统

Flume 支持不同平台，在当前绝大多数主流的操作系统上都能够运行，例如 Linux、Windows、Mac OS X 等。本书采用的操作系统为 Linux 发行版 CentOS 7。

2) Java 环境

Flume 采用 Java 语言编写，因此它的运行环境需要 Java 环境的支持，Flume 1.9.0 需要 Java 1.8 及以上版本支持。本书采用的 Java 为 Oracle JDK 1.8。

另外，需要为 Source、Channel、Sink 配置足够的内存和为 Channel、Sink 配置足够的磁盘，还需要设置 Agent 监控目录的读/写权限。

2. 运行模式

Flume 支持完全分布模式和单机模式，本书采用单机模式。

3. 安装和配置 Java

安装和配置 Java，请读者参见本书第 2 章。

4. 获取 Flume

Flume 官方下载地址为 http://flume.apache.org/download.html，本书选用的 Flume 版本是 2019 年 1 月 8 日发布的 Flume 1.9.0，其安装包文件 apache-flume-1.9.0-bin.tar.gz 可存放在 master 机器的/home/xuluhui/Downloads 中。

5. 安装 Flume

Flume 支持完全分布模式和单机模式，本书采用单机模式，在 master 一台机器上安装。以下所有步骤均在 master 一台机器上完成。

安装 Flume 的方法为切换到 root，解压 apache-flume-1.9.0-bin.tar.gz 到安装目录/usr/local 下，使用命令如下所示：

```
su root
cd /usr/local
```

```
tar -zxvf /home/xuluhui/Downloads/apache-flume-1.9.0-bin.tar.gz
```

默认解压后的 Flume 目录为"apache-flume-1.9.0-bin"。名字过长，编者为了方便，将此目录重命名为"flume-1.9.0"，使用命令如下所示：

```
mv apache-flume-1.9.0-bin flume-1.9.0
```

注意：读者可以不用重命名 Flume 安装目录，采用默认目录名。但请注意，后续步骤中关于 Flume 安装目录的设置与此步骤保持一致。

6. 配置 Flume

安装 Flume 后，在$FLUME_HOME/conf 中有一个示例配置文件 flume-env.sh.template。Flume 启动时，默认读取$FLUME_HOME/conf/flume-env.sh 文件，该文件用于配置 Flume 的运行参数。

1) 复制模板配置文件 flume-env.sh.template 为 flume-env.sh

使用命令"cp"将 Flume 示例配置文件 flume-env-template.sh 复制并重命名为 flume-env.sh。假设当前目录为"/usr/local/flume-1.9.0"，使用如下命令完成：

```
cp conf/flume-env.sh.template conf/flume-env.sh
```

2) 修改配置文件 flume-env.sh

读者可以发现，模板中已有 JAVA_HOME 等配置项的注释行。使用命令"vim conf/flume-env.sh"修改 Flume 配置文件，添加 Java 安装路径，修改后的配置文件 flume-env.sh 内容如下所示：

```
export JAVA_HOME=/usr/java/jdk1.8.0_191
```

7. 设置$FLUME_HOME 目录属主

为了在普通用户下使用 Flume，将$FLUME_HOME 目录属主设置为 Linux 普通用户 xuluhui，使用以下命令完成：

```
chown -R xuluhui /usr/local/flume-1.9.0
```

8. 在系统配置文件目录/etc/profile.d 下新建 flume.sh

使用"vim /etc/profile.d/flume.sh"命令在/etc/profile.d 文件夹下新建文件 flume.sh，添加如下内容：

```
export FLUME_HOME=/usr/local/flume-1.9.0
export PATH=$FLUME_HOME/bin:$PATH
```

其次，重启机器，使之生效。

此步骤可省略。之所以将$FLUME_HOME/bin 加入到系统环境变量 PATH 中，是因为当输入 Flume 命令时，无需再切换到$FLUME_HOME/bin，这样使用起来会更加方便，否则会出现错误信息"bash: ****: command not found..."。

9. 验证 Flume

可以使用命令"flume-ng version"来查看 Flume 版本，进而达到测试 Flume 是否安装成功的目的。命令运行效果如图 9-49 所示。从图 9-49 中可以看出，Flume 安装成功。

```
[xuluhui@master ~]$ flume-ng version
Flume 1.9.0
Source code repository: https://git-wip-us.apache.org/repos/asf/flume.git
Revision: d4fcab4f501d41597bc616921329a4339f73585e
Compiled by fszabo on Mon Dec 17 20:45:25 CET 2018
From source with checksum 35db629a3bda49d23e9b3690c80737f9
[xuluhui@master ~]$
```

图 9-49　验证 Flume

9.2.4　实战 Flume

1. Flume Shell

通过命令"flume-ng help"来查看 flume-ng 命令的使用方法，具体如下所示：

[xuluhui@master ~]$ flume-ng help

Usage: /usr/local/flume-1.9.0/bin/flume-ng <command> [options]...

commands:

　help　　　　　　　　　　　display this help text

　agent　　　　　　　　　　run a Flume agent

　avro-client　　　　　　　run an avro Flume client

　version　　　　　　　　　show Flume version info

global options:

　--conf,-c <conf>　　　　use configs in <conf> directory

　--classpath,-C <cp>　　append to the classpath

　--dryrun,-d　　　　　　do not actually start Flume, just print the command

　--plugins-path <dirs>　colon-separated list of plugins.d directories. See the plugins.d section in the

user guide for more details. Default: $FLUME_HOME/plugins.d

　-Dproperty=value　　　sets a Java system property value

　-Xproperty=value　　　sets a Java -X option

agent options:

　--name,-n <name>　　　the name of this agent (required)

　--conf-file,-f <file>　　specify a config file (required if -z missing)

　--zkConnString,-z <str>　specify the ZooKeeper connection to use (required if -f missing)

　--zkBasePath,-p <path>　specify the base path in ZooKeeper for agent configs

　--no-reload-conf　　　do not reload config file if changed

　--help,-h　　　　　　display help text

avro-client options:

　--rpcProps,-P <file>　　RPC client properties file with server connection params

--host,-H <host>	hostname to which events will be sent
--port,-p <port>	port of the avro source
--dirname <dir>	directory to stream to avro source
--filename,-F <file>	text file to stream to avro source (default: std input)
--headerFile,-R <file>	File containing event headers as key/value pairs on each new line
--help,-h	display help text

其中，命令"flume-ng agent"的选项"--name"或者"-n"必须指定；命令"flume-ng avro-client"的选项"--rpcProps"或者"--host"和"--port"必须指定。

Flume 提供了大量内置的 Source、Channel 和 Sink 类型。Flume 允许不同类型的 Source、Channel 和 Sink 自由组合，组合方式基于用户自定义的 Java 配置文件。这些配置控制着 Source、Channel 和 Sink 的类型以及它们的连接方式，使用非常灵活。

【实例 9-17】 使用 Flume 实现以下功能：监视本地服务器上的指定目录，每当该目录下有新增文件时，文件中的每一行都将被发往控制台。其中，新增文件由手工完成。

在本例中，Flume 仅运行一个 Source-Channel-Sink 组合，Source 类型是 Spooling Directory，Channel 类型是 File，Sink 类型是 Logger，整个系统如图 9-50 所示。

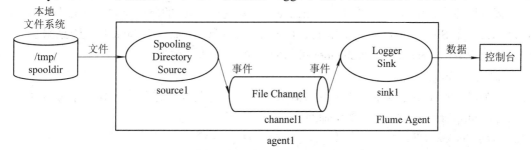

图 9-50 通过 File Channel 连接的 Spooling Directory Source 和 Logger Sink 的 Flume Agent

(1) 创建 Agent 属性文件。

在$FLUME_HOME/conf 下创建 Agent 属性文件 spool-to-logger.properties，使用如下命令完成：

```
cd /usr/local/flume-1.9.0
vim conf/spool-to-logger.properties
```

然后在 spool-to-logger.properties 文件中写入以下内容：

```
#Name the components on this agent
agent1.sources = source1
agent1.sinks = sink1
agent1.channels = channel1


#Describe/configure the source
agent1.sources.source1.type = spooldir
agent1.sources.source1.spoolDir = /tmp/spooldir


#Describe the sink
```

```
agent1.sinks.sink1.type = logger

#Use a channel which buffers events in file
agent1.channels.channel1.type = file

#Bind the source and sink to the channel
agent1.sources.source1.channels = channel1
agent1.sinks.sink1.channel = channel1
```

上述属性文件中只有一个 Flume Agent，其名称为 agent1。agent1 中运行一个 Source(即 source1)、一个 Sink(即 sink1)和一个 Channel(即 channel1)。接下来分别定义了 source1、sink1、channel1 的属性，本例的 source1 的类型是"spooldir"，它是一个 Spooling Directory Source，用于监视缓冲目录中的新增文件。source1 的缓冲目录是"/tmp/spooldir"；sink1 的类型是"logger"，它是一个 Logger Sink，用于将事件记录到控制台；channel1 的类型是"file"，它是一个 File Channel，用于将事件持久存储在磁盘上。最后定义了 Source、Sink 连接 Channel 的属性，本例的 source1 连接 channel1，sink1 连接 channel1。

读者请注意，Source 的属性是"channels"(复数)，Sink 的属性是"channel"(单数)，这是因为一个 Source 可以向一个以上的 Channel 输送数据，而一个 Sink 只能吸纳来自一个 Channel 的数据。另外，一个 Channel 可以向多个 Sink 输入数据。

(2) 启动 Flume Agent。

在启动 Flume Agent 前，首先切换到 root 下，在本地文件系统上创建一个待监视的缓冲目录"/tmp/spooldir"，使用如下命令完成：

```
mkdir /tmp/spooldir
```

其次，在 root 下将缓冲目录"/tmp/spooldir"的属主赋予给 Flume 普通用户 xuluhui，使用如下命令完成：

```
chown -R xuluhui /tmp/spooldir
```

接着，打开第二个终端，在 Flume 普通用户 xuluhui 下通过 flume-ng 命令启动 Agent，使用如下命令完成：

```
flume-ng agent \
--conf-file $FLUME_HOME/conf/spool-to-logger.properties \
--name agent1 \
--conf $FLUME_HOME/conf \
-Dflume.root.logger=INFO,console
```

其中，参数--conf-file(或-f)用于指定 Flume 属性文件；参数--name(或-n)用于指定代理的名称，一个 Flume 属性文件可以定义多个代理，因此必须指明运行的是哪一个代理；参数--conf(或-c)用于指定 Flume 通用配置，例如环境设置。

执行该命令后当屏幕上出现信息"Component type: SOURCE, name: source1 started"，就证明该 Flume Agent 成功启动，效果如图 9-51 所示。

```
queueHead: 0
2019-08-16 05:02:46,106 (lifecycleSupervisor-1-0) [INFO - org.apache.flume.chann
el.file.Log.writeCheckpoint(Log.java:1065)] Updated checkpoint for file: /home/x
uluhui/.flume/file-channel/data/log-2 position: 0 logWriteOrderID: 1565946165928
2019-08-16 05:02:46,106 (lifecycleSupervisor-1-0) [INFO - org.apache.flume.chann
el.file.FileChannel.start(FileChannel.java:289)] Queue Size after replay: 0 [cha
nnel=channel1]
2019-08-16 05:02:46,348 (conf-file-poller-0) [INFO - org.apache.flume.node.Appli
cation.startAllComponents(Application.java:196)] Starting Sink sink1
2019-08-16 05:02:46,348 (conf-file-poller-0) [INFO - org.apache.flume.node.Appli
cation.startAllComponents(Application.java:207)] Starting Source source1
2019-08-16 05:02:46,349 (lifecycleSupervisor-1-4) [INFO - org.apache.flume.sourc
e.SpoolDirectorySource.start(SpoolDirectorySource.java:85)] SpoolDirectorySource
 source starting with directory: /tmp/spooldir
2019-08-16 05:02:46,359 (lifecycleSupervisor-1-4) [INFO - org.apache.flume.instr
umentation.MonitoredCounterGroup.register(MonitoredCounterGroup.java:119)] Monit
ored counter group for type: SOURCE, name: source1: Successfully registered new
MBean.
2019-08-16 05:02:46,359 (lifecycleSupervisor-1-4) [INFO - org.apache.flume.instr
umentation.MonitoredCounterGroup.start(MonitoredCounterGroup.java:95)] Component
 type: SOURCE, name: source1 started
```

图 9-51　启动 agent1 后的终端窗口信息(部分)

(3) 在缓冲目录中新增一个文本文件。

在第一个终端下,在缓冲目录"/tmp/spooldir"中新增一个文件。Spooling Directory Source 不允许文件被编辑改动,因此为了防止写了一半的文件被 Source 读取,应当先把全部内容写到一个隐藏文件中,然后再重命名文件,使 Source 能够读取到完整文件。依次使用的命令如下所示:

```
echo "Hello,Hadoop" > /tmp/spooldir/.spool-to-logger-test.txt

echo "Hello,Flume" >> /tmp/spooldir/.spool-to-logger-test.txt

mv /tmp/spooldir/.spool-to-logger-test.txt /tmp/spooldir/spool-to-logger-test.txt
```

上述命令的前两条实现了向隐藏文件写入两行数据的功能。

(4) 查看 Flume 的处理结果。

这时,就可以看到日志控制台终端窗口(第二个终端窗口)显示如图 9-52 所示的信息。从图 9-52 中可以看出,Flume 已经检测到该文件并对其进行了处理。

```
there is one.
2019-08-16 05:04:13,808 (pool-4-thread-1) [INFO - org.apache.flume.client.avro.R
eliableSpoolingFileEventReader.rollCurrentFile(ReliableSpoolingFileEventReader.j
ava:497)] Preparing to move file /tmp/spooldir/spool-to-logger-test.txt to /tmp/
spooldir/spool-to-logger-test.txt.COMPLETED
2019-08-16 05:04:15,908 (Log-BackgroundWorker-channel1) [INFO - org.apache.flume
.channel.file.EventQueueBackingStoreFile.beginCheckpoint(EventQueueBackingStoreF
ile.java:230)] Start checkpoint for /home/xuluhui/.flume/file-channel/checkpoint
/checkpoint, elements to sync = 2
2019-08-16 05:04:15,962 (Log-BackgroundWorker-channel1) [INFO - org.apache.flume
.channel.file.EventQueueBackingStoreFile.checkpoint(EventQueueBackingStoreFile.j
ava:255)] Updating checkpoint metadata: logWriteOrderID: 1565946165932, queueSiz
e: 2, queueHead: 999998
2019-08-16 05:04:15,975 (Log-BackgroundWorker-channel1) [INFO - org.apache.flume
.channel.file.Log.writeCheckpoint(Log.java:1065)] Updated checkpoint for file: /
home/xuluhui/.flume/file-channel/data/log-2 position: 147 logWriteOrderID: 15659
46165932
2019-08-16 05:04:16,377 (SinkRunner-PollingRunner-DefaultSinkProcessor) [INFO -
org.apache.flume.sink.LoggerSink.process(LoggerSink.java:95)] Event: { headers:{
} body: 48 65 6C 6C 6F 2C 48 61 64 6F 6F 70          Hello,Hadoop }
2019-08-16 05:04:16,379 (SinkRunner-PollingRunner-DefaultSinkProcessor) [INFO -
org.apache.flume.sink.LoggerSink.process(LoggerSink.java:95)] Event: { headers:{
} body: 48 65 6C 6C 6F 2C 46 6C 75 6D 65             Hello,Flume }
```

图 9-52　日志控制台的终端窗口信息(部分)

Spooling Directory Source 导入文件的方式是把文件按行拆分，并为每行创建一个 Flume 事件。事件由一个可选的 headers 和一个二进制的 body 组成，其中 body 是 UTF-8 编码的文本行。Logger Sink 使用十六进制和字符串两种形式来记录 body，如图 9-52 所示，十六进制为 "48 65 6C 6C 6F 2C 48 61 64 6F 6F 70"，字符串为 "Hello,Hadoop"，由于本例中缓冲目录中的文件仅包含两行内容，因此被记录的事件有两个。从图 9-52 中还可以看出，文件 spool-to-logger-test.txt 被 Source 重命名为 spool-to-logger-test.txt.COMPLETED，这表明 Flume 已经完成文件的处理，并且对它不会再有任何动作。

2. Flume API

关于 Flume API 的介绍，读者请参考 Flume 开发者指南 http://flume.apache.org/FlumeDeveloperGuide.html。

9.2.5 其他数据采集工具

1. Logstash

Elasticsearch 是当前主流的分布式大数据存储和搜索引擎，可以为用户提供强大的全文本检索能力，广泛应用于日志检索、全站搜索等领域。Logstash 作为 Elasticsearch 常用的实时数据采集引擎，可以采集来自不同数据源的数据，并对数据进行处理后输出到多种输出源。Logstash 是开源的，采用 JRuby 开发，它是 Elastic Stack 的重要组成部分。Logstash 的商标如图 9-53 所示。

Logstash

图 9-53 Logstash 的商标

Logstash 的体系架构中主要包括 Inputs、Filters、Outputs 三部分，类似于 Flume 的 Source、Channel、Sink。另外在 Inputs 和 Outputs 中可以使用 Codecs 对数据格式进行处理。这四个部分均以插件形式存在，用户通过定义 pipeline 配置文件，设置需要使用 input、filter、output、codec 插件，以实现特定的数据采集、数据处理、数据输出等功能。Logstash 的体系架构或称数据处理过程如图 9-54 所示。

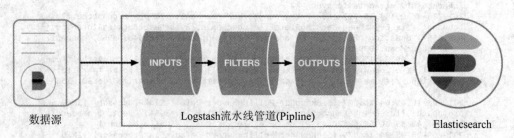

图 9-54 Logstash 体系架构

关于 Logstash 体系架构中涉及的重要组件说明如下：

(1) Inputs：用于从数据源获取数据，常见的插件包括 File、Syslog、Redis、Beats 等。

(2) Filters：用于处理数据如格式转换、数据派生等，常见的插件包括 Grok、Mutate、Drop、Clone、Geoip 等。

(3) Outputs：用于数据输出，常见的插件包括 Elastcisearch、File、Graphite、Statsd 等。

(4) Codecs：Codecs 不是一个单独的流程，而是在输入和输出等插件中用于数据转换的模块，用于对数据进行编码处理，常见的插件包括 JSON，Multiline。

关于 Logstash 的更多介绍，读者可参考 https://www.elastic.co/cn/products/logstash。

2. Fluentd

Fluentd 是一个开源的、统一的日志数据收集器，专为处理数据流而设计，使用 JSON 作为数据格式。Fluentd 采用插件式的架构，具有高可扩展性、高可用性，同时还实现了高可靠的信息转发，目前拥有超过 500 种 plugin，可以连接各种数据源和数据输出组件。Fluentd 还能保证一定的实时性，提供种类丰富的客户端 lib，很适合处理单位时间日志数量巨大的场景。Fluentd 采用 C 和 Ruby 语言编写，其核心只包含 3000 行 Ruby。目前，Fluentd 的稳定版本是 1.0，支持 Linux、Mac OSX 和 Windows 等。Fluentd 的商标如图 9-55 所示。

图 9-55　Fluentd 的商标

Fluentd 的体系架构与 Flume 类似，主要包括 Input、Buffer、Output 三个组件，类似于 Flume 的 Source、Channel、Sink。首先采集来自各种不同来源的数据，比如 Syslog、Apache/Nginx logs、Mobile/Web app logs、Sensors/IoT 等；然后根据配置通过不同的插件把数据转发到不同的地方，比如 Elasticsearch、MongoDB、Hadoop、AWS、GCP 等，甚至可以转发到另一个 Fluentd。数据流殊途，但同归于 Fluentd。Fluentd 做一些诸如过滤、缓存、路由等工作，将其转发到不同的最终接收方。Fluentd 的体系架构或称数据处理过程如图 9-56 所示。

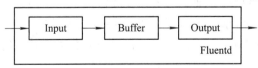

图 9-56　Fluentd 体系架构

关于 Fluentd 的体系架构中涉及的重要组件说明如下：

(1) Input：负责接收数据或者主动抓取数据，支持 Syslog、HTTP、File tail 等。

(2) Buffer：负责数据获取的性能和可靠性，有文件或内存等不同类型的 Buffer 可以配置。

(3) Output：负责输出数据到目的地，例如文件、AWS S3 或者其他 Fluentd。

之前业界采用 ELK 来管理日志。ELK 由 Elasticsearch、Logstash、Kibana 三个开源工具组成，其中，Elasticsearch 是一款分布式搜索引擎，能够用于日志的检索；Logstash 是一个具有实时渠道能力的数据收集引擎；Kibana 是一款能够为 Elasticsearch 提供分析和可视化的 Web 平台。但是，与 Logstash 相比，Fluentd 在效能上表现略逊一筹，且 Fluentd 社区更活跃，故 Logstash 逐渐被 Fluentd 取代，ELK 也随之变成 EFK。EFK 由 ElasticSearch、Fluentd 和 Kiabana 组成，这三款开源工具的组合为日志数据提供了分布式的实时搜集与分析的监控系统。

关于 Fluentd 的更多介绍，读者可参考 https://docs.fluentd.org/。

3. Apache Chukwa

Apache Chukwa 是 Apache 旗下的一个开源的数据收集平台，它远没有以上几个有名。Chukwa 是基于 Hadoop 的 HDFS 和 MapReduce 构建的，采用 Java 语言实现，提供扩展性和可靠性。Chukwa 同时提供对数据的展示、分析和监视。Apache Chukwa 的商标如图 9-57 所示。

图 9-57　Apache Chukwa 的商标

Chukwa 的主要构件包括 Agent、Collector、DataSink、ArchiveBuilder、Demux 等，看上去相当复杂。目前，Chukwa 的最新版本是 2016 年 7 月 16 日发布的版本 0.8。由于该项目不活跃，本书不建议使用，就不再赘述。

关于 Apache Chukwa 的更多介绍，读者可参考 https://chukwa.apache.org/。

4. Scribe

Scribe 是 Facebook 开发的一个开源日志收集系统，在 Facebook 内部已经得到大量的应用。它能够从各种日志源上收集日志，存储到一个中央存储系统(可以是 NFS、分布式文件系统等)上，以便于进行集中统计分析处理。Scribe 为日志的"分布式收集和统一处理"提供了一个可扩展的、高容错的方案。它最重要的特点是容错性好，当后端的存储系统崩溃时，Scribe 会将数据写到本地磁盘上。当存储系统恢复正常后，Scribe 将日志重新加载到存储系统中。Scribe 是 Facebook 开发的一个开源数据收集系统，已经多年不维护，本书不建议使用，就不再赘述。

关于 Scribe 的更多介绍，读者可参考 https://github.com/facebookarchive/scribe。

5. Splunk

在商业化的大数据平台产品中，Splunk 可提供完整的数据采集、数据存储、数据分析与处理以及数据可视化的能力。

Splunk 是一个分布式数据平台，主要有三个角色：Search Head 负责数据的搜索和处理，提供搜索时的信息抽取；Indexer 负责数据的存储和索引；Forwarder 负责数据的收集、清洗和变形，并发送给 Indexer。Splunk 体系架构如图 9-58 所示。

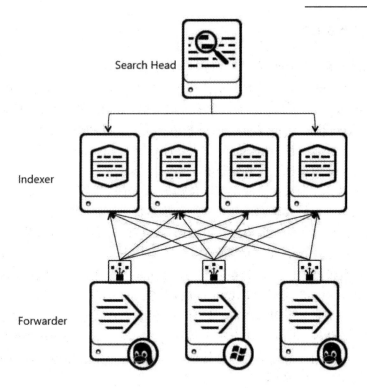

图 9-58　Splunk 的体系架构

　　Splunk 内置了对 Syslog、TCP/UDP、Spooling 等的支持，同时，用户可以通过开发 Input 和 Modular Input 的方式来获取特定的数据。在 Splunk 提供的软件仓库里有很多成熟的数据采集应用，例如 AWS、数据库等，可以方便地从云或者是数据库中获取数据进入 Splunk 的数据平台做分析。需要注意的是，Search Head 和 Indexer 都支持集群的配置，也就是高可用、高扩展的，但是 Splunk 现在还没有针对 Forwarder 的集群的功能。也就是说，如果有一台 Forwarder 的机器出了故障，数据收集也会随之中断，并不能把正在运行的数据采集任务 Failover 到其他 Forwarder 上。

　　关于 Splunk 的更多介绍，读者可参考 http://www.splunk.com/。

9.3　分布式流平台 Kafka

　　Apache Kafka 是一个分布式流平台，允许发布和订阅记录流，用于在不同系统之间传递数据，是 Apache 的顶级项目。Kafka 的商标如图 9-59 所示。

图 9-59　Kafka 的商标

9.3.1 初识 Kafka

Apache Kafka 是一个分布式的、支持分区的、多副本的、基于 ZooKeeper 的发布/订阅消息系统，起源于 LinkedIn 开源出来的分布式消息系统，2011 年成为 Apache 开源项目，2012 年成为 Apache 顶级项目，目前被多家公司采用。Kafka 采用 Scala 和 Java 编写，其设计目的是通过 Hadoop 和 Spark 等并行加载机制来统一在线和离线消息的处理。Kafka 构建在 ZooKeeper 上，目前与越来越多的分布式处理系统如 Apache Storm、Apache Spark 等都能够较好地集成，用于实时流式数据分析。

消息系统负责将数据从一个应用程序传输到另一个应用程序，这样应用程序可以专注于数据，而不用担心如何共享它。分布式消息传递基于可靠消息队列的概念，消息在客户端应用程序和消息传递系统之间异步排队。Kafak 有两种类型的消息模型，一种是点对点消息模型，另一种是发布/订阅消息模型。

在点对点消息模型中，消息被保留在队列(Queue)中。消息生产者(Producer)生产消息并将其发送到 Queue 中，消息消费者(Consumer)从 Queue 中取出并消费消息。Queue 支持存在多个消费者。但是对一个消息而言，只有一个消费者可以消费，一旦消费者读取队列中的消息，它就从该队列中消失，不会产生重复消费现象。该系统的典型示例是订单处理系统，其中每个订单将由一个订单处理器处理，但多个订单处理器也可以同时工作。点对点消息模型的结构如图 9-60 所示。

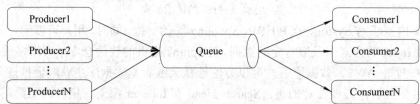

图 9-60　点对点消息模型的结构

在发布/订阅消息模型中，消息被保留在主题(Topic)中。消息生产者(发布者，Publisher)将消息发布到 Topic 中，同时有多个消息消费者(订阅者，Subscriber)消费该消息。和点对点方式不同，发布者发送到 Topic 的消息，只有订阅了 Topic 的订阅者才会收到消息。发布/订阅消息模型的结构如图 9-61 所示。

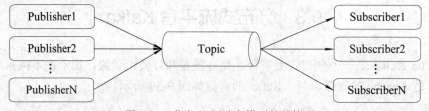

图 9-61　发布/订阅消息模型的结构

Kafka 专为分布式高吞吐量系统而设计，非常适合处理大规模消息，它与传统消息系统相比，具有以下几点不同：

(1) Kafka 是一个分布式系统，易于向外扩展。

(2) Kafka 同时为发布和订阅提供高吞吐量。

(3) Kafka 支持多订阅者，当订阅失败时能自动平衡消费者。

(4) Kafka 支持消息持久化，消费端为拉模型，消费状态和订阅关系由客户端负责维护，消息消费完后不会立即删除，会保留历史消息。

9.3.2　Kafka 的体系架构

Kafka 的整体架构比较新颖，更适合异构集群，其体系架构如图 9-62 所示。Kafka 中主要有 Producer、Broker 和 Customer 三种角色，一个典型的 Kafka 集群包含多个 Producer、多个 Broker、多个 Consumer Group 和一个 ZooKeeper 集群。每个 Producer 可以对应多个 Topic，每个 Consumer 只能对应一个 Consumer Group。整个 Kafka 集群对应一个 ZooKeeper 集群，通过 ZooKeeper 管理集群配置、选举 Leader 以及在 Consumer Group 发生变化时进行负载均衡(Rebalance)。

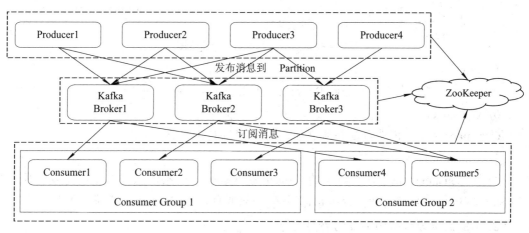

图 9-62　Kafka 的体系架构

在消息保存时，Kafka 根据 Topic 进行分类，发送消息者称为 Producer，接收消息者称为 Customer，不同 Topic 的消息在物理上时分开存储的，但在逻辑上用户只需指定消息的 Topic 即可生产或消费数据而不必关心数据存于何处。

1. 相关名词解释

1) Message

Message 即消息，是通信的基本单位，每个 Producer 可以向一个 Topic 发布一些消息。Kafka 中的消息是以 Topic 为基本单位组织的，是无状态的，消息消费的先后顺序是没有关系的。每条 Message 包含三个属性：① offset，消息的唯一标识，类型为 long；② MessageSize，消息的大小，类型为 int；③ data，消息的具体内容，可以看作一个字节数组。

2) Topic

Topic 即主题，发布到 Kafka 集群的消息都有一个类别，这个类别被称为 Topic。Kafka 根据 Topic 对消息进行归类，发布到 Kafka 集群的每条消息都需要指定一个 Topic。

3) Partition

Partition 即分区，是物理上的概念。一个 Topic 可以分为多个 Partition，每个 Partition

内部都是有序的。每个 Partition 只能由一个 Consumer 来进行消费，但是一个 Consumer 可以消费多个 Partition。

4）Broker

Broker 为消息中间件处理节点。一个 Kafka 集群由多个 Kafka 实例组成，每个实例被称为 Broker。一个 Broker 上可以创建一个或多个 Topic，同一个 Topic 可以在同一 Kafka 集群下的多个 Broker 上分布。Broker 与 Topic 的关系图如图 9-63 所示。

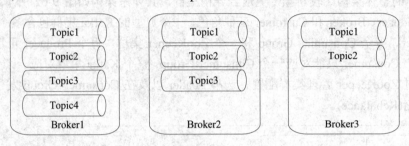

图 9-63　Broker 与 Topic 的关系图

5）Producer

Producer 为消息生产者，是向 Broker 发送消息的客户端。

6）Consumer

Consumer 为消息消费者，是从 Broker 读取消息的客户端。

7）Consumer Group

每个 Consumer 属于一个特定的 Consumer Group。一条消息可以发送到多个不同的 Consumer Group，但是一个 Consumer Group 中只能有一个 Consumer 能够消费该消息。

2．Kafka 体系架构中涉及的重要构件

1）Producer

Producer 用于将流数据发送到 Kafka 的消息队列上，它的任务是向 Broker 发送数据，通过 ZooKeeper 获取可用的 Broker 列表。Producer 作为消息的生产者，在生产消息后需要将消息投送到指定的目的地，即某个 Topic 的某个 Partition。Producer 可以选择随机的方式来发布消息到 Partition，也支持选择特定的算法发布消息到相应的 Partition。

以日志采集为例，生产过程分为三部分：一是对日志采集的本地文件或目录进行监控。若有内容变化，则将变化的内容逐行读取到内存的消息队列中。二是连接 Kafka 集群，包括一些配置信息，诸如压缩与超时设置等。三是将已经获取的数据通过上述连接推送(push)到 Kafka 集群。

2）Broker

Kafka 集群中的一台或多台服务器统称为 Broker，可以理解为是 Kafka 服务器缓存代理。Kafka 支持消息持久化。生产者生产消息后，Kafka 不会直接把消息传递给消费者，而是先在 Broker 中存储，持久化保存在 Kafka 的日志文件中。

可以采用在 Broker 日志中追加消息的方式进行持久化存储，并进行分区(Partition)，为了减少磁盘写入的次数，Broker 会将消息暂时缓存起来。当消息的个数达到一定阈值时，再清空到磁盘，这样就减少了 I/O 调用的次数。

Kafka 的 Broker 采用的是无状态机制，即 Broker 没有副本。一旦 Broker 宕机，该 Broker 的消息将都不可用。但是消息本身是持久化的，Broker 在宕机重启后读取消息的日志就可以恢复消息。消息保存一定时间(通常为 7 天)后会被删除。Broker 不保存订阅者状态，由订阅者自己保存。消息订阅者可以回退到任意位置重新进行消费。当订阅者出现故障时，可以选择最小的 offset 进行重新读取并消费消息。

3) Consumer

Consumer 负责订阅 Topic 并处理消息。每个 Consumer 可以订阅多个 Topic，每个 Consumer 会保留它读取到的某个 Partition 的消息唯一标识号(offset)。Consumer 是通过 ZooKeeper 来保留 offset 的。

Consumer Group 在逻辑上将 Consumer 分组，每个 Kafka Consumer 是一个进程，所以一个 Consumer Group 中的 Consumer 可能由分布在不同机器上的不同进程组成。Topic 中的每一条消息可以被多个不同的 Consumer Group 消费，但是一个 Consumer Group 中只能有一个 Consumer 来消费该消息。所以，若想要一个消息被多个 Consumer 消费，那么这些 Consumer 就必须在不同的 Consumer Group 中。因此，也可以理解为 Consumer Group 才是 Topic 在逻辑上的订阅者。

9.3.3 部署 Kafka 集群

1. 运行环境

部署与运行 Kafka 所需要的系统环境，包括操作系统、Java 环境、ZooKeeper 集群三部分。

1) 操作系统

Kafka 支持不同操作系统，例如 GNU/Linux、Windows、Mac OS X 等。需要注意的是，在 Linux 上部署 Kafka 要比在 Windows 上部署能够得到更高效的 I/O 处理性能。本书采用的操作系统为 Linux 发行版 CentOS 7。

2) Java 环境

Kafka 使用 Java 语言编写，因此它的运行环境需要 Java 环境的支持。本书采用的 Java 为 Oracle JDK 1.8。

3) ZooKeeper 集群

Kafka 依赖 ZooKeeper 集群，因此运行 Kafka 之前需要首先启动 ZooKeeper 集群。Zookeeper 集群可以自己搭建，也可以使用 Kafka 安装包中内置的 shell 脚本启动 Zookeeper。本书采用自行搭建 ZooKeeper 集群，版本为 3.4.13。

2. 运行模式

Kafka 有单机模式和集群模式两种运行模式。单机模式是只在一台机器上安装 Kafka，主要用于开发测试；而集群模式则是在多台机器上安装 Kafka。也可以在一台机器上模拟集群模式，实际的生产环境中均采用多台服务器的集群模式。无论哪种部署方式，修改 Kafka 的配置文件 server.properties 都是至关重要的。单机模式和集群模式部署的步骤基本一致，只是在 server.properties 文件的配置上有些差异。

本节将以集群模式为例，详细介绍如何部署和运行 Kafka 集群。

3. 规划 Kafka 集群

编者拟配置 3 个 Broker 的 Kafka 集群，将 Kafka 集群运行在 Linux 上，将使用 3 台安装有 Linux 操作系统的机器，主机名分别为 master、slave1、slave2。具体 Kafka 集群的规划如表 9-3 所示。

表 9-3　Kafka 集群部署规划表

主机名	IP 地址	运行服务	软硬件配置
master	192.168.18.130	QuorumPeerMain Kafka	内存：4 GB CPU：1 个 2 核 硬盘：40 GB 操作系统：CentOS 7.6.1810 Java：Oracle JDK 8u191 ZooKeeper：ZooKeeper 3.4.13 Kafka：Kafka 2.1.1
slave1	192.168.18.131	QuorumPeerMain Kafka	内存：1 GB CPU：1 个 1 核 硬盘：20 GB 操作系统：CentOS 7.6.1810 Java：Oracle JDK 8u191 ZooKeeper：ZooKeeper 3.4.13 Kafka：Kafka 2.1.1
slave2	192.168.18.132	QuorumPeerMain Kafka	内存：1 GB CPU：1 个 1 核 硬盘：20 GB 操作系统：CentOS 7.6.1810 Java：Oracle JDK 8u191 ZooKeeper：ZooKeeper 3.4.13 Kafka：Kafka 2.1.1

注意：编者的 3 个节点的机器名分别为 master、slave1、slave2，IP 地址依次为 192.168.18.130、192.168.18.131、192.168.18.132，后续内容均在表 9-3 的规划基础上完成，请读者务必确认自己的机器名、IP 等信息。

4. 安装和配置 Java

在 3 台 CentOS 机器上安装和配置 Java，请读者参见本书第 2 章。

5. 部署 ZooKeeper 集群

在 3 台 CentOS 机器上部署 ZooKeeper 集群，请读者参见本书第 6 章。

6. 获取 Kafka

Kafka 官方下载地址为 http://kafka.apache.org/downloads，编者选用的 Kafka 版本是 2019

年 2 月 15 日发布的 Kafka 2.1.1，其安装包文件 kafka_2.12-2.1.1.tgz 可存放在 master 机器的 /home/xuluhui/Downloads 中。读者应该注意到了，Kafka 安装包和一般安装包的命名方式不一样，例如 kafka_2.12-2.1.1.tgz，其中 2.12 是 Scala 版本，2.1.1 才是 Kafka 版本。官方强烈建议 Scala 版本和服务器上的 Scala 版本保持一致，避免引发一些不可预知的问题，故本书选用的是 kafka_2.12-2.1.1.tgz，而非 kafka_2.11-2.1.1.tgz。

7. 安装和配置 Kafka

以下所有操作需要在 3 台机器上完成。

1) 解压

切换到 root，解压 kafka_2.12-2.1.1.tgz 到安装目录如/usr/local 下，使用命令如下所示：

```
su root
cd /usr/local
tar -zxvf /home/xuluhui/Downloads/kafka_2.12-2.1.1.tgz
```

2) 修改 Kafka 配置文件 server.properties

安装 Kafka 后，在$KAFKA_HOME/config 中有多个配置文件，如图 9-64 所示。

```
[root@master kafka_2.12-2.1.1]# ls config
connect-console-sink.properties      consumer.properties
connect-console-source.properties    log4j.properties
connect-distributed.properties       producer.properties
connect-file-sink.properties         server.properties
connect-file-source.properties       tools-log4j.properties
connect-log4j.properties             trogdor.conf
connect-standalone.properties        zookeeper.properties
[root@master kafka_2.12-2.1.1]#
```

图 9-64　Kafka 配置文件列表

配置文件 server.properties 的部分配置参数及其含义如表 9-4 所示。

表 9-4　server.properties 配置参数(部分)

参 数 名	说 明
broker.id	用于指定 Broker 服务器对应的 ID，各个服务器的值不同
listeners	表示监听端口，PLAINTEXT 表示纯文本。也就是说，不管发送什么数据类型都以纯文本的方式接收，包括图片、视频等
num.network.threads	网络线程数，默认是 3
num.io.threads	I/O 线程数，默认是 8
socket.send.buffer.bytes	套接字发送缓冲，默认是 100KB
socket.receive.buffer.bytes	套接字接收缓冲，默认是 100KB
socket.request.max.bytes	接收到的最大字节数，默认是 100MB
log.dirs	用于指定 Kafka 的数据存放目录，地址可以是多个，多个地址需用逗号分割
num.partitions	分区数，默认是 1
num.recovery.threads.per.data.dir	每一个文件夹的恢复线程，默认是 1
log.retention.hours	数据保存时间，默认是 168 小时，即一个星期(7 天)

参　数　名	说　明
log.segment.bytes	指定每个数据日志保存最大数据,默认为 1 GB。当超过这个值时,会自动进行日志滚动
log.retention.check.interval.ms	设置日志过期的时间,默认每隔 300 秒(即 5 分钟)
zookeeper.connect	用于指定 Kafka 所依赖的 ZooKeeper 集群的 IP 和端口号。地址可以是多个,多个地址需用逗号分割
zookeeper.connection.timeout.ms	设置 ZooKeeper 的连接超时时间,默认为 6 秒。如果到达这个指定时间仍然连接不上,就默认该节点发生故障

master 机器上的配置文件$KAFKA_HOME/config/server.properties 修改后的几个参数如下所示:

```
broker.id=0
log.dirs=/usr/local/kafka_2.12-2.1.1/kafka-logs
zookeeper.connect=master:2181,slave1:2181,slave2:2181
```

slave1 和 slave2 机器上的配置文件$KAFKA_HOME/config/server.properties 中参数 broker.id 依次设置为 1、2,其余参数值与 master 机器相同。

3) 创建所需目录

以上 2)步骤使用了系统不存在的目录:Kafka 数据存放目录/usr/local/kafka_2.12-2.1.1/kafka-logs,因此需要创建它,使用的命令如下所示:

```
mkdir /usr/local/kafka_2.12-2.1.1/kafka-logs
```

4) 在系统配置文件目录/etc/profile.d 下新建 kafka.sh

使用"vim /etc/profile.d/kafka.sh"命令在/etc/profile.d 文件夹下新建文件 kafka.sh,添加如下内容:

```
export KAFKA_HOME=/usr/local/kafka_2.12-2.1.1
export PATH=$KAFKA_HOME/bin:$PATH
```

其次,重启机器,使之生效。

此步骤可省略。之所以将$KAFKA_HOME/bin 加入到系统环境变量 PATH 中,是因为当输入 Kafka 命令时,无需再切换到$KAFKA_HOME/bin,这样使用起来会更加方便,否则会出现错误信息"bash: ****: command not found..."。

5) 设置$KAFKA_HOME 的目录属主

为了在普通用户下使用 Kafka,将$KAFKA_HOME 目录属主设置为 Linux 普通用户例如 xuluhui,使用以下命令完成:

```
chown -R xuluhui /usr/local/kafka_2.12-2.1.1
```

至此,Kafka 在 3 台机器上安装和配置完毕。

当然,为了提高效率,读者也可以首先仅在 master 一台机器上完成 Kafka 的安装和配置,然后使用"scp"命令在 Kafka 集群内将 master 机器上的$KAFKA_HOME 目录和系统配置文件/etc/profile.d/kafka.sh 远程拷贝至其他 Kafka Broker 如 slave1、slave2,接着修改 slave1、slave2 上$KAFKA_HOME/config/server.properties 中参数 broker.id,最后设置其他

Kafka Broker 上$KAFKA_HOME 目录属主。其中，同步 Kafka 目录和系统配置文件 kafka.sh 到 Kafka 集群其它机器依次使用的命令如下所示：

scp -r /usr/local/kafka_2.12-2.1.1 root@slave1:/usr/local/kafka_2.12-2.1.1

scp -r /etc/profile.d/kafka.sh root@slave1:/etc/profile.d/kafka.sh

scp -r /usr/local/kafka_2.12-2.1.1 root@slave2:/usr/local/kafka_2.12-2.1.1

scp -r /etc/profile.d/kafka.sh root@slave2:/etc/profile.d/kafka.sh

效果如图 9-65 所示。

```
[root@master kafka_2.12-2.1.1]# scp -r /usr/local/kafka_2.12-2.1.1 root@slave1:/
usr/local/kafka_2.12-2.1.1
root@slave1's password:
LICENSE                              100%   31KB    9.3MB/s   00:00
NOTICE                               100%   336    249.6KB/s   00:00
kafka-consumer-perf-test.sh          100%   948    637.8KB/s   00:00
kafka-server-stop.sh                 100%   997    844.1KB/s   00:00
kafka-verifiable-producer.sh         100%   958    476.6KB/s   00:00
kafka-console-consumer.sh            100%   945    576.8KB/s   00:00
kafka-dump-log.sh                    100%   866    600.7KB/s   00:00
trogdor.sh                           100%  1722    1.1MB/s   00:00
zookeeper-shell.sh                   100%   968    519.7KB/s   00:00
zookeeper-server-stop.sh             100%  1001    648.1KB/s   00:00
kafka-log-dirs.sh                    100%   863    513.9KB/s   00:00
zookeeper-server-start.sh            100%  1393    236.2KB/s   00:00
kafka-console-producer.sh            100%   944    434.3KB/s   00:00

[root@master kafka_2.12-2.1.1]# scp -r /etc/profile.d/kafka.sh root@slave1:/etc/
profile.d/kafka.sh
root@slave1's password:
kafka.sh                             100%    80    98.2KB/s   00:00
```

图 9-65　使用 scp 命令同步 Kafka 目录和系统配置文件 kafka.sh 到 Kafka 集群其他机器(如 slave1)

8. 启动 Kafka

首先，启动 ZooKeeper 集群，确保其正常运行，效果如图 9-66 所示。

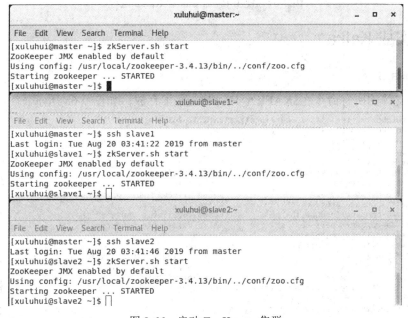

图 9-66　启动 ZooKeeper 集群

其次，在 3 台机器上使用以下命令启动 Kafka：

```
kafka-server-start.sh -daemon $KAFKA_HOME/config/server.properties
```

这里需要注意的是，启动脚本若不加-daemon 参数，则如果执行 Ctrl+Z 后会退出，且启动的进程也会退出，所以建议加-daemon 参数，实现以守护进程方式启动。

检查 Kafka 是否启动，可以使用命令 "jps" 查看 Java 进程来验证，效果如图 9-67 所示，可以看到，3 台机器上均有 Kafka 进程，说明 Kafka 集群部署成功。

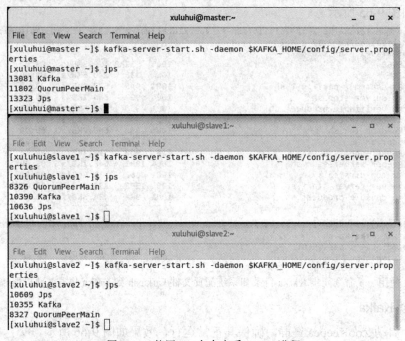

图 9-67　使用 jps 命令查看 Kafka 进程

9.3.4　实战 Kafka

1. Kafka Shell

Kafka 支持的所有命令在$KAFKA_HOME/bin 下存放，如图 9-68 所示。

```
[xuluhui@master ~]$ cd /usr/local/kafka_2.12-2.1.1
[xuluhui@master kafka_2.12-2.1.1]$ ls bin
connect-distributed.sh              kafka-reassign-partitions.sh
connect-standalone.sh               kafka-replica-verification.sh
kafka-acls.sh                       kafka-run-class.sh
kafka-broker-api-versions.sh        kafka-server-start.sh
kafka-configs.sh                    kafka-server-stop.sh
kafka-console-consumer.sh           kafka-streams-application-reset.sh
kafka-console-producer.sh           kafka-topics.sh
kafka-consumer-groups.sh            kafka-verifiable-consumer.sh
kafka-consumer-perf-test.sh         kafka-verifiable-producer.sh
kafka-delegation-tokens.sh          trogdor.sh
kafka-delete-records.sh             windows
kafka-dump-log.sh                   zookeeper-security-migration.sh
kafka-log-dirs.sh                   zookeeper-server-start.sh
kafka-mirror-maker.sh               zookeeper-server-stop.sh
kafka-preferred-replica-election.sh zookeeper-shell.sh
kafka-producer-perf-test.sh
[xuluhui@master kafka_2.12-2.1.1]$
```

图 9-68　Kafka Shell 命令

Kafka 常用命令的描述如表 9-5 所示。

表 9-5　Kafka 的常用命令

命　　令	功　能　描　述
kafka-server-start.sh	启动 Kafka Broker
kafka-server-stop.sh	关闭 Kafka Broker
kafka-topics.sh	创建、删除、查看、修改 Topic
kafka-console-producer.sh	启动 Producer，生产消息，从标准输入读取数据并发布到 Kafka
kafka-console-consumer.sh	启动 Consumer，消费消息，从 Kafka 读取数据并输出到标准输出

输入命令"kafka-topics.sh --help"，即可查看该命令的使用帮助，如图 9-69 所示，展示了命令"kafka-topics.sh"的帮助信息。使用该命令时，必须指定以下 5 个选项之一：--list、--describe、--create、--alter、--delete。由于帮助信息过长，此处仅展示部分内容。

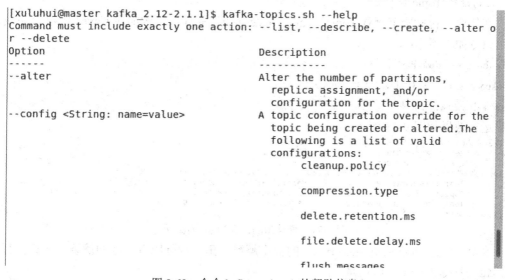

图 9-69　命令 kafka-topics.sh 的帮助信息

接下来，我们使用实例来说明如何使用 Kafka。

【实例 9-18】　使用 Kafka 命令创建 Topic、查看 Topic，启动 Producer 生产消息，启动 Consumer 消费消息。

(1) 创建 Topic。

在任意一台机器上创建 Topic "kafkacluster-test"，例如在 master 机器上完成，使用命令如下所示：

```
kafka-topics.sh --create \
--zookeeper master:2181,slave1:2181,slave2:2181 \
--replication-factor 3 \
--partitions 3 \
--topic kafkacluster-test
```

运行效果如图 9-70 所示。

```
[xuluhui@master ~]$ kafka-topics.sh --create \
> --zookeeper master:2181,slave1:2181,slave2:2181 \
> --replication-factor 3 \
> --partitions 3 \
> --topic kafkacluster-test
Created topic "kafkacluster-test".
[xuluhui@master ~]$
```

图 9-70　创建 Topic 运行效果

由于总共部署了 3 个 Broker，所以创建 Topic 时能指定--replication-factor 3。其中，选项--zookeeper 用于指定 ZooKeeper 集群列表，可以指定所有节点，也可以指定为部分节点；选项--replication-factor 为复制数目，数据会自动同步到其他 Broker 上，防止某个 Broker 宕机数据丢失；选项--partitions 用于指定一个 Topic 可以切分成几个 Partition，一个消费者可以消费多个 Partition，但一个 Partition 只能被一个消费者消费。

(2) 查看 Topic 详情。

在任意一台机器上查看 Topic "kafkacluster-test" 的详情，例如在 slave1 机器上完成，使用命令如下所示：

```
kafka-topics.sh --describe \
--zookeeper master:2181,slave1:2181,slave2:2181 \
topic kafkacluster-test
```

运行效果如图 9-71 所示。

```
[xuluhui@slave1 ~]$ kafka-topics.sh --describe \
> --zookeeper master:2181,slave1:2181,slave2:2181 \
> --topic kafkacluster-test
Topic:kafkacluster-test PartitionCount:3          ReplicationFactor:3     Configs:
        Topic: kafkacluster-test    Partition: 0    Leader: 1    Replicas: 1,2,0 Isr: 1,2,0
        Topic: kafkacluster-test    Partition: 1    Leader: 2    Replicas: 2,0,1 Isr: 2,0,1
        Topic: kafkacluster-test    Partition: 2    Leader: 0    Replicas: 0,1,2 Isr: 0,1,2
[xuluhui@slave1 ~]$
```

图 9-71　查看 Topic 详情的运行效果

命令 "kafka-topics.sh --describe" 的输出解释：第一行是所有分区的摘要，从第二行开始，每一行提供一个分区信息。

① Leader：该节点负责该分区的所有的读和写，每个节点的 Leader 都是随机选择的。

② Replicas：副本的节点列表，不管该节点是否是 Leader 或者目前是否还活着，只是显示。

③ Isr："同步副本" 的节点列表，也就是活着的节点并且正在同步 Leader。

从图 9-71 中可以看出，Topic "kafkacluster-test" 总计有三个分区(PartitionCount)，副本数为三(ReplicationFactor)，且每个分区上有三个副本(通过 Replicas 的值可以得出)。最后一列 Isr(In-Sync Replicas)表示处理同步状态的副本集合。这些副本与 Leader 副本保持同步，没有任何同步延迟。另外，Leader、Replicas、Isr 中的数字就是 Broker ID，对应配置文件 config/server.properties 中 broker.id 的参数值。

(3) 生产消息。

在 master 机器上使用 kafka-console-producer.sh 启动生产者，使用命令如下所示：

```
kafka-console-producer.sh \
--broker-list master:9092,slave1:9092,slave2:9092 \
--topic kafkacluster-test
```

(4) 消费消息。

在 slave1 和 slave2 机器上分别使用 kafka-console-consumer.sh 启动消费者，使用命令如下所示：

```
kafka-console-consumer.sh \
--bootstrap-server master:9092,slave1:9092,slave2:9092 \
--topic kafkacluster-test \
--from-beginning
```

上述命令中，如果加上--from-beginning 表示从第一条数据开始消费。

第(3)(4)步骤的执行效果如图9-72所示。从图9-72中可以看出，master机器上的 Producer 通过控制台生产了 4 个消息，每一行为一条消息，每输完一条消息就会分别在 slave1 和 slave2 机器上的两个 Consumer 控制台上显示出来，被消费掉。

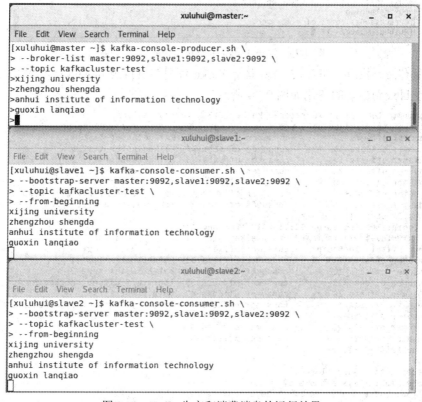

图 9-72 Kafka 生产和消费消息的运行效果

按 Ctrl+C 可以退出 master、slave1、slave2 的 kafka-console-producer.sh、kafka-console-consum.sh 命令，退出后的效果如图 9-73 所示。

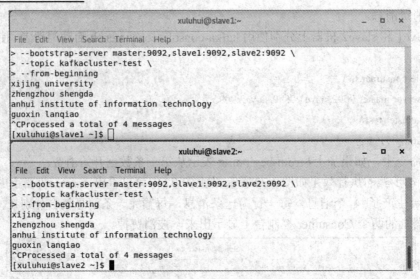

图 9-73 退出 Kafka 生产和消费的消息效果

以上所有命令执行完毕后，3 台机器上 Kafka 数据存放目录$KAFKA_HOME/kafka-logs
由原来的空目录到当前的变化如图 9-74 所示。

```
[xuluhui@master ~]$ ls /usr/local/kafka_2.12-2.1.1/kafka-logs
cleaner-offset-checkpoint      __consumer_offsets-29      __consumer_offsets-8
__consumer_offsets-11          __consumer_offsets-32      kafkacluster-test-0
__consumer_offsets-14          __consumer_offsets-35      kafkacluster-test-1
__consumer_offsets-17          __consumer_offsets-38      kafkacluster-test-2
__consumer_offsets-2           __consumer_offsets-41      log-start-offset-checkpoint
__consumer_offsets-20          __consumer_offsets-44      meta.properties
__consumer_offsets-23          __consumer_offsets-47      recovery-point-offset-checkpoint
__consumer_offsets-26          __consumer_offsets-5       replication-offset-checkpoint
[xuluhui@master ~]$ ssh slave1
Last login: Tue Aug 20 06:50:15 2019 from master
[xuluhui@slave1 ~]$ ls /usr/local/kafka_2.12-2.1.1/kafka-logs
cleaner-offset-checkpoint      __consumer_offsets-30      kafkacluster-test-0
__consumer_offsets-0           __consumer_offsets-33      kafkacluster-test-1
__consumer_offsets-12          __consumer_offsets-36      kafkacluster-test-2
__consumer_offsets-15          __consumer_offsets-39      log-start-offset-checkpoint
__consumer_offsets-18          __consumer_offsets-42      meta.properties
__consumer_offsets-21          __consumer_offsets-45      recovery-point-offset-checkpoint
__consumer_offsets-24          __consumer_offsets-48      replication-offset-checkpoint
__consumer_offsets-27          __consumer_offsets-6
__consumer_offsets-3           __consumer_offsets-9
[xuluhui@slave1 ~]$ exit
logout
Connection to slave1 closed.
[xuluhui@master ~]$ ssh slave2
Last login: Tue Aug 20 04:21:32 2019 from master
[xuluhui@slave2 ~]$ ls /usr/local/kafka_2.12-2.1.1/kafka-logs
cleaner-offset-checkpoint      __consumer_offsets-31      kafkacluster-test-0
__consumer_offsets-1           __consumer_offsets-34      kafkacluster-test-1
__consumer_offsets-10          __consumer_offsets-37      kafkacluster-test-2
__consumer_offsets-13          __consumer_offsets-4       log-start-offset-checkpoint
__consumer_offsets-16          __consumer_offsets-40      meta.properties
__consumer_offsets-19          __consumer_offsets-43      recovery-point-offset-checkpoint
__consumer_offsets-22          __consumer_offsets-46      replication-offset-checkpoint
__consumer_offsets-25          __consumer_offsets-49
__consumer_offsets-28          __consumer_offsets-7
[xuluhui@slave2 ~]$ exit
logout
Connection to slave2 closed.
[xuluhui@master ~]$
```

图 9-74 所有命令执行完毕后查看 Kafka 数据存放目录的效果

2. Kafka API

Kafka 支持五个核心的 API，包括 Producer API、Consumer API、Streams API、Connect API、AdminClient API。

关于 Kafka API 的更多介绍，读者请参考官网 http://kafka.apache.org/documentation/#api。

9.4　ETL 工具 Kettle

ETL 是英文 Extract-Transform-Load 的缩写，用来描述将数据从来源端经过抽取 (Extract)、转换(Transform)、装载(Load)至目的端的过程。ETL 负责将分布式的、异构的数据源中的关系数据、数据文件等数据抽取到临时中间层后进行清洗、转换、集成，最后装载到数据仓库或数据集市中，成为联机分析处理、数据挖掘的基础。ETL 是构建数据仓库的重要环节，目的是将数据仓库中分散、凌乱、标准不统一的数据整合到一起，为企业决策提供分析依据。即便是一个设计和规划良好的数据库系统，如果其中存在大量的噪声数据，那么这个系统也是没有任何意义的，因为"垃圾进，垃圾出"(garbage in, garbage out)，系统就不可能为决策分析系统提供任何支持，所以，必须要进行数据整合(Data Integration)。

Kettle 是一款业界有名的开源 ETL 工具，接下来将详细介绍 Kettle。

9.4.1　初识 Kettle

Kettle 是一个优秀的开源 ETL 工具，可以高效稳定地实现数据的抽取、转换、加工和装载。Kettle 是"Kettle E.T.T.L.Environment"的首字母缩写，中文含义是"水壶"，按项目负责人 Matt Casters 的说法是把各种数据放到一个壶里，然后以一种希望的格式流出。Kettle 支持多种数据格式，包括数据文件、关系型数据库、Hadoop、NoSQL 数据库等。它采用 Java 语言编写，可以在 Linux、Windows、Mac OS X 系统上运行。

Kettle 项目于 2003 年开始；2005 年 12 月，Kettle 从 2.1 版本开始进入了开源领域，一直到 4.1 版本都遵守 LGPL 协议，从 4.2 版本开始遵守 Apache Licence 2.0 协议；2006 年初，Kettle 加入开源的 BI 公司 Pentaho，正式命名为"Pentaho Data Integeration"，简称"PDI"。自 2017 年 9 月 20 日起，Pentaho 被合并于日立集团旗下的新公司 Hitachi Vantara。

Kettle 主要应用于以下场景：在应用程序或数据库之间进行数据迁移，从数据库导出数据到文件，导入大规模数据到数据库，数据清洗，集成应用程序等。

9.4.2　Kettle 的体系架构

1. Kettle 的组成部分

Kettle 采用插件式架构，包括如下几个主要部分。

1) Spoon

作为图形化界面工具(GUI 方式)，Spoon 允许通过图形界面来设计 Job 和 Transformation，可以保存为文件或保存在数据库中，也可以直接在 Spoon 图形化界面中运行 Job 和 Transformation。

2) Pan

作为 Transformation 执行器(命令行方式)，Pan 用于在终端执行 Transformation，没有图形界面。

3) Kitchen

作为 Job 执行器(命令行方式)，Kitchen 用于在终端执行 Job，没有图形界面。

4) Carte

作为嵌入式 Web 服务，Carte 用于远程执行 Job 或 Transformation，Kettle 通过 Carte 建立集群。

5) Encr

Encr 是 Kettle 用于字符串加密的命令行工具。例如，对在 Job 或 Transformation 中定义的数据库连接参数进行加密。

2. Kettle 的体系架构

Kettle 的体系架构如图 9-75 所示。

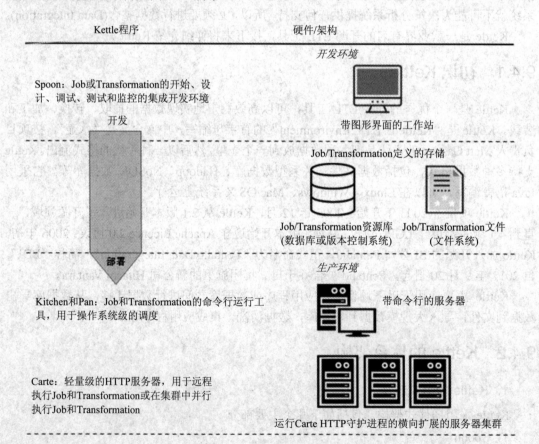

图 9-75 Kettle 的体系架构

关于 Kettle 体系架构中涉及的基本概念解释如下：

1）Transformation

Transformation 定义对数据操作的容器。数据操作就是数据从输入到输出的一个过程，可以理解为比 Job 粒度更小一级的容器。将任务分解成 Job，然后将 Job 分解成一个或多个 Transformation，每个 Transformation 只完成一部分工作。

2）Step

Step 是 Transformation 内部的最小单元，每一个 Step 完成一个特定的功能。

3）Job

Job 负责将 Transformation 组织在一起进而完成某一工作，通常需要把一个大的任务分解成几个逻辑上隔离的 Job。当这几个 Job 都完成了，也就说明这项任务完成了。

4）Job Entry

Job Entry 是 Job 内部的执行单元，每一个 Job Entry 用于实现特定的功能，如验证表是否存在、发送邮件等。可以通过 Job 来执行另一个 Job 或者 Transformation。也就是说，Transformation 和 Job 都可以作为 Job Entry。

5）Hop

Hop 用于在 Transformation 中连接 Step，或者在 Job 中连接 Job Entry，是一个数据流的图形化表示。

9.4.3 安装 Kettle

1. 运行环境

运行 Kettle 所需要的系统环境包括操作系统和 Java 环境两部分。

1）操作系统

Kettle 支持不同平台，在当前绝大多数主流的操作系统上都能够运行，例如 GNU/Linux、Windows、Mac OS X 等。本书采用的操作系统为 Linux 发行版 CentOS 7。

2）Java 环境

Kettle 采用 Java 语言编写，因此它的运行环境需要 Java 环境的支持。本书采用的 Java 为 Oracle JDK 1.8。

2. 安装和配置 Java

安装和配置 Oracle JDK，请读者参见本书第 2 章。

3. 获取 Kettle

Kettle 官方下载地址为 https://sourceforge.net/projects/pentaho/files/latest/download，本书选用的 Kettle 版本是 2017 年 5 月 18 日发布的 Kettle 7.1，其安装包文件 pdi-ce-7.1.0.0-12.zip 可存放在 master 机器的/home/xuluhui/Downloads 中。

4. 安装和配置 Kettle

Kettle 集群是通过 Carte 服务组建的，集群模式主要用于远程执行 Job。Kettle 也可以仅在一台机器上安装，本书采用在 master 一台机器上安装，以下所有步骤均在 master 一台机器上完成。

1）解压

切换到 root，解压 pdi-ce-7.1.0.0-12.zip 到安装目录/usr/local 下，使用命令如下所示：

```
su root
cd /usr/local
unzip /home/xuluhui/Downloads/pdi-ce-7.1.0.0-12.zip
```

Kettle 默认解压后目录名很特殊，叫做"data-integration"。

2）在系统配置文件目录/etc/profile.d 下新建 kettle.sh

使用"vim /etc/profile.d/kettle.sh"命令在/etc/profile.d 文件夹下新建文件 kettle.sh，添加如下内容：

```
export KETTLE_HOME=/usr/local/data-integration
export PATH=$KETTLE_HOME:$PATH
```

其次，重启机器，使之生效。

此步骤可省略。之所以将$KETTLE_HOME 加入到系统环境变量 PATH 中，是因为当输入 Kettle 命令时，无需再切换到$Kettle_HOME，这样使用起来会更加方便，否则会出现错误信息"bash: ****: command not found..."。

3）设置$KETTLE_HOME 目录属主

为了在普通用户下使用 Kettle，将$KETTLE_HOME 目录属主设置为 Linux 普通用户 xuluhui，使用以下命令完成：

```
chown -R xuluhui /usr/local/data-integration
```

4）添加 JDBC 驱动

若读者使用的关系型数据库是 MySQL，则需要添加 MySQL JDBC 驱动的 jar 包；若读者使用的数据库是 Microsoft SQL Server 或是 Oracle，就需要添加它们的 JDBC 驱动包。例如，若使用 MySQL，首先需要下载 MySQL Connector/J，本书下载的是 MySQL Connector/J 5.1.48，文件名为 mysql-connector-java-5.1.48.tar.gz，采用的 MySQL JDBC 驱动 jar 包是 mysql-connector-java-5.1.48.jar。其次将该 jar 包复制到 Kettle 安装目录的 lib 下，具体使用的命令如下所示：

```
cp  /home/xuluhui/Downloads/mysql-connector-java-5.1.48/mysql-connector-java-5.1.48.jar  /usr/local/data-integration/lib/
```

5. 验证 Kettle

执行命令"kitchen.sh"，若出现"-bash: kitchen.sh: Permission denied"信息，说明用户对 kitchen.sh 缺少执行权限(x)，则需要为该文件赋予执行权限。为 Kettle 安装目录下所有.sh 文件赋予执行权限所使用的命令如下所示：

```
chmod +x /usr/local/data-integration/*.sh
```

若执行命令"kitchen.sh"后出现如图 9-76 所示的帮助信息，就说明 Kettle 部署成功。

```
[xuluhui@master ~]$ kitchen.sh
##################################################################
WARNING:  no libwebkitgtk-1.0 detected, some features will be unavailable
    Consider installing the package with apt-get or yum.
    e.g. 'sudo apt-get install libwebkitgtk-1.0-0'
##################################################################
Java HotSpot(TM) 64-Bit Server VM warning: ignoring option MaxPermSize=256m; sup
port was removed in 8.0
Options:
  -rep            = Repository name
  -user           = Repository username
  -pass           = Repository password
  -job            = The name of the job to launch
  -dir            = The directory (dont forget the leading /)
  -file           = The filename (Job XML) to launch
  -level          = The logging level (Basic, Detailed, Debug, Rowlevel, Error,
Minimal, Nothing)
  -logfile        = The logging file to write to
  -listdir        = List the directories in the repository
  -listjobs       = List the jobs in the specified directory
  -listrep        = List the available repositories
  -norep          = Do not log into the repository
  -version        = show the version, revision and build date
  -param          = Set a named parameter <NAME>=<VALUE>. For example -param:FIL
E=customers.csv
  -listparam      = List information concerning the defined parameters in the sp
ecified job.
  -export         = Exports all linked resources of the specified job. The argum
ent is the name of a ZIP file.
  -custom         = Set a custom plugin specific option as a String value in the
 job using <NAME>=<Value>, for example: -custom:COLOR=Red
  -maxloglines    = The maximum number of log lines that are kept internally by
Kettle. Set to 0 to keep all rows (default)
  -maxlogtimeout  = The maximum age (in minutes) of a log line while being kept
internally by Kettle. Set to 0 to keep all rows indefinitely (default)
[xuluhui@master ~]$ ▌
```

图 9-76　执行命令"kitchen.sh"验证 Kettle

9.4.4　实战 Kettle

1. Spoon

Spoon 是一个图形界面工具，可以用来设计和运行 Job、Transformation。Kettle 提供资源库和文件两种方式存储。如果选择资源库，Spoon 第一次启动时需要创建资源库；如果选择文件，作业文件的扩展名是 .kjb，转换文件的扩展名是 .ktr。

Linux 下命令行入口为"spoon.sh"，Windows 下命令行入口为"spoon.bat"，可以启动 Kettle Spoon 图形用户界面。

2. Kitchen

Kitchen 是一个作业(Job)执行引擎，用于执行作业，是一个 PDI 命令行工具。Linux 下命令行入口为"kitchen.sh"，Windows 下命令行入口为"kitchen.bat"。例如在 Linux 下直接输入"kitchen.sh"即可查看帮助，如图 9-76 所示。

例如，执行本地 Job 的命令行语句如下所示：

```
kitchen.sh -file=/home/xuluhui/kettle/move.kjb -log=move.log
```

该命令的功能是执行作业文件"move.kjb"，并写入日志"move.log"。

3. Pan

Pan 是一个转换(Transformation)执行引擎，用于执行转换，也是一个 PDI 命令行工具。与 Kitchen 相同，Linux 下命令行入口为 "pan.sh"，Windows 下命令行入口为 "pan.bat"，Pan 的参数与 Kitchen 类似，如图 9-77 所示。

```
Options:
  -rep          = Repository name
  -user         = Repository username
  -pass         = Repository password
  -trans        = The name of the transformation to launch
  -dir          = The directory (dont forget the leading /)
  -file         = The filename (Transformation in XML) to launch
  -level        = The logging level (Basic, Detailed, Debug, Rowlevel, Error,
Minimal, Nothing)
  -logfile      = The logging file to write to
  -listdir      = List the directories in the repository
  -listtrans    = List the transformations in the specified directory
  -listrep      = List the available repositories
  -exprep       = Export all repository objects to one XML file
  -norep        = Do not log into the repository
  -safemode     = Run in safe mode: with extra checking enabled
  -version      = show the version, revision and build date
  -param        = Set a named parameter <NAME>=<VALUE>. For example -param:FOO
=bar
  -listparam    = List information concerning the defined named parameters in
the specified transformation.
  -metrics      = Gather metrics during execution
  -maxloglines  = The maximum number of log lines that are kept internally by
Kettle. Set to 0 to keep all rows (default)
  -maxlogtimeout = The maximum age (in minutes) of a log line while being kept
internally by Kettle. Set to 0 to keep all rows indefinitely (default)
```

图 9-77　Pan 参数

例如，执行本地 Transformation 的命令行语句如下所示：

```
pan.sh -file=/home/xuluhui/kettle/move.ktr -norep
```

该命令的功能是执行转换文件 "move.ktr"，不写日志。

4. Kettle API

可以通过 Kettle API 方式，将 Kettle 与第三方应用程序集成，在第三方应用中运行 Job 或 Transformation。Kettle 本身不提供对外的 REST API，但是有一个 Step 为 REST Client。

9.4.5　其他 ETL 工具

目前，ETL 工具分为商业软件和开源软件两种。其中，商业软件的典型代表产品有 Informatica PowerCenter、IBM InfoSphere DataStage、Oracle Data Integrator、Microsoft SQL Server Integration Services 等；开源软件的典型代表产品除了 Kettle 外，还有 Talend、Apatar、Scriptella 等。相对于商业软件，开源软件 Kettle 是一个易于使用的、低成本的解决方案。

1. Talend

Talend 是第一家针对数据集成工具市场的 ETL 开源软件供应商。Talend 以它的技术和商业双重模式为 ETL 服务提供了一个全新的远景，它打破了传统的独有封闭服务，提供了一个针对所有规模公司的、公开的、创新的、强大的、灵活的软件解决方案。由于 Talend 的出现，数据整合方案不再被大公司所独享。Talend 的商标如图 9-78 所示。

图 9-78　Talend 的商标

关于 Talend 的更多信息，读者可参考官网 http://www.talend.com/。

2. Apatar

Apatar 采用 Java 编写，是一个开源的 ETL 项目，采用模块化架构，提供可视化的 Job
设计器与映射工具，支持所有主流数据源，提供灵活的基于 GUI、
服务器和嵌入式的部署选项。它具有符合 Unicode 的功能，可用
于跨团队集成数据；它填充了数据仓库与数据市场，连接到其
他系统时可在少量代码或没有代码的情况下进行维护。Apatar
的商标如图 9-79 所示。

图 9-79　Apatar 的商标

关于 Apatar 的更多信息，读者可参考官网 http://apatar.com/。

3. Scriptella

Scriptella 是一个开源的 ETL 工具和一个脚本执行工具，采用 Java 开发。Scriptella 支
持跨数据库的 ETL 脚本，并且可以在单个 ETL 文件中与多个数据源运行。Scriptella 可与
任何 JDBC/ODBC 兼容的驱动程序集成，并提供与非 JDBC 数据源和脚本语言的互操作性
的接口，它还可以与 Java EE、Spring、JMX、JNDI 和 JavaMail 集成。Scriptella 的商标如
图 9-80 所示。

scriptella

图 9-80　Scriptella 的商标

关于 Scriptella 的更多信息，读者可参考官网 http://scriptella.org/。

本 章 小 结

本章依次介绍了数据迁移工具 Sqoop、日志采集工具 Flume、分布式流平台 Kafka 和
ETL 工具 Kettle 的基础知识、体系架构、安装部署、实战应用，同时也简要介绍了当前其
他数据迁移工具(如 DataX 等)、日志采集工具(如 Logstash、Fluentd 等)、ETL 工具(如 Talend、
Apatar 等)。

Apache Sqoop 是一个基于 Hadoop 的数据迁移工具，主要用于在 Hadoop 和关系数据库、
数据仓库、NoSQL 之间传递数据。通过 Sqoop Shell 或 Sqoop API，可以方便地实现关系数
据库(Oracle、MySQL、PostgreSQL 等)到 Hadoop(HDFS/Hive/HBase)的导入、导出。

Apache Flume 致力于解决大量日志流数据的迁移问题，它可以高效地收集、聚合和移
动海量日志，是一个纯粹为流式数据迁移而产生的分布式服务。Flume 代理是由持续运行
的 Source(数据来源)、Sink(数据目标)以及 Channel(用于连接 Source 和 Sink)三个 Java 进程
构成。Flume 提供了大量内置的 Source、Channel 和 Sink 类型，允许不同类型的 Source、
Channel 和 Sink 自由组合，用户只需自定义 Agent 属性文件即可。这些配置控制着 Source、
Channel 和 Sink 的类型以及它们的连接方式，使用非常灵活。

Apache Kafka 是一个分布式流平台，允许发布和订阅记录流，用于在不同系统之间传
递数据。一个典型的 Kafka 集群包含多个 Producer、多个 Broker、多个 Consumer Group 和

一个 ZooKeeper 集群。使用 Kafka Shell 命令可以创建 Topic、查看 Topic、启动 Producer 生产消息和启动 Consumer 消费消息。

Kettle 是 Pentaho 的子项目，是一个优秀的开源 ETL 工具，可以高效稳定地实现数据的抽取、转换、加工、装载。Spoon 是一个图形界面工具，可以用来设计和运行 Job、Transformation；Kitchen 是一个用于执行作业(Job)的 PDI 命令行工具；Pan 是一个用于执行转换(Transformation)的 PDI 命令行工具。

思考与练习题

1. 试述 Sqoop 的由来和功能。
2. 试述 Sqoop 1 和 Sqoop 2 的主要区别。
3. 试述配置 Sqoop 时的关键点。
4. 试举例说明 Sqoop Shell 常用命令的使用方法。
5. 试述 Flume 的功能。
6. 试述 Flume 的三大基本构件及其作用。
7. 试述 Flume 内置的 Source、Channel 和 Sink 类型。
8. 试述 Kafka 的体系架构。
9. 试述配置 Kafka 集群时关键点。
10. 试述 Kettle 中 Spoon、Kitchen、Pan 的作用。
11. 实践操作题：尝试使用 Sqoop 实现 HBase 到 MySQL 数据的导入和导出。
12. 实践操作题：尝试使用 Flume 实现实时读取本地文件到 HDFS 集群。
13. 实践操作题：尝试使用 Kettle 从 MySQL 数据库导出数据到本地文件。

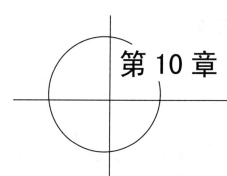

第 10 章

数 据 可 视 化

面对海量的大数据，人们希望能够快速找出数据中隐藏的信息规律和真相。数据可视化通过简洁直观的点、线、面组成的图形直观地展示数据信息，可以帮助人们快速捕获和保存信息。数据可视化是大数据处理的最后一个环节。

本章首先引入数据可视化的概念，然后介绍了数据可视化的历史、作用和意义，接着概要介绍了数据可视化常用图表类型，最后详细介绍了 ECharts、Python、Tableau、阿里云 DataV、D3.js 等数据可视化工具，通过几个例子介绍了 ECharts 和 Python 的 Matplotlib、PyECharts 绘制可视化图形的方法、流程。

本章知识结构图如图 10-1 所示(★表示重点，▶表示难点)。

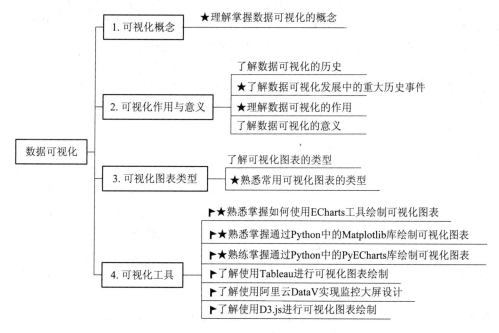

图 10-1 数据可视化的知识结构图

10.1 可视化概念

通常以文本或数值形式显示的数据，不能很好地展示数据之间的关系和规律，也显得比较枯燥无趣。借助一些图形工具，可以比较直观地展示、传达信息。所以，数据可视化对于海量数据分析和决策是很有必要的。

数据可视化不是一个新的概念，在科学计算、图表绘制、天气预报、地理信息、工业设计、建筑设计装饰、动漫游戏等领域有多年的应用实践。面对大数据时代日益增长的海量数据，更加形象化地展示数据，发掘数据的深层含义来帮助人们决策，已越来越被人们重视。一图胜千文，数据可视化适应了人们这种需求。同时，大数据的发展也拓展了数据可视化学科的内涵和外延。

根据维基百科的定义，数据可视化(Data Visualization)被许多学科视为与视觉传达含义相同的现代概念，它涉及数据的可视化表示的创建和研究。为了清晰有效地传递信息，数据可视化使用统计图形、图表、信息图表和其他工具，使用点、线或面对数字数据进行编码，以便在视觉上传达定量信息。有效的可视化可以帮助用户分析和推理数据和证据，它使复杂的数据更容易理解和使用。简单地说，数据可视化就是以图形化方式表示数据。决策者可以通过图形直观地看到数据分析结果，交互式地观察数据的改变或处理过程，更方便理解业务的变化趋势或发现新的业务模式。

数据可视化是关于数据视觉表现形式的科学技术研究。它借助图形化手段，以简洁精美的图像展现复杂、抽象、分散、海量的信息，从而直观清晰有效地传达信息，帮助人们在信息过剩和数据泛滥时代，发现数据丛林中的真相，实现对于稀疏而又复杂的数据集的深入洞察，同时还能为人们提供和发现全新视角，从而使人们从多个维度观察和分析数据。数据可视化最终表现形式可以是商业报表、邮件推送、Web 报表、Java Jar 包工具等。

数据可视化是数据分析的一个重要方面，它以可交互的图形、表格、图像等可视格式捕捉人们的注意力并传达数据的内在联系和结果。数据可视化正在帮助全球的公司实时展示业务、预测结果、帮助决策、推动改进行动和提高业务回报。

数据可视化要避免为实现功能用途而枯燥乏味，或者为了看上去绚丽多彩而显得极端复杂，为有效地传达思想和意图，美学形式与功能实现要齐头并进地传达关键信息。可视化除了准确、充实、高效外，也需要美观。美观分为两个层次，第一层是整体协调美，没有多余元素，图表中的坐标轴、形状、线条、字体、标签、图例、标题排版等元素是经过合理安排的。UI 设计中的四大原则(对比、重复、对齐、亲密性)同样适用于图表。第二层才是让人愉悦的视觉美，色彩应用恰到好处，把握好视觉元素中色彩的运用。色彩可以帮助人们对信息进行深入分类、强调或淡化，使图形变得更加生动、有趣，信息表达更加准确和直观，给受众带来视觉效果上的享受。

数据可视化与信息图形、信息可视化、科学可视化以及统计图形密切相关。数据可视化不是简单地把数据变成图表，而是以数据为视角看待世界，目的是描述世界和探索世界。

10.2　可视化的作用与意义

随着大数据时代的爆发和企业数据的日久累计，海量的数据无论从数量空间还是从维度层次上都日益繁杂。面对海量数据，不能有效利用，无法提供决策依据，同时数据展示模式繁杂晦涩，无法快速甄别有效信息。有效将海量数据经过抽取、加工、提炼，通过可视化方式展示出来，改变传统的文字描述等数据识别模式，让决策者更高效地掌握重要信息和了解重要细节，助力企业重大决策制定和发展方向研判，就变得尤为重要和意义非凡。

10.2.1　可视化历史

1. 统计制图法的创始人 William Playfai

William Playfair(1759—1823)是苏格兰的工程师、政治经济学家、统计制图法的创始人，他坚信图表比数据表更有表现力。他创造了世界上第一张有意义的线图、柱图、饼图与面积图，这四种图表类型直到现在都是被频繁使用的图表类型。图 10-2 是 William Playfair 绘制的条图，出现在他主编的《商业与政治图集》(Commercial and Political Atlas)中。

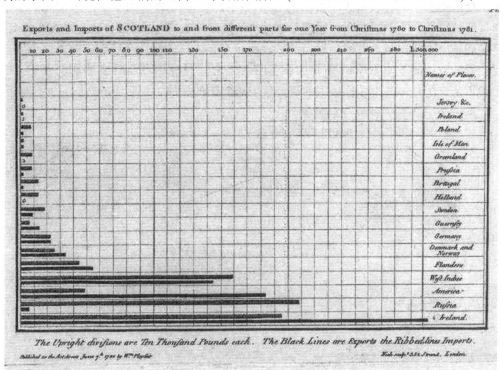

图 10-2　William Playfair 绘制的条图

图 10-3 是 1801 年 William Playfair 在《统计摘要》(Statistical Breviary)中绘制的饼图。这是世界上第一张大饼图，展示的是土耳其帝国当时在欧洲、非洲、亚洲占有的领土面积。

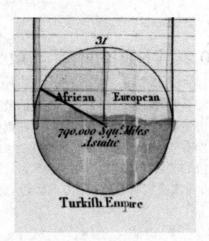

图 10-3　William Playfair 在出版的《统计摘要》(Statistical Breviary)中绘制的饼图

2. 玫瑰图的缔造者 Florence Nightingale

Florence Nightingale(佛罗伦斯·南丁格尔)(1820—1910)是 Nightingale Rose Chart(南罗格尔玫瑰图)的缔造者。南丁格尔玫瑰图又名鸡冠花图、极坐标区域图，是南丁格尔在克里米亚战争期间提交的一份关于士兵死伤的报告时发明的一种图表，是在极坐标下绘制的柱状图，使用圆弧的半径长短表示数据的大小(数量的多少)。在克里米亚战争期间，南丁格尔通过搜集数据，发现很多死亡原因并非是"战死沙场"，而是因为在战场外感染了疾病，或是在战场上受伤，却没有得到适当的护理而致死。为了解释这个原因，并降低英国士兵的死亡率，她绘制了如图 10-4 所示的著名图表，并于 1858 年递到了维多利亚女王手中。一个扇形是一个月，其中面积最大的块，代表可预防的疾病。

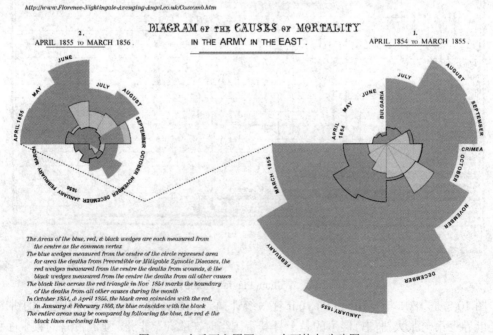

图 10-4　士兵死亡原因——南丁格尔玫瑰图

3. 拿破仑行军图 Charles Joseph Minard

《1812-1813 对俄战争中法国人力持续损失示意图》是史上最杰出的统计图之一，由 Charles Joseph Minard(1781—1870)绘制，也被简称为《拿破仑行军图》或《米纳德的图》。这张图表描绘了拿破仑的由军队自离开波兰—俄罗斯边界后军力损失的状况。如图 10-5 所示，通过两个维度，呈现了六种资料：拿破仑军队的人数、行军距离、温度、经纬度、移动方向以及时间-地域关系。现在，大家更熟悉的带状图表的名字叫做"桑基图"，但是它比米纳德的图晚了 30 年，而且桑基图只用于解释能量的流动。米纳德的成就不仅仅是一张行军图，他还是首个把饼图与地图结合在一起的人(如图 10-6 所示)以及在地图上加流线(如图 10-7 所示)。

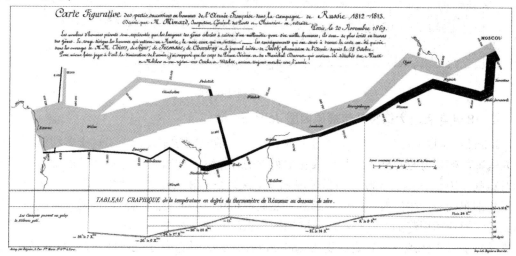

图 10-5　1812—1813 年对俄战争中法国人力持续损失示意图

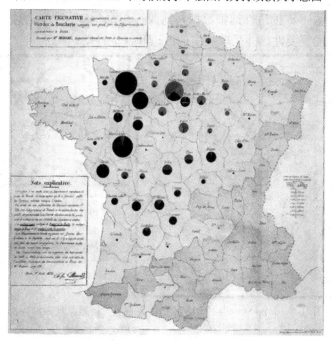

图 10-6　饼图与地图相结合

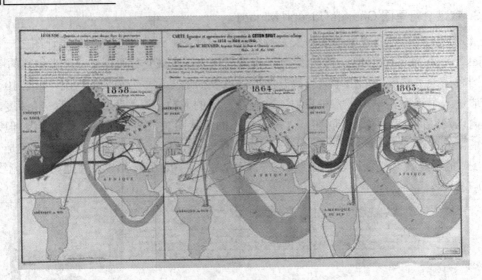

图 10-7　在地图上加流线

4. 1854 年百老大街霍乱传播原因图 John Snow

　　John Snow 医生(1813—1858)是英国麻醉学家、流行病学家，曾经当过维多利亚女王的私人医师，被认为是麻醉医学和公共卫生医学的开拓者。1854 年，伦敦西部西敏市苏活区爆发霍乱，10 天内死亡 500 人。当时许多医生认为霍乱和天花是由"瘴气"或污水及其他不卫生的东西中产生的有害物所引起的。然而，John Snow 通过调查，证明了霍乱是由被污染的水源传播引起的。他将苏活区的地图与霍乱数据结合在一起，如图 10-8 所示，锁定了霍乱的流行来源地——百老大街(Broad Street)水泵，并推荐了几种实用的预防措施，如清洗被污染的衣被、洗手和将水烧开饮用等，取得了良好的效果。那个时代没有 GIS，地图都靠手绘，John Snow 创造性地把数据与地图结合在一起。这张信息图还使公众意识到了城市地下水系统的重要性，并采取切实的改造和保护行动。

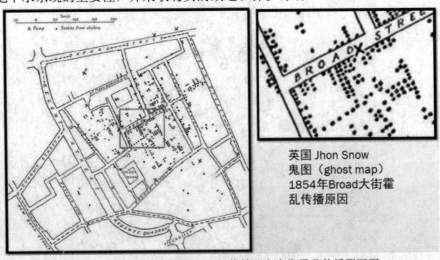

英国 Jhon Snow
鬼图（ghost map）
1854年Broad大街霍
乱传播原因

图 10-8　John Snow 绘制 1854 年伦敦百老大街霍乱传播原因图

10.2.2 可视化的作用

1. 提高数据可读性，快速准确高效地获取信息

大量研究结果表明，人类通过图形获取信息的速度比通过阅读文字获取信息的速度要快很多，人脑对视觉信息的处理要比书面信息处理容易得多。数据可视化可以提高数据的可读性，以更高效的方式将数据背后隐藏的信息传递给人们。将信息可视化能有效地抓住人们的注意力。有些信息通过文字和数字来传递，可能需要几分钟、几小时，甚至无法传达。但是通过线条、形状、标记、颜色、布局以及其他元素的融合而成的图形图像，却可以快速地在几秒钟之内把信息传达给人们。

数据可视化有一个共同的目的，即准确、高效、精简而全面地传递信息和知识，利用合适的图表直截了当、清晰直观地表达出来，实现数据自我解释、让数据说话的目的。数据可视化能够加深和强化人们对于数据的理解和记忆。同时，可视化图表不仅仅只有传递信息的功能，数据可视化还具有可配置性，可通过交互性图表界面进行设置指定。

2. 实时展示信息

对于企业而言，传统的商业智能产品或报表工具部署周期长，从设计、研发、部署到交付，往往需要数月甚至更长时间，IT 部门也需要为此付出很大精力。对于决策者而言，想要了解业务发展，不得不等待每周或每月的分析报告，这意味着决策周期将更加漫长。

在社会高速发展和商业环境快速变化的今天，每周或每月的分析报告显然无法满足企业快节奏的决策需求。实时数据可视化图表会随着业务数据的实时更新而变化，这使得企业决策者可以第一时间了解业务运营状态，及时发现问题并调整策略。实时的数据更新也大大提高了分析人员的工作效率，省去了很多重复式数据准备工作。

在某些领域，人们需要更高时效性的图表。比如产品的线上指标分析，有多少用户当前在线、主站的负载情况如何、有多少在线交易正在形成等。此外，很多系统运维数据也希望有更高的实时性，比如目前服务器的负载如何、过去 5 分钟的负载情况、用户细分数据等。实时数据可视化与时间具有强相关性。实时数据可视化图表本质上必须是一个动态图表，这与其他的图表类型有所不同。实时数据可以是日志数据和来源于事件数据库的数据。日志是最常见形式，大部分系统都会以各种形式记录日志，同时大部分日志会提供回滚机制。对于很多基于事件的软件系统，事件会被写入到数据库中，这些数据也可以用作实时数据可视化的数据来源。

3. 有效帮助决策

可视化能将不可见的数据现象转化为可见的图形符号，能将错综复杂、看起来没法解释和关联的数据，建立起联系和关联，发现规律和特征，使人们获得更有商业价值的洞见和价值。大数据可视化工具可以提供实时信息，使利益相关者更容易对整个企业进行评估。对市场变化的更快调整和对新机会的快速识别是每个行业的竞争优势。在竞争大环境中，找到业务功能和市场性能之间的相关性是至关重要的，数据可视化能够跟踪运营和整体业务性能之间的连接。

图形表现数据比传统的统计分析法更加精确和有启发性。借助可视化图表可以寻找数据规律，分析推理，预测未来趋势。利用大数据可视化技术可以实时监控业务的运行状况和关键指标，使其更加阳光透明。例如天猫的双 11 数据大屏实况直播，利用可视化大屏展

示大数据平台的资源利用、任务成功率、实时数据量等。企业决策者可以更方便了解自己的企业，更容易发现各项业务的运行状态、变化和趋势，及时发现问题并第一时间做出应对，做出合理决策。

10.2.3 可视化的意义

好的数据可视化有友好的用户体验，能准确地用最简单的方式传递最准确的信息，节约思考时间，同时不能让人花了时间又看得一头雾水，甚至被误导得出错误结论。最合理的可视化图表需要根据比较关系、数据维数、数据多少进行选择。充实一份数据分析报告或者解释清楚一个问题，极少是通过单一一个图表来完成的，需要多个指标或者同一指标的不同维度相互配合佐证分析结论。高效成功的可视化虽表面简单却富含深意，可以让观察者一眼洞察事实并产生新的理解，管理者能够沿着规划的可视化路径迅速找到和发现决策之道。

数据可视化可以使数据变得更有意义，而且可视化也可以使数据变得更容易理解。数据可视化软件正帮助越来越多的企业从浩如烟海的复杂数据中理出头绪，化繁为简，以一种简便方便地方式将复杂的数据呈现出来，变成看得见的财富，使用户更容易理解这些数据，从而更方便地实现有效的决策。Tableau、Qlik、Microsoft、SAS、IBM、百度等 IT 厂商纷纷加入数据可视化阵营，在降低数据分析门槛的同时，为分析结果提供了更炫更简洁的展现方式。

10.3 可视化图表的类型

10.3.1 可视化图表类型概述

数据可视化的最终目的和最高追求是将海量数据信息梳理整合分析后，以简单直观、易于理解的形式进行展示。可视化图表是数据处理分析、可视化展示的最终形式。可视化图表类型丰富多样，适用于不同的数据分析应用场景，可以从多个视角维度展示数据间的复杂关系。

可视化图表类型根据形式划分，主要有折线图、柱状图、饼图、气泡图、雷达图、极坐标图、热力图、仪表盘、漏斗图、桑基图、K 线图、地理坐标/地图等。简单的可视化图表由这些图表中的一种组成，复杂的可视化图表可能包括其中的两种或多种，以表现更复杂数据间的关系和联系。

10.3.2 常用的可视化图表

本小节介绍几种常用的可视化图表。

1. 柱状图(条形图)

柱状图(bar)是一种以长方形的长度为变量的表达图形的统计报告图，由一系列高度不等的纵向条纹表示数据分布情况，用来比较两个或以上的价值(不同时间或者不同条件)，只有一个变量，通常用于较小的数据集分析，如图 10-9 所示。柱状图亦可横向排列(条形图)或用多维方式表达，形成三维立体柱状图。柱状图的每根柱体内部也可以用不同方式编码，形成堆叠图。

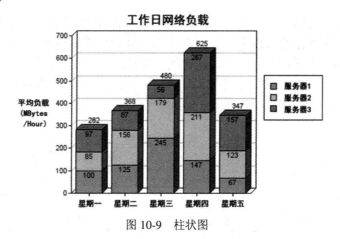

图 10-9　柱状图

2. 折线图

折线图(line)是将数据集的列或行中的数据绘制到折线图中，适用于二维大数据集，特别是数据趋势比单个数据点更重要的应用场景。折线图可以显示随时间(根据常用比例设置)而变化的连续数据，因此非常适用于显示在相等时间间隔下数据的趋势，如图 10-10 所示。在基本二维折线图的基础上，还可以绘制带数据标记的折线图、堆积折线图、三维折线图等。

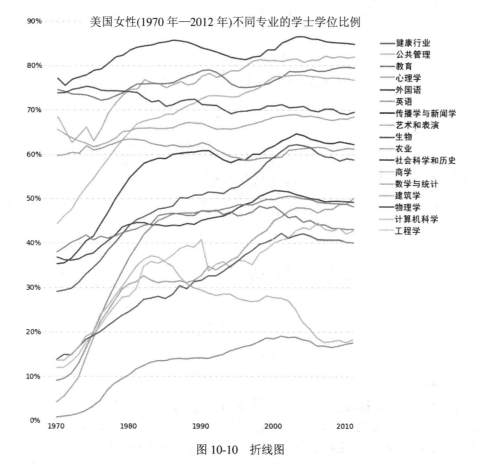

图 10-10　折线图

3. 散点图(气泡图)

散点图(scatter)是指在回归分析中，数据点在直角坐标系平面上的分布图。散点图表示因变量随自变量而变化的大致趋势，据此可以选择合适的函数对数据点进行拟合，如图 10-11 所示。散点图通常用于显示和比较数值，例如科学数据、统计数据和工程数据。气泡图(bubble)是对散点图的扩展，与散点图相似。不同之处在于，气泡图允许在图表中额外加入一个表示大小的变量进行对比，如图 10-12 所示。

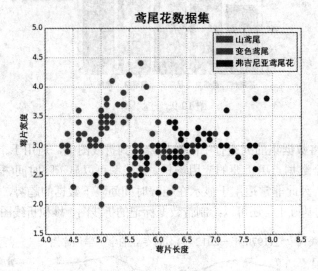

图 10-11　散点图

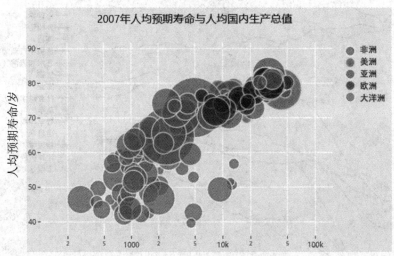

图 10-12　气泡图

4. 箱线图

箱形图(boxplot)又称为盒须图、盒式图或箱线图，是一种用作显示一组数据分散情况资料的统计图。它主要用于反映原始数据分布的特征，还可以进行多组数据分布特征的比较，如图 10-13 所示。箱线图的绘制方法是：先找出一组数据的最大值、最小值、中位数和两个四分位数，然后连接两个四分位数画出箱子，再将最大值和最小值与箱子相连接，中位数在箱子中间。

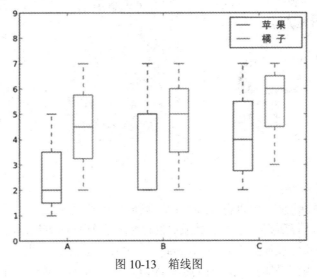

图 10-13　箱线图

5. 雷达图

雷达图(radar)也称为网络图、星图、蜘蛛网图、戴布拉图、不规则多边形、极坐标图或 Kiviat 图，它相当于平行坐标图沿着轴径向排列。雷达图是以从同一点开始的轴上表示的三个或更多个定量(变量)的二维图表的形式显示多变量数据的可视化图表表示方法，最初主要用于企业经营状况分析，如图 10-14 所示。因为雷达图可以在同一坐标系内展示多指标数据的分析比较情况，所以现在越来越多的企事业单位和公司使用雷达图来分析比较各种业务数据。

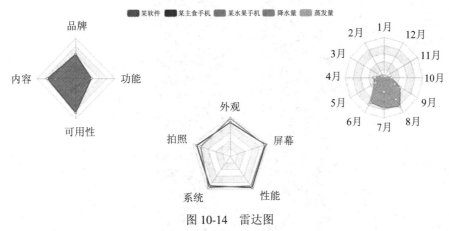

图 10-14　雷达图

6. 仪表盘

仪表盘(dashboard)是商业智能仪表盘(Business Intelligence Dashboard，BI dashboard)的简称，是向企业展示度量信息和关键业务指标(KPI)现状的数据可视化工具。仪表盘可以在一个简单屏幕上联合并整理数字、公制和绩效记分卡，调整适应特定角色并展示为单一视角或部门指定的度量；可以从多种数据源获取实时数据，并可实现定制化交互界面，具有良好的使用体验，如图 10-15 所示。

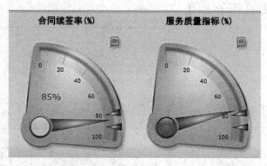

图 10-15　仪表盘

7. 热力图

热力图(Heat Map)是一种以特殊高亮或不同颜色区块的形式，显示用户热衷的页面区域、反映用户行为特征所在的地理区域或时间区域的可视化图表展示方式，如图 10-16 所示。热力图最初由软件设计师 Cormac Kinney 于 1991 年提出，用来描述 2D 实时金融市场信息。最开始的热力图是矩形色块加上颜色编码，经过多年的演化演变为经平滑模糊过的热力图谱。热力图常会和地图联合使用。热力图可显性、直观地将网页流量等业务数据分布通过不同颜色区块展示呈现，为企业进行数据分析、业务优化与调整、经营决策提供了有力的参考依据。

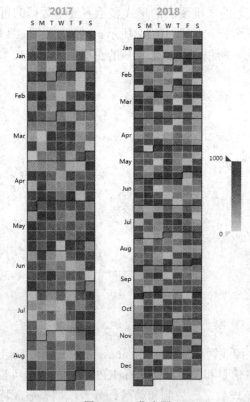

图 10-16　热力图

8. 漏斗图

漏斗图(funnel)适用于有顺序、多阶段、业务流程规范、周期长、环节多的流程分析，通过漏斗各环节业务数据的比较以及初始阶段和最终目标的两端漏斗差距，可直观快速发现问题所在。漏斗图常用于跟踪销售的转化情况，比如跟踪某产品从推广到购买转化的业务流程。在网站分析中，漏斗图通常用于转化率的比较。它不仅能展示用户从进入网站到实现购买的最终转化率，还可以展示每个步骤(创意展示、点击、加入购物车、购买、分享传播等)的转化率，揭示各种业务在网站中受欢迎的程度，如图 10-17 所示。虽然单一漏斗图无法评价企业某个关键流程中各步骤转化率的好坏，但是通过前后对比或是不同业务、不同客户群的漏斗图对比，还是能够发现企业中存在的问题。

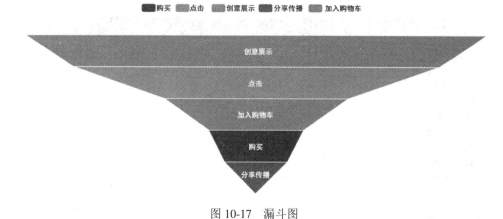

图 10-17　漏斗图

常用的可视化图表类型还有很多，更多的图表类型可以参见 ECharts 官网的官方示例 https://www.echartsjs.com/examples/。

10.4　可视化工具

10.4.1　ECharts

1. ECharts 概述

ECharts(Enterprise Charts，商业级数据图表)是百度开发的一个开源 JavaScript 数据可视化图表库，可运行在 PC 和移动设备上，兼容大部分浏览器(IE8/9/10/11、Chrome、Firefox、Safari 等)，底层依赖轻量级的矢量图形库 ZRender，提供直观生动、交互丰富、可高度个性化定制的数据可视化图表。ECharts 内置的 dataset 属性支持直接传入包括二维表、key-value、TypedArray 等多种格式的数据源。在支持常规图表的基础上，ECharts 加入了更多丰富的交互功能和更多的可视化效果，支持图与图之间的混搭。通过增量渲染技术，配合各种细致的优化，ECharts 能够展现千万级的数据量，并实现流畅的缩放平移等交互，提供了图例、视觉映射、数据区域缩放、tooltip、数据刷选等交互组件，可以对数据进行多维度数据筛取、视图缩放、展示细节等交互操作。ECharts 对移动端做了深度优化，例如移动端小屏上适于用手指在坐标系中进行缩放、平移。细粒度的模块化和打包机制可以让 ECharts 在移动端也拥有很小的体积，可选的 SVG 渲染模块让移动端的内存占用不再捉襟见肘。

ECharts 具有丰富的图表类型，并且很容易使用，常应用于软件产品开发或网页统计图表展示，能处理大数据量；3D 绘图也不逊色，结合百度地图的使用很出色。ECharts 开发流程很简单，在官方实例中选择需要的图表类型，把项目数据复制过去，根据需要进行图表属性的设置(具体属性可以参见官网的『文档』→『配置项手册』)，然后生成图表，保存为图或者代码嵌入即可。

ECharts 官方实例网址链接为 https://www.echartsjs.com/examples/。ECharts 官方实例效果如图 10-18 所示。

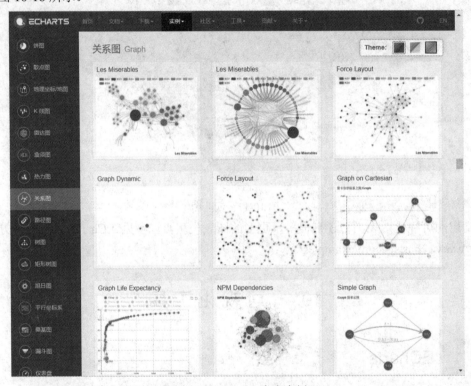

图 10-18　ECharts 官方实例

2. 一个简单例子

通过在 Web 页面中引入 ECharts 库，进行相关的设计即可在 PC 端和移动端的浏览器中渲染图表，以表现众多数据。

(1) 使用前，需要先下载 ECharts 库。可以直接从官网下载界面选择需要的版本。ECharts 根据开发者对功能和体积上的需求，提供了不同版本。如果对体积没有要求，可以直接下载完整版本。开发环境建议下载源代码版本，包含常见的错误提示和警告。最简单的只需要下载 echarts.js 即可。

(2) 引入 ECharts 库。ECharts 3 开始不再强制使用 AMD 的方式按需引入，代码里也不再内置 AMD 加载器，因此引入方式简单了很多，只需要像普通的 JavaScript 库一样用 script

标签引入即可。注意 echarts.js 文件的路径，如果将 echarts.js 文件复制到当前 html 文件所在的文件夹，直接使用 src="echarts.js"即可；如果是复制到其他路径，需要指定到所复制的路径。

引入 ECharts 库的命令如下所示：

```html
<!DOCTYPE html>
<html>
<head>
    <meta charset="utf-8">
    <!-- 引入 ECharts 文件 -->
    <script src="echarts.js"></script>
</head>
</html>
```

（3）为 ECharts 准备一个具备高宽的图表显示区域。为方便选择，设置 div 的 id 选择器为"main"，命令如下：

```html
<body>
    <div id="main" style="width: 600px;height:400px;"></div>
</body>
```

（4）基于准备好的 div 容器，通过 echarts.init()方法初始化一个 ECharts 实例(JavaScript 类型对象)，调用 document 对象的 getElementById('main')方法，传递参数，其中"main"是上一步 id 选择器的值。命令如下：

```
var myChart = echarts.init(document.getElementById('main'));
```

（5）通过定义 option 指定图表的配置项和数据，包括 title 标题、tooltip 标签、legend 图例、xAxis、series 数据系列等。图表的具体外观显示主要由 option 的定义来实现。ECharts 的配置项很多，如果要查看详细的配置项参数，可以访问 ECharts 官网『文档』→『配置项手册』页面 https://echarts.baidu.com/option.html#，获得详细的配置项信息，如图 10-19 所示。

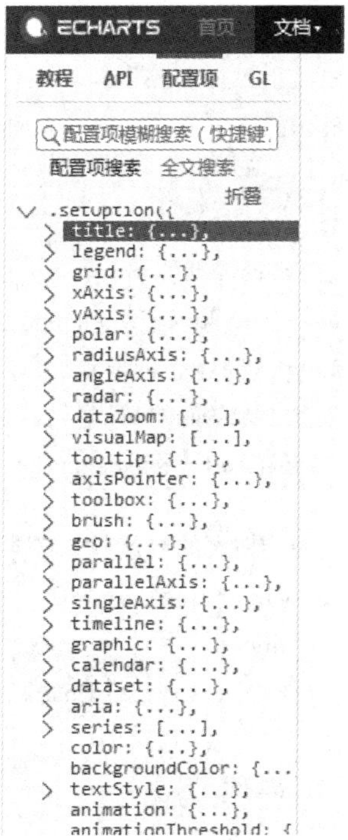

（6）调用 ECharts 实例的 setOption()方法，传递 option 变量，生成需要的设计好的图表，渲染显示在网页中。

【实例 10-1】　绘制服装销量折线图。

实例 10-1 要求实现绘制一个各类服装销售情况的折线图，x 坐标显示各种服装类型，y 坐标显示各种服装的销售数量。当鼠标移动到数据点上时，会弹出 tooltip 提示框，显示该点某服装的销量数据；在图例上单击，查看切换该数据对应的折线图是否显示。效果如图 10-20 所示。

图 10-19　ECharts 配置项手册

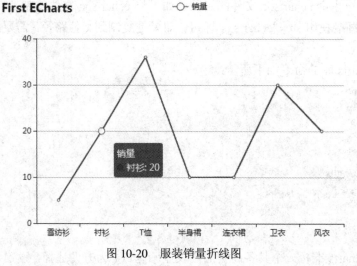

图 10-20 服装销量折线图

实例 10-1 完整代码如下：

```
<!DOCTYPE html>
<html>
<head>
    <meta charset="utf-8">
    <title>ECharts</title>
    <!-- 引入 echarts.js -->
    <script src="echarts.js"></script>
</head>
<body>
<!-- 为 ECharts 准备一个具备大小(宽高)的图表显示区域 -->
<div id="main" style="width: 600px;height:400px;"></div>
<script type="text/javascript">
    // 基于准备好的 div 容器，初始化 ECharts 实例
    var myChart = echarts.init(document.getElementById('main'));

    // 指定图表的配置项和数据
    var option = {
        title: {
            text: 'First ECharts '        //指定标题
        },
        tooltip: {},
        legend: {
            data:['销量']                 //指定图例
        },
        xAxis: {                          //指定 x 轴文本
            data: ["雪纺衫","衬衫","T 恤","半身裙","连衣裙","卫衣","风衣"]
```

```
        },
        yAxis: {},
        series: [{                      // 通过系列(series)指定绘图类型和数据
            name: '销量',
            type: 'line',
            data: [5, 20, 36, 10, 10, 30,20]
        }]
    };

    myChart.setOption(option);          // 使用刚指定的配置项和数据绘制图表
</script>
</body>
</html>
```

3. 使用 dataset 管理数据

在 ECharts 4 以前，数据只能声明在各个"系列(series)"中，从 ECharts 4 开始支持使用 dataset 组件进行单独的数据集声明，使数据可以单独管理，被多个组件复用，并且可以基于数据指定数据到视觉的映射，这在不少场景下能带来使用上的方便。并非所有图表都支持 dataset，目前支持 dataset 的图表有 line、bar、pie、scatter、effectScatter、parallel、candlestick、map、funnel、custom 等。

1) dataset 的主要优点

(1) 贴近数据可视化常见思维方式：基于数据(dataset 组件来提供数据)，指定数据到视觉的映射(由 encode 属性来指定映射)，形成图表。

(2) 数据和其他配置可以被分离开来，使用者相对便于进行单独管理，也省去了一些数据处理的步骤。

(3) 数据可以被多个系列或者组件复用，对于大数据，不必为每个系列创建一份数据。

(4) 支持更多的数据常用格式，例如二维数组、对象数组等，一定程度上避免为了数据格式而进行转换。

2) 数据到图形的映射

制作数据可视化图表的逻辑流程为基于数据，在配置项中指定如何映射到图形。

(1) 指定 dataset 的列 (column) 还是行 (row) 映射为图形系列 (series)：使用 series.seriesLayoutBy 属性来设置，默认值是列(column)。

(2) 指定维度映射的规则：如何从 dataset 的维度(一个"维度"的意思是一行/列)映射到坐标轴(如 X、Y 轴)、提示框(tooltip)、标签(label)、图形元素大小颜色等(visualMap)。使用 series.encode 属性来设置。默认情况下会自动对应到 dataset.source 中的第一行/列。

3) encode 声明的基本结构

encode 声明的基本结构为冒号左边可以是坐标系、标签等特定名称，如 'x', 'y', 'tooltip', 'seriesName', 'itemName' 等，冒号右边是数据中的维度名(string 格式)或者维度的序号(number 格式，从 0 开始计数)。

4) ECharts 中的事件和行为

ECharts 中的事件有两种，一种是鼠标事件，在常规的鼠标事件类型('click'、'dblclick'、

'mousedown'、'mousemove'、'mouseup'等)执行时会触发；还有一种是调用 dispatchAction 后触发的事件，每个 action 都会有对应的事件。

在 ECharts 的图表中，用户的操作将会触发相应的事件，监听这些事件，然后通过回调函数做相应的处理，比如跳转到一个地址，或者弹出对话框，或者做数据更新等。

在 ECharts 3 以上版本中，绑定事件跟 ECharts 2 版本一样，都是通过 on 方法。但是事件名称更加简单，事件名称对应 DOM 事件名称，均为小写的字符串。

【**实例 10-2**】 带有联动交互的多图表共享一个 dataset。

实例 10-2 实现了多图表共享一个 dataset，下方折线图的每条折线展示了 2013 年—2018 年四种茶叶(红茶、白茶、绿茶和普洱)的销量；上方的饼图展示了某个年份四种茶叶的销量及百分比，默认为 2013 年的销量数据，效果如图 10-21 所示。

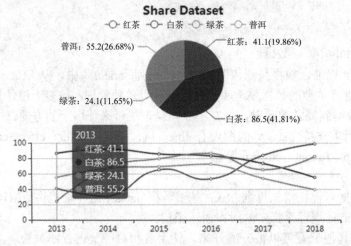

图 10-21   多图表共享 dataset(饼图显示 2013 年数据)

拖到鼠标在折线图上移动，当鼠标移动到某个年份节点区域时，饼图即根据该年份的数据进行更新。当鼠标移动到饼图上时，鼠标指向的扇形区域会放大显示，并添加阴影效果。将鼠标移动到折线图 2015 年数据列，再移动到 "白茶" 扇形区后的效果图如图 10-22 所示。

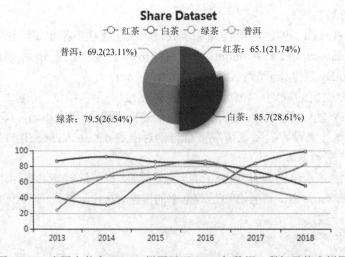

图 10-22   多图表共享 dataset(饼图显示 2015 年数据，鼠标悬停在饼图)

实例 10-2 的完整代码如下：

```html
<!DOCTYPE html>
<html>
<head>
    <meta charset="utf-8">
    <title>ECharts</title>
    <!-- 引入 echarts.js -->
    <script src="echarts.js"></script>
</head>
<body>
<!-- 为 ECharts 准备一个具备大小(宽高)的 Dom -->
<div id="main" style="width: 600px;height:400px;"></div>
<script type="text/javascript">
    // 基于准备好的 dom，初始化 echarts 实例
    var myChart = echarts.init(document.getElementById('main'));

    setTimeout(function () {

        option = {
            title: {
                text: 'Share Dataset ',
                left: 'center'                //标题中对齐
            },
            legend: {
                top: '6%'                    //图例距离容器顶端 6%
            },
            tooltip: {
                trigger: 'axis',            //提示框内容由坐标轴触发
                showContent: true
            },
            dataset: {                    // 提供一份数据
                source: [
                    ['product', '2013', '2014', '2015', '2016', '2017','2018'],
                    ['红茶', 41.1, 30.4, 65.1, 53.3, 83.8, 98.7],
                    ['白茶', 86.5, 92.1, 85.7, 83.1, 73.4, 55.1],
                    ['绿茶', 24.1, 67.2, 79.5, 86.4, 65.2, 82.5],
                    ['普洱', 55.2, 67.1, 69.2, 72.4, 53.9, 39.1]
                ]
            },
```

```
// 声明一个 x 轴，类型为类目轴(category)，适用于离散数据
// 默认情况下，类目轴对应到 dataset 第一列
xAxis: {type: 'category'},
// 声明一个 y 轴，默认类型为数值轴(value)
// gridIndex 表示 y 轴所在绘图网格 grid 的索引,
// 默认值为 0，即位于第一个绘图 grid 中
yAxis: {gridIndex:0},
//设置绘图网格，单个 grid 内最多可以放置上下两个 x 轴，左右两个 y 轴，设置绘图网格离
   顶端距离
grid: {top: '55%'},
series: [
    // 这几个系列会绘制在第一个绘图网格中
    // 图类型为折线图，平滑显示。seriesLayoutB 属性为 row，每个系列对应到 dataset 的
       每一行
    {type: 'line', smooth: true, seriesLayoutBy: 'row'},
    {type: 'line', smooth: true, seriesLayoutBy: 'row'},
    {type: 'line', smooth: true, seriesLayoutBy: 'row'},
    {type: 'line', smooth: true, seriesLayoutBy: 'row'},
    {// 设置绘图的属性
        type: 'pie',                    // 绘图类型为饼图
        id: 'pie',                      // 绘图 id 为 pie，方便选择引用
        radius: '30%',                  // 设置饼图的半径
        center: ['50%', '30%'],
    // 设置饼图圆心坐标，分别为绘图区域宽和高的 50%和 30%
        itemStyle: {
            emphasis: {                 // 设置鼠标悬停效果，添加阴影效果
                shadowBlur: 20,         // 设置阴影模糊度，20 像素
                shadowColor: 'rgba(0, 0, 0, 0.8)'   //设置阴影颜色和透明度
            }
        },
        label: {                        // 设置饼图上的文本标签
            formatter: '{b}: {@2013} ({d}%)'
        },
        //设置饼图的数据到图形的映射规则
        encode: {
            itemName: 'product',  // 映射数据 dataset.sourc 的"product"行
            value: '2013',        // 设置饼图初始值数据为'2013'列对应的值
            tooltip: '2013'       // 设置饼图提示框数据为'2013'列对应的值
        }
```

```
                }
            ]
        };

        // 绑定事件处理函数,通过监听更新坐标轴指示器(updateAxisPointer)事件来更新上面的饼图
        myChart.on('updateAxisPointer', function (event) {
            var xAxisInfo = event.axesInfo[0];
            if (xAxisInfo) {
                var dimension = xAxisInfo.value + 1;        // 坐标轴指示器后移一组数据
                myChart.setOption({
                    series: {
                        id: 'pie',
                        label: {        // 根据更新后的 dimension 值，设置饼图上的文本标签
                            formatter: '{b}: {@[' + dimension + ']} ({d}%)'
                        },
                        encode: {        // 根据更新后的 dimension 值，设置饼图的数据到图形的映射规则
                            value: dimension,
                            tooltip: dimension
                        }
                    }
                });
            }
        });
        myChart.setOption(option);            //调用 setOption 方法绘制图形
    });
</script>
</body>
</html>
```

4. 在图表中加入交互组件

　　ECharts 在图表中提供了很多交互组件，有图例组件 legend、标题组件 title、视觉映射组件 visualMap、数据区域缩放组件 dataZoom、时间线组件 timeline 等。下面以数据区域缩放组件 dataZoom 为例，介绍如何加入这种组件。

　　数据区域缩放组件(dataZoom)可以实现"概览数据整体，按需关注数据细节"数据可视化的基本交互需求。dataZoom 组件能够在直角坐标系(grid)、极坐标系(polar)中实现这一功能，还可以对数轴(axis)进行数据窗口缩放和数据窗口平移操作。

　　在代码中加入 dataZoom 组件过程如下:

　　(1) 首先只对单独一个坐标轴加上 dataZoom 组件，设置该 dataZoom 的类型、x 坐标轴的起始位置和结束位置(百分比)。加入以下代码后，图的下方会出现一个水平滚动条，拖

动滑块即可左右移动所绘制图形；在滑块的左右两端拖动，即可水平缩放所绘制图形。代码如下：

```
dataZoom: [
    {       //这个 dataZoom 组件，默认控制 x 轴
        type: 'slider',        // 设置 dataZoom 组件类型为 slider
        start: 0,              // 左边在 0%的位置
        end: 50                // 右边在 50%的位置
    }
]
```

(2) 如果想在所绘制图形上通过拖动鼠标平移图形以及滚动鼠标滚轮(或移动触屏上的两指滑动)进行图形缩放，则需要再加上一个 inside 型的 dataZoom 组件，直接在上面的 option.dataZoom 中增加以下代码：

```
    {   // 这个 dataZoom 组件，也控制 x 轴
        type: 'inside',              // 这个 dataZoom 组件是 inside 型 dataZoom 组件
        start: 0,                    // 左边在 0%的位置
        end: 50                      // 右边在 50%的位置
    }
```

(3) 如果想在 y 轴上也能够实现和 x 轴同样的平移和缩放功能，就在 y 轴上也加上两个 dataZoom 组件，分别为 slider 类型和 inside 类型，代码如下：

```
    {
        type: 'slider',
        yAxisIndex: 0,
        start: 25,
        end: 75
    },
    {
        type: 'inside',
        yAxisIndex: 0,
        start: 25,
        end: 75
    }
```

(4) 代码加入后，会在图形右侧出现一个垂直滚动条，可以通过拖动滚动条或在图形上进行平移和缩放交互操作了。

【实例 10-3】 散点图的平移缩放交互操作。

实例 10-3 实现了北京、上海、深圳三个城市全年的降水量和降水强度的气泡图。为简单起见，这些数据通过生成随机数实现。通过添加 dataZoom 组件，实现通过滚动条和在图形上拖动鼠标、滚动滚轮，来移动和缩放图形。实例初始效果如图 10-23 所示，平移和缩放图形后的效果如图 10-24 所示。

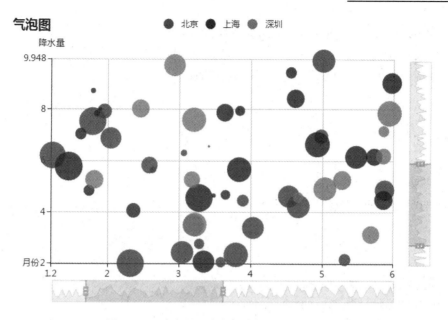

图 10-23　降水量和降水强度气泡图初始效果

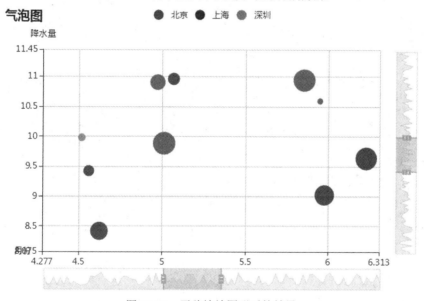

图 10-24　平移缩放图形后的效果

实例 10-3 的完整代码如下：

```html
<!DOCTYPE html>
<html>
<head>
    <meta charset="utf-8">
    <title>ECharts</title>
    <script src="echarts.js"></script>
</head>
```

```
<body>
<div id="main" style="width: 600px;height:400px;"></div>
<script type="text/javascript">
    var myChart = echarts.init(document.getElementById('main'));

    var bj = [];
    var sh = [];
    var shzh = [];
    var random = function (max) {
        return (Math.random() * max).toFixed(3);
    };

    for (var i = 0; i < 100; i++) {
        bj.push([random(12), random(20), random(1)]);
        sh.push([random(12), random(20), random(1)]);
        shzh.push([random(12), random(20), random(1)]);
    }

    option = {
        title: {
            text:'气泡图'
        },
        animation: false,
        legend: {
            data: ['北京', '上海', '深圳']
        },
        tooltip: {
        },
        xAxis: {
            type: 'value',
            name:'月份',              // x 坐标轴名称
            nameLocation:'start',     // x 坐标轴名称位置，start 为坐标轴左侧
            min: 1,
            max: 12,
            splitLine: {
                show: true
            }
        },
        yAxis: {
```

```
                type: 'value',
                name:'降雨量',
                min: 'dataMin',
                max: 'dataMax',
                splitLine: {
                    show: true
                }
            },
            dataZoom: [
                { //这个 dataZoom 组件，控制 x 轴
                    type: 'slider',        // 设置 dataZoom 组件类型为 slider
                    show: true,
                    xAxisIndex: [0],
                    start: 10,
                    end: 50
                },
                { //这个 dataZoom 组件，控制 y 轴
                    type: 'slider',        // 设置 dataZoom 组件类型为 slider
                    show: true,
                    yAxisIndex: [0],
                    start: 10,
                    end: 50
                },
                { //这个 dataZoom 组件，控制 x 轴
                    type: 'inside',        // 设置 dataZoom 组件类型为 inside
                    xAxisIndex: 0,
                    start: 30,
                    end: 60
                },
                { //这个 dataZoom 组件，控制 y 轴
                    type: 'inside',        // 设置 dataZoom 组件类型为 inside
                    yAxisIndex: 0,
                    start: 30,
                    end: 60
                }
            ],
            series: [
                {
                    name: '北京',
```

```
                type: 'scatter',
                itemStyle: {
                    normal: {
                        opacity: 0.8
                    }
                },
                symbolSize: function (val) {
                    return val[2] * 40;
                },
                data: bj
        },
        {
                name: '上海',
                type: 'scatter',
                itemStyle: {
                    normal: {
                        opacity: 0.8
                    }
                },
                symbolSize: function (val) {
                    return val[2] * 40;
                },
                data: sh
        },
        {
                name: '深圳',
                type: 'scatter',
                itemStyle: {
                    normal: {
                        opacity: 0.8,
                    }
                },
                symbolSize: function (val) {
                    return val[2] * 40;
                },
                data: shzh
        }
    ]
}
```

```
// 使用刚指定的配置项和数据显示图表。
myChart.setOption(option);
</script>
</body>
</html>
```

10.4.2　Python

Python 提供了一些数据可视化的工具，比如 Matplotlib、Pyecharts、Seaborn、Bokeh 等。

1. Matplotlib

Matplotlib 是一个 Python 2D 绘图库，可以生成各种硬拷贝格式和跨平台交互式环境的高质量图表数据。Matplotlib 可用于 Python script、Python、IPython shell、Jupyter notebook、Web 应用程序服务器等环境。pyplot 模块提供类似 MATLAB 的接口，特别是与 IPython 结合使用时。高级用户可以通过面向对象的界面或 MATLAB 用户熟悉的一组函数完全控制线型、字体属性、轴属性等。

【实例 10-4】　复杂图形填充。

实例 10-4 实现了复杂图形填充，需要安装和导入 matplotlib 和 numpy 库，实例效果如图 10-25 所示。

填充过程如下：

(1) 通过调用 matplotlib.pyplot.subplots()，返回一个 figure 对象 fig 和一个坐标轴列表 ax。这是一个 2 行 1 列的绘图区，可将整个画布分为两个子绘图区。

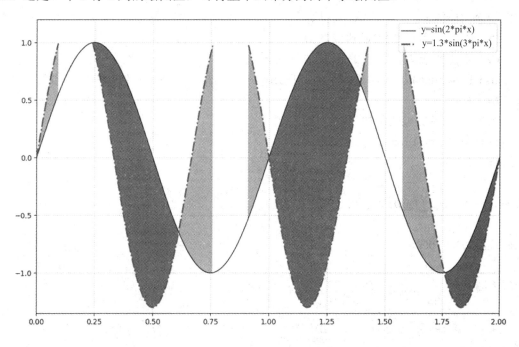

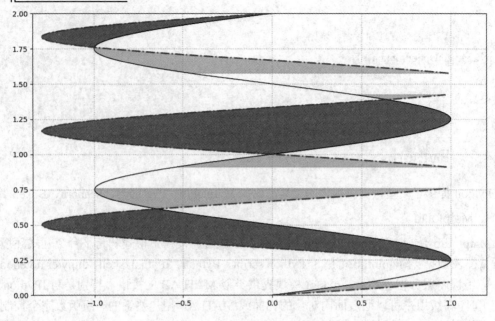

图 10-25   复杂图形填充效果图

(2) 第一个子图首先创建了两条正弦曲线 y1 和 y2，然后对 y2 曲线进行遮挡处理 numpy.ma.masked_greater()，使 y2 曲线中值大于 1.0 的曲线部分被遮挡。

(3) 通过 ax[0].plot()绘制正弦曲线 y1 和 y2，通过属性 color、linewidth、linestyle、label 分别设置曲线的颜色、线宽、线类型、线标签，通过 ax[0].legend()将图例显示在右上角(upper right)。

(4) ax[0].fill()方法可将正弦曲线围成的封闭区域填充，ax[0].fill_between()可以根据条件，填充由曲线 y1 和 y2 围成的区域。

(5) 通过 ax[0].grid()绘制背景网格。

(6) 第二个子图将水平的正弦曲线旋转 90 度垂直显示，通过互换 x 和 y 以及 ax[1].fill_betweenx()方法(注意：不是 fill_between()方法)来实现。其他功能实现与第一个子图类似。

实例 10-4 的完整代码如下：

```
import matplotlib.pyplot as plt
import numpy as np

fig,ax=plt.subplots(2,1,figsize=(10,12))

x=np.linspace(0,2,500)
y1=np.sin(2*np.pi*x)
y2=1.3*np.sin(3*np.pi*x)

#构造掩码数组，掩盖大于给定值(y2>1.0)的数组
y2=np.ma.masked_greater(y2,1.0)
```

```
# 绘制边界线，y1 and y2，并显示图例
ax[0].plot(x,y1,color="k",linewidth=1,linestyle="-",label="$ y=sin(2*pi*x) $")
ax[0].plot(x,y2,color="r",lw=2,ls="-.",label="$ y=1.3*sin(3*pi*x) $")
ax[0].legend(loc=1)


# 绘制填充色 y1>=y2 and y1<=y2
ax[0].fill_between(x,y1,y2,where=y2>=y1,facecolor="cornflowerblue",alpha=0.7)
ax[0].fill_between(x,y1,y2,where=y2<y1,facecolor="darkred",alpha=0.7)


ax[0].set_xlim(0,2)
ax[0].set_ylim(-1.35,1.2)


# 设置背景网格
ax[0].grid(ls=":",lw=1,color="gray",alpha=0.5)


y=np.linspace(0,2,500)
x1=np.sin(2*np.pi*x)
x2=1.3*np.sin(3*np.pi*x)

x2=np.ma.masked_greater(x2,1.0)


# x 和 y 值互换，绘制图形
ax[1].plot(x1,y,color="k",lw=1,ls="-")
ax[1].plot(x2,y,color='r',lw=2,ls="-.")


# 注意：fill_betweenx 与 fill_between 的区别
ax[1].fill_betweenx(y,x1,x2,where=x2>=x1,color="cornflowerblue",alpha=0.5)
ax[1].fill_betweenx(y,x1,x2,where=x2<x1,color="blue",alpha=0.6)


ax[1].set_xlim(-1.35,1.2)
ax[1].set_ylim(0,2)


ax[1].grid(ls=":",lw=1,color="gray",alpha=0.5)


plt.show()
```

【实例 10-5】 多子图图形绘制。

实例 10-5 在多个子图中分别绘制图形，实例效果如图 10-26 所示。

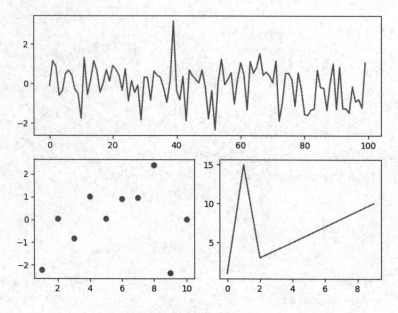

图 10-26　多子图图形的绘制效果

绘制步骤如下：

(1) 通过 matplotlib.pyplot.figure()创建 figure 对象 fig。

(2) 子图的创建可以通过 matplotlib.pyplot.subplots()实现，也可以通过 fig.add_subplot()实现。本例中首先通过 add_subplot(2,1,1)创建了一个 2*1，即 2 行 1 列绘图区，在第 1 行子图区绘制图形；然后通过 add_subplot(2,2,3)和 add_subplot(224)把第二行的绘图子区分为了两个子图区，再分别在这两个子图区中绘制图形。

(3) 在第 1 行的 1 号子图区中绘制随机数数组图形，random_arr = np.random.randn(100) 语句可生成含 100 个随机数元素的一维数组，plt.plot(random_arr)语句可绘制随机折线图。

(4) 在第 2 行的 3 号子图区绘制散点图，使用 plt.scatter([1,2,3,4,5,6,7,8,9,10],random_arr) 语句。

(5) 在第 2 行的 4 号子图区绘制折线图，使用 plt.plot([1,15,3,4,5,6,7,8,9,10])语句。

实例 10-5 的完整代码如下：

```
import matplotlib.pyplot as plt
import numpy as np


fig = plt.figure()


#分成 2*1 矩阵区域，占用编号为 1 的区域，即第 1 行第 1 列的子图区
fig.add_subplot(2,1,1)
random_arr = np.random.randn(100)
plt.plot(random_arr)


#分成 2*2 矩阵区域，占用编号为 3 的区域，即第 2 行第 1 列的子图区
```

```
fig.add_subplot(2,2,3)

random_arr = np.random.randn(10)

print(random_arr)

plt.scatter([1,2,3,4,5,6,7,8,9,10],random_arr)


#分成 2*2 矩阵区域，占用编号为 4 的区域，即第 2 行第 2 列的子图区

fig.add_subplot(224)

plt.plot([1,15,3,4,5,6,7,8,9,10])


plt.savefig(r"add_subplot.png")

plt.show()
```

【实例 10-6】 绘制 pandas 销售数据分析统计图(Bar 柱状图、Barh 条形图)。

实例 10-6 实现了用 pandas 进行销售数据分析并绘制销售图，需要安装和导入 pandas 库，实例效果如图 10-27 所示。

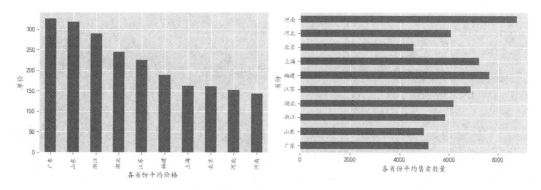

图 10-27　pandas 销售数据分析统计图

pandas 可以从多种格式文件中读取导入数据。

- pd.read_csv(filename)：从 CSV 文件导入数据；
- pd.read_table(filename)：从限定分隔符的文本文件导入数据；
- pd.read_excel(filename)：从 Excel 文件导入数据；
- pd.read_sql(query, connection_object)：从 SQL 表/库导入数据；
- pd.read_json(json_string)：从 JSON 格式的字符串导入数据；
- pd.read_html(url)：解析 URL、字符串或者 HTML 文件，抽取其中的 tables 表格；
- pd.read_clipboard()：从剪贴板获取内容，并传给 read_table()；
- pd.DataFrame(dict)：从字典对象导入数据，Key 是列名，Value 是数据。

绘制过程如下：

(1) 读取 CSV 文件 taobao_data.csv 中的销售数据(如图 10-28 所示)，可以分别通过 head() 和 tail()方法查看前几行或者后几行数据。

(2) 使用 df_mean = df[['省份','单价','售卖数量']].groupby('省份').mean().sort_values("单价",ascending=False)语句在数据集中删除“宝贝”和“店铺”两列，只保留“省份”“单价”“售卖数量”三列，并按照“省份”分组求平均值，按照“单价”降序排序。

宝贝	单价	售卖数量	店铺	省份
中年妈妈装夏装两件套装中老年女装短袖雪纺衫t恤新款上衣40-50岁	186	4275	金星靓雅服装店	江苏
女装中年连衣裙夏季妈妈装35-50岁中老年连衣裙中长款碎花裙子	168	4271	taylor3699	北京
母亲节衣服夏季妈妈装中老年女装中年雪纺衫阔腿裤两件套装40岁	268	7147	胖织缘福旗舰店	浙江
新款中老年女装春夏雪纺打底衫妈妈装夏装中袖宽松上衣中年人t恤	199	16647	夏奈凤凰旗舰店	河南
妈妈装春夏装雪纺衫大码中老年女装上衣中长袖t恤中年人打底衬衫	88	5001	千香旗舰店	湖北
中老年人女装套装夏装妈妈装套装60-70-80岁老奶奶短袖上衣七分裤	128	5348	kewang5188	河南
中老年女装清凉两件套妈妈装夏装大码短袖T恤上衣雪纺衫裙裤套装	286	14045	夏洛特的文艺	上海
母亲节衣服夏季妈妈装夏装套装短袖中年人40-50岁中老年女装T恤	298	13458	云新旗舰店	江苏
母亲节衣服中老年人春装女40岁50年中年妈妈装夏装奶奶装两件套	279	13340	韶妃旗舰店	浙江
中老年女装春夏装裤大码 中年妇女40-50岁妈妈装夏装套装七分裤	59	12939	千百奈旗舰店	江苏

图 10-28 文件 taobao_data.csv 部分数据

（3）在子图区 1 绘制各省份平均价格柱状图，在子图区 2 绘制各省份平均售卖数量条形图。

实例 10-6 的完整代码如下：

```
import pandas as pd
import matplotlib as mpl
import matplotlib.pyplot as plt

df = pd.read_csv("taobao_data.csv")

# 指定默认字体，解决所绘制图中的中文乱码问题，实现中文显示
plt.rcParams['font.sans-serif'] = ['KaiTi']

# head()方法读取前几行数据，参数为空默认展示 5 行数据，可以传入其他数字，如 3、7 等；# tail()方法
倒着从后读取后几行数据
print(df.head(3))
print(df.shape)          #shape 属性，返回数据的维度，一共有几行几列

df_mean = df[['省份','单价','售卖数量']].groupby('省份').mean().sort_values("单价",ascending= False)
#上条语句效果也可以使用 drop()方法实现，参数默认 axis=0，删掉行，axis=1，删掉列
# df.drop("宝贝","店铺",axis=1)
# df_mean = df.drop(df[df.省份=="山东"].index).groupby('省份').mean().sort_values("价格", ascending=True)
        ## 删除满足条件的行

mpl.style.use('ggplot')
fig,(ax1,ax2) = plt.subplots(1,2,figsize=(12,4))

df_mean.单价.plot(kind='bar',ax=ax1)
ax1.set_xlabel("各省份平均价格")
ax1.set_ylabel("单价")

df_mean.售卖数量.plot(kind='barh',ax=ax2)
```

ax2.set_xlabel("各省份平均售卖数量")

fig.show()

【**实例 10-7**】绘制晶体管和 GPU 数量随时间的变化图(拟合曲线图和 Scatter 气泡图)。

实例 10-7 实现了分别绘制出晶体管随时间变化的折线图和拟合曲线图以及 GPU 随时间变化的气泡图，实例效果如图 10-29 所示。

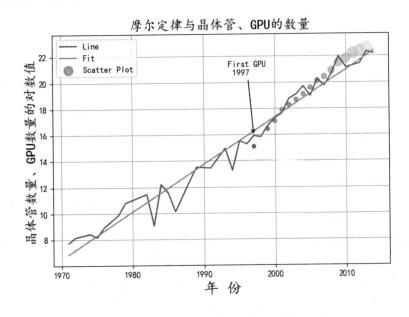

图 10-29　晶体管和 GPU 数量随时间的变化图

绘制步骤如下:

(1) 对 transcount.csv(如图 10-30 所示)和 gpu_transcount.csv(如图 10-31 所示)两个文件中的晶体管数量 trans_count 和 GPU 数量 gpu_trans_count，首先根据年份分组求平均值，然后通过 pandas. Merge()函数进行外连接合并，并将合并后的 gpu_trans_count 中的缺失值全部置为 0。

trans_count	year
2600000000	2011
4310000000	2014
1000000000	2010
5000000000	2012
1200000000	2012
3100000000	2012
1200000000	2010
2100000000	2012
2300000000	2010
463000000	2007

gpu_trans_count	year
3500000	1997
8000000	1999
15000000	1999
17500000	1999
20000000	2000
25000000	2000
30000000	2000
57000000	2001
60000000	2001
63000000	2002

图 10-30　文件 transcount.csv 部分数据　　图 10-31　文件 gpu_transcount.csv 部分数据

(2) 绘制晶体管数量 trans_count 的对数值随年份变化的折线图和拟合曲线图。

(3) 为数据集中第一个 gpu_trans_count 值添加注释，设置注释点、注释文字和注释箭头类型及位置等。

(4) 通过 matplotlib.pyplot.scatter()方法绘制 GPU 数量 gpu_trans_count 的对数值随年份变化的气泡图，参数 c 用于设置气泡的颜色，参数 s 用于设置气泡的大小。

(5) 最后添加背景网格线，设置 x 轴标签、y 轴标签、图标题的文字内容和文字大小。为了使图中的中文能够正常显示，不出现乱码，需要添加语句 plt.rcParams['font.sans-serif'] = ['KaiTi']，将字体设置为中文楷体(或其他中文字体)。

(6) 通过 matplotlib.pyplot.savefig()保存绘制的图形到指定路径的图形文件中。

实例 10-7 的完整代码如下：

```
import matplotlib.pyplot as plt
import numpy as np
import pandas as pd


plt.rcParams['font.sans-serif'] = ['KaiTi']      # 指定默认字体，解决图中中文乱码问题
plt.rcParams['axes.unicode_minus'] = False       # 解决保存图像是负号'-'显示为方块的问题


df = pd.read_csv('transcount.csv')               # 读取 csv 文件
df = df.groupby('year').aggregate(np.mean)        # 按 year 分组，聚合数据(trans_count 求平均值)
gpu = pd.read_csv('gpu_transcount.csv')
gpu = gpu.groupby('year').aggregate(np.mean)


# 将 df 和 gpu 进行外连接合并，合并后共 3 列：year   trans_count   gpu_trans_count
df = pd.merge(df, gpu, how='outer', left_index=True, right_index=True)
df = df.replace(np.nan, 0)            # 将合并后列 gpu_trans_count 中的缺失值赋值为 0


#将 df 中三列的值分别赋给三个变量 years、counts、gpu_counts
years = df.index.values
counts = df['trans_count'].values
gpu_counts = df['gpu_trans_count'].values


#以年份为 x 坐标，晶体管数量的对数为 y 坐标，绘制折线图和拟合图
poly = np.polyfit(years, np.log(counts), deg=1)
plt.plot(years,np.log(counts),label='Line')
plt.plot(years, np.polyval(poly, years), label='Fit')


#为数据集中的第一个 GPU 数据添加注释
gpu_start = gpu.index.values.min()                          #设置数据点(gpu_start, y_ann)
y_ann = np.log(df.at[gpu_start, 'trans_count'])
ann_str = "First GPU\n %d" % gpu_start        #设置注释文字
plt.annotate(ann_str,  xy=(gpu_start,  y_ann),  arrowprops=dict(arrowstyle="->"),  xytext=(-30,  +70),
textcoords='offset points')                      #添加注释，设置箭头样式，注释文字位置
```

```
cnt_log = np.log(gpu_counts)
# 绘制气泡图，参数 c 设置气泡的颜色，参数 s 设置气泡的大小
plt.scatter(years, cnt_log, c= 200 * years, s=20 + 200 * gpu_counts/gpu_counts.max(), alpha=0.5, label="Scatter
Plot")
plt.legend(loc='upper left')

plt.grid()
plt.xlabel("年  份",fontsize=18 )
plt.ylabel("晶体管数量、GPU 数量的对数值", fontsize=16)
plt.title("摩尔定律与晶体管、GPU 的数量",fontsize=16)
plt.savefig('gpu_bubble.png')
plt.show()
```

2. PyECharts

PyECharts 是一个用于生成 Echarts 图表的类库，实际上就是 ECharts 与 Python 的对接。ECharts 是百度开源的一个数据可视化 JavaScript 图表库。使用 PyECharts 可以生成独立的网页，也可以在 flask、Django 中集成使用。PyECharts 项目的核心开发者是 Python 中文社区的专栏作者，PyECharts 项目曾上榜 Github Trending in Open Source，分为 v0.5.X 和 v1 两个大版本，v0.5.X 和 v1 间不兼容。

PyECharts 特性如下所示：

(1) 简洁的 API 设计，使用流畅，支持链式调用；

(2) 囊括了 30 多种常见图表；

(3) 支持主流 Notebook 环境、Jupyter Notebook 和 JupyterLab；

(4) 可轻松集成至 Flask、Django 等主流 Web 框架；

(5) 高度灵活的配置项，可轻松搭配出精美的图表；

(6) 详细的文档和示例，帮助开发者更快的上手项目；

(7) 多达 400 多个地图文件以及原生的百度地图，为地理数据可视化提供强有力的支持。

【实例 10-8】 绘制衣服清洗剂市场占比图(Pie 饼图——0.5 版本实现)。

实例 10-8 实现了衣服清洗剂销量和销售额的饼图，需要安装 PyECharts 库，实例效果如图 10-32 所示。

绘制步骤如下：

(1) 从 pyecharts 库导入 Pie 绘图对象。

(2) 打开保存有衣服清洗剂销售数据的 json 文件，f=open("datas/pies.json")，data= json.load(f)。

(3) 定义变量 name、sales、sales_volume，分别保存 json 文件中的衣服清洗剂名称 name、销售额 sales、销售数量 sales_volume 等数据。

(4) 定义绘图对象 pie，pie=Pie("衣服清洗剂市场占比",title_pos='center',width=800, height=400)，设置饼图的标题、标题位置、图宽高值。

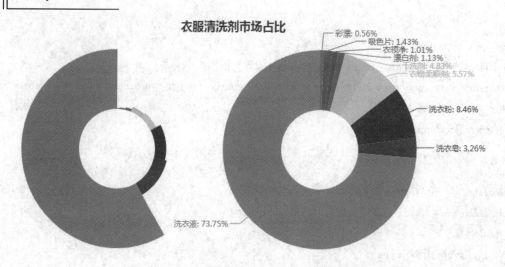

图 10-32　衣服清洗剂市场占比饼图

(5) 添加第一个销量饼图，设置数据列、饼图中心位置、圆环的内外半径、绘图类型 (radius 型南丁格尔玫瑰图)。

(6) 添加第二个销售额饼图，设置数据列、饼图中心位置、圆环的内外半径、绘图类型(area 型南丁格尔玫瑰图)、不显示图例、显示标签。

(7) 绘制图形，将图形保存到文件。

实例 10-8 的完整代码如下：

```
from pyecharts import Pie
import json

f=open("datas/pies.json")
data=json.load(f)
name=data['name']
sales=data['sales']
sales_volume=data['sales_volume']
pie=Pie("衣服清洗剂市场占比",title_pos='center',width=800,height=400)
pie.add("销量",name,sales_volume,center=[30,50],is_random=True,radius=[30,75],rosetype ='radius')
pie.add(" 销 售 额 ",name,sales,center=[65,50],is_random=True,radius=[30,75],rasetype='area',  is_legend_show=
False,is_label_show=True)
pie
pie.render('E:/pie.html')
```

【实例 10-9】　绘制衣服清洗剂市场占比图(Pie 饼图——v1 版本实现)。

实例 10-9 使用 PyECharts 库 1.5.1 版本实现了衣服清洗剂销量和销售额的饼图，需要安装 PyECharts 库 1.5.1 版本，这是目前最高版本。PyECharts 官网参见 http://pyecharts. herokuapp.com/，PyECharts 中文手册参见 https://pyecharts.org/#/zh-cn/intro。

实例效果如图 10-33 所示。

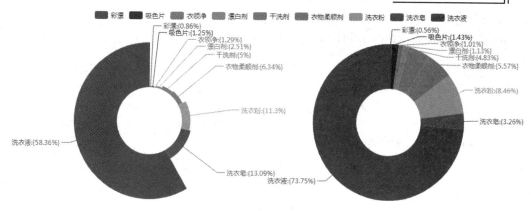

图 10-33　衣服清洗剂市场占比饼图

在 v1 版本中 PyECharts 支持链式调用，通过 v1 版本创建饼图的步骤包括：

(1) 使用类 Pie() 实例化图表对象；

(2) 使用方法 add() 添加数据；

(3) 使用方法 set_global_opts() 设置全局配置项；

(4) 使用方法 set_series_opts() 设置数据系列配置项；

(5) 使用方法 render() 渲染图表到 html 文件，render_notebook() 在 Jupyter Notebook 中渲染图表。

实例 10-9 的完整代码如下：

```
from pyecharts.charts import Pie
from pyecharts import options as opts
import json

f=open("datas/pies.json")
data=json.load(f)
name=data['name']
sales=data['sales']
sales_volume=data['sales_volume']

pie=(Pie(init_opts=opts.InitOpts(width='1000px',height='400px'))
    .add("成 交 量",[list(z) for z in zip(name,sales_volume)],
        center=['26%','50%'],
        radius=['30%','70%'],
        rosetype='radius'
        )
    .add("销 售 额",[list(z) for z in zip(name,sales)],
        center=['70%','50%'],
        radius=['30%','70%']
```

```
    )
    .set_global_opts(title_opts=opts.TitleOpts(
                    title="衣服清洗剂市场占比",
                    pos_left='center',
                    pos_top='90%')
                    )
    .set_series_opts(label_opts=opts.LabelOpts(formatter="{b}:{{d}%}",))
    )
pie.render_notebook()
```

10.4.3 Tableau

Tableau 前身是斯坦福的一个研究项目。2003 年，Tableau 公司由来自斯坦福的三位校友创始人 Christian Chabot(首席执行官)、Chris Stole(开发总监)、Pat Hanraahan(首席科学家)在远离硅谷的西雅图注册创立。Chris Stole 是计算机博士；Pat Hanraahan 是大名鼎鼎的皮克斯动画工作室(Pixar Animation Studios)的创始成员之一，负责视觉特效软件的开发，两度获得奥斯卡最佳科学技术奖。2010 年初，Tableau 闯进 Gartner 的 BI Magic Quadrant，现已进入挑战者行列，超越 Qliktech 成为成长最快的 BI 提供商，迅速成为全球迅捷商务智能软件领域的领导者。

Tableau 是一款适合商业智能(BI)工程师、数据分析师使用的商业智能可视化工具，内置常用的分析图表和数据分析模型，可以快速地进行探索式数据分析，制作数据分析报告，允许用户创建和共享交互式图表、地图和应用程序。Tableau 免费版本带有 10GB 的存储空间，可以连接到广泛使用的所有常用数据源，如 Google 表格、Microsoft Excel、文本文件、JSON 文件、空间文件、Web 数据连接器、OData 以及 SAS(* .sas7bdat)、SPSS(* .sav)和 R(* .rdata，* .rda)等。

Tableau 产品体系包括以下几个：

(1) Tableau Desktop：桌面分析软件。连接数据源后，只需拖拉即可快速创建交互的视图、仪表盘。

(2) Tableau Prep：由两款产品组成，一款是用于构建数据流程的 Tableau Prep Builder，另一款是用于在整个组织中共享和管理流程的 Tableau Prep Conductor。

(3) Tableau Server：发布和管理 Tableau Desktop 制作的仪表盘，用于数据源和安全信息的管理。

(4) Tableau Online：完全托管在云端的分析平台，在 Web 上进行交互、编辑和制作。

(5) Tableau Data Management：近年来数据的数量和类型以及对数据的分析需求激增，Data Management 能更好地管理引入 Tableau 环境的所有数据。

(6) Tableau Moblie：专用于移动设备，借助设备设计器，可以轻松创建针对任何设备优化的仪表板布局。

Tableau 的最大特点是简单、易用、快速、高效。Tableau 有一组集复杂的计算机图形学、人机交互和高性能的数据库系统于一身的跨领域技术。来自斯坦福大学的初创合伙人带来了突破性技术，为了实现卓越的可视化数据获取和后期处理，进行大尺度创新，独创了 VizQL 数据库可视化查询语言和混合数据架构。Tableau 专注于处理的是最简单的结构化数据，即那些已整理好的数据，如 Excel、数据库等。结构化的数据处理在技术上难度较低，这就使 Tableau 有精力在快速、简单和可视上做出更多改进。

Tableau 提供了一个新颖易用的界面，在处理规模巨大、多维海量数据时能及时从不同角度看到数据所呈现的规律。同时具有完美的数据整合能力，可以将两个数据源整合到同一层，可以将数据源处理以作为另一个数据源，这种强大的数据整合能力具有很强的实用性。

2019 年 6 月，Salesforce.com Inc.以价值 153 亿美元的全股票交易收购了 Tableau Software Inc.，以建立其数据分析产品。

10.4.4　阿里云 DataV

相比于传统图表与数据仪表盘，如今的数据可视化致力于用更生动、友好的形式，实时交互式地呈现隐藏在瞬息万变且庞杂数据背后的业务洞察。无论是零售、物流、电力、水利、环保还是交通领域，通过交互式实时数据可视化大屏来帮助业务人员发现并诊断业务问题，已越来越成为大数据解决方案中不可或缺的一环。

DataV 是阿里巴巴集团推出的一款大屏实时可视化工具，让更多的人看到数据可视化的魅力，通过图形化的界面轻松搭建专业水准的可视化应用，满足业务监控、会议展览、风险预警、地理信息分析、智慧城市、智慧交通等多种业务的复杂交互设计和实时数据交互查询展示需求。

从 2012 年起，阿里巴巴每年的双 11 天猫大促都会推出一个大屏，以多种生动的展示方式实时地显示交易情况，2015 年大屏如图 10-34 所示。2017 年双 11 区域经济闪电图将实时订单数据与物流干线结合展示，如图 10-35 所示。实时数据大屏的特点是屏幕大、数据量大、展示信息量大、实时性强。阿里巴巴双 11 实时数据大屏的实现借助了 DataV 可视化工具。

图 10-34　天猫 2015 年双 11 大屏

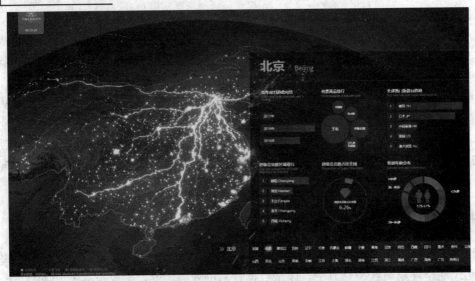

图 10-35　天猫 2017 年双 11 大屏区域经济闪电图

　　DataV 将强大的可视化技术沉淀为模块化的、所见即所得的拖拽式搭建工具，在保持高水准视觉效果的同时，尽量降低使用门槛，可以直接使用内置模板，如图 10-36 所示，也可以从空白画布开始设计实现。

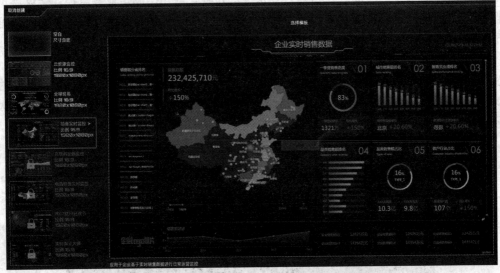

图 10-36　DataV 模块化编辑界面(销售实时监控模板)

　　DataV 提供了基础版、企业版、专业版和本地部署版四种版本。其中基础版的大屏项目是公开发布的，其他三种都是加密发布的。前三种版本都发布在公共云上，本地部署版还可以连接局域网内的数据源、将大屏部署到局域网内，或者将大屏发布到自有域名之下，脱离阿里云的环境。基础版支持 RDS for MySQL、Analytic DB、CSV、API 等七种数据源；其他三种在基础版的基础上，还支持 Oracle 和 Microsoft SQL Server 等更多种数据接入方式。

10.4.5　D3.js

　　D3.js(Data Driven Documents，数据驱动文件)是一个支持 SVG(Scalable Vector Graphics，

可缩放矢量图形)渲染的开源免费 JavaScript 库，作者是纽约时报的工程师，D3.js 项目的代码托管于 GitHub。D3.js 能够提供大量线性图和条形图之外的复杂图表样式，例如 Voronoi 图、树形图、圆形集群和词云图等。D3.js 使用 HTML、CSS 和 SVG 来渲染精彩的图表和分析图，让数据变得更生动，提供了各种简单易用的函数，大大简化了 JavaScript 操作数据的难度。D3.js 对网页标准的强调使其可以在所有主流浏览器上使用，可以将视觉效果很棒的可视化组件和数据驱动方法以及文档对象模型(Document Object Model，DOM)结合在一起。

受 RESTful APIs 编程风格的影响，D3.js 创建可视化项目的过程已经流程化，包括以下几点：

(1) 从多个数据源汇总数据；

(2) 分析、处理、计算数据；

(3) 生成一个标准化的/统一的数据表格；

(4) 对数据表格创建可视化，在页面展示。

RESTful APIs 使得从不同数据源迅速抽取数据变得非常容易。D3.js 可以非常方便处理源于 JSON API 等数据源的数据响应，并作为数据可视化的输入。这样数据可视化能够实时创建并在任何可以浏览网页的终端包括移动设备上展示，使得实时可视化信息能够及时传送给每一个需要的人。

本 章 小 结

本章主要介绍了数据可视化的概念、作用、意义和常用可视化工具。数据可视化可以将海量繁复的数据使用图表直观地表现出来，提高了数据的可读性，可快速准确高效地获取信息，并且可以实时交互展现动态数据信息，有效帮助人们决策。

数据可视化图表类型丰富，包括柱状图 bar、饼图 pie、折线图 line、散点图 scatter、词云图 wordcloud、箱线图 boxplot、热力图 heatmap、漏斗图 funnel 等。科技公司开发了众多数据可视化工具，可以快速绘制各种图形。百度公司开发的 ECharts 特别适合在网页中嵌入可视化图表；Python 的 matplotlib 和 pyecharts 库配合 numpy 和 pandas 库，在数据分析可视化中表现优异；Tableau 可以设计出漂亮炫目的数据可视化作品；阿里云的 DataV 为数据实时监控大屏提供了一套简便易用的解决方案。

思考与练习题

1. 概述数据库可视化的概念。

2. 试举例说明数据可视化发展历史中的几个重要事件。

3. 概述数据可视化的作用。

4. 概述数据可视化的意义。

5. 试列出几个常用的可视化图表，并简述各图表适用场景。

6. 试述 ECharts 绘制可视化图表的基本流程。

7. 试述 ECharts 中 series 和 dataset 的用法。

8. 试述 ECharts 中 dataZoom 组件的用法。

9. 试述 Python 的可视化图表库 matplotlib 的特点和使用流程方法。

10. 试述 Python 的可视化图表库 PyECharts 的特点和使用流程方法。

11. 试述 Tableau 的特点和其产品系列。

12. 试述阿里云 DataV 的作用和特点。

13. 实践操作题：分别使用 ECharts 和 Python 绘制一个统计图，图表类型可以任选。

下篇 案 例 篇

·华为 P30 手机评论画像分析

　　本篇通过一个具体项目案例，完整演示了如何借助于 Hadoop 大数据处理平台以及基于华为 P30 手机的评论数据，进行数据分析，从而得到用户画像的全过程。

第 11 章

华为 P30 手机评论画像分析

用户画像是指通过收集与分析消费者的社会属性、生活习惯、消费行为等主要信息数据后，完美地抽象出一个用户的商业全貌，是企业应用大数据技术的基本方式。

本章旨在通过一个具体项目案例来介绍如何借助 Hadoop 大数据处理平台基于华为 P30 手机的评论数据得到用户画像，首先介绍了需求分析、项目实施流程和项目环境搭建步骤，然后详细介绍了华为 P30 手机评论数据的采集和预处理过程，接着重点演示了如何使用 Hive 进行数据分析，最后使用 Spring Boot 框架技术和 ECharts 工具将结论进行可视化呈现。

本章知识结构图如图 11-1 所示(★表示重点，▶表示难点)。

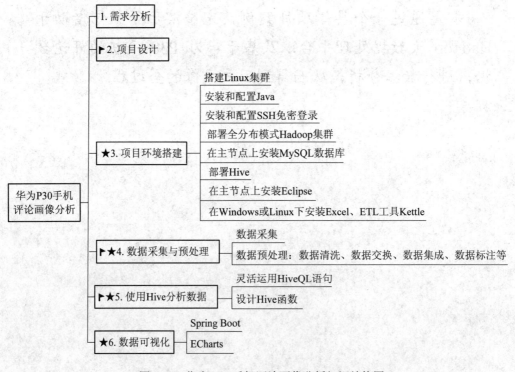

图 11-1　华为 P30 手机评论画像分析知识结构图

11.1　需 求 分 析

用户画像又称为用户标签，对于品牌营销尤为关键，可以看作是企业应用大数据技术的基本方式。

为了更好地了解华为 P30 手机的受欢迎程度，本书针对京东商城华为 P30 手机前 100 页的评论数据进行了用户画像分析，并对结论进行了可视化呈现，最终得出了评论时间在工作日、周末的分布情况，以及评论时间在春夏秋冬四季的分布情况。

11.2　项 目 设 计

项目使用专业工具进行数据采集，使用 Excel 和 Kettle 进行数据预处理，采用 HDFS 存储预处理后的手机评论数据，并导入 Hive 数据仓库进行数据分析，最后使用 Sprint Boot 和 ECharts 技术将结论可视化呈现。项目实施流程如图 11-2 所示。

图 11-2　项目实施流程

11.3　项目环境搭建

编写项目实现之前，为了完成项目各个功能，需要准备初始软件环境，本项目拟在 Linux 下完成。假设有 3 台机器，在 3 台机器上分别完成以下内容：

(1) 搭建 Linux 集群，配置静态 IP、修改主机名、编辑域名映射。

(2) 安装和配置 Java。

(3) 安装和配置 SSH 免密登录。

(4) 部署全分布模式 Hadoop 集群。

(5) 在 Hadoop 主节点上安装 MySQL 数据库，设置 Hive 连接的账号和密码。

(6) 部署 Hive，采用 MySQL 作为 Metastore 的数据库。

(7) 在 Hadoop 主节点上安装 Eclipse。

(8) 在 Windows 或 Linux 下安装 Excel、ETL 工具 Kettle。

以上软件环境的安装和部署，本书前面章节均有介绍，此处不再一一赘述。

11.4　数据采集与预处理

本项目使用的数据集是京东商城华为 P30 手机前 100 页的评论数据，由专门数据采集工具进行采集。

11.4.1　去除无关数据列

使用 Excel 去除多余无关数据列，得到的手机评论数据如图 11-3 所示，文件名保存为jd.csv。

	A	B	C	D	E	F	G	H	I	J	K	L	M
1	会员	级别	评价星级	评价内容	时间	点赞数	评论数	追评时间	追评内容	商品属性	页面网址	页面标题	采集时间
2	林***6	PLUS会员	star5	1. 外观：	2019/7/14 12:13	47	26	[购买1天后追评]		天空之境	https://	【华为P30 Pro】	24:03.6
3	浩浩哥2333		star5	方舟编译	2019/5/30 12:07	982	233			极光色8G	https://	【华为P30 Pro】	24:03.9
4	Asslc	PLUS会员	star5	手机拿到	2019/7/8 11:45	29	17	[购买14天后追评]		天空之境	https://	【华为P30 Pro】	24:04.0
5	遥***月		star5	手机用了	2019/7/20 17:00	3	1			天空之境	https://	【华为P30 Pro】	24:04.1
6	张***购		star5	手机很大	2019/6/21 11:19	28	27			天空之境	https://	【华为P30 Pro】	24:04.2
7	猛将大月	PLUS会员	star5	华为忠实	2019/6/8 15:06	88	27			珠光贝母	https://	【华为P30 Pro】	24:04.2
8	嘉霖Da爱	PLUS会员	star5	我是个十	2019/7/24 21:37	5	2			天空之境	https://	【华为P30 Pro】	24:04.3
9	faithkai	PLUS会员	star5	惊艳！外	2019/6/7 21:54	87	26			珠光贝母	https://	【华为P30 Pro】	24:04.4
10	枫江溪水	PLUS会员	star5	手机下单	2019/4/12 21:01	190	148			极光色标	https://	【华为P30 Pro】	24:04.4
11	俞***5	PLUS会员	star5	这款手机	2019/7/11 18:14	26	10			天空之境	https://	【华为P30 Pro】	24:04.5
12	中***骚		star5	用了近20	2019/5/5 14:56	564	135			亮黑色8G	https://	【华为P30 Pro】	24:19.7
13	j***c		star5	手机收到	2019/6/19 23:09	52	18			极光色8G	https://	【华为P30 Pro】	24:19.8
14	几***辉		star5	显示效果：	2019/6/20 17:54	18	7			极光色8G	https://	【华为P30 Pro】	24:19.9
15	弥***香	PLUS会员	star5	屏幕占比	2019/6/21 0:06	53	24			天空之境	https://	【华为P30 Pro】	24:20.0
16	IQ仔		star5	手机速度	2019/6/17 18:52	19	21			亮黑色8G	https://	【华为P30 Pro】	24:20.0
17	3***3		star5	特意用了	2019/6/18 14:04	3	5	[购买7天后追评]		赤茶橘8G	https://	【华为P30 Pro】	24:20.1
18	Ammmi敏	PLUS会员	star5	咱也不敢	2019/7/22 23:58	1	1			天空之境	https://	【华为P30 Pro】	24:20.2
19	陈小佳__	PLUS会员	star5	以前用苹	2019/7/6 14:01	4	1			珠光贝母	https://	【华为P30 Pro】	24:20.2
20	羽***D	PLUS会员	star5	这款手机	2019/6/12 16:47	28	12			珠光贝母	https://	【华为P30 Pro】	24:20.3
21	椆陌		star5	超过想象，	2019/4/24 15:28	85	50			珠光贝母	https://	【华为P30 Pro】	24:20.4
22	ceekay杰	PLUS会员	star5	显示效果：	2019/5/2 1:28	21	11	[购买36天发货及时		珠光贝母	https://	【华为P30 Pro】	24:35.6
23	jd_18830:	PLUS会员	star5	很喜欢 颜	2019/6/9 23:22	12	10			天空之境	https://	【华为P30 Pro】	24:35.6
24	j***子	PLUS会员	star5	不愧为国	2019/6/2 23:09	79	7			极光色8G	https://	【华为P30 Pro】	24:35.7
25	jd189078cmh		star5	华为加油	2019/6/1 12:21	8	8			珠光贝母	https://	【华为P30 Pro】	24:35.7
26	可爱獎FAN		star5	好看呀，	2019/7/23 11:07	2	0	[购买25天呀，视频		珠光贝母	https://	【华为P30 Pro】	24:35.8
27	i***5	PLUS会员	star5	京东就是	2019/4/12 12:20	123	80			天空之境	https://	【华为P30 Pro】	24:35.8
28	c***8		star5	手机真的	2019/7/23 9:50	4	0			极光色8G	https://	【华为P30 Pro】	24:35.9
29	电动小马	PLUS会员	star5	很有魔力	2019/7/18 14:35	7	0			极光色8G	https://	【华为P30 Pro】	24:36.0
30	t***w	PLUS会员	star5	机器非常	2019/5/4 23:18	40	20			极光色8G	https://	【华为P30 Pro】	24:36.0
31	2***6	PLUS会员	star5	拍照效果	2019/7/21 21:33	0	1			亮黑色8G	https://	【华为P30 Pro】	24:36.1

图 11-3　去除无关数据列后的手机评论数据

11.4.2　数据变换

此处的数据变换是将用户评论时间修改为数字类型，目的是方便利用 Hive 中的函数做时间运算。利用 Kettle 读取源文件，编写 JavaScript 代码，将图 11-3 中的用户评论时间从时间类型转化为 INT 类型并精确到秒。

1. 使用 Kettle 新建转换

打开 Kettle 的 Spoon 图形界面工具，设计一个转换(Transformation)，选择"CSV 文件输入""字段选择""JavaScript 代码"和"Excel 输出"4 个组件，在每个组件上单击后，按住"Shift"键拉出一根线到下一个组件，使各个组件数据联通，效果如图 11-4 所示。

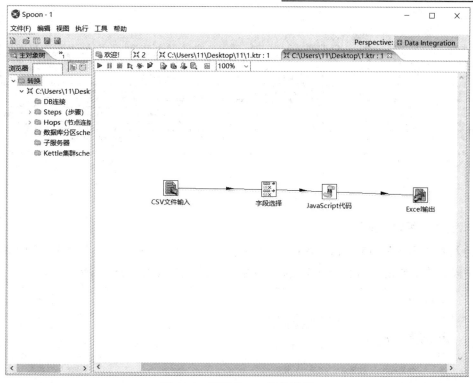

图 11-4　使用 Spoon 设计转换

2. 设计"CSV 文件输入"

进入【CSV 文件输入】窗口，如图 11-5 所示，执行如下操作：

(1) 为防止数据出现乱码，将文件编码设置为 UTF-8。

(2) 首先单击按钮 获取字段，会获取文件头部的列名，效果如图 11-5 所示；然后单击按钮 预览，进行数据查看，效果如图 11-6 所示。这样做还可以判断文件是否读入成功，若成功则显示读取到的数据，若失败则返回错误信息。

图 11-5　CSV 文件输入

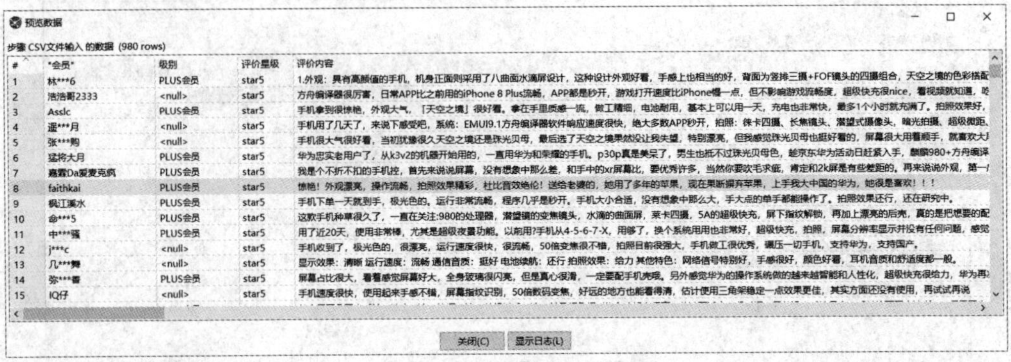

图 11-6　预览数据效果

3. 设计"字段选择"

进入【选择/改名值】窗口，如图 11-7 所示。将字段"时间"改为英文字符如"time"，修改字段名称主要是因为在 JavaScript 中汉字不能作为参数进行处理。

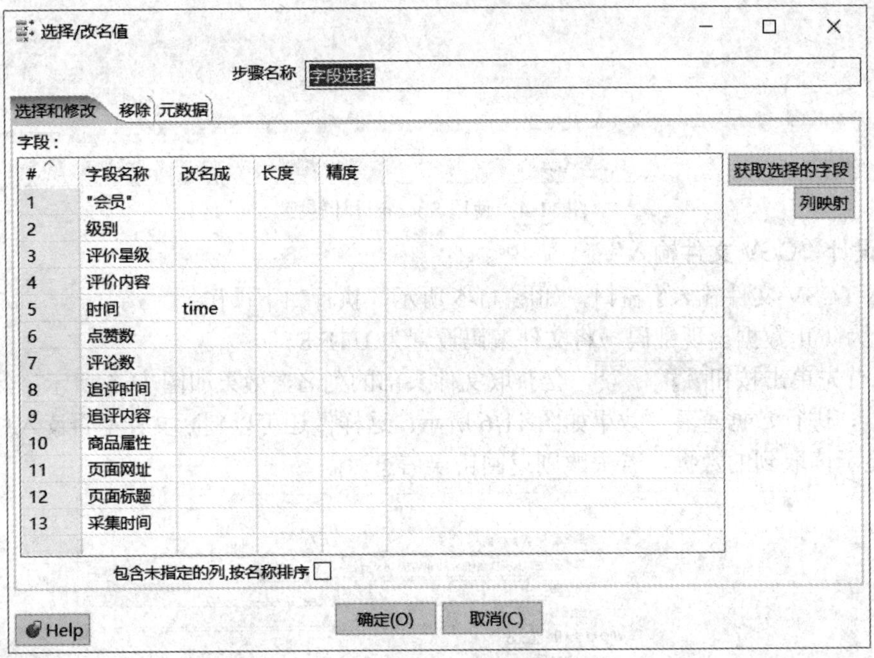

图 11-7　字段选择

4. 编写 JavaScript 代码

进入窗口【JavaScript 代码】，如图 11-8 所示。在选项卡【Script 1】中，写入以下两行代码：

```
var data1 = time;
var time1 = time.getTime()/1000;
```

其中，time.getTime()是将"yyyy-MM-dd HH:mm"的格式转化成数字类型并精确到毫秒，然后将得到的毫秒数值除以 1000 得到秒。

图 11-8　编写 JavaScript 代码

5. 设计"Excel 输出"

进入【Excel 输出】窗口，执行如下操作：

(1) 在选项卡【文件】中设置 Excel 文件的输出位置，如图 11-9 所示。

图 11-9　设置 Excel 文件的输出位置

(2) 在选项卡【字段】中，单击按钮 获取字段，删除不需要的字段。本书只保留了原始数据格式的字段和处理后的字段两个字段，目的是方便对比，效果如图 11-10 所示。

	A	B
1	date1	time1
2	2019/7/14 12:13	1563077580000
3	2019/5/30 12:07	1559189220000
4	2019/7/8 11:45	1562557500000
5	2019/7/20 17:00	1563613200000
6	2019/6/21 11:19	1561087140000
7	2019/6/8 15:06	1559977560000
8	2019/7/24 21:37	1563975420000
9	2019/6/7 21:54	1559915640000
10	2019/4/12 21:01	1555074060000
11	2019/7/11 18:14	1562840040000
12	2019/5/5 14:56	1557039360000
13	2019/6/19 23:09	1560956940000
14	2019/6/20 17:54	1561024440000
15	2019/6/21 0:06	1561046760000
16	2019/6/17 18:52	1560768720000
17	2019/6/18 14:04	1560837840000
18	2019/7/22 23:58	1563811080000
19	2019/7/6 14:01	1562392860000
20	2019/6/12 16:47	1560329220000
21	2019/4/24 15:28	1556090880000
22	2019/5/2 1:28	1556731680000
23	2019/6/9 23:22	1560093720000
24	2019/6/2 23:09	1559488140000
25	2019/6/1 12:21	1559362860000
26	2019/7/23 11:07	1563851220000
27	2019/4/12 12:20	1555042800000
28	2019/7/23 9:50	1563846600000
29	2019/7/18 14:35	1563431700000
30	2019/5/4 23:18	1556983080000
31	2019/7/21 21:33	1563715980000
32	2019/4/29 17:26	1556529960000
33	2019/6/11 19:15	1560251700000
34	2019/7/18 14:19	1563430740000

图 11-10　原始数据格式的"时间"字段和处理后的字段

11.4.3　数据集成与清洗

数据集成与清洗的操作步骤如下：

(1) 用 Excel 打开文件 jd.csv，将文件中字段"时间"的值替换为上文产生的数字格式时间"time1"的值。

(2) 删除无关字段。

(3) 手工添加 ID，在第一列插入递增数字，作为每一行数据的唯一标识。

(4) 将此文件另存为"jd_1.csv"。另存文件时将其编码设置为 UTF-8，如图 11-11 所示。如果不采用字符编码 UTF-8，则数据上传至 HDFS 后查看时会出现乱码现象。

图 11-11 另存文件时将其编码设置为 UTF-8

（5）使用记事本打开文件"jd_1.csv"，我们会发现文件内容中存在"．　"形式的数据，如图 11-12 所示。

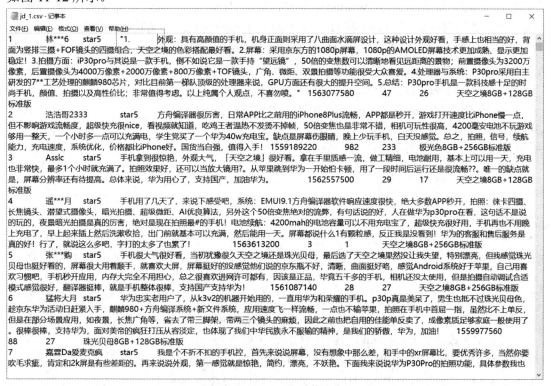

图 11-12 jd_1.csv 文件内容

(6) 使用文本文件自带的"替换"功能将". "替换为"."。jd_1.csv 文件中数据之间的分隔符是 Tab，如果不将多余的 Tab 删除，则读取文件时会出现错误，造成数据不准确。最后将该文件重新重命名为 jd.csv。

11.5 使用 Hive 分析数据

11.5.1 上传评论数据至 HDFS

将文件 jd.csv 上传至 HDFS 的目录/data/jd 下，按照以下步骤完成。

(1) 创建 HDFS 目录/data 和/data/jd，使用的命令如下所示：

```
hadoop fs -mkdir -p /data/jd
```

(2) 将文件 jd.csv 上传至 HDFS 的目录/data/jd 下，使用的命令如下所示：

```
hadoop fs -put jd.csv /data/jd
```

(3) 查看是否上传成功，使用的命令如下所示：

```
hadoop fs -ls /data/jd
```

11.5.2 在 Hive 中创建用户评论表并载入数据

Hive 中所有的数据都存储在 HDFS 中。Hive 包含以下数据模型，即内部表(Table)、外部表(External Table)、分区(Partition)和桶(Bucket)。Hive 中的 Table 和数据库中的 Table 在概念上是类似的，每一个 Table 在 Hive 中都有一个相应的目录存储数据。例如，表 comments 在 HDFS 中的存储路径为/user/hive/warehouse/comments。分区(Partition)对应于数据库分区中列的密集索引，但是 Hive 中分区的组织方式和数据库中完全不同。在 Hive 中，表中的一个分区对应于表下的一个目录，所有的分区数据都存储在对应目录中。

(1) 创建用户评论表 comments，其 HiveQL 语句如下所示。

```
create external table comments(
uid int,
member string,
level string,
comments string,
datetime int,
thumbsup string,
commentnum string,
attribute string)
partitioned by (date_id string) row format delimited fields terminated by '\t';
```

(2) 载入数据到 comments，其 HiveQL 语句如下所示：

```
ALTER TABLE comments DROP IF EXISTS PARTITION (date_id='jd');
ALTER TABLE comments ADD PARTITION (date_id='jd') LOCATION 'hdfs://master:8020/data/jd';
```

(3) 可以使用 HiveQL 语句查看分区内的数据，语句如下所示：

```
select * from comments where date_id='20190618';
```

11.5.3　根据用户评论时间创建各种表

本节创建各种 Hive 表时用到了一些 Hive 函数，关于这些函数的说明如表 11-1 所示。

表 11-1　该项目中所用函数说明(部分)

函　　数	说　　明
from_unixtime(unix_timestamp, format)	把时间戳格式时间转化为年月日时分秒格式时间，参数要求为整数且单位为秒
datediff(string enddate, string startdate)	返回两个时间参数的相差天数
pmod(int a, int b) pmod(double a, double b)	正取余函数，返回 a 除以 b 的余数的正值
concat_ws(separator, string1, string2, ...)	特殊形式的 concat()。分隔符将被加到被连接的字符串之间，如果分隔符是 NULL，则返回值也将为 NULL；只要有一个字符串不是 NULL，就不会返回 NULL

在 Hive 原生版本中，目前并没有返回星期几的函数。为了解决这个问题，除了利用 Java 自己编写 UDF 外，还可以利用现有 Hive 函数实现，语句如下所示：

```
pmod(datediff('#date#', '2012-01-01'), 7)
```

其中，2012-01-01 是星期日。

该函数的返回值为"0～6"，每个数字分别对应星期日至星期六。

另外，对查出指定条件后的结果进行分组排名的方法有如下几种：

(1) rank() over (partition)，并列排名计数，如 1、1、3。

(2) dense_ rank() over (partition)，并列排名不计数，如 1、1、2。

1. 创建评论工作日表

根据用户评论的时间创建评论工作日表 tb_a，判断是周末还是工作日。使用的具体 HiveQL 语句如下所示：

```
create table if not exists tb_a
as
select uid, case when weekday = 0 or weekday = 6 then 'weekend' else 'Working days' end as weekday
from (
select uid, weekday, rank() over (partition by uid, weekday order by cnt desc) as ro
from (
select uid, weekday, count(1) as cnt
from (
select uid, pmod(datediff(from_unixtime(datatime), '2012-01-01'), 7) as weekday
from comments
where date_id = 'jd'
) t
```

```
group by uid, weekday
) t1
) tt
where ro = 1;
```

创建评论工作日表 tb_a 的 HiveQL 语句的运行效果如图 11-13 所示。

```
2019-08-31 16:18:09,494 Stage-1 map = 100%,  reduce = 100%
Ended Job = job_local689626100_0001
Launching Job 2 out of 2
Number of reduce tasks not specified. Estimated from input data size: 1
In order to change the average load for a reducer (in bytes):
  set hive.exec.reducers.bytes.per.reducer=<number>
In order to limit the maximum number of reducers:
  set hive.exec.reducers.max=<number>
In order to set a constant number of reducers:
  set mapreduce.job.reduces=<number>
Job running in-process (local Hadoop)
2019-08-31 16:18:18,064 Stage-2 map = 100%,  reduce = 0%
2019-08-31 16:18:23,092 Stage-2 map = 100%,  reduce = 100%
Ended Job = job_local1842148513_0002
Moving data to directory hdfs://master:8020/user/hive/warehouse/tb_a
MapReduce Jobs Launched:
Stage-Stage-1:  HDFS Read: 634822 HDFS Write: 0 SUCCESS
Stage-Stage-2:  HDFS Read: 634822 HDFS Write: 15239 SUCCESS
Total MapReduce CPU Time Spent: 0 msec
OK
uid     weekday
Time taken: 133.599 seconds
```

图 11-13　创建评论工作日表的 HiveQL 语句的执行结果

2. 创建评论时间表

根据用户评论的时间创建评论时间表 tb_b，将时间字段拆分为时间区间。使用的具体 HiveQL 语句如下所示：

```
create table if not exists tb_b
as
select uid, st
from (
select uid, st, RANK() OVER (PARTITION BY uid, st ORDER BY cnt DESC) as ro
from (
select uid, st, count(1) as cnt
from (
select uid, case
when from_unixtime(datatime, 'HH:MM') between '11:30' and '13:30' then '11:30~13:30'
when from_unixtime(datatime, 'HH:MM') between '13:30' and '17:30' then '13:30~17:30'
when from_unixtime(datatime, 'HH:MM') between '17:30' and '24:00' then '17:30~24:00'
when from_unixtime(datatime, 'HH:MM') between '00:00' and '8:00' then '0:00~8:00'
when from_unixtime(datatime, 'HH:MM') between '8:00' and '11:30' then '8:00~11:30'
end st
from comments as a
```

```
where a.date_id = 'jd'
) t
group by uid, st
) t1
) tt
where ro = 1;
```

创建评论时间表 tb_b 的 HiveQL 语句的运行效果如图 11-14 所示。

```
Ended Job = job_local1037806503_0004
Launching Job 2 out of 2
Number of reduce tasks not specified. Estimated from input data size: 1
In order to change the average load for a reducer (in bytes):
  set hive.exec.reducers.bytes.per.reducer=<number>
In order to limit the maximum number of reducers:
  set hive.exec.reducers.max=<number>
In order to set a constant number of reducers:
  set mapreduce.job.reduces=<number>
Job running in-process (local Hadoop)
2019-08-31 22:10:00,468 Stage-2 map = 0%,   reduce = 0%
2019-08-31 22:12:35,987 Stage-2 map = 0%,   reduce = 0%
2019-08-31 22:12:48,407 Stage-2 map = 100%,   reduce = 0%
2019-08-31 22:13:06,110 Stage-2 map = 100%,   reduce = 67%
2019-08-31 22:14:07,368 Stage-2 map = 100%,   reduce = 67%
2019-08-31 22:14:21,963 Stage-2 map = 100%,   reduce = 72%
2019-08-31 22:14:26,370 Stage-2 map = 100%,   reduce = 100%
Ended Job = job_local219830474_0005
Moving data to directory hdfs://master:8020/user/hive/warehouse/tb_b
MapReduce Jobs Launched:
Stage-Stage-1:  HDFS Read: 1935084 HDFS Write: 39052 SUCCESS
```

图 11-14　创建评论时间表的 HiveQL 语句的执行结果

3. 创建评论季节表

根据用户评论的时间创建评论季节表 tb_c，统计用户评论的季节属性。使用的具体 HiveQL 语句如下所示：

```
create table if not exists tb_c
as
select uid, concat_ws('|', collect_set(quanter)) as quanters
from (
select uid, case
when month(from_unixtime(datatime)) between 3 and 4 then 'spring'
when month(from_unixtime(datatime)) between 5 and 9 then 'summer'
when month(from_unixtime(datatime)) between 10 and 11 then 'autumn'
else 'winter'
end quanter
from comments
where date_id = 'jd'
) t
group by uid;
```

创建评论季节表 tb_c 的 HiveQL 语句的运行效果如图 11-15 所示。

```
In order to change the average load for a reducer (in bytes):
  set hive.exec.reducers.bytes.per.reducer=<number>
In order to limit the maximum number of reducers:
  set hive.exec.reducers.max=<number>
In order to set a constant number of reducers:
  set mapreduce.job.reduces=<number>
Job running in-process (local Hadoop)
2019-08-31 21:49:24,858 Stage-1 map = 0%,  reduce = 0%
2019-08-31 21:50:55,987 Stage-1 map = 0%,  reduce = 0%
2019-08-31 21:51:06,788 Stage-1 map = 100%,  reduce = 0%
2019-08-31 21:51:19,311 Stage-1 map = 100%,  reduce = 100%
Ended Job = job_local581285662_0003
Moving data to directory hdfs://master:8020/user/hive/warehouse/tb_c
MapReduce Jobs Launched:
Stage-Stage-1:  HDFS Read: 1300120 HDFS Write: 28309 SUCCESS
Total MapReduce CPU Time Spent: 0 msec
OK
uid       quanters
Time taken: 431.924 seconds
hive (default)>
```

图 11-15　创建评论季节表的 HiveQL 语句的执行结果

4. 创建评论年限表

根据用户评论的时间创建评论年限表 tb_d，统计用户评论所在的时间年限。使用的具体 HiveQL 语句如下所示：

```
create table if not exists tb_d
as
select uid, concat_ws('|', collect_set(cast(year(from_unixtime(datetime)) as string))) as years
from comments
where date_id = 'jd'
group by uid;
```

创建评论年限表 tb_d 的 HiveQL 语句的运行效果如图 11-16 所示。

```
Number of reduce tasks not specified. Estimated from input data size: 1
In order to change the average load for a reducer (in bytes):
  set hive.exec.reducers.bytes.per.reducer=<number>
In order to limit the maximum number of reducers:
  set hive.exec.reducers.max=<number>
In order to set a constant number of reducers:
  set mapreduce.job.reduces=<number>
Job running in-process (local Hadoop)
2019-08-31 21:41:31,875 Stage-1 map = 0%, reduce = 0%
2019-08-31 21:41:54,081 Stage-1 map = 100%,  reduce = 0%
2019-08-31 21:42:05,908 Stage-1 map = 100%,  reduce = 67%
2019-08-31 21:42:24,261 Stage-1 map = 100%,  reduce = 100%
Ended Job = job_local1329861934_0002
Moving data to directory hdfs://master:8020/user/hive/warehouse/tb_d
MapReduce Jobs Launched:
Stage-Stage-1:  HDFS Read: 665156 HDFS Write: 8783 SUCCESS
Total MapReduce CPU Time Spent: 0 msec
OK
uid      years
Time taken: 179.199 seconds
hive (default)>
```

图 11-16　创建评论年限表的 HiveQL 语句的执行结果

11.5.4　创建评论画像表

1. 查看各表关联后数据

通过查询语句查看各表关联后的数据。使用的具体 HiveQL 语句如下所示：

```
select 'jd' as date_id,
tb_a.uid as uid,
tb_a.weekday as weekday,
tb_b.st as st,
tb_d.years as years,
tb_c.quanters as quanters
from tb_a
left outer join tb_b on tb_a.uid = tb_b.uid
left outer join tb_c on tb_a.uid = tb_c.uid
left outer join tb_d on tb_a.uid = tb_d.uid;
```

上述 HiveQL 语句的运行效果如图 11-17 所示。

```
Ended Job = job_local1548461890_0001
MapReduce Jobs Launched:
Stage-Stage-5:  HDFS Read: 15167 HDFS Write: 0 SUCCESS
Total MapReduce CPU Time Spent: 0 msec
OK
date_id uid        weekday st          years   quanters
jd      1          weekend 11:30~13:30     2019        summer
jd      2          Working days  11:30~13:30   2019        summer
jd      3          Working days  0:00~8:00     2019        summer
jd      4          weekend 13:30~17:30     2019        summer
jd      5          Working days  0:00~8:00     2019        summer
jd      6          weekend 13:30~17:30     2019        summer
jd      7          Working days  17:30~24:00   2019        summer
jd      8          Working days  17:30~24:00   2019        summer
jd      9          Working days  17:30~24:00   2019        spring
jd      10         Working days  17:30~24:00   2019        summer
jd      11         weekend 13:30~17:30     2019        summer
jd      12         Working days  17:30~24:00   2019        summer
jd      13         Working days  13:30~17:30   2019        summer
jd      14         Working days  NULL    2019        summer
jd      15         Working days  17:30~24:00   2019        summer
```

图 11-17　查看各表关联后的数据(部分)

2. 创建评论画像目标表

创建评论画像目标表 P30_image，使用的 HiveQL 语句如下所示：

```
create table P30_image(
data_modify int,
uid string,
weekday string,
st string,
years string,
quanters string)
```

partitioned by (date_id int);

3. 插入数据到评论画像目标表

将数据插入到/user/hive/warehouse/P30_image/20190812 中，使用的 HiveQL 语句如下所示：

```
insert overwrite directory '/user/hive/warehouse/P30_image/20190812'

select distinct '20190812' as date_id,

tb_a.uid as uid,

tb_a.weekday as weekday,

tb_b.st as st,

tb_d.years as years,

tb_c.quanters as quanters

from tb_a

left outer join tb_b on tb_a.uid = tb_b.uid

left outer join tb_c on tb_a.uid = tb_c.uid

left outer join tb_d on tb_a.uid = tb_d.uid;
```

上述 HiveQL 语句的运行效果如图 11-18 所示。

```
Launching Job 1 out of 1
Number of reduce tasks not specified. Estimated from input data size: 1
In order to change the average load for a reducer (in bytes):
  set hive.exec.reducers.bytes.per.reducer=<number>
In order to limit the maximum number of reducers:
  set hive.exec.reducers.max=<number>
In order to set a constant number of reducers:
  set mapreduce.job.reduces=<number>
Job running in-process (local Hadoop)
2019-08-31 21:15:21,279 Stage-2 map = 0%,   reduce = 0%
2019-08-31 21:15:57,911 Stage-2 map = 100%,   reduce = 0%
2019-08-31 21:16:10,513 Stage-2 map = 100%,   reduce = 67%
2019-08-31 21:16:34,834 Stage-2 map = 100%,   reduce = 100%
Ended Job = job_local1290001727_0001
Moving data to directory /user/hive/warehouse/P30_image/20190812
MapReduce Jobs Launched:
Stage-Stage-2:  HDFS Read: 121884 HDFS Write: 45775 SUCCESS
Total MapReduce CPU Time Spent: 0 msec
OK
date_id uid     weekday st      years   quanters
Time taken: 328.038 seconds
```

图 11-18 INSERT 语句的执行效果

然后，使用以下两条语句将数据插入到评论画像目标表 P30_image 中：

```
ALTER TABLE P30_image DROP IF EXISTS PARTITION (date_id='20190812');
ALTER     TABLE     P30_image     ADD     PARTITION     (date_id='20190812')     LOCATION
'/user/hive/warehouse/P30_image/20190812';
```

4. 查看评论画像目标表数据

查看评论画像目标表加载后的数据，使用的 HiveQL 语句如下所示。

```
select * from P30_image;
```

上述 HiveQL 语句的运行效果如图 11-19 所示。

```
hive (default)> select * from P30_image;
OK
p30_image.date_modify   p30_image.uid   p30_image.weekday      p30_image.st    p
30_image.years  p30_image.quanters      p30_image.date_id
20190812        1       weekend 11:30~13:30     2019    summer  20190812
20190812        2       Working days    11:30~13:30     2019    summer  20190812
20190812        3       Working days    0:00~8:00       2019    summer  20190812
20190812        4       weekend 13:30~17:30     2019    summer  20190812
20190812        5       Working days    0:00~8:00       2019    summer  20190812
20190812        6       weekend 13:30~17:30     2019    summer  20190812
20190812        7       Working days    17:30~24:00     2019    summer  20190812
20190812        8       Working days    17:30~24:00     2019    summer  20190812
20190812        9       Working days    17:30~24:00     2019    spring  20190812
20190812        10      Working days    17:30~24:00     2019    summer  20190812
20190812        11      weekend 13:30~17:30     2019    summer  20190812
20190812        12      Working days    17:30~24:00     2019    summer  20190812
20190812        13      Working days    13:30~17:30     2019    summer  20190812
20190812        14      Working days    NULL    2019    summer  20190812
20190812        15      Working days    17:30~24:00     2019    summer  20190812
```

图 11-19　查看评论画像目标表加载后的数据

11.6　数据可视化

本项目的数据可视化基于 Spring Boot 和 EChars 实现，读者可以登录 Spring 官网 https://start.spring.io/配置下载 Spring Boot 项目，如图 11-20 所示，本书项目使用的名称为 "Portrait"。

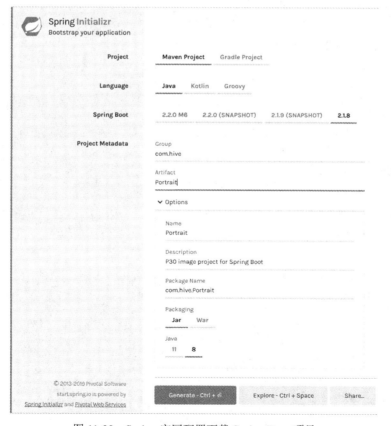

图 11-20　Spring 官网配置下载 Spring Boot 项目

1. 创建 application.yml

使用 Eclipse 或者 IDEA 打开项目，在项目/src/main/resources 下创建文件 application.yml，完整代码如下所示：

```yaml
hive:
  url: jdbc:hive2://192.168.18.130:10000/hive
  driver-class-name: org.apache.hive.jdbc.HiveDriver
  type: com.alibaba.druid.pool.DruidDataSource
  user: hive
  password: xijing
  # 下面为连接池的补充设置，应用到上面所有数据源中
  # 初始化大小，最小，最大
  initialSize: 1
  minIdle: 3
  maxActive: 20
  # 配置获取连接等待超时的时间
  maxWait: 60000
  # 配置间隔多久才进行一次检测，检测需要关闭的空闲连接，单位是毫秒
  timeBetweenEvictionRunsMillis: 60000
  # 配置一个连接在池中最小生存的时间，单位是毫秒
  minEvictableIdleTimeMillis: 30000
  validationQuery: select 1
  testWhileIdle: true
  testOnBorrow: false
  testOnReturn: false
  # 打开 PSCache，并且指定每个连接上 PSCache 的大小
  poolPreparedStatements: true
  maxPoolPreparedStatementPerConnectionSize: 20
  connectionErrorRetryAttempts: 0
  breakAfterAcquireFailure: true
#
#   spring.thymeleaf.prefix : classpath:/templates/
#   spring.thymeleaf.suffix : .html
spring:
  mvc:
    view:
      prefix: /templates/
      suffix: .html
    static-path-pattern: /static/**
```

上述代码中 url: jdbc:hive2://192.168.18.130:10000/default 中的 IP 地址，读者可根据自己的实际情况进行修改，账号和密码根据 Hive 中配置文件的账号密码做出对应的修改即可。

Spring Boot 项目"Portrait"的整体结构如图 11-21 所示。

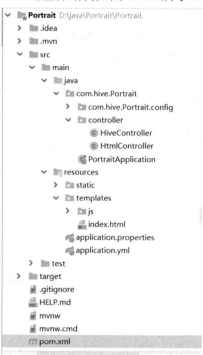

图 11-21 Spring Boot 项目"Portrait"的整体结构

2. 编写数据接口代码

项目采用前后分离的设计模式，Spring Boot 提供访问接口，由页面发送请求，然后根据返回的数据渲染。数据接口的完整代码如下所示：

```
@Autowired
@Qualifier("jdbcTemplate")
private JdbcTemplate jdbcTemplate;
@RequestMapping("/list")
@CrossOrigin
public Map<String, Integer> list() {
    String sql = "select *   from P30_image";
    List<Map<String, Object>> maps = jdbcTemplate.queryForList(sql);
    List<Map<String, Integer>> list = new ArrayList<Map<String, Integer>>();
    Integer weekendNum=0;
    Integer workingdaysNum=0;
    Integer springNum=0;
    Integer summerNum=0;
```

```java
Integer autumnNum=0;
Integer winterNum=0;
Map<String, Integer> mapList = new HashMap<>();
for (int i = 0; i < maps.size(); i++){
    Map<String, Object> map = maps.get(i);
    String key1 =(String) map.get("P30_image.weekday");
    String key2 =(String) map.get("P30_image.quanters");
    if("weekend".equals(key1)){
        weekendNum++;
    }
    if("Working days".equals(key1)){
        workingdaysNum++;
    }
    if("spring".equals(key2)){
        springNum++;
    }
    if("summer".equals(key2)){
        summerNum++;
    }
    if("autumn".equals(key2)){
        autumnNum++;
    }
    if("winter".equals(key2)){
        winterNum++;
    }

}
mapList.put("weekend",weekendNum);
mapList.put("workingDays",workingdaysNum);
mapList.put("spring",springNum);
mapList.put("summer",summerNum);
mapList.put("autumn",autumnNum);
mapList.put("winter",winterNum);
return mapList;

}
```

3. 编写页面渲染代码

页面渲染的代码如下所示：

```
<script>
```

```
$(function(){
    var aa;
    var c=0;
    $.ajax({
        type: "GET",
        url: "http://localhost:8080/list",
        dataType:'json',
        contentType:"application/json;charset=utf-8",
        data: {},
        success:function(data){
            reqStatus = true;
            console.log(data);
            aa = data[0];
            var dom = document.getElementById("container");
            var myChart = echarts.init(dom);
            var app = {};
            console.log(data.weekend);
            option = null;
            echars(data,myChart);
        }
    });
})

function formatData(data) {
}
function echars(data,myChart) {
    var scaleData = [{'name': 'weekend', 'value': data.weekend},
                    {'name': 'Working days', 'value': data.workingDays},
                    {'name': 'spring', 'value': data.spring},
                    {'name': 'summer', 'value': data.spring},
                    {'name': 'winter', 'value': data.winter},
                    {'name': 'autumn', 'value': data.autumn}];
    console.log(scaleData);
    var rich = {
        white: {

            color: '#ddd',

            align: 'center',
            padding: [3, 0]
```

```
                }
            };
            var placeHolderStyle = {
                normal: {
                    label: {
                        show: false
                    },
                    labelLine: {
                        show: false
                    },
                    color: 'rgba(0, 0, 0, 0)',
                    borderColor: 'rgba(0, 0, 0, 0)',
                    borderWidth: 0
                }
            };
        }
</script>
```

由于篇幅关系，源代码不一一展示。项目最终数据可视化的效果如图 11-22 和图 11-23 所示。

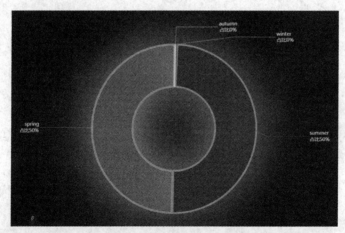

图 11-22　评论时间在春夏秋冬四季的分布情况

图 11-23　评论时间在工作日和周末的分布情况

由图 11-22 和图 11-23 的可视化结果明显看出，华为 P30 手机在工作日评论的条数远远大于周末的评论数据，季节主要集中在春季和夏季(由于采集数据时正处在夏季且是前 100 页评论数据)，且春季和夏季的评论人数相同。

本 章 小 结

本章针对京东商城华为 P30 手机前 100 页的评论数据进行了用户画像分析，并对结论进行了可视化呈现，最终得出了评论时间在工作日、周末的分布情况，以及评论时间在春夏秋冬四季的分布情况。项目使用专业工具进行数据采集，使用 Excel 和 Kettle 进行数据预处理，采用 HDFS 存储预处理后的数据，并导入 Hive 数据仓库进行数据分析，最后使用 Sprint Boot 和 ECharts 技术将结论可视化呈现。

思考与练习题

1. 结合自己的专业领域，调研该领域常用的数据预处理方法、技术和工具。
2. 结合自己的专业领域，调研该领域的统计分析方法、技术和工具。
3. 结合自己的专业领域，调研该领域的数据可视化方法、技术和工具。

参 考 文 献

[1] 维克托·迈尔-舍恩伯格，肯尼斯·库克耶. 大数据时代[M]. 周涛，译. 杭州：浙江人民出版社，2012.

[2] WHITE T. Hadoop 权威指南：大数据的存储与分析[M]. 4 版. 王海，华东，刘喻，等译. 北京：清华大学出版社，2017.

[3] 朝乐门. 数据科学[M]. 北京：清华大学出版社，2016.

[4] 林子雨. 大数据技术原理与应用[M]. 2 版. 北京：人民邮电出版社，2017.

[5] 蔡斌. Hadoop 技术内幕：深入解析 Hadoop Common 和 HDFS 架构设计与实现原理[M]. 北京：机械工业出版社，2013

[6] 董西成. Hadoop 技术内幕：深入解析 MapReduce 架构设计与实现原理[M]. 北京：机械工业出版社，2013.

[7] 董西成. Hadoop 技术内幕：深入解析 YARN 架构设计与实现原理[M]. 北京：机械工业出版社，2014.

[8] 黄东军. Hadoop 大数据实战权威指南[M]. 北京：电子工业出版社，2017.

[9] 倪超. 从 Paxos 到 ZooKeeper：分布式一致性原理与实践[M]. 北京：电子工业出版社，2015.

[10] GEORGE L. HBase 权威指南[M]. 代志远，刘佳，蒋杰，译. 北京：人民邮电出版社，2013.

[11] CAPRIOLO E，Wampler D，Rutherglen J. Hive 编程指南[M]. 曹坤，译. 北京：人民邮电出版社，2013.

[12] 颜群. 亿级流量 JAVA 高并发与网络编程实战[M]. 北京：北京大学出版社，2019.

[13] 何威光，刘鹏，张燕. 大数据可视化[M]. 北京：电子工业出版社，2018.

[14] 周苏，王文. 大数据可视化[M]. 北京：清华大学出版社，2016.

[15] EADLINE D. Hadoop 2 Quick-Start Guide： Learn the Essentials of Big Data Computing in the Apache Hadoop 2 Ecosystem[M]. New Jersey： Addison-Wesley Professional，2015.

[16] MURTHY A，VAVILAPALLI V K，EADLINE D. Apache Hadoop YARN： Moving beyond MapReduce and Batch Processing with Apache Hadoop 2[M]. New Jersey： Addison-Wesley Professional，2014.

[17] FANDANGO A. Python Data Analysis[M]. 5th ed. Beijing: Posts & Telecom Press，2018.

[18] GHEMAWAT S，GOBIOFF H，LEUNG S-T. The Google file system[C]// SOSP '03 Proceedings of the nineteenth ACM symposium on Operating systems principles，2003，37(5)：29-43.

[19] DEAN J，GHEMAWAT S. MapReduce: simplified data processing on large clusters[J]. Communications of the ACM - 50th anniversary issue：1958—2008，2008，51(1)：107-113.

[20] CHANG F，DEAN J，GHEMAWAT S，et al. Bigtable： A Distributed Storage System for Structured Data[C]// Proceedings of the 7th USENIX Symposium on Operating Systems Design and Implementation (OSDI'06)，USENIX，2006：205-218.

[21] VAVILAPALLI V K，MURTHY A C，DOUGLAS C，et al. Apache Hadoop YARN： yet another resource negotiator[C]// SOCC '13 Proceedings of the 4th annual Symposium on Cloud Computing，October 01-03，2013：No. 5.

[22] HINDMAN B，KONWINSKI A，ZAHARIA M，et al. Mesos： A Platform for Fine-Grained Resource Sharing in the Data Center[C]// NSDI'11 Proceedings of the 8th USENIX conference on Networked systems design and implementation，March 30-April 01，2011：295-308.

[23] VERMA A，PEDROSA L，KORUPOLU M，et al. Large-scale cluster management at Google with Borg[C]// EuroSys '15 Proceedings of the Tenth European Conference on Computer Systems，April 21-24，2015：No. 18.

[24] SCHWARZKOPF M，KONWINSKI A，ABD-EL-MALEK M，et al. Omega：flexible，scalable schedulers for large compute clusters[C]// EuroSys '13 Proceedings of the 8th ACM European Conference on Computer Systems，April 15-17，2013：351-364.

[25] BURNS B，GRANT B，OPPENHEIMER D，et al. Borg，Omega，and Kubernetes：Lessons learned from three container-management systems over a decade[J]. Queue，2016，14(1)：10-14.

[26] REED B C，JUNQUEIRA F P. A simple totally ordered broadcast protocol[C]// LADIS '08 Proceedings of the 2nd Workshop on Large-Scale Distributed Systems and Middleware，September 15-17，2008：No. 2.

[27] JUNQUEIRA F P，REED B C，SERAFINI M. Zab：High-performance broadcast for primary-backup systems[C]// DSN '11 Proceedings of the 2011 IEEE/IFIP 41st International Conference on Dependable Systems and Networks，June 27-30，2011：245-256.

[28] 王倩. 大数据产业技术路线图研究：以辽宁省为例[D]. 辽宁科技大学，2018(12)：78-82.

[29] 工业和信息化部. 大数据产业发展规划(2016—2020 年)[R]. 北京：工业和信息化部，2016.

[30] IDC. 数据时代 2025[R/OL]. [2018-11-16]. https://www.seagate.com/cn/zh/our-story/data-age-2025/

[31] 中国信息安全. 世界主要国家的大数据战略和行动[EB/OL]. [2015-7-3]. http：//www. cac. gov. cn/2015-07/03/c_1115812491. htm.

[32] Apache Software Foundation. Apache Hadoop WIKI Confluence[EB/OL]. [2019-7-9]. https：//cwiki. apache. org/confluence/display/HADOOP2.

[33] Apache Software Foundation. Apache Hadoop 2. 9. 2 官方参考指南[EB/OL].. [2018-11-13]. https：//hadoop. apache. org/docs/r2. 9. 2/.

[34] Apache Software Foundation. Apache Hadoop Download[EB/OL]. [2017-3-15]. https：//hadoop. apache. org/releases. html.

[35] Apache Software Foundation. Apache ZooKeeper 3. 4. 13 官方参考指南[EB/OL].. [2018-12-15]. https：//zookeeper. apache. org/doc/r3. 4. 13/.

[36] Apache ZooKeeper. Apache ZooKeeper Download[EB/OL]. [2019-6-21]. https：//zookeeper. apache. org/releases. html.

[37] Apache Software Foundation. Apache HBase Reference Guide[EB/OL]. [2018-7-1]. https：//hbase. apache. org/book. html.

[38] Apache Software Foundation. Apache HBase Download[EB/OL]. [2019-1-31]. http：//hbase. apache. org/downloads. html.

[39] Apache Software Foundation. Apache HBase API[EB/OL]. [2018-8-31]. https：//hbase. apache. org/apidocs/index. html.

[40] Carol McDonald. An In-Depth Look at the HBase Architecture[EB/OL]. [2015-8-7]. https：//mapr. com/blog/in-depth-look-hbase-architecture/.

[41] Amandeep Khurana. Introduction To HBase Schema Design[EB/OL]. [2012-10-12]. http：//0b4af6cdc 2f0c5998459-c0245c5c937c5dedcca3f1764ecc9b2f. r43. cf2. rackcdn. com/9353-login1210_khurana. pdf.

[42] Apache Software Foundation. Apache Hive WIKI Confluence[EB/OL]. [2018-12-17]. https：//cwiki.

apache. org/confluence/display/Hive/.

[43] Apache Software Foundation. Apache Hive Download[EB/OL]. [2018-4-16]. https：//hive. apache. org/downloads. html.

[44] Apache Software Foundation. Apache Hive API[EB/OL]. http：//hive. apache. org/javadocs/

[45] Apache Software Foundation. Sqoop Documentation (v1. 4. 7) [EB/OL]. [2019-2-12]. https：//sqoop. apache. org/docs/1. 4. 7/.

[46] Apache Software Foundation. Apache Flume 官方参考指南[EB/OL]. [2019-1-8]. https：//flume. apache. org/releases/content/1. 9. 0/.

[47] Apache Software Foundation. Apache Kafka 官方参考指南[EB/OL]. [2018-3-16]. https：//kafka. apache. org/documentation

[48] Hitachi Vantara. Kettle 7. 1 官方参考指南[EB/OL]. [2019-5-21]. https：//help. pentaho. com/Documentation/7. 1.

[49] 赛迪顾问. 赛迪顾问官网[EB/OL]. [2019-3-11]. http：//www. ccidconsulting. com/.

[50] Cloudera. Cloudera 官网[EB/OL]. [2018-2-21]. https：//www. cloudera. com/.

[51] Hortonworks. Hortonworks 官网[EB/OL]. [2019-8-13]. https：//hortonworks. com/.

[52] MapR. MapR 官网[EB/OL]. https：//mapr. com/.

[53] Apache Software Foundation. Apache Spark 官网[EB/OL]. [2017-4-19]. https：//spark. apache. org/.

[54] Apache Software Foundation. Apache Storm 官网[EB/OL]. [2019-1-21]. https：//storm. apache. org/.

[55] Apache Software Foundation. Apache Flink 官网[EB/OL]. [2019-12-13]. https：//flink. apache. org/.

[56] Apache Software Foundation. Apache Meso 官网[EB/OL]. [2019-8-17]. https：//mesos. apache. org/.

[57] Hadoop Corona. Hadoop Corona GitHub[EB/OL]. [2018-2-14]. https：//github. com/facebookarchive/hadoop-20/tree/master/src/contrib/corona

[58] Kubernetes. Kubernetes 官网[EB/OL]. [2019-6-11]. https：//kubernetes. io/.

[59] Docker. Swarm mode overview[EB/OL]. [2019-5-23]. https：//docs. docker. com/engine/swarm.

[60] NoSQL Forum. NOSQL Database Management Systems[EB/OL]. [2019-6-21]. http：//nosql-database. org/.

[61] Oracle. MySQL 官网[EB/OL]. [2018-11-11]. https：//www. mysql. com/.

[62] 阿里巴巴. DataX GitHub[EB/OL]. [2019-6-18]. https：//github. com/alibaba/DataX.

[63] Elasticsearch B. V. Logstash 官网[EB/OL]. [2018-5-28]. https：//www. elastic. co/cn/products/logstash.

[64] Fluentd Project. Fluentd 官网[EB/OL]. [2019-1-11]. https：//www. fluentd. org/.

[65] Apache Software Foundation. Apache Chukwa 官网[EB/OL]. [2019-4-30]. https：//chukwa. apache. org/.

[66] Facebook. Scribe GitHub[EB/OL]. [2017-3-1]. https：//github. com/facebookarchive/scribe.

[67] Splunk Inc. Splunk 官网[EB/OL]. [2018-03-16]. https：//www. splunk. com/.

[68] Talend. Talend 官网[EB/OL]. [2019-11-26]. https：//www. talend. com/.

[69] ApatarForge. Apatar 官网[EB/OL]. [2019-12-11]. http：//apatar. com/.

[70] The Scriptella Project Team. Scriptella 官网[EB/OL]. [2019-4-24]. https：//scriptella. org/.

[71] Apache Software Foundation. ECharts 官网[EB/OL]. [2014-3-8]. https：//www. echartsjs. com/.

[72] Python Software Foundation. Python 官网[EB/OL]. [2019-12-11]. https：//www. python. org/.

[73] Tableau Software. Tableau 官网[EB/OL]. [2019-11-16]. https：//www. tableau. com/.

[74] Mike Bostock. D3. js 官网[EB/OL]. [2018-2-24]. https：//d3js. org/.

[75] Pivotal Software. Spring Initializr 官网[EB/OL]. [2019-12-14]. https：//start. spring. io/.